Web前端开发技术 **丛书**

U0662402

HTML5
网页前端设计

——HTML5+CSS3+JavaScript+Vue.js

项目案例·微课视频·题库·第3版

◎ 周文洁 编著

清华大学出版社

北京

内 容 简 介

本书是一本从零开始学习的 Web 前端开发教材，无需额外的基础。本书知识体系结构较新，以项目驱动为宗旨，详细介绍 HTML5、CSS3 与 JavaScript 的基础知识与使用技巧。

本书包含 211 个示例，均在浏览器中调试通过。作者为书中所有示例以及最后两章的综合设计实例精心录制了总计 1400 分钟的视频讲解，包括 264 个视频文件。

本书新增了各章节知识点案例的 AI 快捷实现技巧介绍，并额外提供了关于内嵌 AI 智能体的网页项目开发实战案例。

本书提供丰富的配套资源，包括教学大纲、教学课件、电子教案、程序源码、教学进度表和在线题库。

本书可作为高等院校计算机相关专业 HTML5 课程的教材，也可作为学习 HTML5 开发的自学教材或培训教材。

图书在版编目(CIP)数据

HTML5 网页前端设计：HTML5＋CSS3＋JavaScript＋Vue.js：项目案例·微课视频·题库 / 周文洁编著.
3 版. -- 北京：清华大学出版社，2025.8. -- (Web 前端开发技术丛书). -- ISBN 978-7-302-69531-8

Ⅰ．TP312.8

中国国家版本馆 CIP 数据核字第 2025VW3840 号

策划编辑：魏江江
责任编辑：王冰飞
封面设计：刘　键
责任校对：申晓焕
责任印制：杨　艳

出版发行：清华大学出版社
　　　网　　　址：https://www.tup.com.cn，https://www.wqxuetang.com
　　　地　　　址：北京清华大学学研大厦 A 座　　　　邮　　编：100084
　　　社 总 机：010-83470000　　　　　　　　　　邮　　购：010-62786544
　　　投稿与读者服务：010-62776969，c-service@tup.tsinghua.edu.cn
　　　质量反馈：010-62772015，zhiliang@tup.tsinghua.edu.cn
　　　课件下载：https://www.tup.com.cn,010-83470236
印 装 者：三河市铭诚印务有限公司
经　　销：全国新华书店
开　　本：185mm×260mm　　　印　张：28.75　　　字　数：716 千字
版　　次：2017 年 6 月第 1 版　　2025 年 8 月第 3 版　　印　次：2025 年 8 月第 1 次印刷
印　　数：64501～66000
定　　价：59.80 元

产品编号：108991-01

前言
Preface

党的二十大报告指出：教育、科技、人才是全面建设社会主义现代化国家的基础性、战略性支撑。必须坚持科技是第一生产力、人才是第一资源、创新是第一动力，深入实施科教兴国战略、人才强国战略、创新驱动发展战略，开辟发展新领域新赛道，不断塑造发展新动能新优势。高等教育与经济社会发展紧密相连，对促进就业创业、助力经济社会发展、增进人民福祉具有重要意义。

HTML5 的时代已经到来——高度跨平台自适应的特性让 HTML5 逐步走向技术前沿，为 PC 端和移动端设备带来无缝衔接的丰富内容。如今 HTML5 这个词已经不仅仅是它本身的意思了，还代表着以它为首的 CSS3、jQuery 等一系列新技术的合集，这也是未来 Web 前端开发的趋势所在。

本书是一本从零开始学习的 Web 前端开发教材，无需额外的基础。全书以项目驱动为宗旨，详细介绍 HTML5、CSS3 与 JavaScript 的基础知识与使用技巧。

全书共包含 13 章，可分为以下三部分：

第一部分是基础知识篇，包括第 1~4 章的内容。其中，第 1 章是绪论，概要介绍 Web 原理基础、主流 Web 前端开发技术以及开发工具的选择；第 2 章是 HTML5 基础，讲解 HTML5 的基本结构、保留的 HTML 常用标签以及 HTML5 新增的常用标签的用法；第 3 章是 CSS 基础，主要讲解 CSS 样式表、选择器、语法规则、取值单位以及一系列 CSS 常用样式；第 4 章是 JavaScript 基础，主要讲解 JavaScript 的变量、基本数据类型、对象、运算符、条件语句、循环语句、函数、DOM 以及 BOM 的相关知识。本版第 2~4 章新增的阶段案例分别是"第一个 Web 页面"、"导航菜单栏的设计与实现"和"数字时钟的设计与实现"。

第二部分是重点篇，包括第 5~10 章的内容。这 6 个章节分别详细讲解 HTML5 新增 API 中的一款，包括 HTML5 拖放 API、表单 API、画布 API、音频/视频 API、Web 存储 API，以及新增了 HTML5 字符集与符号的用法。本版每章节新增的阶段案例分别是"仿回收站效果的设计与实现"、"用户注册页面的设计与实现"、"手绘时钟的设计与实现"、"在线教学视频的设计与实现"、"网页主题设置的设计与实现"和"简易 Emoji 查询器的设计与实现"。

第三部分是提高篇，包括第 11~13 章的内容。第 11 章是 CSS3 技术，主要讲解 CSS3 新增的样式用法，包括边框、背景、文本、字体、多列等方面的样式效果，以及新增的变形、渐变和动画技术。本版该章节新增阶段案例"特殊字体效果的设计与实现"。第 12 章主要讲解一个节选自实战性质的项目——高校辅导员培训基地网的设计与实现；第 13 章是本版的新增内容，介绍基于 Vue.js 3.x 的第一个项目以及使用组合式 API 制作一个秒表应用。这两章通过对项目实例的解析与实现，提高开发者的分析能力，强化对 HTML5、CSS3、JavaScript 以及 Vue.js 3.x 的综合应用能力。

本书包含完整例题 199 个、每章阶段案例 10 个以及提高篇进阶综合案例 2 个，均在浏览器中调试通过。由于很多 HTML5 和 CSS3 的代码需要较高版本浏览器方能提供更好的体验效果,建议读者使用但不限于 Chrome 17.0、Firefox 10.0、Safari 5.0 或 Opera 11.1 以上版本的浏览器。

本书提供丰富的配套资源,包括教学大纲、教学课件、电子教案、例题和案例源代码、在线题库、习题答案、教学进度表和 1400 分钟的微课视频。

资源下载提示

课件等资源:扫描封底的"图书资源"二维码,在公众号"书圈"下载。

素材(源码)等资源:扫描目录上方的二维码下载。

在线作业:扫描封底的作业系统二维码,再扫描自测题二维码,可以在线做题及查看答案。

视频资源:扫描封底的文泉云盘防盗码,再扫描书中相应章节中的视频讲解二维码,可以在线学习。

本书新增了各章节知识点案例的 AI 快捷实现技巧介绍,并额外提供了关于内嵌 AI 智能体的网页项目开发实战案例。

最后,感谢清华大学出版社魏江江分社长、王冰飞编辑以及相关工作人员,非常荣幸能与卓越的你们再度合作;特别感谢敬爱的周泉先生和任萱女士对本书出版给予的倾力帮助,无论何时想起都会让我不忘初心继续努力;感谢家人和朋友给予的关心和鼓励,同时也要感谢我的丈夫刘嵩先生多年来对我的工作的一贯支持。

愿本书能够对读者学习 Web 前端新技术有所帮助,并真诚地欢迎读者批评指正。希望能与读者朋友共同学习成长,在浩瀚的技术之海不断前行。

作 者

2025 年 5 月

目录
Contents

第一部分　基础知识篇

第二部分　重　点　篇

第三部分 提 高 篇

第一部分

基础知识篇

第1章

绪论

本章是全书的绪论部分,主要介绍 Web 前端开发技术与开发工具的选择。HTML、CSS 与 JavaScript 是 Web 前端开发的三大核心技术,在此基础上的 HTML5 和 CSS3 技术带来了新的变革,也是未来 Web 前端开发的趋势所在。

本章学习目标

- 了解 Internet 与万维网的概念;
- 了解 Web 服务器与 Web 浏览器;
- 了解 HTML、CSS 与 JavaScript 的概念与特点;
- 了解 HTML5 与 CSS3 的概念与特点;
- 掌握任意一款 Web 开发工具。

1.1 Web 原理基础

1.1.1 Internet 与万维网

1. Internet

Internet,中文名称叫作"因特网",也被人们称为"国际互联网"。它是由成千上万台计算机设备互相连接,基于 TCP/IP 进行通信从而形成的全球网络。Internet 是在 1969 年由美国国防部建立的 ARPANET 网络的基础上演变而来的。1995 年大量商业机构入驻,促使 Internet 蓬勃发展,最终彻底成为商业化网络。目前 Internet 已经遍及全球,有数亿人在使用,并且人数仍在不断增加。我们平时所说的"上网"指的就是将个人计算机、手机等设备接入 Internet。目前,Internet 已正式连接 86 个国家和地区,接入了 6 万多个网络。

通过 Internet,用户可以获得以下服务:

- WWW 浏览服务——在浏览器中输入 URL 地址,就可以进行网上冲浪,浏览新闻聚合页面、在线欣赏多媒体内容等。还可以使用各类应用服务,比如网上炒股、网络游戏、电子购物、网上办公等。
- 电子邮件服务(E-mail)——这也是最早的网络应用之一,拥有电子邮箱地址的用户可以互相发送和接收文本、图片等内容,还可以将文件作为邮件的附件随着邮件本身一起传输。
- 文件传输服务(FTP)——使用 FTP 可以在网上进行文件资源的上传和下载。
- 远程登录服务(Telnet)——允许用户使用已接入互联网的 PC 端或移动端远程登录和操作另外一台互联网上的设备,无须考虑地理位置的远近。

2. 万维网

万维网(World Wide Web,WWW)是 Internet 上最重要的服务之一,也常被简称为

"W3"或"Web"。万维网主要使用超文本传输协议(Hypertext Transfer Protocol,HTTP)将互联网上的资源整合在一起,并在浏览器中以 Web 页面的方式呈现给用户。每一个网络资源都有一个唯一的统一资源标识符(Uniform Resource Identifier,URI),因此在 Web 页面中可以以超文本链接的形式相互引用,从而把不同的页面关联在一起。在使用 PC、手机等设备上网浏览的网站都属于 WWW 提供的服务。它与 Internet 并不是同一个概念,Internet 上除了万维网还有其他服务,比如电子邮件服务、文件传输服务等。

1.1.2 Web 架构

Web 架构是由 Web 服务器与 Web 浏览器两部分组成的,也可以称为浏览器/服务器(Browser/Server,B/S)架构,如图 1-1 所示。

1. Web 服务器

Web 服务器是在实体机或虚拟机服务器设备中安装的服务器软件,在联网环境中可以接收用户在 Web 浏览器中输入的 URL(Uniform Resource Locator,统一资源定位符)地址,然后将该地址对应的文本、图片等内容发送给用户并显示在用户使用的 Web 浏览器中。Web 服务器通常用于放置网页文件和数据供用户访问和下载。常用的 Web 服务器有 Apache、IIS、Nginx 等。

2. Web 浏览器

Web 浏览器是安装在客户端(PC 端或移动设备)的软件,用于访问和显示 Web 资源。用户打开 Web 浏览器后输入正确的 URL 地址就可以访问网络上的资源,Web 资源一般会以 HTML 文件(扩展名为

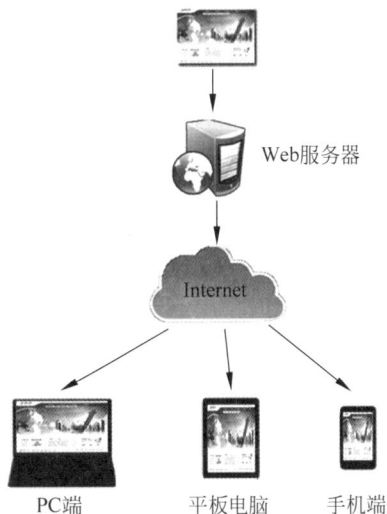

图 1-1 Web 架构

. html 或. htm 的文件)的形式发送给浏览器。浏览器可以解析和运行接收到的 HTML 文件,使其在浏览器中呈现带有文字、图像、超链接等丰富内容并且具有排版布局效果的画面,即 Web 页面。目前常用的浏览器有 Internet Explorer、Chrome、Firefox、Safari、Opera 等,其图标样式如图 1-2 所示。

图 1-2 常用浏览器图标

1.1.3 Web 应用

Web 应用不需要安装,其程序资源都部署在 Web 服务器中。用户通过在 Web 浏览器中输入不同的 URL 地址就可以远程访问 Web 应用。所有的 Web 应用都可以理解为存放在 Web 服务器端,并且可以在浏览器中呈现的软件。这些软件在浏览器中以 Web 页面的形式存在,包括文字、图片、音频、视频等内容,这些图形用户界面(Graphic User Interface,GUI)也称为 Web 前端。Web 应用需要调整更新时,只需要更新服务器端存放的相关内容,用户通过浏览器可以直接访问到最新的内容,免去了客户端与服务器端同时需要更新的麻烦。

1.2　Web 前端技术基础

HTML、CSS 与 JavaScript 是 Web 前端开发的三大核心技术。它们组合使用形成了复杂的 Web 应用,为用户带来了完整的产品体验,比如新闻聚合、视频分享平台、电子购物商城、社区论坛等。

1.2.1　HTML 技术

1. HTML 简介

HTML 来源于 Hypertext Markup Language(超文本标记语言)的首字母缩写,是用于架构和呈现网页的一种标记语言,也是万维网(World Wide Web)上应用最广泛的核心语言。它使用标签的形式将网页内容划分出结构层次。HTML 还使用超文本链接(简称"超链接")将网络上不同的 Web 资源进行关联,任何页面上的文字或图片都可以被指定为超链接,单击后可以跳转到相关联的其他 Web 资源页面。目前 HTML 标准由 W3C 组织(**注**:其全称为 World Wide Web Consortium,是万维网最具权威和影响力的国际技术标准机构)进行维护。

2. HTML 的起源

HTML 最早是在 1991 年由 Tim Berners-Lee 以"HTML 标签集"的形式公开发布的,包含了 18 个最早的元素标签。1993 年由国际互联网工程任务组(The Internet Engineering Task Force,IETF)正式发布了第一份 HTML 规范标准草案——Hypertext Markup Language(HTML)Internet Draft。由于当时 HTML 有很多不同的标准规范,因此 HTML 并没有正式的第 1 版。

在 1994 年,IETF 设立了 HTML 工作组来专门负责 HTML 技术的标准制定工作。1995 年,第一个关于 HTML 的正式规范标准 HTML2.0 被提出,这也是后来所有 HTML 技术的基础。从 1996 年开始,HTML 标准正式由 W3C 组织进行维护,同年 IETF 关闭了 HTML 工作组。1997 年初 HTML3.2 版作为 W3C 推荐标准正式发布,这也是由 W3C 组织正式发布的第 1 版 HTML 标准规范,同年 7 月正式发布 HTML4.0 版。1999 年 12 月,W3C 组织发布了 HTML4.01 版,对之前的 HTML4.0 版进行了一些修正,这也是目前使用年限最长的一个版本。2000 年,HTML 基于 4.01 版的严谨语法规则成为国际标准(ISO/IEC 15445:2000)。

3. HTML 的特点

1) 简易性

HTML 是一种标记语言,它使用一系列元素标签来标记网页的层次结构,并在浏览器中显示标签之间所包含内容。HTML 不同于其他复杂编程语言具有变量与方法的特征,使用者仅需要了解不同的元素标签的用法规则,易于学习和掌握。

2) 通用性

HTML 是由 W3C 组织负责解释并维护的国际统一规范标准,目前可以被所有浏览器所支持,应用极其广泛。无论是展示型网页或交互式 Web 应用,都使用 HTML 设计与展现前端页面的内容。

3) 平台无关性

HTML 页面是由浏览器负责解释并执行的,与平台无关。目前无论是 PC 端还是移动设备均可以使用浏览器访问 HTML 页面并浏览其中的内容。而且由于 HTML 是一种统一标准规范,目前被所有浏览器所支持,因此使用不同类型的浏览器也具有很好的兼容效果。

1.2.2 CSS技术

1. CSS简介

CSS全称为Cascading Style Sheets(层叠样式表),用于为网页文档中的元素添加各类样式,如字体大小、背景颜色、对齐方式等,起到了网页文档美化的作用。层叠样式表的工作原理是将样式规则存放在样式表中,网页文档通过对样式表的引用可为目标区域的元素添加样式。目前所有主流浏览器均支持层叠样式表。目前CSS标准由W3C组织进行维护。

2. CSS起源

最早的CSS1(Cascading Style Sheets,level 1)规范是在1996年12月由W3C组织正式推出的,Hakon Wium Lie与Bert Bos为联合创始人。该版本主要包含了字体样式,颜色与背景样式,元素对齐方式,边框、内外边距和位置样式等属性设置。

CSS2(Cascading Style Sheets,level 2)规范在1998年5月正式发布。在CSS1的基础上,CSS2新增了元素的定位属性、新的字体属性,例如阴影效果等。这一版本随后经历了漫长的修改过程,直至2011年6月才正式发布了CSS2.1版。目前CSS技术所保留的大部分功能都是基于CSS2发展而来的。

3. CSS的特点

1) 内容与表现分离

CSS可以将设计样式相关代码抽离出来存放于专门的样式表文件中,HTML页面通过对样式表的引用来显示指定的样式效果。这种方式使得HTML页面更为简洁,也方便搜索引擎对于页面的检索。

2) 易于应用与维护

不同的HTML页面通过引用同一个CSS样式表文件即可实现相同的样式效果。同样对于样式的修改维护也只需要在CSS样式表中进行,无须改动HTML页面的代码内容。

3) 提高浏览器加载速度

对比原始的纯<table>表格排版布局方式,CSS与<div>标签配合使用所形成的样式效果仅需要原先一半的代码量,因此也具有更快的浏览器加载速度,同时也带来了更友好的用户体验效果。

1.2.3 JavaScript技术

1. JavaScript简介

JavaScript是一种轻量级的直译式编程语言,基于ECMAScript标准(**注:一种由**ECMA国际组织通过ECMA-262标准化的脚本程序语言)。通常在HTML网页中使用JavaScript为页面增加动态效果和功能。JavaScript和HTML、CSS一起被称为是Web开发的三大核心技术,目前JavaScript已经广泛应用于Web开发,市面上绝大多数网页都使用了JavaScript代码。可以说当今所有浏览器都支持JavaScript,无须额外安装第三方插件。

2. JavaScript起源

JavaScript最早是在1995年由网景(Netscape)公司的Brendan Eich用了十天时间开发出来的,用于当时的网景导航者(Netscape Navigator)浏览器2.0版。最初这种脚本语言的官方名称为LiveScript,后来应用于网景导航者浏览器2.0B3版时正式更名为

JavaScript。更名的原因是因为当时网景公司与 Sun 公司开展了合作,网景公司的管理层希望在他们的浏览器中增加对于 Java 技术的支持。该名称容易让人误以为该脚本语言是和 Java 语言有关,但实际上该语言的语法风格与 Scheme 更为接近。

3. JavaScript 与 Java

因为名称的相近,JavaScript 常被误以为和 Java 有关,但事实上它们是从概念上和设计上都毫无关联的两种语言。JavaScript 是 Netscape 公司的 Brendan Eich 发明的一种轻量级语言,主要应用于网页开发,无须事先编译;而 Java 是由 Sun 公司的 James Gosling 发明的一种面向对象程序设计语言,根据应用方向又可分为 J2SE(Java2 标准版)、J2ME(Java2 微型版)和 J2EE(Java2 企业版)三个版本,需要先编译再执行。JavaScript 的主旨是为非程序开发者快速上手使用的,而 Java 是更高级、更复杂的一种面向专业程序开发者的语言,比 JavaScript 难度大,应用范围更广。

4. JavaScript 的特点

1)脚本语言

JavaScript 是一种直译式的脚本语言,无须事先编译,可以在程序运行的过程中逐行进行解释使用。该语言适合非程序开发人员使用。

2)简单性

JavaScript 具有非常简单的语法,其脚本程序面向非程序开发人员。HTML 前端开发者都有能力为网页添加 JavaScript 片段。

3)弱类型

JavaScript 无须定义变量的类型,所有变量的声明都可以用统一的类型关键词表示。在运行过程中,JavaScript 会根据变量的值判断其实际类型。

4)跨平台性

JavaScript 语言是一种 Web 程序开发语言,它只与浏览器支持情况有关,与操作系统的平台类型无关。目前 JavaScript 可以在无须安装第三方插件的情况下被大多数主流浏览器完全支持,因此 JavaScript 程序在编写后可以在不同类型的操作系统中运行,适用于 PC、笔记本电脑、平板电脑和手机等各类包含浏览器的设备。

5)区分大小写

JavaScript 语言是一种区分字母大小写的语言,例如字母 a 和 A 会被认为是不同的内容。同样在使用函数时也必须严格遵守大小写的要求,使用正确的方法名称。

1.3 Web 前端新技术

在 Web 前端的三大核心技术基础上,HTML5 技术带来了新的变革。HTML5 也常被简称为"H5",它来源于 HTML 技术的第 5 版。目前 H5 已经不仅仅是其字面的含义了,它代表着 HTML5 与 CSS3 等一系列新技术的合集,也是未来 Web 前端开发的趋势所在。

1.3.1 HTML5 技术

1. HTML5 简介

HTML5 指的是 HTML 语言的第五次修改版,也是目前 HTML 语言的最新版。HTML5 标准规范是 2014 年 10 月由 W3C 组织正式发布,该标准规范中新增了对于多媒体技术的支持,为 PC 端和移动平台带来无缝衔接的丰富内容。

HTML5 的正式 logo 是在 2011 年 4 月被最终确定的,如图 1-3 所示。在对该 logo 进行定义的过程中,W3C 组织称 HTML5 是"现代 Web 应用的奠基石"。

图 1-3 HTML5 的官方 logo

2. HTML5 的发展史

HTML5 经历了相当曲折的发展历史。最初在 2004 年 6 月,Mozilla 和 Opera 公司向 W3C 组织呈递了一份提案,要求致力于提高当今主流浏览器的兼容性并制定新的 Web 标准。由于当时的最终结果为反对意见,因此该提案没有被列入议程。不久之后支持者另行成立了网页超文本应用技术工作组(Web Hypertext Application Technology Working Group,WHATWG),基于之前的提案草稿发布了 Web Application 1.0 标准规范。这两份标准规范后来合并形成了 HTML5,并于 2007 年由 W3C 组织下新成立的 HTML 工作组接纳。

2008 年 1 月,WHATWG 组织正式发布了该标准的第一份草案,当时大部分主流浏览器已经开始逐步对 HTML5 某些功能实现了支持。到 2012 年 6 月,WHATWG 与 W3C 组织正式达成协议不再继续合作。W3C 组织将继续完善 HTML5 标准规范,而 WHATWG 组织将取消 HTML 的版本号,将 HTML5 作为一个动态标准不断添加新的内容,没有最终版这一概念。

2014 年 10 月 28 日,经历了数百次修改的 HTML5 终于形成了 W3C 标准版。

3. HTML5 的特点

1)元素标签的改进

HTML5 延续了超文本标记语言的特征,使用元素标签与属性在网页页面上表达特定的含义。在 HTML5 中,一些常用标签被更为明确的语义标签所代替。例如,在 HTML4.01 中使用块级元素< div >与行内元素< span >组合形成网页的主要层次结构,而在 HTML5 中则使用具有更为明确含义的< header >(页眉)、< nav >(导航栏区域)、< footer >(页脚)等标签构建网页的层次结构。同时 HTML5 也删除了一些用于表示样式的过期元素标签,例如< font >和< center >等标签,并建议开发者使用 CSS 技术来渲染页面样式。

2)新增 API

API 的全称是 Application Programming Interface(应用程序编程接口),指的是一些可以直接被开发者调用的预先封装的函数,开发者无须查看源码或了解其内部机制原理就可以运行其中指定的功能。

HTML5 中新增了一系列 API 配合 JavaScript 使用实现的各种功能,例如:

- 可以直接在页面上实现绘图与动画效果;
- 可以直接在网页上播放多媒体文件(音频和视频),无须第三方 Flash 插件;
- 可以直接在浏览器上对用户进行地理定位;
- 可以将页面上的任何元素都设置为可被拖曳的效果。

HTML5 新增 API 的具体应用将在后续章节逐一详解。

3)错误处理机制

HTML5 具有更好的兼容性与容错机制,即使在不支持 HTML5 的旧版浏览器上运行 HTML5 页面也不会出问题。HTML5 为浏览器提供了更为详细的解析规则,让旧版浏览器忽略尚未支持的 HTML5 新增内容,并且浏览器即使发生了解析错误也能获得近乎相同的结果。

1.3.2 CSS3 技术

1. CSS3 简介

CSS3(Cascading Style Sheets,level 3)是 CSS 的第 3 版,也是目前 CSS 的最新标准。

CSS3 语言的特点是模块化,其中各个模块都增加了新的功能,或者在 CSS2 的基础上对功能进行了扩展。其中新增了对于网页上各类元素边框、背景、文本和字体等内容的特效。CSS3 还新增了动画技术,无须使用脚本代码即可实现网页元素的动画效果。

2．CSS3 的发展史

最早的 CSS3 草案是在 1999 年 6 月公开发布的,这意味着 CSS3 标准规范的定制工作在上一个版本 CSS2 正式发布之前就已列入考虑范围。由于 CSS3 具有模块化的特征,不同的模块也处于各自的定制进度中。2012 年 6 月,CSS 工作组公布了 CSS3 草案中的 50 多个模块内容,其中有 4 个模块的规范标准已经作为正式版发布。

3．CSS3 的特点

1) 完全向后兼容

CSS3 的内容完全向后兼容,其新增内容基本都是在 CSS2 的基础上进行的扩展语法规则,因此原先基于 CSS2 设计的网页内容无须进行修改即可正常显示。开发者可以直接在CSS 样式表文件中添加 CSS3 的内容,即可更新页面设计效果。

2) 模块化的新增功能

CSS3 的新增内容是划分为不同的模块分别进行定制的,因此互相之间不会受到干扰。其中 CSS3 常见新增内容如下:

- 边框与背景——可以更改元素的边框颜色,设置圆角矩形或图案边框,也可以控制背景图像的位置和尺寸等样式效果。
- 颜色——除了支持原有的 RGB 颜色模式外,还新增了透明度设置效果。
- 字体与文本——新增了文字投影效果,可以自定义文字投影的大小、颜色等样式,还可以使用放在服务器端的字体实现页面风格的个性化设置。
- 多列——可以让文字在页面上多列显示,其中每列的宽度、列数、列间线条的颜色、宽度等样式等都可以由开发者自定义。
- 选择器——增加了新的 CSS 选择器语法规则,可以用更为简洁的语法匹配符合要求的元素。

3) 变形与动画效果

CSS3 可以在不借助第三方插件的情况下直接实现元素变形,包括对元素的移动、旋转、扭曲和缩放效果。CSS3 还为元素赋予了动画特效,可以指定一个或多个元素在一定的时间范围内按照规定的样式进行变化。

1.4　Web 开发工具

HTML、CSS 和 JavaScript 源代码文件均为纯文本内容,用计算机操作系统中自带的写字板或记事本工具就可以打开和编辑源代码内容。因此本书不对开发工具做特定要求,使用任意一款纯文本编辑器均可以进行网页内容的编写。这里介绍几款常用的网页开发工具软件:Adobe Dreamweaver、Sublime Text 、NodePad++、Visual Studio Code 和 WebStorm。

1.4.1　Adobe Dreamweaver

Adobe Dreamweaver 是一款所见即所得的网页编辑器,中文名称为"梦想编织者"或"织梦"。该软件最初的 1.0 版是 1997 年由美国 Macromedia 公司发布的,该公司于 2005 年被 Adobe 公司收购。Dreamweaver 也是当时第一套针对专业 Web 前端工程师所设计的可视化网页开发工具,整合了网页开发与网站管理的功能。

Dreamweaver 支持 HTML5/CSS3 源代码的编辑和预览功能,最大的优点是可视化性能带来的直观效果,开发界面可以分屏为代码部分与预览视图(如图 1-4 所示),开发者修改代码部分时预览视图会随着修改内容实时变化。

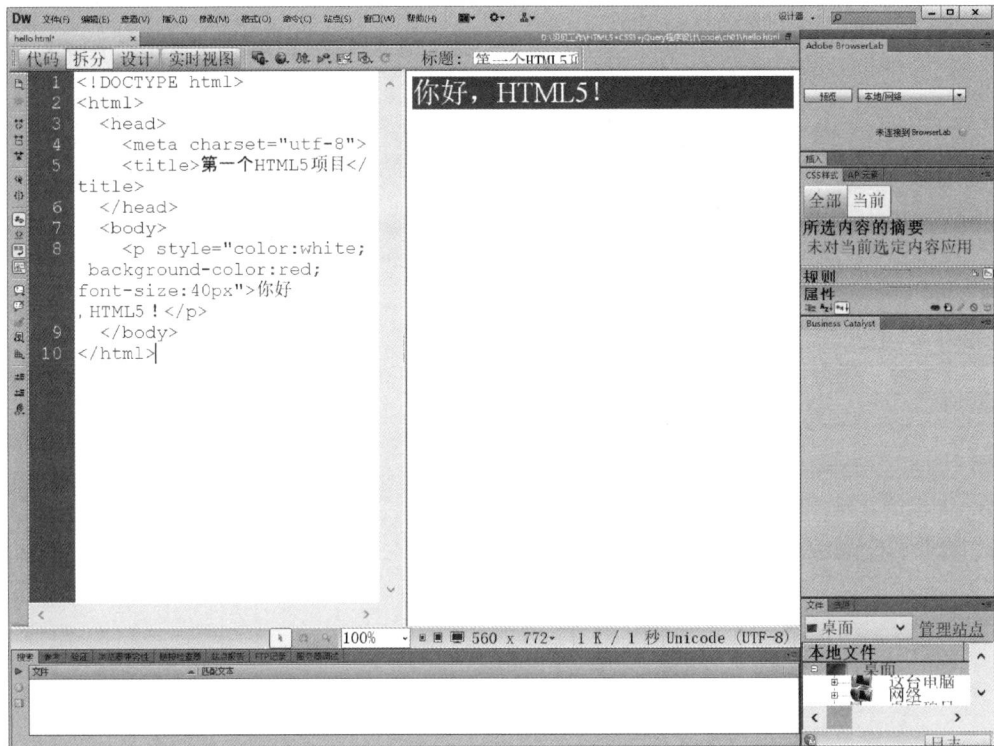

图 1-4 Dreamweaver 可视化开发界面

Dreamweaver 也有它的弱点,由于不同浏览器存在兼容性问题,Dreamweaver 的预览视图难以达到与所有浏览器完全一致的效果。如需考虑跨浏览器兼容问题,预览画面仅能作为辅助参考。

1.4.2 Sublime Text

Sublime Text 的界面布局非常有特色,它支持文件夹导航图和代码缩略图效果(如图 1-5 所示)。该软件支持多种编程语言的语法高亮,也具有代码自动完成提示功能。该软件还具有自动恢复功能,如果在编程过程中意外退出,在下次启动该软件时文件会自动恢复为关闭之前的编辑状态。

1.4.3 NodePad++

NodePad++的名称来源于 Windows 系列操作系统自带的记事本 NotePad,在此基础上多了两个加号,立刻带来了质的飞跃。这是一款免费开源的纯文本编辑器(如图 1-6 所示),具有完整中文接口并支持 UTF-8 技术。由于它具有语法高亮显示、代码折叠等功能,因此也非常适合作为计算机程序的编辑器。

1.4.4 Visual Studio Code

Visual Studio Code 常被简称为 VS Code,是微软公司出品的一款免费开源的开发工具,支持 Windows、macOS 以及 Linux 操作系统(如图 1-7 所示)。该软件具有语法高亮、代码自动补全、查看定义等功能,也内置了 Git 版本控制系统和命令行工具。该软件安装后可

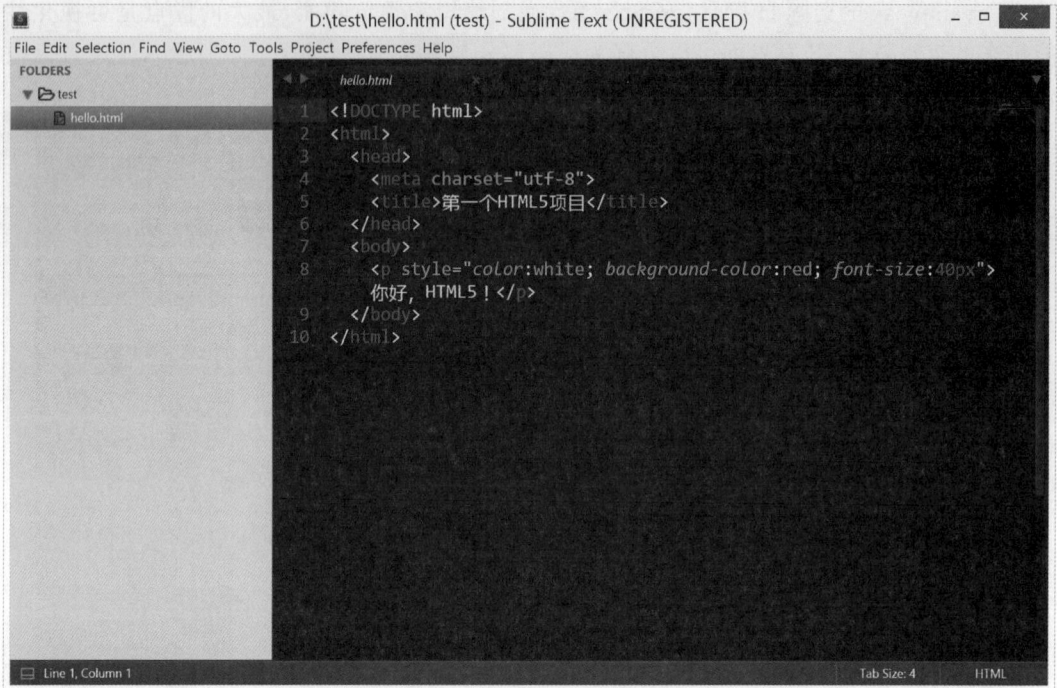

图 1-5　Sublime 开发界面

图 1-6　NodePad＋＋开发界面

以在其内置的扩展程序商店安装扩展包来拓展软件功能,例如 Chinese 汉化包插件、Beautify 代码格式化插件、Auto Rename Tag 自动补全 HTML/XML 头尾标签插件等,适合喜欢 DIY 配置工具的开发者。该软件支持多种编程语言,例如 JavaScript、TypeScript、HTML、CSS,也可以通过下载扩展包来支持 Java、Python、Go 等其他编程语言。

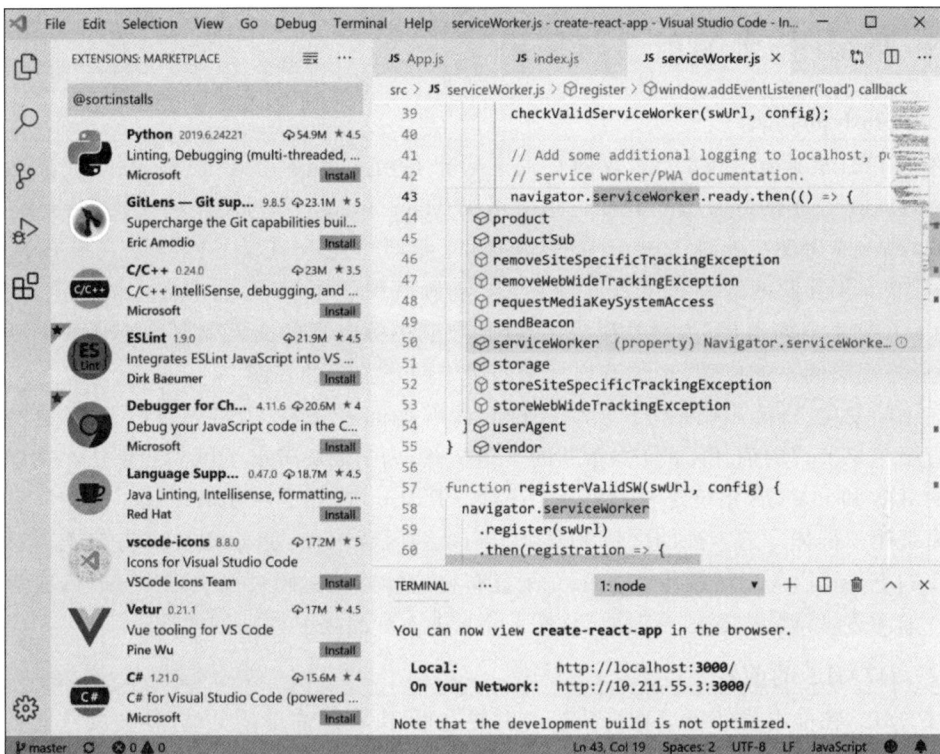

图 1-7　Visual Studio Code 开发界面

1.4.5　WebStorm

WebStorm 是 JetBrains 公司旗下的一款 JavaScript 开发工具,适合进行 Web 前端开发以及与 JavaScript 相关的程序编写(如图 1-8 所示)。该软件直接支持代码高亮、代码折叠、代码补全以及格式化等功能,无须安装额外的插件。正常版本是付费软件,但是该软件对于教育教学领域非常友好,学生和教师均可使用学校邮箱去申请免费教育版许可证,该许可证有效期为每次 1 年,到期时如果用户还在学校仍可免费续约。

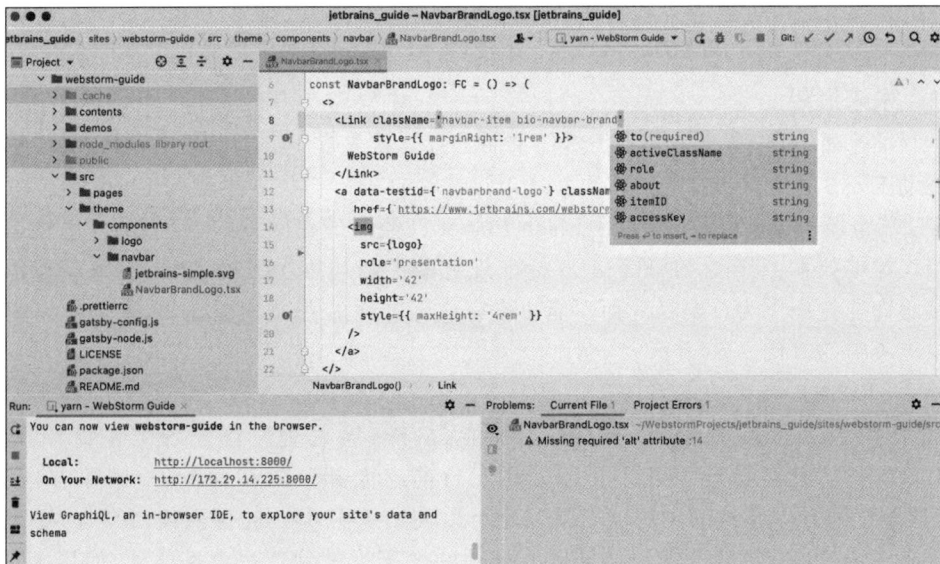

图 1-8　WebStorm 开发界面

1.5   Web 技术的前景与展望

1.5.1   Flash 的兴衰

在 HTML5 诞生之前,大多数网页动态效果是由 Adobe 公司的 Flash 来完成的。和 Dreamweaver 一样,Flash 最初同样也是由美国 Macromedia 公司发布的,后因 Adobe 公司收购的缘故,成为现在的 Adobe Flash。从 1994 年诞生至今,Flash 经历了它最辉煌的 30 年。由 1999 年互联网的兴起作为开端,Flash 动画就引领了 Web 前端技术的潮流,它弥补了 HTML 技术上的不足,为网站形成了动画、导航栏等丰富的交互效果。它还曾带动过优酷、土豆等视频网站的成功,也创造出社交网络中网页游戏的热潮。

在不断变化、推陈出新的 IT 领域,Flash 能够崛起并保持 30 年立于不败之地实属不易。直至苹果公司的前任 CEO 乔布斯的一篇文章,为 Flash 带来了巨大的创伤。文中声明苹果的 iOS 和 macOS 系统都将不再支持 Flash Player,这几乎预示着 Flash 将在移动市场失去大量用户群体。这一声明之后又发生了一系列后续事件,例如 Adobe 宣布不再开发安卓系统的 Flash Player 后续版本,Chrome 宣布将选择性地关闭页面上的 Flash 内容等。这些事件如同多米诺骨牌般地蜂拥而至,使 Flash 进入产品生命周期的末端。

1.5.2   HTML5 的前景

HTML5 在推出前经历过相当曲折的发展过程,决策层内部的分歧、各大浏览器公司想扩大市场话语权的暗战曾导致该标准一度搁浅。历经 10 年时间,经过数百次修改的 HTML5 才有了 W3C 标准版。事实上,HTML5 并没有因为这些艰难而立刻得到应有的回报。在刚推出时也曾因为性能问题经历低谷——在 PC 端尚且无法兼容所有主流浏览器,在移动端利用 WebView 内嵌 HTML5 页面的方式所开发的混合 App 从各方面来说性能都无法与手机操作系统原生 App 相提并论。

但是随着硬件的快速发展,浏览器内核对于脚本技术的性能障碍也在逐步弱化。在移动设备开始占主导市场的今天,与之相关的技术概念与机遇也将接踵而来,这些内容往往都极其需要根据机型高度自适应和高度跨平台技术的支持。由于具有高度跨平台自适应的特性,HTML5 以移动市场作为主战场开始逐步回归技术前沿。如今 HTML5 这个词已经不仅仅是它本身的意思了,还代表着以它为首的 CSS3、jQuery 等一系列新技术的合集。

1.5.3   未来展望

从目前来看,HTML5 的未来仍然任重而道远。首先在 PC 端市场中,HTML5 暂时还无法撼动 Flash 的地位。在历经多次技术浪潮冲洗打击后仍屹立不倒的 Flash 始终占有很大的 PC 端市场份额,其播放器产品 Flash Player 已经渗透在网站的各个方面,仍然是目前使用最广泛的技术。其次,在 HTML5 标准规范的更新与维护方面,如果决策层和各家厂商继续将商业竞争作为首要目的而不能协作完成标准化的普及和更新,未来恐难以跟得上技术层出不穷的时代。

然而 HTML5 在移动端仍具有无限发展的潜能。移动设备上的应用无论是通过浏览器访问或者本地 App 的交互,HTML5 都能占有一席之地。首先各类主流浏览器对 HTML5 的支持使得该技术几乎可以使用于目前绝大部分的移动设备,例如,在不支持 Flash Player 的 iOS 系统的浏览器上就完全可以使用 HTML5 进行视频、音频的播放。而其他手机系统也可以在无须第三方 Flash 插件的情况下做到这一点。此外,使用 HTML5 为主要技术的混合式开发技术也开始迅速崛起。该技术可以做到跨平台 App,即一次开发可同时适应 Android、iOS 等主流操作系统,大幅度提高了效率、节约了开发成本。并且由于硬件的快速发展,大幅度弱化了 HTML5 应用的性能障碍,目前市场上很多使用混合式开发技术的 App 产品已可以与原生 App 相媲美。并且目前随着移动端微信 App 的普及,基于微信的页面小游戏、宣传海报、企业号等开发产品中 HTML5 的身影随处可见。

　　HTML5 正在不断崛起,为用户带来了一体化的网络。在此基础上新的技术将不断涌现,Web 技术潮流也许将迎来一个全新的时代格局。

扫一扫

AI 助教

本章小结及 AI 辅助编程技巧

　　本章在 Web 原理基础部分解释了 Internet 与万维网的概念,并且介绍了 Web 架构是由 Web 服务器与 Web 浏览器组成。HTML、CSS 和 JavaScript 被称为是 Web 开发的三大核心技术,在此基础上的 HTML5 和 CSS3 可以视为 HTML 和 CSS 的升级优化版,也是本书主要介绍的内容。HTML5 可用于划分清晰的网页文档层次结构,CSS3 对内容进行样式美化,配合 JavaScript 进行元素操作和事件处理,能实现更加丰富的网页效果。

扫一扫

自测题

习题 1

1. 什么是 Internet 和万维网? 它们的区别在哪里?
2. 请简单描述用户上网浏览网页的原理。
3. Web 前端技术的三大核心基础是哪些内容?
4. Web 前端新技术 HTML5 与 HTML 有什么关系?

第2章

HTML5 基础

本章主要介绍 HTML5 的基础知识,包括 HTML5 文档的基本结构、元素标签的用法、文档注释和规范格式要求。在 HTML5 中保留了 HTML4.01 之前的部分常用标签,并在此基础上新增了 HTML5 特有的文档结构标签、格式标签和一系列新增 API。

本章学习目标

- 理解 HTML5 文档的基本结构;
- 理解 HTML5 中元素标签的作用;
- 掌握 HTML5 文档注释的用法;
- 掌握 HTML5 保留的常用标签的用法;
- 掌握 HTML5 新增的文档结构标签的用法;
- 掌握 HTML5 新增的格式标签的用法。

2.1 HTML5 基本结构

HTML5 实际上不算是一种编程语言,而是一种标记语言。HTML5 文件是由一系列成对出现的元素标签嵌套组合而成的,这些标签以<元素名>的形式出现,用于标记文本内容的含义。浏览器通过元素标签解析文本内容并将结果显示在网页上,而元素标签本身并不会被浏览器显示出来。

HTML5 文档的基本结构如下:

```
<!DOCTYPE html>
<html>
  <head>
    <title>网页标题</title>
  </head>
  <body>
    主体内容
  </body>
</html>
```

HTML5 元素的内容一般以起始标签<元素名>开始,以结束标签</元素名>终止。例如,首部标签<head>中的<title>标签用于标记网页标题,该标签之间的内容将显示在浏览器窗口的标题栏中。主体标签<body>中的内容显示到网页上。

修改 HTML5 文档基本结构中的文字内容,即可快速生成一个简单的 HTML5 页面。

【例 2-1】 第一个 HTML5 页面

```
1.  <!DOCTYPE html >
2.  < html >
3.      < head >
4.          <title>我的第一个 HTML5 页面</title>
5.      </head>
6.      < body >
7.          你好，HTML5！
8.      </body>
9.  </html >
```

将文本内容保存为扩展名为.html 的文件（例如 Example2_1.html），可直接用浏览器打开并查看显示效果。

该示例在浏览器中的显示效果如图 2-1 所示。

其中< title >标签包含的内容显示在标题栏中，而< body >标签包含的内容直接显示在网页上。

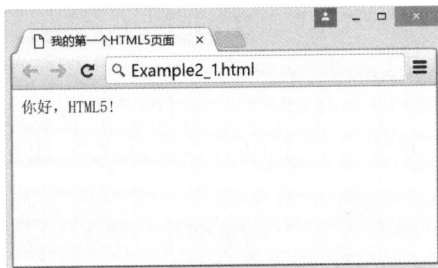

图 2-1 第一个 HTML5 页面

2.1.1 文档类型声明<!DOCTYPE >

DOCTYPE 是 Document Type 的简写，含义为文档类型。HTML5 文档基础结构中第一行<!DOCTYPE html >就是 HTML5 的 DOCTYPE 声明。

网页实际上有多种浏览模式，例如兼容模式、标准模式等。HTML5 用<!DOCTYPE >标签定义文档该基于何种标准在网页中呈现。<!DOCTYPE html >意味着该网页的呈现标准是基于 HTML5 的。当使用该 DOCTYPE 声明方式时，浏览器会将此页面定义为标准兼容模式。

HTML4.01 的文档类型声明较为复杂，常见如下：

```
<!DOCTYPE html PUBLIC " – //W3C//DTD XHTML 1.0 Transitional//EN"
"http://www.w3.org/TR/xhtml1/DTD/xhtml1 – transitional.dtd">
```

在 HTML5 中，该声明被大幅度化简：

```
<!DOCTYPE html >
```

在浏览器打开的网页页面任意位置右击，在弹出的快捷菜单中选择"查看网页源代码"命令，可以看到在页面顶端第一句就是 DOCTYPE 声明。

HTML5 引入了新的特性和元素，同时也取消了对部分过期元素的支持，因此如果在 HTML5 的 DOCTYPE 声明下使用了 HTML 的过期元素，网页可能无法正常显示预期的效果。

2.1.2 根标签< html >

< html >是 HTML5 文档的根元素标签，除顶部<!DOCTYPE html >文档类型声明以外，所有的 HTML5 文档都是以< html >标签开始，以</html >标签结束的。在< html >和</html >标签内包含了两个重要的元素标签：< head >首部标签和< body >主体标签，分别用于标记文档的首部和主体部分。

2.1.3　首部标签< head >

HTML5 文档的首部以< head >标签开始,以</head >标签结束。< head >标签中的内容不会显示在网页的页面中。< head >标签中可包含< title >和< meta >等标签,用于声明页面标题、字符集和关键词等。

1. 网页标题标签< title >

HTML5 文档使用< title >和</title >标签标记网页标题,该标题会显示在浏览器窗口的标题栏中,若省略< title >标签,则网页标题会显示为"无标题文档"。建议在网页代码中保留该标签,因为< title >标签还能用于当网页被添加到收藏夹时显示标题,以及作为页面标题显示在搜索引擎结果中。

2. 基础地址标签< base >

< base >标签用于为页面上所有的链接设置默认 URL 地址或目标 target。当 HTML5 文档中使用了相对路径时,浏览器会用< base >标签指定的 URL 进行补全。例如:

```
< head >
< base href = "http://localhost/images/" />
</head >

< body >
< img src = "sunflower.jpg" />
</body >
```

此时在图像标签< img >中 src 属性填写的是一个相对路径,由于< base >标签的作用,该路径会被浏览器自动补全为< img src = "http://localhost/images/sunflower.jpg"/>。如果没有使用< base >标签来指定 URL 地址,则浏览器会用当前 HTML5 文档的 URL 对图片地址进行补全。关于图像标签< img >的详细介绍请参考 2.2.4 节的相关内容。

< base >标签也可以为该网页上所有超链接统一设置打开方式,例如:

```
< head >
< base target = "_blank" />
</head >

< body >
< a href = "http://www.baidu.com">百度</a >
< a href = "http://www.163.com">网易</a >
</body >
```

在< base >标签中的属性 target = "_blank"指的是该网页文档中所有未指定打开方式的超链接将在新窗口打开。关于超链接标签< a >的详细介绍请参考 2.2.5 节的相关内容。

3. 元数据标签< meta >

< meta >标签用于提供当前 HTML 文档的元数据,这些数据不会直接显示在网页上,但是对于机器是可读的,适用于搜索引擎索引。通常< meta >标签可用于定义网页的字符集、关键词、描述、作者等信息。

1) 字符集声明

Charset 是 Character Set 的简写,含义为字符集设置。浏览器统一默认的字符集是 ISO-8859-1 西文字符集,如果使用了其他字符集,那么浏览器需知道使用何种字符集才能正确地显示 HTML 页面。HTML5 文档使用< meta >标签进行字符集声明。

万维网初期使用的是 ASCII 字符集,该字符集支持数字 0～9、英文大写字母 A～Z 和小写字母 a～z,以及部分特殊字符。由于很多国家使用的字符不被 ASCII 码支持,因此浏览器统一默认的字符集是 ISO-8859-1 西文字符集。

以 UTF-8 字符集为例,HTML4.01 的字符集声明如下:

```
< meta http - equiv = "Content - Type" content = "text/html; charset = utf-8">
```

这行语句表示当前 HTML 文档使用的字符集是 UTF-8 编码格式。

在 HTML5 中,同样的内容声明方式会更为简洁,写法如下:

```
< meta charset = "utf-8">
```

2) 关键词声明

使用< meta >标签定义网页关键词(keywords)的用法如下:

```
< meta name = "keywords" content = "HTML5, CSS3, jQuery" />
```

3) 页面描述声明

使用< meta >标签定义页面描述(description)的用法如下:

```
< meta name = "description" content = "This is a tutorial about HTML5, CSS3, jQuery" />
```

搜索引擎会根据< meta >标签中的 name 和 content 属性来索引网页。

4. 样式标签< style >

样式标签< style >可用于定义文档中指定区域的字体风格、背景颜色、对齐方式等各类样式信息。例如:

```
< head >
< style >
p {color: red}
</style >
</head >
< body >
< p >这是一个段落.</p >
</body >
```

这段代码可以将 HTML5 文档中所有未指定字体颜色的段落显示为红色。

关于< style >标签的具体内容请参见 3.1.1 节和 3.1.2 节的用法。

5. 链接标签< link >

< link >标签用于连接外部资源和当前 HTML5 文档,它只出现在首部标签< head >和</head >中,通常用于连接外部样式表。例如:

```
< head >
< link rel = "stylesheet" href = "my.css" />
</head >
```

这表示将 CSS 样式文件 my.css 指定的样式效果应用于当前网页中。如果需要同时引用多个外部样式表文件,则需要为每一个 CSS 样式文件单独使用一次< link >标签。例如:

```
< head >
< link rel = "stylesheet" href = "my1.css" />
< link rel = "stylesheet" href = "my2.css" />
< link rel = "stylesheet" href = "my3.css" />
</head >
```

这里对于 CSS 样式文件的引用使用了相对路径,也可以根据实际需要填写 URL 地址。关于外部样式表的具体内容请参见 3.1.3 节。

6. 脚本标签< script >

< script >标签为可选,取决于当前页面是否需要使用脚本内容,比如 JavaScript。该标签可以直接引用外部脚本文件,也可以直接将脚本命令写在< script >和</ script >标签中。例如:

```
< head >
< script src = "test.js"></script >
</head >
```

和引用外部 CSS 文件类似,如果需要同时引用多个 JavaScript 文件,则需要为每一个 JavaScript 文件单独使用一次< script >标签。例如:

```
< head >
< script src = "test1.js"></script >
< script src = "test2.js"></script >
< script src = "test3.js"></script >
</head >
```

关于 JavaScript 的具体内容请参见第 4 章。

2.1.4 主体标签< body >

HTML5 文档的主体部分以< body >标签开始,以</body >标签结束。< body >标签中的内容将全部显示在网页的页面中。< body >标签中可直接添加文本内容,也可继续嵌套其他元素标签,形成多样化的显示效果。

2.1.5 HTML5 文档注释

为增加 HTML5 文档的可读性,可为其添加注释部分。注释是文档中的说明文字,不会被浏览器执行。HTML5 使用<!-- … -->标签为文档进行注释,注释标签以"<!-- "开头,以" -->"结束,中间的"…"替换为注释文字内容即可。<!-- … -->标签支持单行和多行注释。

扫一扫

视频讲解

【例 2-2】 注释标签的应用

```
1.    <!DOCTYPE html>
2.    < html >
3.        < head >
4.            < meta charset = "utf-8">
5.            < title>带有注释语句的 HTML5 页面</title>
6.            <!-- 这是一个单行注释语句 -->
7.        </head >
8.        < body >
9.            你好,HTML5!
10.           <!-- 这是一个多行注释语句,
11.           注释语句都不会被浏览器所执行,
12.           也不会在网页中显示 -->
13.       </body >
14.   </html >
```

该示例在浏览器中的显示效果如图 2-2 所示。

2.1.6 HTML5 文档规范

1. 文件类型

一般来说,纯 HTML5 开发推荐使用.html 格式。和 HTML4.01 一样,HTML5 支持

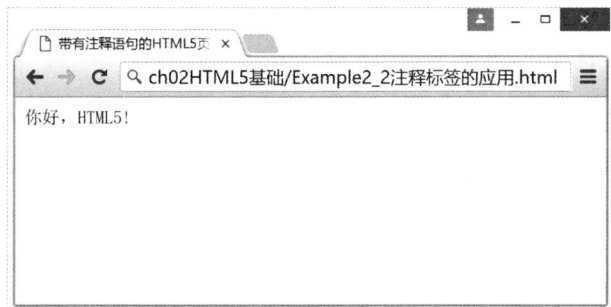

图 2-2 注释标签的应用效果

的常用文件扩展名为.html。在早期的 DOS 操作系统中,文件扩展名限制为最多 3 个字符,无法识别 4 位文件名,因此.htm 被用于兼容此类操作系统。目前这两种扩展名方式均被各类浏览器广泛支持,互换扩展名不会引起打开错误,但是通过 URL 地址访问时需要正确的扩展名。

2. 元素标签格式

元素标签一般情况下是成对出现的,首尾标签的元素名称保持一致,并且尾标签中需要加上斜杠符号。

在早期的 HTML 规范中,标签是不区分大小写的,因此老版本的网页中可能会存在如下写法:

```
1.   <HTML>
2.     <HEAD>
3.       <TITLE>早期存在的大写标签页面</TITLE>
4.     </HEAD>
5.     <BODY>
6.       ...
7.     </BODY>
8.   </HTML>
```

万维网联盟(W3C)明确规定了在新版本 HTML5 中必须使用小写格式,包括元素标签本身和其中可能出现的属性均需要遵守此规范。

在 HTML5 中,也有部分标签是独立使用的,没有首尾标签成对出现。例如,换行标签
和水平线标签<hr>等。由于此类标签单个就已经可以表达足够明确的含义,并且不包含其他文本内容需要放置在其首尾标签之间,因此结束标签没有存在的必要。

目前这种无结束标签的元素标签有不同的写法存在,例如,水平线标签可以写成<hr>或<hr/>。HTML4.01 以前版本可以直接写成<hr>,但在 XML 规范中,所有的标签都必须有结束标签,因此必须加上斜杠符号表示完结。虽然目前这两种写法均能被浏览器正确显示,但是从长远来看,加上结束标志即斜杠符号的写法更为标准。

3. 字符实体的使用

在 HTML5 文档中存在一些特殊字符无法直接使用。例如,小于符号(<)和大于符号(>)是无法直接输出的,因为它们会被误认为是元素标签的组成部分;而连续空格也无法正确显示,会被浏览器缩减为单个空格。存在此类情况的一系列特殊字符在 HTML5 中称为字符实体(Character Entities)。

字符实体可借助其对应的字符名称或数字代码进行输出,其格式如下:

```
&实体名称;
&#实体数字;
```

实体名称和实体数字的写法都是以 & 符号开头,以;符号结尾,其中实体数字前面还加有♯符号以示区分。例如,大于符号(>)可以使用">"或"&♯62;"表示。

常用的字符实体及其对应的表示方式如表 2-1 所示。

表 2-1　特殊字符的实体名称和符号代码

显示效果	字符实体	实体名称	实体数字
	空格		&♯160;
>	大于号	&gt;	&♯62;
<	小于号	&lt;	&♯60;
×	乘号	&times;	&♯215;
÷	除号	&divide;	&♯247;
"	双引号	&quot;	&♯34;
'	单引号	&apos;	&♯39;
°	度数	&deg;	&♯176;
£	英镑	&pound;	&♯163;
€	欧元	&euro;	&♯8364;
©	版权	&copy;	&♯169;
®	注册商标	&reg;	&♯174;

实体名称的出现是为了方便记忆,但是部分实体名称不能完全被所有浏览器支持,在这种情况下可以使用实体数字代替。更多关于字符符号的用法见第 10 章。

4. 图像文件的使用

网页文件常见的图像格式有 JPEG 格式、GIF 格式和 PNG 格式。

1) JPEG 格式

JPEG 格式指的是联合图像专家组(Joint Photographic Expert Group,JPEG)格式,是第一个国际图像压缩标准。该格式的图像文件扩展名是.jpg 或.JPG 两种形式。

JPEG 格式图像文件有以下特点:

- 支持高级压缩。JPEG 格式图像文件可以进行高级压缩,例如用于摄影或写实作品。
- 弹性压缩比。JPEG 格式图像文件在被压缩时允许使用不同的压缩比,但是随着压缩比增大,画面品质会下降。优势是可以将 JPEG 格式图像文件压缩到很小的存储空间。
- 广泛支持互联网标准。JPEG 格式图像文件广泛应用于互联网与数码相机领域,具有较好的重建质量。

2) GIF 格式

GIF 格式指的是图像交换格式(Graphics Interchange Format,GIF),该格式的图像文件扩展名是.gif 或.GIF 两种形式。

GIF 格式图像文件有以下特点:

- 无损性。GIF 格式的图像采用了一种特殊的压缩技术,能明显缩小图像文件的大小,并且不会丢失原图像中的任何数据。这种技术既方便了在网络上快速传输,又能保证图像不失真。
- 256 种颜色。GIF 格式采用了 8 位的像素值来映射颜色表,最多可以有 2^8 即 256 种颜色。由于 8 位颜色深度的限制,GIF 格式不适合用于显示色彩丰富效果逼真的照片,更加适用于显示组织 logo、小图标或布局边框等。

- 隔行扫描。GIF 格式支持隔行扫描,该技术将 GIF 编码的图片像素数据每隔 4 行交错扫描一次,而不是从顶部到底部逐行扫描,因此用户只需要下载完整版图像 1/4 的时间就能看到完整图像轮廓。隔行扫描技术能够令图片在浏览器中加快显示速度。
- 动画效果。GIF 格式的图片可以由若干帧图片组合成为动态效果。合理运用 GIF 动态图片能为网页增添吸引力,但过多的动态图可能会影响页面下载时间,因此需要谨慎使用。

3) PNG 格式

PNG 格式指的是便携式网络图像格式(Portable Network Graphics,PNG),也称为可移植网络图像格式。该格式的图像文件扩展名是.png 或.PNG 两种形式。

PNG 格式图像文件有以下特点:

- 文件体积小。PNG 格式图像文件压缩比高,因此文件体积比 BMP 和 JPG 格式图像文件都小。在受到带宽限制的情况下,仍能不影响图像质量。
- 支持透明显示。PNG 格式图像文件支持背景透明效果,图片的边缘平滑不会产生锯齿效果。
- 色彩索引模式。PNG 格式 8 位颜色编号代替 RGB 数据来记录色彩信息,整个图像的数据传播量相对其他格式图像文件来说更加精简。

2.1.7 HTML4.01 转换为 HTML5

基于 HTML4.01 开发的网页可以分成三个步骤转换为 HTML5 网页,示例代码如下:

```
1.    <!DOCTYPE html PUBLIC " - //W3C//DTD XHTML 1.0 Transitional//EN"
      "http://www.w3.org/TR/xhtml1/DTD/xhtml1 - transitional.dtd">
2.    <html>
3.      <head>
4.        <title>HTML4.01 网页转换 HTML5</title>
5.        <meta http - equiv = "Content - Type" content = "text/html; charset = utf-8">
6.        <script type = "text/javascript" src = "test.js"></script>
7.        <link type = "text/css" rel = "stylesheet" href = "test.css">
8.      </head>
9.      <body>
10.       再见, HTML4.01!
11.       你好, HTML5!
12.     </body>
13.   </html>
```

步骤一,化简 DOCTYPE 声明方式。

步骤二,化简 charset 字符集描述方式。

步骤三(可选,取决于需要转换的文件是否包含该内容),若存在外部 CSS 文件或 JS 文件的引用,可以直接省略其中的 type 描述。

修改后的代码如下:

```
1.    <!DOCTYPE html>
2.    <html>
3.      <head>
4.        <title>HTML4.01 网页转换 HTML5</title>
5.        <meta charset = "utf-8">
```

```
6.          < script src = "test.js"></script>
7.          < link rel = "stylesheet" href = "test.css">
8.      </head>
9.      < body >
10.       再见, HTML4.01!
11.       你好, HTML5!
12.     </body>
13.   </html>
```

2.2 HTML5 保留的常用标签

HTML5 保留了 HTML4.01 中的部分常用标签,根据标签的功能特点归纳如下:

- 基础标签;
- 文本格式标签;
- 列表标签;
- 图像标签;
- 超链接标签;
- 表格标签;
- 框架标签;
- 样式标签;
- 容器标签。

2.2.1 基础标签

1. 段落标签< p >

段落标签< p >和</p>用于形成一个新的段落,段落与段落之间默认为空一行进行分割。

扫一扫

视频讲解

【例 2-3】 段落标签< p >的简单应用

```
1.   <!DOCTYPE html >
2.   < html >
3.      < head >
4.          < meta charset = "utf-8">
5.          <title>段落标签的简单应用</title>
6.      </head >
7.      < body >
8.          <!-- 使用< p >标签的应用效果 -->
9.          < p >
10.              这是一个段落。
11.         </p>
12.         < p >
13.              这是另一个段落。
14.         </p>
15.     </body>
16.   </html >
```

该示例在浏览器中的显示效果如图 2-3 所示。

2. 标题标签< h1 >~< h6 >

HTML5 使用< hn >和</hn>来标记文本中的标题,其中 n 需要替换为数字,从 1～6 共有 6 级。< h1 >标签所标记的字体最大,标签使用的数字越大则字体越小,直至< h6 >标签所标记的字体最小。标题标签的默认状态为左对齐显示的黑体字。标题标签中的字母 h 来

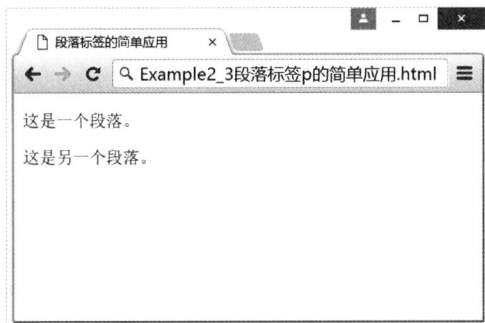

图 2-3　段落标签＜p＞的应用效果

扫一扫

源于英文单词 heading(标题)的首字母。

【例 2-4】　标题标签＜h1＞～＜h6＞的简单应用

视频讲解

```
1.      <!DOCTYPE html>
2.      < html >
3.          < head >
4.              < meta charset = "utf-8">
5.              <title>标题标签的简单应用</title>
6.          </head>
7.          < body >
8.              <!-- h1 到 h6 标题效果 -->
9.              < h1 > h1 的标题效果</h1 >
10.             < h2 > h2 的标题效果</h2 >
11.             < h3 > h3 的标题效果</h3 >
12.             < h4 > h4 的标题效果</h4 >
13.             < h5 > h5 的标题效果</h5 >
14.             < h6 > h6 的标题效果</h6 >
15.         </body >
16.     </html>
```

该示例在浏览器中的显示效果如图 2-4 所示。

图 2-4　标题标签＜h1＞～＜h6＞的应用效果

3. 水平线标签＜hr＞

水平线标签＜hr＞用于在网页上画一条水平线,从而在视觉上将文本分段。＜hr＞标签没有结束标签,可以单独使用,默认情况下是一条宽度为 1 像素的黑色水平线。标签中的元素名称 hr 来源于英文单词 horizontal rule(水平线)的首字母简写。

【例 2-5】 水平线标签< hr >的简单应用

```
1.    <!DOCTYPE html >
2.    < html >
3.        < head >
4.            < meta charset = "utf-8">
5.            < title >水平线标签的简单应用</title >
6.        </head >
7.        < body >
8.            <!-- 标题 -->
9.            < h3 >独坐敬亭山</h3 >
10.           <!-- 水平线效果 -->
11.           < hr >
12.           <!-- 使用< br >标签的换行效果 -->
13.           < p >
14.           《独坐敬亭山》是唐代伟大诗人李白创作的一首五绝,是诗人表现自己精神世界的佳
              作。此诗表面是写独游敬亭山的情趣,而其深含之意则是诗人生命历程中旷世的孤
              独感。诗人以奇特的想象力和巧妙的构思,赋予山水景物以生命,将敬亭山拟人化,
              写得十分生动。
15.           </p >
16.       </body >
17.   </html >
```

该示例在浏览器中的显示效果如图 2-5 所示。

4. 换行标签< br >

换行标签< br >用于在当前位置产生一个换行,相当于一次回车键所产生的效果。该标签单独使用,无结束标签。建议使用该标签代替回车键,因为回车键所产生的多个连续换行会被浏览器自动省略。

< br >标签每次只能换一行,如需多次换行,必须写多个< br >标签。

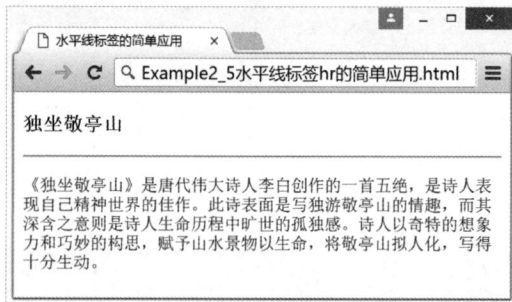

图 2-5   水平线标签< hr >的应用效果

【例 2-6】 换行标签< br >的简单应用

```
1.    <!DOCTYPE html >
2.    < html >
3.        < head >
4.            < meta charset = "utf-8">
5.            < title >换行标签的简单应用</title >
6.        </head >
7.        < body >
8.            < p >
9.                <!-- 使用< br >标签的换行效果 -->
10.               众鸟高飞尽,
11.               < br >
12.               孤云独去闲。
13.               < br >
14.               相看两不厌,
15.               < br >
16.               只有敬亭山。
17.           </p >
18.
19.           <!-- 水平线效果 -->
20.           < hr >
```

```
21.
22.              <p>
23.                  <!-- 没有使用<br>标签的换行效果 -->
24.                  众鸟高飞尽,
25.                  孤云独去闲。
26.                  相看两不厌,
27.                  只有敬亭山。
28.              </p>
29.          </body>
30.  </html>
```

该示例在浏览器中的显示效果如图 2-6 所示。

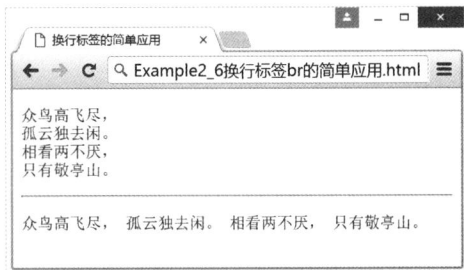

图 2-6 换行标签
的应用效果

2.2.2 文本格式标签

1. 斜体字标签<i>

斜体字标签<i>用于将其首尾标签之间的文本内容显示为斜体字型效果。

【例 2-7】 斜体字标签<i>的简单应用

扫一扫

视频讲解

```
1.   <!DOCTYPE html>
2.   <html>
3.      <head>
4.          <meta charset="utf-8">
5.          <title>斜体字标签的简单应用</title>
6.      </head>
7.      <body>
8.          <h3>斜体字标签的用法</h3>
9.          <hr>
10.         我是非斜体字
11.         <br>
12.         <i>我是斜体字</i>
13.     </body>
14.  </html>
```

该示例在浏览器中的显示效果如图 2-7 所示。

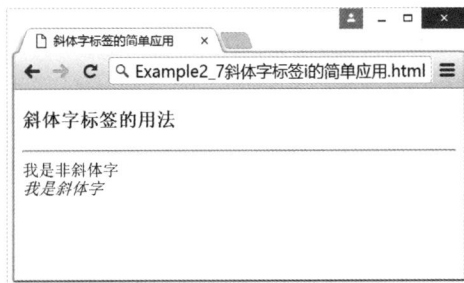

图 2-7 斜体字标签<i>的应用效果

2. 粗体字标签< b >和< strong >

粗体字标签< b >和< strong >均可以将其首尾标签之间的文本内容显示为粗体字型效果。区别在于使用< strong >标签的文本内容被认为是重要的内容。

【例 2-8】 粗体字标签< b >和< strong >的简单应用

```
1.    <!DOCTYPE html >
2.    < html >
3.        < head >
4.            < meta charset = "utf-8">
5.            <title>粗体字标签的简单应用</title>
6.        </head >
7.        < body >
8.            < h3 >粗体字标签的用法</h3>
9.            < hr >
10.           我是非粗体字
11.           < br />
12.           < br />
13.           <b>我是粗体字(使用了标签 b)</b>
14.           < br />
15.           < br />
16.           < strong>我也是粗体字(使用了标签 strong)</strong>
17.        </body >
18.    </html >
```

该示例在浏览器中的显示效果如图 2-8 所示。

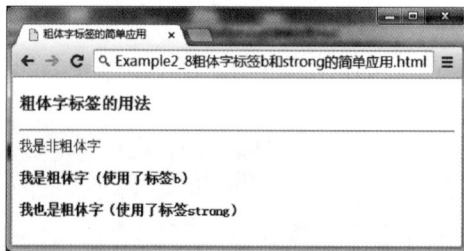

图 2-8   粗体字标签< b >和< strong >的应用效果

3. 上标标签< sup >和下标标签< sub >

标签< sup >和</sup>标记的文本内容将显示为上标的样式,例如,数字上 X 的平方可以写成 X^2;标签< sub >和</sub>标记的文本内容将显示为下标的样式,例如,二氧化碳的化学方程式可以写成 CO_2。

【例 2-9】 上标标签< sup >与下标标签< sub >的简单应用

```
1.    <!DOCTYPE html >
2.    < html >
3.      < head >
4.        <title>上标与下标标签的简单应用</title>
5.      </head >
6.      < body >
7.        <!-- 使用上标标签< sup >与下标标签< sub >的效果 -->
8.        < h3 >上标标签与下标标签的简单应用</h3>
9.        < hr/>
10.       上标标签的用法:2 < sup > 10 </sup > = 1024 < br/>< br/>
11.       下标标签的用法:二氧化碳的缩写为 CO < sub > 2 </sub >
12.      </body >
13.    </html >
```

该示例在浏览器中的显示效果如图 2-9 所示。

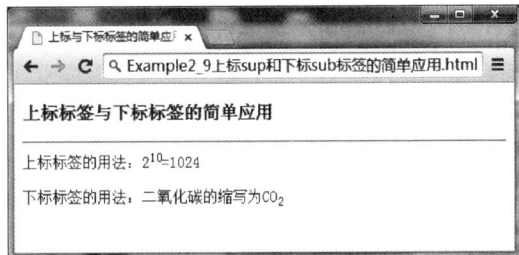

图 2-9 上标标签< sup >与下标标签< sub >的
应用效果

4. 修订标签< del >和< ins >

修订标签有< del >和< ins >两种,分别用于为文本内容添加删除线和下画线。删除线标签< del >可将其首尾标签之间的文字上显示一条水平贯穿线,该标签一般用于定义被删除的文本内容,标签中的元素名称 del 来源于英文单词 delete(删除)。

下画线标签< ins >用于将其首尾标签之间的文字加上下画线效果,标签中的元素名称来源于英文单词 insert(插入)。由于< ins >标签的下画线效果容易和网页上的超链接效果混淆,往往需要和< del >标签配合使用。

HTML4.01 版本中另有删除线标签< strike >和下画线标签< u >显示同样的效果,在 HTML5 中均已不再被支持,建议使用< del >和< ins >代替旧版标签用于表示修订文本。

【例 2-10】 修订标签< del >和< ins >的简单应用

```
1.   <!DOCTYPE html >
2.   < html >
3.       < head >
4.           < meta charset = "utf-8">
5.           < title >修订标签的简单应用</title>
6.       </head >
7.       < body >
8.           <!-- 使用修订标签< del >和< ins >的效果 -->
9.           < h3 >修订标签的用法</h3 >
10.          < hr/>
11.          删除线标签的用法:< del >错误内容</del>
12.          < br/>
13.          < br/>
14.          下画线标签的用法:< ins >正确内容</ins>
15.          < br/>
16.          < br/>
17.          修订标签配合使用:圆周率 π = < del >3.9</del>< ins >3.1415926</ins>
18.          < hr/>
19.      </body >
20.  </html >
```

该示例在浏览器中的显示效果如图 2-10 所示。

5. 预格式化标签< pre >

预格式化标签< pre >和</ pre >可以将所标记的文本内容在显示时保留换行与空格的排版效果。在没有使用该标签的普通情况下,浏览器将把多次回车键形成的换行默认为一次换行,并且把多次空格键形成的连续空格默认为单个空格,在段落开头的连续空格甚至会被忽略。当需要多次使用< br >和" "符号分别进行换行和空格时,可以考虑使用此标签提高效率。

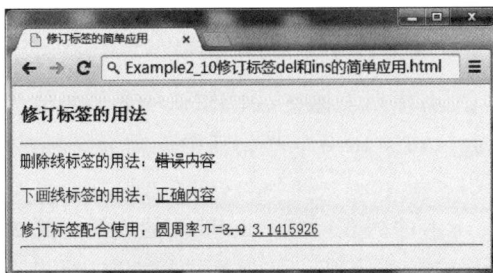

图 2-10 修订标签< del >和< ins >的简单应用
效果

【例 2-11】 预格式化标签< pre >的简单应用

```
1.    <!DOCTYPE html >
2.    < html >
3.        < head >
4.            < meta charset = "utf-8">
5.            < title >预格式化标签的简单应用</title >
6.        </head >
7.        < body >
8.            <!-- 使用预格式化标签< pre >的效果 -->
9.            < h3 >预格式化标签的用法</h3 >
10.           < hr />
11.           < pre >
12.    望天门山
13.    【唐】李白
14.
15.    天门中断楚江开,
16.    碧水东流至此回。
17.    两岸青山相对出,
18.    孤帆一片日边来。
19.           </pre >
20.        </body >
21.    </html >
```

该示例在浏览器中的显示效果如图 2-11 所示。

2.2.3 列表标签

1. 有序列表标签< ol >

有序列表标签< ol >和</ol >用于定义带有编号的有序列表,需要和列表项目标签< li >配合使用。列表项目标签< li >需标记在每个表项的开头,默认为缩进显示效果。标签中的元素名称 ol 来源于英文单词 ordered list(有序列表)的首字母简写。

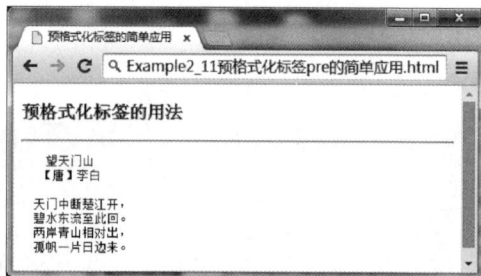

图 2-11   预格式化标签< pre >的应用效果

有序列表的基本格式如下:

```
< ol >
    < li >第一项</li >
    < li >第二项</li >
    < li >第三项</li >
    …
</ol >
```

有序列表标签< ol >默认的起始数值为 1,可使用 start 属性重新定义编号起始值,格式为:< ol start＝"n">。其中 n 需要替换成指定的编号数值,例如需要从 3 开始编号,则写成:< ol start＝"3">。

有序列表标签< ol >默认的编号样式为标准阿拉伯数字(1,2,3,4,…),如需使用其他编号样式,可使用 type 属性进行声明,格式为:

```
< ol type = "类型值">
```

type 属性值与编号样式的对应关系如表 2-2 所示。

表 2-2　有序列表的编号样式

type 属性值	编号样式示例	type 属性值	编号样式示例
a	英文字母小写(a,b,c,d,…)	I	罗马数字大写(Ⅰ,Ⅱ,Ⅲ,Ⅳ,…)
A	英文字母大写(A,B,C,D,…)	1	阿拉伯数字(1,2,3,4,…)
i	罗马数字小写(ⅰ,ⅱ,ⅲ,ⅳ,…)		

例如,需要使用小写的英文字母,则写成:

```
< ol type = "a">
```

【例 2-12】 有序列表标签的应用

扫一扫

视频讲解

```
1.  <!DOCTYPE html >
2.  < html >
3.      < head >
4.          < meta charset = "utf-8">
5.          < title >有序列表标签的应用</title>
6.      </head >
7.      < body >
8.          < h3 >有序列表标签的基本应用</h3>
9.          < ol >
10.             < li >第一条</li>
11.             < li >第二条</li>
12.             < li >第三条</li>
13.             < li >第四条</li>
14.         </ol>
15.         < hr >
16.
17.         < h3 >有序列表标签的 type 属性设置</h3>
18.         < ol type = "I">
19.             < li >第一条</li>
20.             < li >第二条</li>
21.             < li >第三条</li>
22.             < li >第四条</li>
23.         </ol>
24.         < hr >
25.
26.         < h3 >有序列表标签的 start 属性设置</h3>
27.         < ol start = "2">
28.             < li >第一条</li>
29.             < li >第二条</li>
30.             < li >第三条</li>
31.             < li >第四条</li>
32.         </ol>
33.     </body >
34. </html>
```

该示例在浏览器中的显示效果如图 2-12 所示。

2. 无序列表标签< ul >

无序列表标签< ul >和</ul>用于定义不带编号的无序列表,标签中的元素名称 ul 来源于英文单词 unordered list(无序列表)的首字母简写。该标签也需要和列表项目标签< li >

配合使用。列表项目标签<li>需标记在每个表项的开头,默认为缩进显示效果。

无序列表的基本格式如下:

```
<ul>
    <li>第一项</li>
    <li>第二项</li>
    <li>第三项</li>
    …
</ul>
```

无序列表标签<ul>默认的编号样式为实心圆形,嵌套在其他列表中的二级列表编号样式默认为空心圆形。如需自定义编号样式,可使用type属性进行声明,格式为:

```
<ul type = "类型值">
```

type属性值与编号样式的对应关系如表2-3所示。

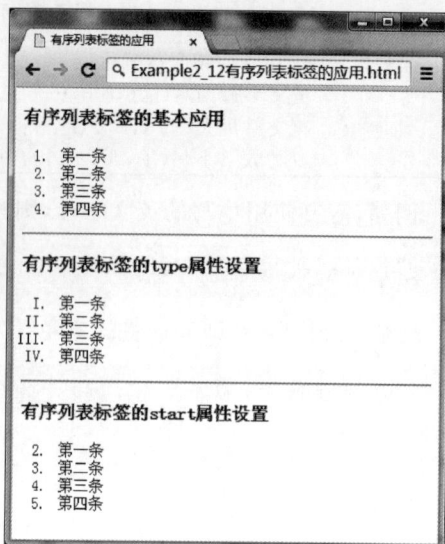

图 2-12 有序列表标签的显示效果

表 2-3 无序列表的编号样式

type 属性值	编号样式示例
disc	实心圆形
circle	空心圆形
square	方形

例如,需要使用方形编号标志,则写成:

```
<ul type = "square">
```

【例 2-13】 无序列表标签的应用

```
1.    <!DOCTYPE html>
2.    <html>
3.        <head>
4.            <meta charset = "utf-8">
5.            <title>无序列表标签的应用</title>
6.        </head>
7.        <body>
8.            <h3>无序列表标签的基本应用</h3>
9.            <ul>
10.               <li>第一条</li>
11.               <li>第二条</li>
12.               <li>第三条</li>
13.               <li>第四条</li>
14.           </ul>
15.           <hr>
16.
17.           <h3>无序列表标签的 type 属性设置</h3>
18.           <ul type = "square">
19.               <li>第一条</li>
20.               <li>第二条</li>
21.               <li>第三条</li>
22.               <li>第四条</li>
23.           </ul>
```

```
24.            < hr >
25.
26.            <h3>无序列表标签嵌套显示效果</h3 >
27.            < ul >
28.                <li>第一条</li>
29.                <li>第二条
30.                    < ul >
31.                        <li>第一条</li>
32.                        <li>第二条</li>
33.                        <li>第三条</li>
34.                        <li>第四条</li>
35.                    </ul >
36.                </li>
37.                <li>第三条</li>
38.                <li>第四条</li>
39.            </ul >
40.        </body >
41.    </html >
```

该示例在浏览器中的显示效果如图 2-13 所示。

3. 定义列表标签< dl >

定义列表标签< dl >和</dl >是用于进行词条定
义的特殊列表,每条表项需要结合词条标签< dt >和
定义标签< dd >一起使用。词条标签< dt >需要标记
在每个词条的开头。定义标签< dd >则需要标记在
每个定义部分的开头,默认为全文缩进显示。标签
中的元素名称 dl 来源于英文单词 definition list(定
义列表)的首字母缩写。

定义列表的基本格式如下:

```
< dl >
    < dt >第一个词条
        < dd >第一个词条的定义
    < dt >第二个词条
        < dd >第二个词条的定义
    …
</dl >
```

图 2-13　无序列表标签的应用效果

【例 2-14】　定义列表标签的应用

```
1.    <!DOCTYPE html >
2.    < html >
3.        < head >
4.            < meta charset = "utf-8">
5.            <title>定义列表标签的应用</title>
6.        </head >
7.        < body >
8.            < h3 >Oxford Dictionary </h3>
9.            < hr >
10.            < dl >
11.                < dt >HTML </dt >
12.                < dd >
13.                    Hypertext Markup Language, a standardized system for tagging text files
                        to achieve font, colour, graphic, and hyperlink effects on World Wide
                        Web pages:'an HTML file'.
```

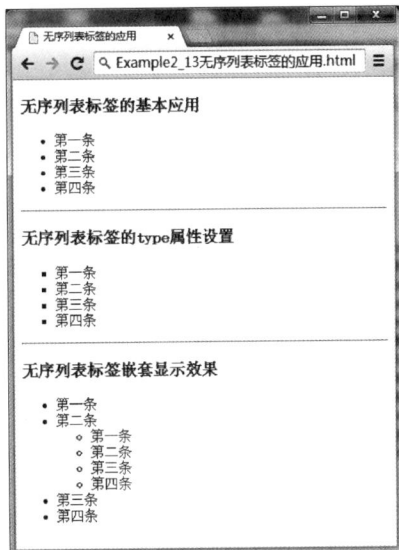

扫一扫

视频讲解

```
14.              </dd>
15.
16.              <dt>World Wide Web</dt>
17.              <dd>
18.                  An information system on the Internet which allows documents to be
                     connected to other documents by hypertext links, enabling the user to
                     search for information by moving from one document to another.
19.              </dd>
20.
21.              <dt>browser</dt>
22.              <dd>
23.                  A computer program with a graphical user interface for
     displaying HTML files, used to navigate the World Wide Web:
24.                      'a web browser'.
25.              </dd>
26.          </dl>
27.      </body>
28.  </html>
```

该示例在浏览器中的显示效果如图 2-14 所示。

2.2.4 图像标签

图像标签<img>用于在网页中嵌入图片,该标签无须结束标签,可单独使用。标签中的元素名称 img 来源于英文单词 image(图像)。

<img>标签有两个常用属性:src 属性和 alt 属性。src 属性是英文单词 source(来源)的简写,用于指明图像的存储路径,通常是 URL 形式。alt 属性是英文单词 alternative(替代的、备选的)的简写,用于无法找到图像时显示替代文本,该属性可省略不写。

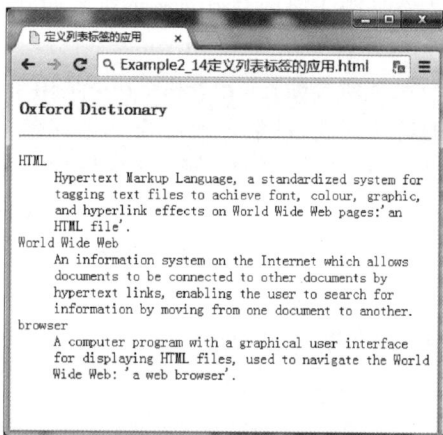

图 2-14   定义列表标签的应用效果

其基本格式如下:

```
<img src="图像文件 URL" />
```

其中,"图像文件 URL"替换为图片存储的路径,例如,图片文件为 starrynight.jpg,并存放于本地的 images 文件夹中,则可以写成:

```
<img src="http://localhost/images/starrynight.jpg" />
```

如果图片和该网页文件在同一个目录中,则直接写图片名称即可。

```
<img src="starrynight.jpg" />
```

【例 2-15】 图像标签<img>的应用

```
1.  <!DOCTYPE html>
2.  <html>
3.      <head>
4.          <meta charset="utf-8">
5.          <title>图像标签的简单应用</title>
```

扫一扫

视频讲解

```
6.        </head>
7.        <body>
8.            <h3>图像标签的简单应用</h3>
9.            <hr />
10.           <!-- 使用图像标签<img>的效果 -->
11.           <img src="image/starrynight.jpg" alt="星月夜" width="268" height=
              "214" />
12.       </body>
13.  </html>
```

该示例在浏览器中的显示效果如图 2-15 所示,其中图 2-15(a)是正确显示图片的效果,图 2-15(b)是图片名称错误或 URL 地址访问错误导致图片无法正确显示时的备选效果。

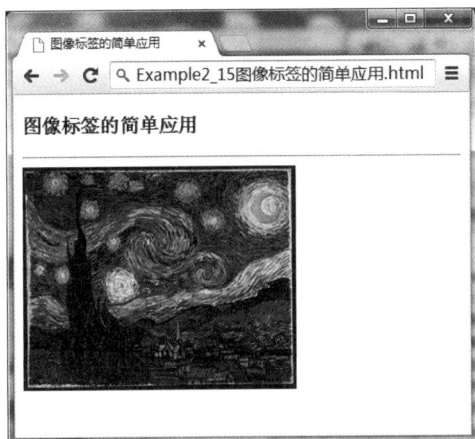

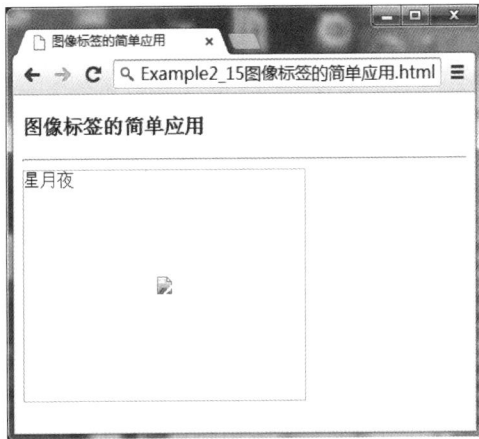

(a) 正确显示图片的效果   (b) 无法显示图片的备选效果

图 2-15 图像标签的应用效果

2.2.5 超链接标签

超链接标签<a>用于在网页中标记文本或图像从而形成超链接,用户点击后将跳转到另一个指定的页面,从而实现浏览空间的跨越。标签中的元素名称 a 来源于英文单词 anchor(锚)的首字母简写,因此超链接按照标准叫法又称为锚链接。

超链接可以用于指向其他任何位置,包括 Internet 上的其他网页、本地其他文档甚至当前页面中其他位置。适用于制作网页的导航菜单或列表,也可以用于发送邮件或下载文件等。默认状态下,未被访问的链接文本显示为带有下画线的蓝色字体,光标悬浮在上面会变成手形,单击访问后链接文本会变成带有下画线的紫色字体。

超链接标签有如下两个重要属性:

* href——目标内容的 URL 地址。
* target——目标内容的打开方式,其属性值如表 2-4 所示。

表 2-4 超链接 target 属性值

target 属性值	解　释	target 属性值	解　释
_self	自身	_top	顶层框架
_blank	新窗口	_parent	父框架

1. 外部超链接

其基本格式如下:

```
< a href = "URL 地址">链接文本或图片</a>
```

外部链接可包含文本内容或者图片内容。例如：

```
文本示例：
< a href = "https://www.baidu.com">百度</a>

图片示例：
< a href = "https://www.baidu.com">< img src = "logo.png" /></a>
```

【例 2-16】　外部超链接的应用

```
1.    <!DOCTYPE html >
2.    < html >
3.        < head >
4.            < meta charset = "utf-8">
5.            <title>外部超链接的简单应用</title>
6.        </head >
7.        < body >
8.            < h3 >外部超链接的简单应用</h3 >
9.            < hr />
10.           <!-- 使用超链接<a>的文字效果 -->
11.           文字超链接效果:< a href = "http://www.baidu.com">百度</a>
12.           < br />
13.           < br />
14.           <!-- 使用超链接<a>的图片效果 -->
15.           图片超链接效果:< a href = "http://www.baidu.com">< img src = "image/logo.
              png" width = "150" height = "70" /></a>
16.       </body >
17.   </html >
```

运行效果如图 2-16 所示。

2．内部超链接

超链接标签也可以通过点击跳转到同一页面的指定区域,其语法格式如下：

```
< a href = "＃指定区域名">链接文本或图像</a>
```

这里的"指定区域名"可以自定义,但是同时目标区域也必须标记出对应的名称,其格式如下：

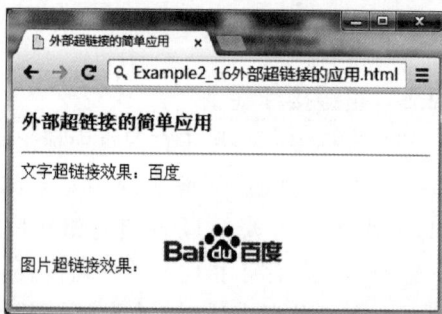

图 2-16　外部超链接的应用效果

```
< a name = "区域名">目标内容</a>
```

【例 2-17】　内部超链接的应用

```
1.    <!DOCTYPE html >
2.    < html >
3.        < head >
4.            < meta charset = "utf-8">
5.            <title>内部超链接的应用</title>
6.        </head >
7.        < body >
8.            < h3 >内部超链接的应用</h3 >
9.            < hr >
10.           < p >
11.              < h3 >目录</h3 >
```

```
12.              <ul>
13.                  <li><a href = "♯ch01">第一章</a></li>
14.                  <li><a href = "♯ch02">第二章</a></li>
15.                  <li><a href = "♯ch03">第三章</a></li>
16.                  <li><a href = "♯ch04">第四章</a></li>
17.                  <li><a href = "♯ch05">第五章</a></li>
18.                  <li><a href = "♯ch06">第六章</a></li>
19.                  <li><a href = "♯ch07">第七章</a></li>
20.                  <li><a href = "♯ch08">第八章</a></li>
21.              </ul>
22.          </p>
23.          <hr>
24.          <h3><a name = "ch01">第一章</a></h3>
25.          <p>HTML5 概述</p>
26.          <h3><a name = "ch02">第二章</a></h3>
27.          <p>HTML5 基础</p>
28.          <h3><a name = "ch03">第三章</a></h3>
29.          <p>CSS 基础</p>
30.          <h3><a name = "ch04">第四章</a></h3>
31.          <p>JavaScript 基础</p>
32.          <h3><a name = "ch05">第五章</a></h3>
33.          <p>HTML5 表单</p>
34.          <h3><a name = "ch06">第六章</a></h3>
35.          <p>HTML5 画布</p>
36.          <h3><a name = "ch07">第七章</a></h3>
37.          <p>HTML5 音频和视频</p>
38.          <h3><a name = "ch08">第八章</a></h3>
39.          <p>HTML5 地理定位</p>
40.      </body>
41.  </html>
```

该示例在浏览器中的显示效果如图 2-17 所示,其中图 2-17(a)是跳转前的初始效果,图 2-17(b)是点击其中"第六章"后自动跳转后的效果。

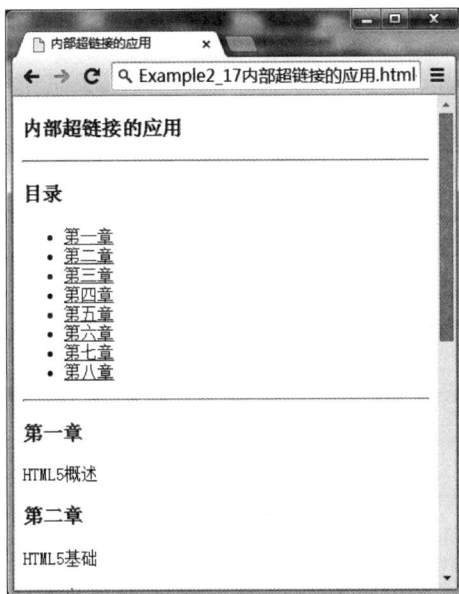

(a)内部超链接的初始效果　　　　　　(b)内部超链接跳转后的效果

图 2-17　内部超链接的应用效果

2.2.6 表格标签

表格标签由< table >和</table >定义,每个表格中包含若干行(由单元行标签< tr >和</tr >表示),每一行又被分为若干单元格(由单元格标签< td >和</td >表示)。

1. 表格标签< table >

表格标签< table >和</table >用于定义一个完整的表格。

2. 表格行标签< tr >

表格行标签< tr >和</tr >用于定义表格中的一行。

3. 单元格标签< td >

单元格标签< td >和</td >用于定义表格行中的一个数据单元格,其中字母 td 为 table data(表格数据)的简写。数据单元格中可以包含表单、文本、水平线、图片、列表、段落甚至新的表格等内容。默认状态下,单元格的内容为左对齐。

4. 表头标签< th >

表头标签< th >和</th >用于定义表格的第一行表头,默认为粗体字、居中对齐。

5. 表格标题标签< caption >

表格标题标签< caption >和</caption >可用于为表格添加标题,该标题默认为居中对齐并显示在表格的顶部。

【例 2-18】 表格标签的综合应用

```
1.    <!DOCTYPE html >
2.    < html >
3.        < head >
4.            < meta charset = "utf-8">
5.            < title >表格标签的综合应用</title >
6.        </head >
7.        < body >
8.            <h3 >表格标签的综合应用</h3 >
9.            < hr />
10.           < table border = "1">
11.               < caption >
12.                   成绩一览表
13.               </caption >
14.               < tr >
15.                   < th >姓名</th >
16.                   < th >语文</th >
17.                   < th >数学</th >
18.               </tr >
19.               < tr >
20.                   < td >张三</td >
21.                   < td > 90 </td >
22.                   < td > 100 </td >
23.               </tr >
24.               < tr >
25.                   < td >李四</td >
26.                   < td > 80 </td >
27.                   < td > 89 </td >
28.               </tr >
29.               < tr >
30.                   < td >王五</td >
31.                   < td > 78 </td >
32.                   < td > 60 </td >
33.               </tr >
```

```
34.            </table>
35.        </body>
36.    </html>
```

该示例在浏览器中的显示效果如图 2-18
所示。

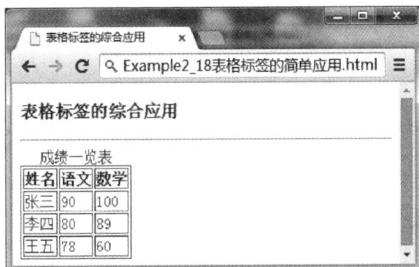

2.2.7　框架标签

框架标签用于在网页的框架内定义子窗口。
由于框架标签对于网页的可用性有负面影响,在
HTML5 中不再支持 HTML4.01 中原有的框架标
签< frame >和< frameset >。只保留了内联框架标
签< iframe >。

图 2-18　表格标签的显示效果

该标签在 HTML5 中仅支持 src 属性,用于指定框架内部的网页来源。例如:

```
< iframe src = "news.html"></iframe>
```

扫一扫

视频讲解

【例 2-19】　框架标签< **iframe** >的简单应用

```
1.    <!DOCTYPE html>
2.    < html >
3.        < head >
4.            < meta charset = "utf-8">
5.            < title >内联框架 iframe 的应用</title>
6.        </head >
7.        < body >
8.            < h3 >内联框架 iframe 的应用</h3>
9.            < hr />
10.           < iframe src = "iframe/news.html"></iframe>
11.       </body>
12.   </html>
```

其中 news.html 内容如下:

```
1.    <!DOCTYPE html>
2.    < html >
3.        < head >
4.            < meta charset = "utf-8">
5.            < title >内联框架 iframe 的应用</title>
6.        </head >
7.        < body >
8.            < p >
9.            威廉·莎士比亚(英语:William Shakespeare,1564 年 4 月 23 日 – 1616 年 4 月 23 日,华
              人社会常尊称为莎翁,清末民初鲁迅在<摩罗诗力说>(1908 年 2 月)称莎翁为"狭斯丕
              尔")是英国文学史上最杰出的戏剧家,也是欧洲文艺复兴时期最重要、最伟大的作
              家,全世界最卓越的文学家之一.
10.           </p>
11.       </body>
12.   </html>
```

完整示例在浏览器中的显示效果如图 2-19 所示。

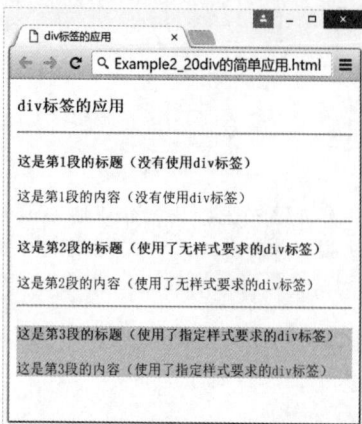

图 2-19　内联框架< iframe >的应用效果

2.2.8　容器标签

1. < div >标签

标签< div >可将网页页面分割成不同的独立部分,通常用于定义文档中的区域或节。标签中的元素名 div 来源于英文单词 division(区域)的简写。该标签是一个块级元素(block level element),浏览器会自动在< div >和</div >所标记的区域前后自动放置一个换行符。每个标签可有一个独立的 id 号。

同样属于块级元素的还有段落标签< p >、表格标签< table >、标题标签< h1 >~< h6 >等。

【例 2-20】　< div >标签的简单应用

```
1.    <!DOCTYPE html >
2.    < html >
3.        < head >
4.            < meta charset = "utf-8">
5.            < title >div 标签的应用</title >
6.        </head >
7.        < body >
8.            < h3 >div 标签的应用</h3 >
9.            < hr />
10.           < h4 >这是第 1 段的标题(没有使用 div 标签)</h4 >
11.           < p >这是第 1 段的内容(没有使用 div 标签)</p >
12.           < hr />
13.           < div >
14.               < h4 >这是第 2 段的标题(使用了无样式要求的 div 标签)</h4 >
15.               < p >这是第 2 段的内容(使用了无样式要求的 div 标签)</p >
16.           </div >
17.           < hr />
18.           < div style = "color:blue; background - color:yellow">
19.               < h4 >这是第 3 段的标题(使用了指定样式要求的 div 标签)</h4 >
20.               < p >这是第 3 段的内容(使用了指定样式要求的 div 标签)</p >
21.           </div >
22.       </body >
23.   </html >
```

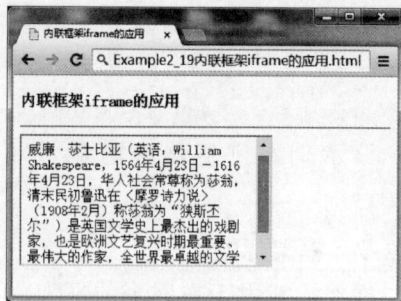

图 2-20　< div >标签的应用效果

完整示例在浏览器中的显示效果如图 2-20 所示。

【代码说明】

该例题使用了三个带有标题和段落的文字内容进行对比展示,其中第一段是不加< div >标签的效果;第二段是带有< div >标签但是未做任何样式设置的效果;第三段是带有< div >标签并且做出了样式设置(字体颜色:蓝色,背景颜色:黄色)的效果。

2. < span >标签

标签< span >通常作为文本的容器,它没有特定的含义和样式,只有与 CSS 同时使用才可以为指定文本设置样式属性。该标签是一个内联元素(inline element),与块级元素相反,内联元素不会自动在前后放置换行符,因此内联元素会默认在同一行显示。

【例 2-21】　<span>标签的简单应用

```
1.   <!DOCTYPE html>
2.   <html>
3.      <head>
4.         <meta charset = "utf-8">
5.         <title>span 标签的应用</title>
6.      </head>
7.      <body>
8.         <h3>span 标签的应用</h3>
9.         <hr />
10.        <p>本段落使用了<span>span 标签</span>,但是未设置任何样式.</p>
11.        <p>本段落使用了<span style = "color:red">span 标签</span>,并且设置了样
     式.</p>
12.     </body>
13.  </html>
```

完整示例在浏览器中的显示效果如图 2-21
所示。

【代码说明】

该示例使用了两个带有段落的文字内容进
行对比展示,其中第一段是带有<span>标签但
是未做任何样式设置的效果;第二段是带有
<span>标签并且做出了样式设置(字体颜色:
红色)的效果。

图 2-21　<span>标签的应用效果

2.3　HTML5 新增的常用标签

2.3.1　HTML5 新增文档结构标签

在 HTML5 版本之前通常直接使用<div>标签进行网页整体布局,常见布局包括页眉、
页脚、导航菜单和正文部分。为了区分文档结构中不同的<div>内容,一般会为其配上不同
的 id 名称。例如:

```
<div id = "header">
这是网页的页眉部分
</div>
<div id = "content">
这是网页的正文部分
</div>
<div id = "footer">
这是网页的页脚部分
</div>
```

由于 id 名称是自定义的,如果 HTML 文档作者没有提供明确含义的 id 名称,也会导
致含义不明确。例如,将上述代码中的<div id="header">替换成<div id="abc">不影响网
页的页面显示效果,但是查看网页代码时会比较难以理解其含义。

因此,HTML5 为了代码能够更好地语义化,新增了一系列专用文档结构标签来代替原
先用<div>加上 id 名称的做法。新增文档结构标签如表 2-5 所示。

表 2-5   HTML5 新增文档结构标签

标 签 名 称	含　义
< header >	页眉标签,用于定义整个网页文档或其中一节的标题
< nav >	导航标签,用于定义导航菜单栏
< section >	节标签,用于定义节段落
< article >	文章标签,用于定义正文内容。每个< article >都可以包含自己的页眉页脚
< aside >	侧栏标签,用于定义网页正文两侧的侧栏内容
< footer >	页脚标签,用于定义整个网页文档或其中一节的页脚

1. 页眉标签< header >

页眉标签< header >和</header >用于定义网页文档或节的页眉,通常为网站名称。

2. 导航标签< nav >

导航标签< nav >和</nav>用于定义网页文档的导航菜单,可通过超链接跳转到其他页面。其中 nav 来源于 navigation(导航)的简写。

3. 节标签< section >

节标签< section >和</section >用于定义独立的专题区域,里面可包含一篇或多篇文章。

4. 文章标签< article >

文章标签< article >和</article >用于定义独立的文章区域,里面根据文章内容的长短也可以包含一个或多个段落元素< p >。

5. 侧栏标签< aside >

侧栏标签< aside >和</aside >用于定义正文两侧的相关内容,常用作文章的侧栏。

6. 页脚标签< footer >

页脚标签< footer >和</footer >用于定义整个网页文档或节的页脚,通常包含文档的作者、版权、联系方式等信息。

扫一扫

视频讲解

【例 2-22】 HTML5 新增文档结构标签的综合应用

```
1.    <!DOCTYPE html >
2.    < html >
3.        < head >
4.            < meta charset = "utf-8" >
5.            < title >HTML5 新增文档结构标签的综合应用</title>
6.            < link rel = "stylesheet" href = "css/html5.css">
7.        </head >
8.        < body >
9.            < header >
10.                < h1 >页眉 Header </h1>
11.            </header >
12.            < div id = "container">
13.                < nav >
14.                    < a href = "http://www.example.com">菜单一</a>
15.                    < a href = "http://www.example.com">菜单二</a>
16.                    < a href = "http://www.example.com">菜单三</a>
17.                    < a href = "http://www.example.com">菜单四</a>
18.                    < a href = "http://www.example.com">菜单五</a>
19.                    < a href = "http://www.example.com">菜单六</a>
20.                    < a href = "http://www.example.com">菜单七</a>
21.                    < a href = "http://www.example.com">菜单八</a>
22.                </nav >
23.                < aside >
24.                    < h3 >侧栏 Aside </h3>
```

```
25.                    <p>侧栏内容</p>
26.                    <p>侧栏内容</p>
27.                    <p>侧栏内容</p>
28.                    <p>侧栏内容</p>
29.                    <p>侧栏内容</p>
30.                    <p>侧栏内容</p>
31.                </aside>
32.                <section>
33.                    <article>
34.                        <header>
35.                            <h1>文章页眉 Article Header</h1>
36.                        </header>
37.                        <p>正文内容</p>
38.                        <p>正文内容</p>
39.                        <p>正文内容</p>
40.                        <p>正文内容</p>
41.                        <p>正文内容</p>
42.                        <p>正文内容</p>
43.                        <footer>
44.                            <h2>文章页脚 Article Footer</h2>
45.                        </footer>
46.                    </article>
47.
48.                    <article>
49.                        <header>
50.                            <h1>文章页眉 Article Header</h1>
51.                        </header>
52.                        <p>正文内容</p>
53.                        <p>正文内容</p>
54.                        <p>正文内容</p>
55.                        <footer>
56.                            <h2>文章页脚 Article Footer</h2>
57.                        </footer>
58.                    </article>
59.                </section>
60.                <aside>
61.                    <h3>侧栏 Aside</h3>
62.                    <p>侧栏内容</p>
63.                    <p>侧栏内容</p>
64.                    <p>侧栏内容</p>
65.                    <p>侧栏内容</p>
66.                    <p>侧栏内容</p>
67.                    <p>侧栏内容</p>
68.                </aside>
69.                <footer>
70.                    <h2>页脚 Footer</h2>
71.                </footer>
72.            </div>
73.        </body>
74. </html>
```

实际上,文档结构标签只会使得文档结构更加清晰,从浏览器运行结果来看并没有起到页面美化作用,真正的布局效果需要采用 CSS 技术进行辅助。CSS 可以帮助 HTML 页面规定背景颜色、字体大小颜色、元素的宽度和高度等各种风格。

CSS 基础知识请参见第 3 章。

CSS 文件如下:

```
1.    body {
2.        background - color: #CCCCCC;
3.        margin: 0px auto;
4.        max - width: 900px;
5.        border: solid;
6.        border - color: #FFFFFF;
7.        color: black;
8.    }
9.    header {
10.       background - color: #2289F0;
11.       display: block;
12.       color: #FFFFFF;
13.       text - align: center;
14.   }
15.   h1 {
16.       font - size: 72px;
17.       margin: 0px;
18.   }
19.   h2 {
20.       font - size: 24px;
21.       margin: 0px;
22.       text - align: center;
23.   }
24.   h3 {
25.       font - size: 18px;
26.       margin: 0px;
27.       text - align: center;
28.   }
29.   nav {
30.       display: block;
31.       width: 100%;
32.       float: left;
33.       text - align: center;
34.       background - color: white;
35.       padding - top: 20px;
36.       padding - bottom: 20px;
37.   }
38.   nav a:link, nav a:visited {
39.       display: inline;
40.       border - bottom: 3px solid #fff;
41.       padding: 10px;
42.       text - decoration: none;
43.       font - weight: bold;
44.       margin: 5px;
45.   }
46.   nav a:hover {
47.       color: white;
48.       background - color: #F47D31;
49.   }
50.   nav h3 {
51.       margin: 15px;
52.   }
53.   #container {
54.       background - color: #CCC
55.   }
56.   section {
57.       display: block;
58.       width: 60%;
59.       float: left;
60.   }
61.   article {
```

```
62.        background - color: #eee;
63.        display: block;
64.        margin: 10px;
65.        padding: 10px;
66.    }
67.    article header {
68.        padding: 5px;
69.    }
70.    article footer {
71.        padding: 5px;
72.    }
73.    article h1 {
74.        font - size: 18px;
75.    }
76.    aside {
77.        display: block;
78.        width: 20%;
79.        float: left;
80.    }
81.    aside h3 {
82.        margin: 15px;
83.    }
84.    aside p {
85.        margin: 15px;
86.        font - weight: bold;
87.    }
88.    footer {
89.        clear: both;
90.        display: block;
91.        background - color: #2289F0;
92.        color: #FFFFFF;
93.        text - align: center;
94.        padding: 15px;
95.    }
96.    footer h2 {
97.        font - size: 14px;
98.        color: white;
99.    }
100. /* links */
101. a {
102.        color: #F47D31;
103.    }
104. a:hover {
105.        text - decoration: underline;
106. }
```

在本例 HTML5 文档的首部标签< head >和</head >之间添加对该 CSS 样式文件的引用语句:

```
< link rel = "stylesheet" href = "html5.css">
```

完整代码所呈现效果如图 2-22 所示。

2.3.2　HTML5 新增格式标签

1. 记号标签< mark >

记号标签< mark >用于突出显示指定区域的文本内容,通常在指定的文本前后分别加上< mark >和</mark >标签标记,可以为文字添加黄色底色。支持该标签的浏览器有

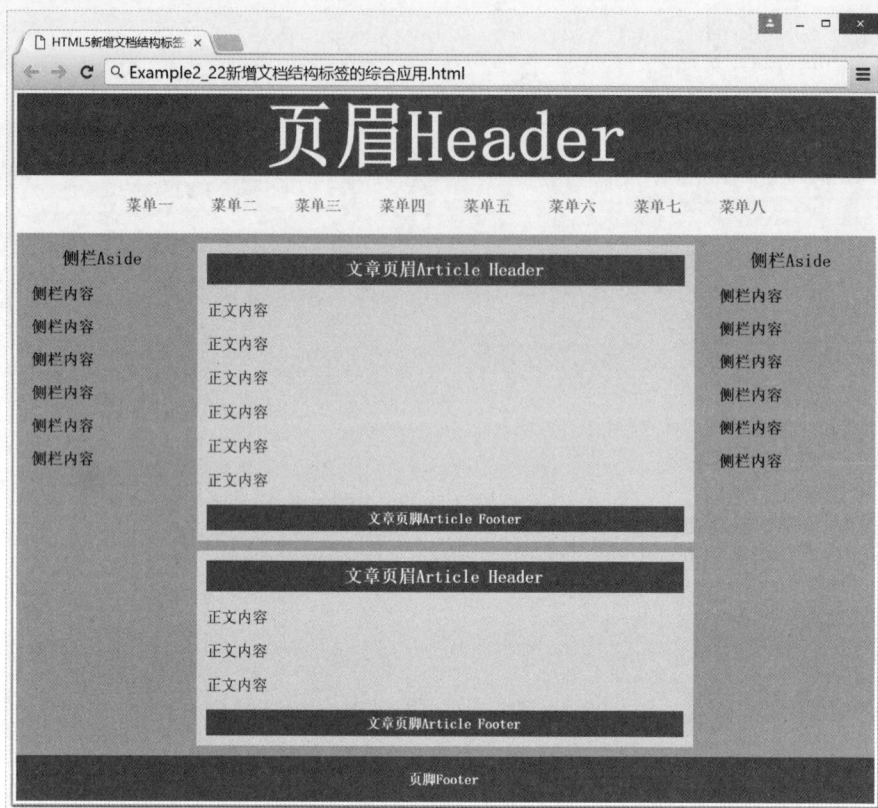

图 2-22　HTML5 新增文档结构标签的综合应用效果(带有 CSS 样式效果)

扫一扫

视频讲解

Edge、Firefox、Opera、Chrome 和 Safari。

【例 2-23】　记号标签< mark >的简单应用

```
1.   <!DOCTYPE html >
2.   < html >
3.       < head >
4.           < meta charset = "utf-8" >
5.           <title>记号标签 mark 的简单应用</title>
6.       </head >
7.       < body >
8.           < h3 >记号标签 mark 的简单应用</h3>
9.           < hr />
10.          < p >这是一段< mark >文字</mark >内容.</p>
11.      </body >
12.  </html >
```

该示例在浏览器中的显示效果如图 2-23 所示。

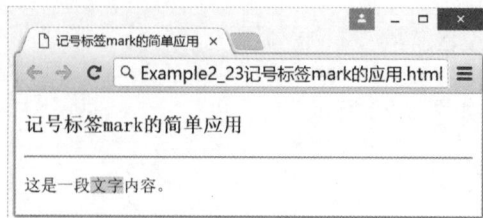

图 2-23　记号标签< mark >的应用效果

2. 进度标签< progress >

进度标签< progress >用于显示任务的进度状态,可配合 JavaScript 使用以显示任务进度的动态进行效果。支持该标签的浏览器有 Edge、Firefox、Opera、Chrome 和 Safari 6。

该标签可以加上属性 value 和 max 分别用于定义任务进度的当前值和最大值。例如,表示目前任务进度已经进行了 80% 的代码如下:

```
< progress value = "80" max = "100"></progress >
```

【例 2-24】 进度标签< progress >的简单应用

```
1.    <!DOCTYPE html >
2.    < html >
3.        < head >
4.            < meta charset = "utf-8" >
5.            < title >进度标签 progress 的简单应用</title >
6.        </head >
7.        < body >
8.            < h3 >进度标签 progress 的简单应用</h3 >
9.            < hr />
10.           文件正在下载中:
11.           < progress value = "35" max = "100"></progress >
12.       </body >
13.   </html >
```

该示例在浏览器中的显示效果如图 2-24 所示。

3. 度量标签< meter >

度量标签< meter >用于显示标量测量结果,通常用于显示磁盘使用量、投票数据统计等。该标签通常应用于已知范围内的恒定数值标记,不用于任务进度指示。支持该标签的浏览器有 Firefox、Opera、Chrome 和 Safari 6。

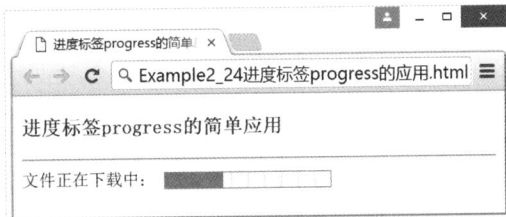

图 2-24 进度标签< progress >的应用效果

度量标签< meter >有一系列属性用于辅助显示效果,这些属性的相关说明如表 2-6 所示。

表 2-6 度量标签< meter >的属性

属性名称	解　释
value	用于显示实际数值,可以是整数或小数的形式,默认值为 0
min	用于规定范围内的最小值,默认值为 0。自定义时数值不可以小于 0
max	用于规定范围内的最大值,默认值为 1。自定义时数值不可以小于已规定的 min 属性值
low	用于规定范围内的较低值,当 value 属性表示的数值小于 low 属性时,度量显示为红色
high	用于规定范围内的较高值,当 value 属性表示的数值大于 low 属性并且小于 high 属性时,度量显示为黄色;高于 high 属性时,度量显示为绿色
optimum	用于规定范围内的最佳值,该数值必须在 min 属性和 max 属性规定的范围之间

【例 2-25】 度量标签< meter >的简单应用

使用 HTML5 新增格式标签< meter >显示驱动器磁盘空间状态。

```
1.    <!DOCTYPE html >
2.    < html >
```

```
3.        <head>
4.          <meta charset = "utf-8">
5.          <title>度量标签 meter 的简单应用</title>
6.        </head>
7.        <body>
8.          <h3>度量标签 meter 的简单应用</h3>
9.          <hr />
10.         <h4>驱动器磁盘空间状态</h4>
11.         <p>C盘空间剩余大小:<meter min = "0" max = "1000" value = "300" low = "400"
            high = "800" optimum = "1000"></meter>300/1000 GB</p>
12.
13.         <p>D盘空间剩余大小:<meter min = "0" max = "1000" value = "600" low = "400"
            high = "800" optimum = "1000"></meter>600/1000 GB</p>
14.
15.         <p>E盘空间剩余大小:<meter min = "0" max = "1000" value = "900" low = "400"
            high = "800" optimum = "1000"></meter>900/1000 GB</p>
16.       </body>
17.   </html>
```

该示例在浏览器中的显示效果如图 2-25 所示。

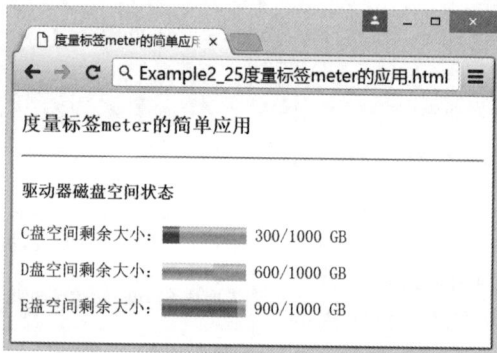

图 2-25 度量标签<meter>的应用效果

2.4 HTML5 新增 API

除去新增的文档结构标签和文本格式标签外,HTML5 还有一系列新增的 API,常用的功能性 API 列举如下:

- 拖放——实现元素的拖放。
- 画布——实现 2D 和 3D 绘图效果。
- 音频和视频——实现自带控件播放音频和视频。
- 表单——新增一系列输入类型,例如,电话号码、数字范围、E-mail 地址等。
- 地理定位——使用浏览器进行地理位置经纬度的定位。
- Web 存储——实现本地持久化存储大量数据。

这些 API 及其相关标签,会在后续章节陆续介绍。

2.5 实验案例——第一个 Web 页面

尝试使用本章所学网页文档结构基础知识开发第一个 Web 页面,开发工具可以任选。最终效果图如图 2-26 所示。

扫一扫

文档

扫一扫

视频讲解

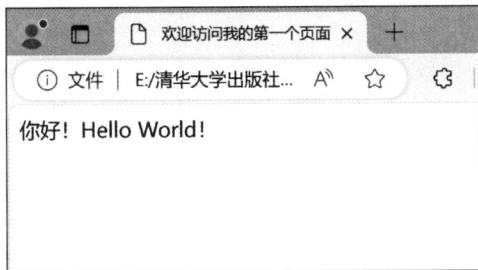

图 2-26　第一个 Web 页面的效果图

除此之外，学有余力的开发者还可以尝试搭建本章例 2-22 的内容，使用 HTML5 新增文档结构标签制作一个带有页眉、导航栏、侧栏、文章、页脚等内容的 Web 页面。

本章小结及 AI 辅助编程技巧

HTML5 文件的基本结构是由根元素<html>及其所包含首部标签<head>和主体标签<body>组成的。其中首部标签<head>所包含的内容为网页的信息，而主体标签<body>所包含的内容会直接显示在网页上。

HTML5 保留了 HTML4.01 中一些常用标签，包括基础标签、文本格式标签、列表标签、图像标签、超链接标签、表格标签、框架标签、容器标签等。同时 HTML5 也新增了具有明确语义的文档结构标签和格式标签。

HTML5 还新增了一系列 API 用于实现更多的效果，如画布、音频视频、表单、地理定位、Web 存储等。

习题 2

1. HTML5 的文档注释是怎样的？

2. HTML5 中的列表标签有哪些？它们之间有什么区别？

3. HTML5 中块级元素与内联元素的区别是什么？分别列举有哪些标签属于块级元素或内联元素。

4. HTML5 新增的文档结构标签有哪些？

5. HTML5 新增的格式标签有哪些？

6. HTML5 有哪些新增的功能 API？分别起什么作用？

扫一扫

AI 助教

扫一扫

自测题

第3章

CSS 基础

本章主要介绍 CSS 的基础知识,包括 CSS 样式表的使用、选择器、语法规则、常用取值与单位、常用样式和页面定位功能。在 CSS 常用样式部分介绍了关于背景、框模型、文本、字体、超链接、列表和表格等样式设置。最后介绍四种在页面上定位 HTML 元素位置的方式,包括绝对定位、相对定位、层叠效果与浮动。

本章学习目标

- 了解 CSS 的基本语法规则;
- 了解 CSS 的常见取值与单位;
- 熟悉 CSS 样式表的层叠优先级;
- 掌握 CSS 样式表的三种使用方式;
- 掌握 CSS 常用选择器的使用;
- 掌握 CSS 常用样式的使用;
- 掌握 CSS 的四种定位方法。

3.1 CSS 样式表

CSS 有三种使用方式,根据声明位置的不同分为内联样式表、内部样式表和外部样式表。

3.1.1 内联样式表

内联样式表又称为行内样式表,通过使用 style 属性为各种 HTML 元素标签添加样式,其作用范围只在指定的 HTML 元素内部。

基本语法格式如下:

```
<元素名 style = "属性名称:属性值">
```

如果有多个属性需要同时添加,可用分号隔开,显示如下:

```
<元素名 style = "属性名称 1:属性值 1; 属性名称 2:属性值 2; …;属性名称 n:属性值 n">
```

例如,为某个标题标签< h1 >设置样式:

```
< h1 style = "color:blue; background - color:yellow">标题一</h1>
```

该声明表示设置当前< h1 >和</h1>标签之间的文本字体颜色为蓝色,背景色为黄色。为方便理解本节例题,表 3-1 列出了部分常用 CSS 属性和参考值。

表 3-1　部分常用 CSS 属性和参考值

CSS 属性	含　义	参　考　值
background-color	背景色	颜色名,例如,red 表示红色
color	前景色	同上
font-size	字体大小	例如,16px 表示 16 像素大小的字体
border	边框	例如,3px solid blue 表示宽度为 3 像素的蓝色实线
width	宽度	例如,20px 表示 20 像素的宽度
height	高度	例如,100px 表示 100 像素的高度

更多属性样式请参考 3.5 节。

【例 3-1】　内联样式表的用法

使用内联样式表可以为多个元素分别设置各自的样式。

```
1.   <!DOCTYPE html >
2.   < html >
3.      < head >
4.          < meta charset = "utf-8">
5.          < title >CSS 内联样式表</title>
6.      </head >
7.      < body >
8.          < h3 style = "color:red">CSS 内联样式表</h3>
9.          < hr style = "border:3px dashed blue">
10.         < p style = "font - size:40px; background - color:yellow">
11.             这是一段测试文字
12.         </p>
13.     </body >
14.   </html >
```

运行效果如图 3-1 所示。

【代码说明】

上述代码为<h3>标题标签设置了字体颜色为红色;为<hr>水平线标签设置了线条宽度为 3 像素的蓝色虚线;为<p>段落标签设置了字体大小为 40 像素,背景颜色为黄色。

内联样式表仅适用于改变少量元素的样式,不适用于批量使用和维护。试想如果存在多个元素需要设置同样的样式效果,内联样式表并不能做到批量设置,只能单独为每一个元素进行 style 声明,这显然不是一个有效率的做法,并且会造成大量重复代码。此时可以考虑使用内部样式表解决内联样式表重复定义的问题。

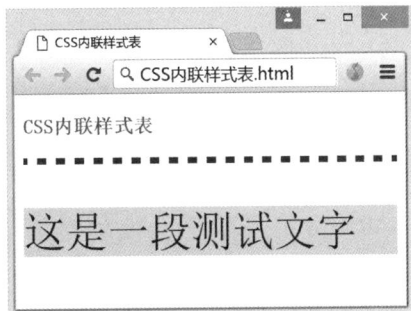

图 3-1　CSS 内联样式表的应用效果

3.1.2　内部样式表

内部样式表通常位于< head >和</head >标签内部,通过使用< style >和</style >标签标记各类样式规则,其作用范围为当前整个文档。语法格式如下:

```
< style >
    选择器{属性名称 1:属性值 1; 属性名称 2:属性值 2; …;属性名称 n:属性值 n}
</style>
```

这里的选择器可用于指定样式的元素标签,例如 body、p、h1~h6 等均可。例如:

```
h1{color:red }
```

该语句可以作用于整个文档,因此文档中所有的 h1 标题都将变为红色字体。

注:在 HTML4.01 版本中会看到将<style>首标签写成<style type="text/css">的形式,在 HTML5 中已简化为<style>。

如果属性内容较多,也可以分行写:

```
< style >
    选择器{
        属性名称 1:属性值 1;
        属性名称 2:属性值 2;
        …
        属性名称 n:属性值 n
    }
</style>
```

其中,最后一个属性值后面是否添加分号为可选内容。一般来说,属性之间的分号用于间隔不同的属性声明,因此最后一个属性值无须添加分号。但是为了方便后续添加新的属性,也可以为最后一个属性值添加分号,这种做法不影响 CSS 样式表的正常使用。

扫一扫

视频讲解

【例 3-2】 内部样式表的用法

使用内部样式表可以为多个元素批量设置相同的样式。

```
1.    <!DOCTYPE html >
2.    < html >
3.        < head >
4.            < meta charset = "utf-8">
5.            < title >CSS 内部样式表</title>
6.            < style >
7.                h3 {
8.                    color: purple
9.                }
10.               p {
11.                   background - color: yellow;
12.                   color: blue;
13.                   width: 300px;
14.                   height: 50px
15.               }
16.           </style >
17.       </head >
18.       < body >
19.           < h3 >CSS 内部样式表</h3 >
20.           < p >
21.               内部样式表可以批量改变元素样式
22.           </p >
23.           < hr >
24.
25.           < h3 >CSS 内部样式表</h3 >
26.           < p >
27.               内部样式表可以批量改变元素样式
28.           </p >
29.           < hr >
30.
31.           < h3 >CSS 内部样式表</h3 >
32.           < p >
33.               内部样式表可以批量改变元素样式
34.           </p >
```

```
35.        </body>
36.    </html>
```

运行效果如图 3-2 所示。

【代码说明】

上述代码中包含了标题元素＜h3＞和段落元素
＜p＞各三个，因为标签名称相同，使用内部样式表可
以为其统一设置样式。在内部样式表中，为＜h3＞标
签设置了字体颜色为紫色；为＜p＞标签设置了背景颜
色为黄色、字体颜色为蓝色，宽度 300 像素和高度 50
像素。

由图 3-2 可见，内部样式表克服了内联样式表重
复定义的弊端，同一种样式声明可以批量被各类元素
使用，有利于样式的后期维护和扩展。

3.1.3　外部样式表

外部样式表为独立的 CSS 文件，其扩展名为.css
或.CSS，在网页文档的首部＜head＞和＜/head＞标签
之间使用＜link＞标签对其进行引用即可作用于当前整个文档。

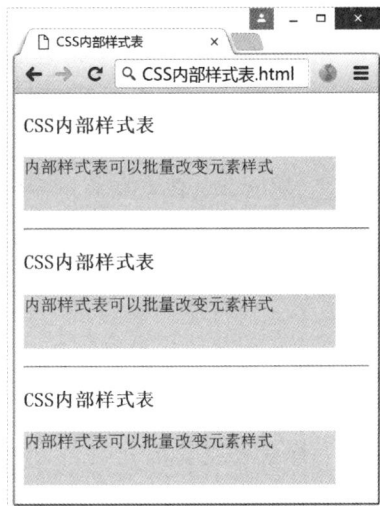

图 3-2　内部样式表的应用效果

在 HTML5 中，对于独立 CSS 文件的引用语法格式如下：

```
< link rel = "stylesheet" href = "样式文件 URL">
```

例如，引用本地 css 文件夹中的 test.css 文件：

```
< link rel = "stylesheet" href = "css/test.css">
```

外部 CSS 文件中的内容无须使用＜style＞…＜/style＞标签进行标记，其格式和内部样
式表＜style＞标签内部的内容格式完全一样。

【例 3-3】　外部样式表的用法

在本地的 CSS 文件夹中新建一个名称为 my.css 的样式表文件，将样式要求写在该
CSS 文件中，并在 HTML 文档中对其进行引用。

HTML 文档完整代码如下：

```
1.     <!DOCTYPE html>
2.     < html >
3.         < head >
4.             < meta charset = "utf-8">
5.             < title >CSS 外部样式表</title>
6.             < link rel = "stylesheet" href = "css/my.css">
7.         </head>
8.         < body >
9.             < h3 >CSS 外部样式表</h3>
10.            < p >
11.                    使用了外部样式表规定元素样式
12.            </p>
13.        </body>
14.    </html>
```

上述代码包含了标题元素＜h3＞和段落元素＜p＞各一个，并在首部标签＜head＞和

扫一扫

视频讲解

</head>之间使用了引用外部样式表的方式对其进行样式的规范。

外部样式表的 CSS 文件完整代码如下：

```
h3{color:orange}
p{background - color:gray; color:white; width:300px; height:50px}
```

在外部样式表中,为< h3 >标签设置字体颜色为橙色；为< p >标签设置背景颜色为灰色、字体颜色为白色、宽度 300 像素和高度 50 像素。

运行效果如图 3-3 所示。

同一个网页文档可以引用多个外部样式表。相反,当多个网页文档需要统一风格时,也可引用同一个外部样式表,该方法能极大地提高工作效率。

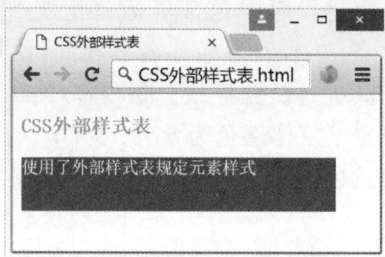

图 3-3   外部样式表的应用效果

3.1.4   样式表层叠优先级

内联样式表、内部样式表和外部样式表可以在同一个网页文档中被引用,它们会被层叠在一起形成一个统一的虚拟样式表。如果其中有样式条件冲突,CSS 会选择优先级别高的样式条件渲染在网页上。三种样式表的优先级别排序如表 3-2 所示。

表 3-2   样式表的优先级别

CSS 样式表类型	优 先 级 别
内联样式表	最高
内部样式表	次高
外部样式表	最低

从表 3-2 可以看出,在元素内部使用的内联样式表拥有最高优先级别,在网页文档首部的内部样式表次之,引用的外部样式表优先级别最低。这也就意味着,元素是以就近原则显示离其最近的样式规则的。

注意：如果三种样式表均不存在,则网页文档会显示当前浏览器的默认效果。

扫一扫

视频讲解

【例 3-4】   样式表优先级测试

```
1.      <!DOCTYPE html >
2.      < html >
3.          < head >
4.              < meta charset = "utf-8" >
5.              < title >CSS 样式表优先级测试</title >
6.              < link rel = "stylesheet" href = "css/my.css">
7.              < style >
8.                  p {
9.                      background - color: cyan
10.                 }
11.             </style >
12.         </head >
13.         < body >
14.             < h3 >CSS 样式表优先级测试</h3 >
15.             < p >
16.                 该段落字体颜色来自外部样式表;背景颜色来自内部样式表
17.             </p >
18.
19.             < p style = "background - color:yellow">
```

```
20.            该段落字体颜色来自外部样式表;背景颜色来自内联样式表
21.         </p>
22.      </body>
23. </html>
```

外部样式表继续使用例 3-3 的 my.css 文件,其完整代码如下:

```
h3{color:orange}
p{background-color:gray; color:white; width:300px; height:50px}
```

运行效果如图 3-4 所示。

【代码说明】

本示例代码包含了一个标题标签<h3>和两
个段落标签<p>。在首部标签<head>和</head>
中对外部样式表进行了引用,同时也使用了内部样
式表规定<p>标签的背景颜色为青色。在第二个
段落标签<p>中设置了内联样式表规定了其背景
颜色为黄色。在段落标签<p>的背景颜色上刻意
使用了与描述有矛盾的规定要求,以便测试样式表
的优先级。

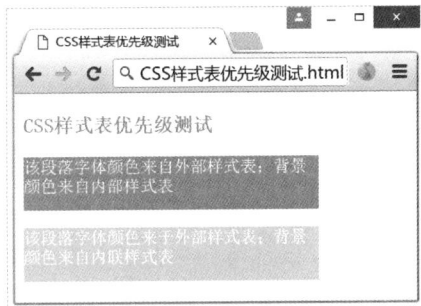

图 3-4 样式表优先级的测试效果

在外部样式表中,为<h3>标签设置了字体颜色为橙色;为<p>标签设置了背景颜色为
灰色、字体颜色为白色,宽度 300 像素和高度 50 像素。

只在外部样式表中声明的内容有:<h3>标签的字体颜色为橙色;<p>标签的字体颜
色为白色、宽 300 像素和高 50 像素。这些样式规定没有与其他声明内容起冲突,因此可以
正确显示。在内部样式表中声明的内容是:<p>标签的背景颜色为青色。该内容与外部样
式表中规定的<p>标签的背景颜色为灰色矛盾,根据优先级规则,会忽略外部样式表中的
相关规定,优先考虑内部样式表的内容。因此第一个<p>元素的背景颜色显示出来的效果
是内部样式表规定的颜色。第二个<p>元素中包含了内联样式表的声明:规定<p>标签的
背景颜色为黄色,此时与外部样式表、内部样式表的背景颜色要求均不一致,同样根据优先
级规则,忽略其他规定直接将其背景颜色显示为黄色。

3.2 CSS 选择器

本节介绍了常用的几种 CSS 选择器:元素选择器、ID 选择器、类选择器、属性选择器。

3.2.1 元素选择器

在 CSS 中最常见的选择器就是元素选择器,即采用 HTML 文档中的元素名称进行样
式规定。元素选择器又称为类型选择器,可以用于匹配 HTML 文档中某一个元素类型的
所有元素。

例如,匹配所有的段落元素<p>,并将其背景颜色声明为灰色:

```
p{background:gray}
```

在 3.1 节中的各示例使用的均为元素选择器。

3.2.2 ID 选择器

ID 选择器使用指定的 id 名称匹配元素。如果需要为特定的某个元素进行样式设置,

可以为其添加一个自定义的 id 名称,然后根据 id 名称进行匹配。ID 选择器和元素选择器语法结构类似,但是声明时需要在 id 名称前面加#号。其语法规则如下:

```
#id名称{属性名称1:属性值1; 属性名称2:属性值2; …; 属性名称n:属性值n}
```

例如,为某个段落元素<p>添加 id="test":

```
<p id="test">这是一个段落</p>
```

然后匹配上述 id="test"的段落元素<p>,并将其字体颜色声明为红色:

```
#test{color:red}
```

扫一扫

视频讲解

【例 3-5】 ID 选择器的简单应用

为 HTML 元素设置自定义 id 名称,并使用 ID 选择器对其进行 CSS 样式设置。

```
1.    <!DOCTYPE html>
2.    <html>
3.        <head>
4.            <meta charset = "utf-8">
5.            <title>ID选择器的简单应用</title>
6.            <style>
7.                #test {
8.                    background-color: cyan;       /* 设置背景颜色为青色 */
9.                    width: 100px;                 /* 设置元素宽度为 100 像素 */
10.                   height: 100px                 /* 设置元素高度为 100 像素 */
11.                }
12.           </style>
13.       </head>
14.       <body>
15.           <h3>ID选择器的简单应用</h3>
16.           <hr />
17.           <p>
18.               该段落没有定义 id 名称
19.           </p>
20.
21.           <p id="test">
22.               该段落自定义了 id 名称为 test
23.           </p>
24.       </body>
25.   </html>
```

运行效果如图 3-5 所示。

【代码说明】

本示例代码包含两个段落元素<p>,并为第二个段落元素规定了 id="test"。在首部标签<head>和</head>之间使用了 ID 选择器对其进行样式的规范:要求设置背景颜色为青色,段落宽度和高度均为 100 像素。

由图 3-5 可见只有设置了 id 名称的段落元素<p>实现了样式效果。这种方式就是 ID 选择器的匹配方式,一般适用于为指定的某个HTML 元素专门设置 CSS 样式效果。

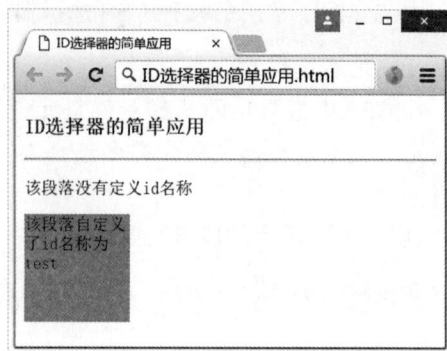

图 3-5 ID 选择器的应用效果

3.2.3　类选择器

类选择器可以将不同的元素定义为共同的样式。类选择器在声明时需要在前面加“.”号，为了和指定的元素关联使用，需要自定义一个 class 名称。其语法规则如下：

```
.class 名称{属性名称 1:属性值 1; 属性名称 2:属性值 2; …; 属性名称 n:属性值 n}
```

例如，设置一个类选择器用于设置字体为红色：

```
.red{color:red}
```

将其使用在不同的元素上，可以显示统一的效果：

```
< h1 class = "red">这是标题,字体颜色是红色</h1 >
< p class = "red">这是段落,字体颜色也是红色</p >
```

类选择器也可以将相同的元素定义为不同的样式。例如，设置两个类选择器，分别用于设置字体为红色和蓝色：

```
.red{color:red}
.blue{color:blue}
```

将其使用在相同的段落元素< p >中，可以显示不同的样式效果：

```
< p class = "red">这是段落 1,字体颜色是红色</p >
< p class = "blue">这是段落 2,字体颜色是蓝色</p >
```

类选择器也可以为同一个元素设置多个样式。

例如，设置两个类选择器，分别用于设置字体为红色和设置背景颜色为蓝色：

```
.red{color:red}
    .bgblue{background - color:blue}
```

将其使用在同一个段落元素< p >中，可以同时应用这两种样式效果：

```
< p class = "red bgblue">本段落的字体颜色是红色,背景颜色是蓝色</p >
```

【例 3-6】　类选择器的简单应用

为 HTML 元素设置自定义 class 名称，并使用类选择器对其进行 CSS 样式设置。

```
1.    <!DOCTYPE html >
2.    < html >
3.       < head >
4.          < meta charset = "utf-8">
5.          < title >类选择器的简单应用</title >
6.          < style >
7.             .red {
8.                color: red          /* 设置字体颜色为红色 */
9.             }
10.            .blue {
11.               color: blue         /* 设置字体颜色为蓝色 */
12.            }
13.         </style >
14.      </head >
15.      < body >
16.         < h3 class = "red">类选择器的简单应用</h3 >
```

扫一扫

视频讲解

```
17.              < hr />
18.              < p class = "blue">
19.                  该段落字体将设置为蓝色
20.              </p>
21.
22.              < p class = "red">
23.                  该段落字体将设置为红色
24.              </p>
25.       </body>
26.   </html>
```

运行效果如图 3-6 所示。

【代码说明】

本示例代码包含了一个标题元素<h3>和两个
段落元素<p>,并为<h3>元素以及第二个<p>元
素规定了相同的类名称 class="red";为第一个
<p>元素规定了类名称 class="blue"。在首部标
签<head>和</head>之间使用类选择器对其进行
样式的规范:类名称为 red 则要求设置字体颜色为
红色;类名称为 blue 则要求设置字体颜色为蓝色。

图 3-6　类选择器的应用效果

由图 3-6 可见使用类选择器的匹配方式可以为设置了相同 class 名称的标题元素<h3>
和段落元素<p>实现了相同的样式效果(字体为红色);而两个相同的段落元素<p>也可以
因为类名称的不同,实现不一样的样式效果(字体为蓝色和红色)。

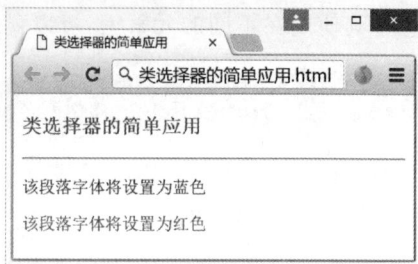

3.2.4　属性选择器

从 CSS2 开始引入了属性选择器,属性选择器允许基于元素所拥有的属性进行匹配。
其语法规则如下:

元素名称[元素属性]{属性名称 1:属性值 1; 属性名称 2:属性值 2; …; 属性名称 n:属性值 n}

例如,只对带有 href 属性的超链接元素<a>设置 CSS 样式:

```
a[href]{
    color: red;
}
```

上述代码表示将所有带有 href 属性的超链接元素<a>设置字体颜色为红色。

也可以根据具体的属性值进行 CSS 样式设置,例如:

```
a[href = "http://www.baidu.com"]{
    color: red;
}
```

上述代码表示将 href 属性值为 http://www.baidu.com 的超链接设置为红色字体
样式。

如果不确定属性值的完整内容,可以使用[attribute~=value]的格式查找元素,表示在
属性值中包含 value 关键词。例如:

```
a[href~ = "baidu"]{
    color: red;
}
```

上述代码表示将所有 href 属性值中包含 baidu 字样的超链接设置为红色字体样式。

还可以使用[attribute|＝value]的格式查找元素,表示以单词 value 开头的属性值。例如:

```
img[alt| = "flower"]{
    border:1px solid red;
}
```

上述代码表示为所有 alt 属性值以 flower 字样开头的图像元素设置 1 像素宽的红色实线边框效果。

【例 3-7】 属性选择器的简单应用

使用两个图像元素<img>作为参照对比,仅为其中一个图像元素设置 alt 属性,并使用属性选择器对其进行 CSS 样式设置。

扫一扫

视频讲解

```
1.    <!DOCTYPE html >
2.    < html >
3.        < head >
4.            < meta charset = "utf-8">
5.            <title>属性选择器的简单应用</title>
6.            < style >
7.                img[ alt = "balloon"] {
8.                    border: 20px solid red;
9.                }
10.           </style >
11.       </head >
12.       < body >
13.           < h3 >属性选择器的简单应用</h3 >
14.           < hr />
15.           < h4 >为设置有 alt 属性的图像元素设置边框效果</h4 >
16.           < img src = "image/balloon.jpg" alt = "balloon" />
17.           < img src = "image/balloon.jpg" />
18.       </body >
19.   </html >
```

运行效果如图 3-7 所示。

图 3-7 属性选择器的应用效果

【代码说明】

本示例 HTML5 代码中包含了两个图像元素<img>,并为其中第一个图像元素设置了
alt="balloon"属性。由图 3-7 可见,使用属性选择器的匹配方式可以为设置了 alt 属性的
图像元素单独实现样式效果:带有 20 像素宽的红色实线边框;而另外一个图像元素<img>
因为没有设置 alt 属性,因此不受任何影响。

3.3　语法规则

3.3.1　注释语句

在内部样式表和外部样式表文件中均可以使用/＊注释内容＊/的形式为 CSS 进行注释,
注释内容不会被显示出来。该注释以"/＊"开头,以"＊/"结尾,支持单行和多行注释。例如:

```
p{
  color:red;                      /＊字体设置为红色＊/
  background－color: yellow;      /＊背景设置为黄色＊/
}
/＊
  这是一个多行注释
  注释可以存在于 CSS 样式表的任意位置
＊/
```

3.3.2　@charset

该语法在外部样式表文件内使用,用于指定当前样式表使用的字符编码。例如:

```
@charset "utf-8";
```

该语句表示外部样式表文件使用了 UTF-8 的编码格式,一般写在外部样式表文件的第
一行,并且需要加上分号结束。

3.3.3　!important

!important 用于标记 CSS 样式的使用优先级,其语法规则如下:

```
选择器{样式规则 !important;}
```

例如:

```
p{
  background－color: red !important;
  background－color: blue;
}
```

上述代码表示优先使用 background-color:red 语句,即段落元素的背景颜色设置为
红色。

3.4　CSS 取值与单位

3.4.1　数字

数字取值是在 CSS2 中规定的,有三种取值形式,如表 3-3 所示。

表 3-3 CSS 数字取值类型

数 字 类 型	发 布 版 本	解　　释
< number >	CSS2	浮点数值
< integer >	CSS2	整数值
< percentage >	CSS2	百分比,写法为< number >%的形式。该数值必须有参照物才能换算出具体的数值,是一个相对值

目前所有主流浏览器都支持以上三种取值形式。

3.4.2　长度

长度取值< length >是在 CSS2 中规定的,表示方法为数值接长度单位。可用于描述文本、图像或其他各类元素的尺寸。

长度取值的单位可分为相对长度单位和绝对长度单位。相对单位的长度不是固定的,是根据参照物换算出实际长度,又可分为文本相对长度单位和视口相对长度单位。绝对长度单位的取值是固定的,例如厘米、毫米等,该取值不根据浏览器或容器的大小发生改变。

长度单位的具体情况如表 3-4 所示。

表 3-4 CSS 长度单位

文本相对长度单位

长 度 单 位	发 布 版 本	解　　释
em	CSS1	相对于当前对象内文本的字体尺寸
ex	CSS1	相对于字符 x 的高度。一般为字体正常高度的一半
ch	CSS3	数字 0 的宽度
rem	CSS3	相对于当前页面的根元素< html >规定的 font-size 字体大小属性值的倍数

视口相对长度单位

长 度 单 位	发 布 版 本	解　　释
vw	CSS3	相对于视口的宽度。视口为均分为 100vw
vh	CSS3	相对于视口的高度。视口为均分为 100vh
vmax	CSS3	相对于视口的宽度或高度中的较大值。视口为均分为 100vmax
vmin	CSS3	相对于视口的宽度或高度中的较小值。视口为均分为 100vmin

绝对长度单位

长 度 单 位	发 布 版 本	解　　释
cm	CSS1	厘米(centimeters)
mm	CSS1	毫米(millimeters)
q	CSS3	1/4 毫米(quarter-millimeters),1q 相当于 0.25mm
in	CSS1	英寸(inches),1in 相当于 2.54cm
pt	CSS1	点(points),1pt 相当于 1/72in
pc	CSS1	派卡(picas),1pc 相当于 12pt
px	CSS1	像素(pixels),1px 相当于 1/96in

3.4.3　角度

角度取值< angle >是在 CSS3 中规定的,可用于描述元素变形时旋转的角度。

角度单位的具体情况如表 3-5 所示。

表 3-5　CSS 角度单位

角 度 单 位	发 布 版 本	解　　释
deg	CSS3	度(degrees),圆形环绕一周为 360deg
grad	CSS3	梯度(gradians),圆形环绕一周为 400grad
rad	CSS3	弧度(radians),圆形环绕一周为 2πrad
turn	CSS3	转、圈(turns),圆形环绕一周为 1turn

3.4.4　时间

时间取值< time >是在 CSS3 中规定的,可用于描述时间长短。

时间单位有两种情况,如表 3-6 所示。

表 3-6　CSS 时间单位

时 间 单 位	发 布 版 本	解　　释
s	CSS3	秒(seconds)
ms	CSS3	毫秒(milliseconds),1000 毫秒＝1 秒

3.4.5　文本

文本常见有三种取值形式,如表 3-7 所示。

表 3-7　CSS 文本取值类型

文 本 类 型	发 布 版 本	解　　释
< string >	CSS2	字符串
< url >	CSS2	图像、文件或浏览器支持的其他任意资源的地址
< identifier >	CSS2	用户自定义的标识名称,例如,为元素自定义 id 名称等

目前所有主流浏览器都支持以上三种取值形式。

3.4.6　颜色

CSS 颜色可以用于设置 HTML 元素的背景颜色、边框颜色、字体颜色等。本节主要介绍了网页中颜色显示的原理——RGB 色彩模式和三种常用的颜色表示方式。

1. RGB 色彩模式

RBG 色彩模式是一种基于光学原理的颜色标准规范,也是目前运用最广泛的工业界颜色标准之一。颜色是通过对红、绿、蓝光的强弱程度不同组合叠加显示出来的,而 RGB 三个字母正是由红(Red)、绿(Green)、蓝(Blue)三个英文单词首字母组合而成的,代表了这三种颜色光线叠加在一起形成的各式各样的色彩。

目前的显示器大多采用了 RGB 色彩模式,是通过屏幕上的红、绿、蓝三色的发光极的亮度组合出不同的色彩。因此网页上的任何一种颜色都可以由一组 RGB 值来表示。

RGB 色彩模式规定了红、绿、蓝三种光的亮度值均用整数表示,其范围是[0，255],共有 256 级,其中 0 为最暗,255 为最亮。因此红、绿、蓝三种颜色通道的取值能组合出 $256\times256\times256＝16\ 777\ 216$ 种不同的颜色。目前主流浏览器能支持其中大约 16 000 多种色彩。

2. 常见颜色表示方式

在 CSS 中常用的颜色表示方式有:

- 使用 RGB 颜色的方式,例如,rgb(0,0,0)表示黑色、rgb(255,255,255)表示白色等;
- RGB 的十六进制表示法,例如,♯000000 表示黑色、♯FFFFFF 表示白色等;
- 直接使用英文单词名称,例如,red 表示红色、blue 表示蓝色等。

1）RGB 颜色

所有浏览器都支持 RGB 颜色表示法，使用 RGB 色彩模式表示颜色值的格式如下：

```
rgb(红色通道值, 绿色通道值, 蓝色通道值)
```

以上三个参数的取值范围可以是整数或者百分比的形式。取整数值时完全遵照 RGB 颜色标准为[0,255]的整数，数字越大，该通道的光亮就越强。

例如，希望获得红色，则将红色通道值设置为最大值 255，绿色和蓝色通道值均设置为最小值 0。写法如下：

```
rgb(255, 0, 0)
```

如果需要获得绿色或蓝色也是一样的原理，将相关颜色通道值设置为 255，其余两个通道值设置为 0 即可。

因此，如果将其中某个通道颜色值设置得比其他两个值都大，则最终显示出来的颜色就偏向于这种色彩更多。当三个通道的光均为最强时，则显示出白色：rgb(255，255，255)。相反，当三个通道的光均为最弱时显示出黑色：rgb(0，0，0)。

2）十六进制颜色

所有浏览器都支持 RGB 颜色的十六进制表示法，这种方法其实是把原先十进制的 RGB 取值转换成了十六进制，其格式如下：

```
#RRGGBB
```

以井号（#）开头，后面跟六位数，每两位代表一种颜色通道值，分别是 RR（红色）、GG（绿色）和 BB（蓝色）的十六进制取值。其中最小值仍然为 0，最大值为 FF。例如，红色的十六进制码为 #FF0000，这表示红色成分被设置为最高值，其他成分为 0。

十六进制码中的字母大小写均可，因此红色对应的十六进制码也可以写成 #ff0000，是同样的效果。

当每种颜色通道上的两个字符相同时，CSS 还支持将 #RRGGBB 简写成 #RGB 的形式，即每个通道的十六进制取值只占一个字符。例如，红色是 #FF0000，就可以简写为 #F00。

3）颜色名

一些常用的颜色可以使用相应的英文单词表示（例如，red 表示红色），目前所有浏览器均支持这种表示方式。W3C 组织在 CSS 颜色规范中定义了 17 种 Web 标准色，如表 3-8 所示。

表 3-8 CSS 颜色规定的 17 种标准色

颜色名称	中 文 名	RGB（十六进制）	RGB（十进制）
aqua/cyan	青色	#00FFFF	0, 255, 255
black	黑色	#000000	0, 0, 0
blue	蓝色	#0000FF	0, 0, 255
fuchsia	洋红色	#FF00FF	255, 0, 255
gray	灰色	#808080	128, 128, 128
green	调和绿	#008000	0, 128, 0
lime	绿色	#00FF00	0, 255, 0
maroon	栗色	#800000	128, 0, 0
navy	藏青色	#000080	0, 0, 128
olive	橄榄色	#808000	128, 128, 0

续表

颜 色 名 称	中 文 名	RGB(十六进制)	RGB(十进制)
orange	橙色	＃FFA500	255，165，0
purple	紫色	＃800080	128，0，128
red	红色	＃FF0000	255，0，0
silver	银色	＃C0C0C0	192，192，192
teal	鸭翅绿	＃008080	0，128，128
white	白色	＃FFFFFF	255，255，255
yellow	黄色	＃FFFF00	255，255，0

CSS3 在这 17 种标准色的基础上又新增了 130 多种颜色名称,具体内容可查看附录 C CSS 颜色对照表。目前共计 140 种颜色名称,由于存在两对异名同色的情况,实际的颜色共计 138 种。

扫一扫

视频讲解

【例 3-8】 CSS 颜色的简单应用

对 RGB、十六进制码和颜色名这三种不同的 CSS 颜色表示方式进行综合应用。

```
1.   <!DOCTYPE html >
2.   < html >
3.      < head >
4.         < meta charset = "utf-8">
5.         <title>CSS 颜色的简单应用</title>
6.         < style >
7.         /* 设置字体颜色为红色 */
8.            .red {
9.               color: ＃FF0000
10.           }
11.        /* 设置字体颜色为蓝色 */
12.           .blue {
13.              color: rgb(0,0,255)
14.           }
15.        /* 设置字体颜色为橙色 */
16.           .orange {
17.              color: orange
18.           }
19.        </style >
20.     </head >
21.     < body >
22.        < h3 >CSS 颜色的简单应用</h3>
23.        < hr />
24.        < p class = "red">
25.           该段落字体将设置为红色
26.        </p>
27.
28.        < p class = "blue">
29.           该段落字体将设置为蓝色
30.        </p>
31.
32.        < p class = "orange">
33.           该段落字体将设置为橙色
34.        </p>
35.     </body>
36.  </html >
```

运行效果如图 3-8 所示。

【代码说明】

本示例代码包含了三个段落元素<p>，为其规定了不同的类名称分别为 red、blue 和 orange，以便使用类选择器对相同类型的元素实现不一样的样式效果。

在首部标签<head>和</head>之间使用类选择器对其进行样式的规范：类名称为 red 则要求设置字体颜色为红色，使用了十六进制的颜色表达方式；类名称为 blue 则要求设置字体颜色为蓝色，使用了 RGB 颜色表达方式；类名称为 orange 则要求设置字体颜色为橙色，使用了英文名称的颜色表达方式。

由图 3-8 可见，使用不同的颜色表示方法均可以令 HTML 元素显示指定的 CSS 颜色。

图 3-8　CSS 颜色的应用效果

3.5 CSS 常用样式

3.5.1 CSS 背景

本节将介绍如何在网页上应用背景颜色和背景图像。

和 CSS 背景有关的属性如表 3-9 所示。

表 3-9　CSS 背景与颜色属性

属 性 名 称	解　　释
background-color	设置背景颜色
background-image	设置背景图像
background-repeat	设置背景图像是否重复平铺
background-attachment	背景图像是否随页面滚动
background-position	放置背景图像的位置
background	上述所有属性的综合简写方式

1. 背景颜色 background-color

CSS 中的 background-color 属性用于为所有 HTML 元素指定背景颜色。例如：

```
p{background-color:gray}          /*将段落元素的背景颜色设置为灰色*/
```

如需要更改整个网页的背景颜色，则对<body>元素应用 background-color 属性。例如：

```
body{background-color:cyan}          /*将整个网页的背景颜色设置为青色*/
```

background-color 属性的默认值是 transparent（透明的），因此如果没有特别规定 HTML 元素的背景颜色，那么该元素就是透明的，以便使其覆盖的元素为可见。关于颜色值的表达方法可参考 3.4.6 节的相关内容。

【例 3-9】　**CSS 属性 background-color 的简单应用**

使用 background-color 属性为各种 HTML 元素设置背景颜色。

```
1.    <!DOCTYPE html>
2.    <html>
3.        <head>
```

扫一扫

视频讲解

```
4.                    < meta charset = "utf-8">
5.           < title > CSS 属性 background - color 的应用</title>
6.           < style >
7.                    body {
8.                        background - color: silver   / * 将整个网页的背景颜色设置为银色 * /
9.                    }
10.                   h1 {
11.                       background - color: red      / * 设置背景色为红色 * /
12.                   }
13.                   h2 {
14.                       background - color: orange   / * 设置背景色为橙色 * /
15.                   }
16.                   h3 {
17.                       background - color: yellow   / * 设置背景色为黄色 * /
18.                   }
19.                   h4 {
20.                       background - color: green    / * 设置背景色为绿色 * /
21.                   }
22.                   h5 {
23.                       background - color: blue     / * 设置背景色为蓝色 * /
24.                   }
25.                   h6 {
26.                       background - color: purple   / * 设置背景色为紫色 * /
27.                   }
28.                   p {
29.                       background - color: cyan     / * 设置背景色为青色 * /
30.                   }
31.           </style >
32.       </ head >
33.       < body >
34.           < h1 > CSS 属性 background - color 的应用</h1 >
35.           < h2 > CSS 属性 background - color 的应用</h2 >
36.           < h3 > CSS 属性 background - color 的应用</h3 >
37.           < h4 > CSS 属性 background - color 的应用</h4 >
38.           < h5 > CSS 属性 background - color 的应用</h5 >
39.           < h6 > CSS 属性 background - color 的应用</h6 >
40.           < p >
41.               CSS 属性 background - color 的应用
42.           </p >
43.       </ body >
44.  </html >
```

运行效果如图 3-9 所示。

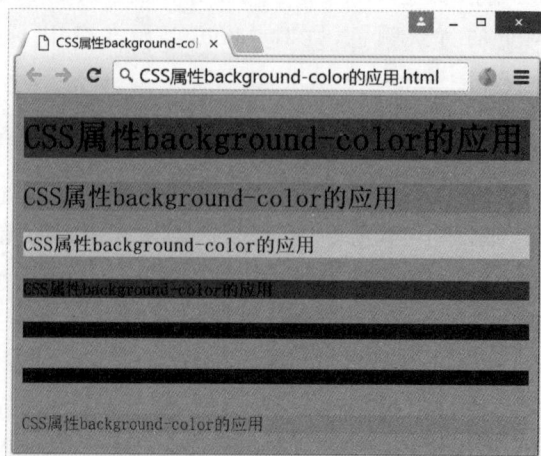

图 3-9   CSS 颜色的应用效果

【代码说明】

上述代码包含了全部的 6 种标题元素<h1>～<h6>以及一个段落元素<p>,使用内部样式表为这些元素以及<body>标签设置了不同的 background-color 属性值。

2. 背景图像 background-image

CSS 中的 background-image 属性用于为元素设置背景图像。例如:

```
p{background - image:url(flower.jpg)}
```

上述代码表示 flower.jpg 图片与 HTML 文档在同一个目录中。

如果引用本地其他文件夹中的图片,给出对应的文件夹路径即可。例如:

```
p{background - image:url(image/flower.jpg)}
```

上述代码表示 flower.jpg 图片在本地的 image 文件夹中,并且 image 文件夹与 HTML 文档存放于同一个目录中。

如果需要更改整个网页的背景图像,则对<body>元素应用 background-image 属性。例如:

```
body{background - image:url(image/flower.jpg)}
```

扫一扫

视频讲解

【例 3-10】 CSS 属性 background-image 的简单应用

设置网页的背景图片和段落元素<p>的背景图片。

```
1.    <!DOCTYPE html>
2.    <html>
3.        <head>
4.            <meta charset = "utf-8">
5.            <title>CSS 属性 background - image 的应用</title>
6.            <style>
7.                body {
8.                    background - image: url(image/sky.jpg)
9.                }
10.               p {
11.                   background - image: url(image/balloon.jpg);
12.                   width: 210px;
13.                   height: 250px
14.               }
15.           </style>
16.       </head>
17.       <body>
18.           <h3>CSS 属性 background - image 的应用</h3>
19.           <hr />
20.           <!-- 段落元素用于显示热气球 -->
21.           <p>
22.               这是一个段落
23.           </p>
24.       </body>
25.   </html>
```

运行效果如图 3-10 所示。

【代码说明】

上述代码为网页设置了背景图像,图像来源于本地 image 文件夹中的 sky.jpg 图片;并且为段落元素<p>设置了背景图像,图像来源于本地 image 文件夹中的 balloon.jpg 图片。

由图 3-10 可见,网页的背景图片会自动在水平和垂直两个方向上进行重复平铺的显示

图 3-10　CSS 颜色的应用效果

效果。实际上所有 HTML 元素的背景图片都会默认进行重复平铺。因此为达到更好的视觉效果,为段落元素<p>设置了与背景图片 balloon.jpg 一样的宽和高,即宽度为 210 像素、高度为 250 像素。

CSS 还可以规定是否允许背景图像重复平铺,相关属性会在下一节中进行描述。

3. 背景图像平铺方式 background-repeat

CSS 中的 background-repeat 属性用于设置背景图像的平铺方式。如果不设置该属性,则默认背景图像会在水平和垂直方向上同时被重复平铺(如例 3-10 的运行效果)。该属性有四种不同的取值,如表 3-10 所示。

表 3-10　CSS 属性 background-repeat 取值

属　性　值	解　　释	属　性　值	解　　释
repeat-x	水平方向平铺	repeat	水平和垂直方向都平铺
repeat-y	垂直方向平铺	no-repeat	不平铺,只显示原图

【例 3-11】 CSS 属性 background-repeat 的简单应用

沿用例 3-10 中的背景图像 sky.jpg 设置为网页背景图片,并要求不平铺背景图片。

```html
1.    <!DOCTYPE html>
2.    <html>
3.        <head>
4.            <meta charset = "utf-8">
5.            <title>CSS 属性 background - image 的应用</title>
6.            <style>
7.                body {
8.                    background - image: url(image/sky.jpg);
9.                    background - repeat: no - repeat;          /* 背景图像不平铺 */
10.               }
11.           </style>
12.       </head>
13.       <body>
14.           <h3>CSS 属性 background - image 的应用</h3>
15.       </body>
16.   </html>
```

运行效果如图 3-11 所示。

图 3-11　CSS 属性 background-repeat 的应用效果

【代码说明】

和例 3-10 不同的是,本示例代码修改了内部 CSS 样式表中的 body 样式,为其新增了 background-repeat 属性,并将属性值设置为 no-repeat 表示不平铺图像。

但是这种方式设置的背景图像是固定的宽高,在浏览器窗口尺寸大于图像尺寸时会有多余出来的空白区域。因此可以考虑将 CSS 属性 background-image 与 background-color 配合使用,这样背景图片无法覆盖到的空白区域将显示与图片相近的背景颜色。

4. 固定/滚动背景图像 background-attachment

CSS 中的 background-attachment 属性用于设置背景图像是固定在屏幕上还是随着页面滚动。该属性有两种取值,如表 3-11 所示。

表 3-11　CSS 属性 background-attachment 取值

属　性　值	解　　释
scroll	背景图像随着页面滚动
fixed	背景图像固定在屏幕上

【例 3-12】　CSS 属性 background-attachment 的简单应用

使用本地 image 文件夹中的 balloon.jpg 作为网页背景图片,并设置为不重复平铺图像。

扫一扫

视频讲解

```
1.    <!DOCTYPE html >
2.    < html >
3.       < head >
4.          < meta charset = "utf-8">
5.          < title >CSS 属性 background – attachment 的应用</title>
6.          < style >
7.             body {
8.                background – image: url(image/balloon.jpg);
9.                background – repeat: no – repeat;        /* 背景图像不平铺 */
10.               background – attachment: scroll;         /* 背景图像随页面滚动 */
11.            }
12.         </style>
13.      </head>
14.      < body >
15.         < h3 >CSS 属性 background – attachment 的应用</h3>
16.         < hr />
17.         < p >
```

```
18.                这是段落元素,用于测试背景图片是否跟随页面滚动。
19.        </p>
20.        <p>
21.                这是段落元素,用于测试背景图片是否跟随页面滚动。
22.        </p>
23.        <p>
24.                这是段落元素,用于测试背景图片是否跟随页面滚动。
25.        </p>
26.        <p>
27.                这是段落元素,用于测试背景图片是否跟随页面滚动。
28.        </p>
29.        <p>
30.                这是段落元素,用于测试背景图片是否跟随页面滚动。
31.        </p>
32.        <p>
33.                这是段落元素,用于测试背景图片是否跟随页面滚动。
34.        </p>
35.        <p>
36.                这是段落元素,用于测试背景图片是否跟随页面滚动。
37.        </p>
38.        <p>
39.                这是段落元素,用于测试背景图片是否跟随页面滚动。
40.        </p>
41.        <p>
42.                这是段落元素,用于测试背景图片是否跟随页面滚动。
43.        </p>
44.        <p>
45.                这是段落元素,用于测试背景图片是否跟随页面滚动。
46.        </p>
47.        <p>
48.                这是段落元素,用于测试背景图片是否跟随页面滚动。
49.        </p>
50.        <p>
51.                这是段落元素,用于测试背景图片是否跟随页面滚动。
52.        </p>
53.    </body>
54. </html>
```

运行效果如图 3-12 所示。

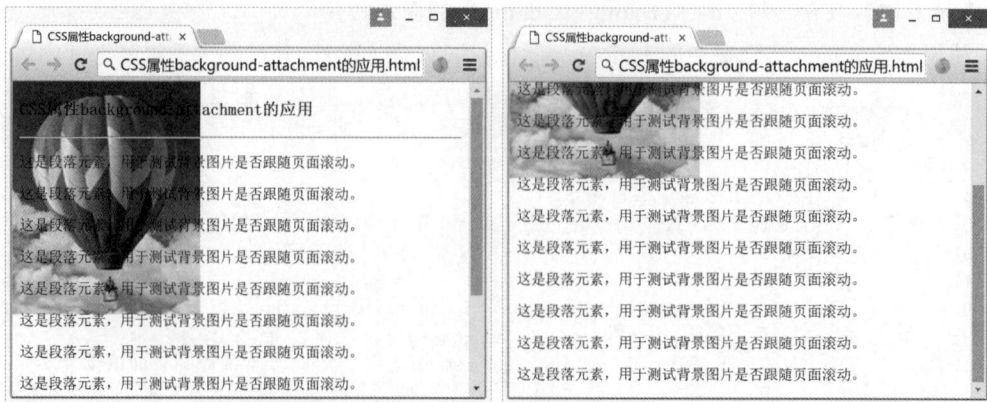

(a) 页面滚动前   (b) 页面滚动后

图 3-12　CSS 属性 background-attachment 的应用效果

【代码说明】

本示例在页面上设置足够多的段落元素<p>以便让浏览器形成滚动条,将背景图片的

background-attachment 属性设置为 scroll,测试其运行效果。

由图 3-12 可见,当 background-attachment 的属性值为 scroll 时,背景图像会随着页面一起滚动。可以将该属性值改为 fixed 重新进行测试,在页面滚动时背景图片不随着文字内容一起移动。

5. 定位背景图像 background-position

默认情况下,背景图像会放置在元素的左上角。CSS 中的 background-position 属性用于设置背景图像的位置,可以根据属性值的组合将图像放置到指定位置上。该属性允许使用两个属性值组合的形式对背景图像进行定位。其基本格式如下:

background - position: 水平方向值　垂直方向值

水平和垂直方向的属性值均可使用关键词、长度值或者百分比的形式表示。

1) 关键词定位

在 background-position 属性值中可以使用的关键词共有 5 种,如表 3-12 所示。

表 3-12　CSS 属性 background-position 关键词

属　性　值	解　　释	属　性　值	解　　释
center	水平居中或垂直居中	left	水平方向左对齐显示
top	垂直方向置顶显示	right	水平方向右对齐显示
bottom	垂直方向底部显示		

使用关键词组合的方式定位图像,需要从表示水平方向和垂直方向的关键词中各选一个组合使用,例如,background-position: left top 表示背景图像在元素左上角的位置。

关键词指示的方向非常明显,例如 left 和 right 就是水平方向专用,而 top 和 bottom 是垂直方向专用。因此关键词的组合可以不分先后顺序,例如 left top 和 top left 就表达完全相同的含义。关键词 center 既可表示水平居中也可表示垂直居中,组合使用时取决于另一个关键词是水平还是垂直方向,center 则用于补充对立方向。

关键词定位的方式也可以简写为单个关键词的形式,这种情况会默认另一个省略的关键词为 center。例如,简写形式 left 就等价于 left center 或 center left,表示水平方向左对齐、垂直方向居中显示。

2) 长度值定位

长度值定位方法是以元素内边距区域左上角的点作为原点,然后解释背景图像左上角的点对原点的偏移量。例如,background-position: 100px 50px 指的是背景图像左上角的点距离元素左上角向右 100 像素同时向下 50 像素的位置。

3) 百分比定位

百分比数值定位方式更为复杂,是将 HTML 元素与其背景图像在指定的点上重合对齐,而指定的点是用百分比的方式进行解释的。

例如,background-position: 0% 0%指的是背景图像左上角的点放置在 HTML 元素左上角原点上。而 background-position: 66% 33%指的是 HTML 元素和背景图像水平方向 2/3 的位置和垂直方向 1/3 的位置上的点对齐。

一般来说,使用百分比定位方式都是用两个参数值组合定位的,第一个参数值表示水平方向的位置;第二个参数值表示垂直方向的位置。如果简写为一个参数值,则只表示水平方向的位置,省略的垂直方向位置默认为 50%。这种方法类似于关键词定位法简写时使用 center 补全省略的关键词。

【例 3-13】 CSS 属性 background-position 的综合应用

综合应用了关键词、百分比和长度值三种方式进行背景图像的定位。

```
1.    <!DOCTYPE html >
2.    < html >
3.        < head >
4.            < meta charset = "utf-8">
5.            < title > CSS 属性 background - position 的应用</title>
6.            < style >
7.                div {
8.                    width: 660px;
9.                }
10.               p {
11.                   width: 200px;
12.                   height: 200px;
13.                   background - color: silver;
14.                   background - image: url( image/football.png);
15.                   background - repeat: no - repeat;
16.                   float: left;
17.                   margin: 10px;
18.                   text - align: center;
19.               }
20.               #p1_1 {
21.                   background - position: left top
22.               }/* 图像位于左上角,也可以写作 top left */
23.               #p1_2 {
24.                   background - position: top
25.               }/* 图像位于顶端居中,也可以写作 top center 或 center top */
26.               #p1_3 {
27.                   background - position: right top
28.               }/* 图像位于右上角,也可以写作 top right */
29.
30.               #p2_1 {
31.                   background - position: 0 %
32.               }/* 图像位于水平方向左对齐并且垂直居中,也可以写作 0 % 50 % */
33.               #p2_2 {
34.                   background - position: 50 %
35.               }/* 图像位于正中心,也可以写作 50 % 50 % */
36.               #p2_3 {
37.                   background - position: 100 %
38.               }/* 图像位于水平方向右对齐并且垂直居中,也可以写作 100 % 50 % */
39.
40.               #p3_1 {
41.                   background - position: 0px 100px
42.               }/* 图像位于左下角 */
43.               #p3_2 {
44.                   background - position: 50px 100px
45.               }/* 图像位于底端并水平居中 */
46.               #p3_3 {
47.                   background - position: 100px 100px
48.               }/* 图像位于右下角 */
49.           </style>
50.       </head>
51.       < body >
52.           < h3 > CSS 属性 background - position 的应用</h3>
53.           < hr />
54.           < div >
55.               < p id = "p1_1"> left top </p>
56.               < p id = "p1_2"> top </p>
```

```
57.              <p id="p1_3">right top</p>
58.
59.              <p id="p2_1">0%</p>
60.              <p id="p2_2">50%</p>
61.              <p id="p2_3">100%</p>
62.
63.              <p id="p3_1">0px 100px</p>
64.              <p id="p3_2">50px 100px</p>
65.              <p id="p3_3">100px 100px</p>
66.          </div>
67.      </body>
68.  </html>
```

运行效果如图 3-13 所示。

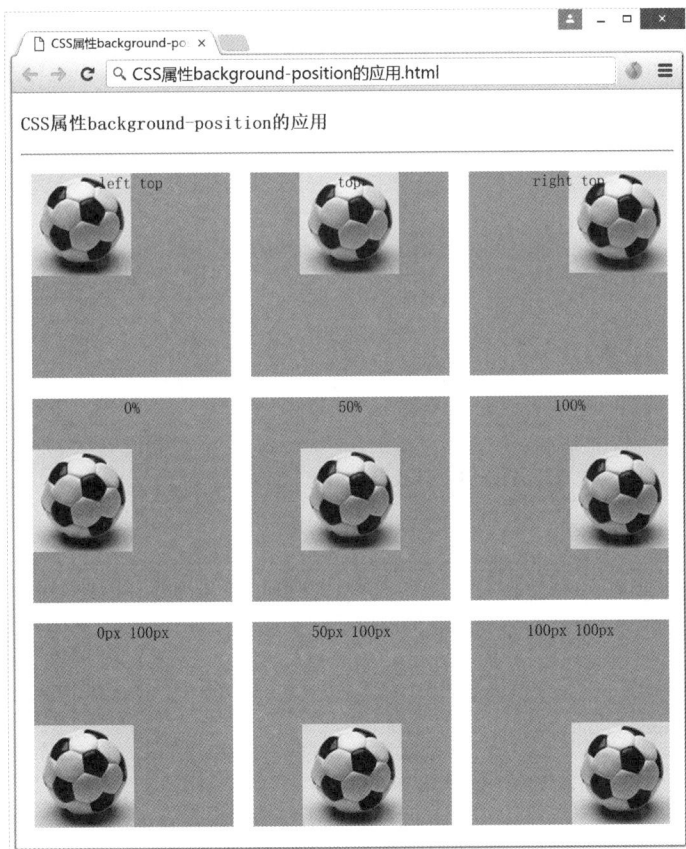

图 3-13　CSS 属性 background-position 的应用效果

【代码说明】

本示例使用区域元素<div>包含了九个段落元素<p>,用于测试背景图像的定位。将这些段落元素分为三组,每行三个为一组使用其中一种背景图像定位方式:第一行使用关键词定位;第二行为百分比定位;第三行是长度值定位。

事先为段落元素<p>设置统一样式:宽度和高度均为 200 像素、背景色为银色、文字内容水平居中显示、背景图像来源于本地 image 文件夹中的 football.png 并且不重复显示。然后使用 ID 选择器分别为每一个段落元素设置不同的背景图像位置。

几种特殊的百分比数值可以与关键词定位法等价使用,具体内容如表 3-13 所示。

表 3-13   百分比与等价关键词定位

百分比定位	等价关键词定位	背景图像位置
0% 0%	left top 或 top left	元素的左上角
0% 50%或 0%	left center 或 left	水平方向左对齐,垂直方向居中
0% 100%	left bottom 或 bottom left	元素的左下角
50% 0%	center top 或 top	水平方向居中,垂直方向置顶
50% 50%或 50%	center center 或 center	元素的正中心
50% 100%	center bottom 或 bottom	水平方向居中,垂直方向底端
100% 0%	right top 或 top right	元素的右上角
100% 50%或 100%	right center 或 right	水平方向右对齐,垂直方向居中
100% 100%	right bottom 或 bottom right	元素的右下角

如果已知 HTML 元素的宽度和高度,可以将表 3-13 换算成长度值。由于实际情况下每个 HTML 元素的尺寸不一样,因此这里不再专门列出。

6. 背景简写 background

CSS 中的 background 属性可以用于概括其他五种背景属性,将相关属性值汇总写在同一行。当需要为同一个元素声明多项背景属性时,可以使用 background 属性进行简写。声明顺序如下:

```
[background - color]  [background - image]  [background - repeat]  [background - attachment]
[background - position]
```

属性值之间用空格隔开,如果其中某个属性没有规定可以省略不写。例如:

```
p{
    background - color:silver;
    background - image:url(image/football.png);
    background - repeat:no - repeat;
}
```

上述代码使用 background 属性可以简写为:

```
p{ background: silver url(image/football.png) no - repeat }
```

其效果完全相同。

3.5.2   CSS 框模型

CSS 框模型又称为盒状模型(Box Model),用于描述 HTML 元素形成的矩形盒子。每个 HTML 元素都具有元素内容、内边距、边框和外边距。CSS 框模型的结构如图 3-14 所示。

图 3-14 中最内层的虚线框里面是元素的实际内容;包围它的一圈称为内边距,内边距的最外层实线边缘称为元素的边框;边框外层的一圈空白边称为外边距,外边距是该元素与其他元素之间保持的距离。其中最外层的虚线部分是元素外边距的临界线。默认情况下,元素的内边距、边框和外边距均为 0。

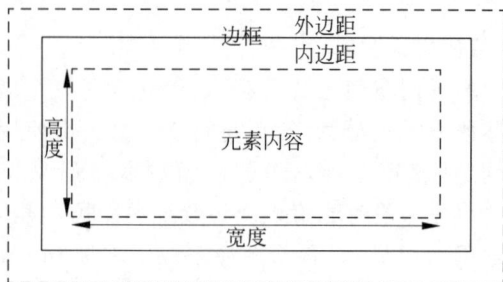

图 3-14   CSS 框模型的结构

在 CSS 中元素的宽度(width)和高度(height)属性指的是元素内容的区域,也就是图 3-14 中的最内层虚线框的宽度和高度。增加内外边距或边框的宽度不会影响元素的宽度和高度属性值,但是元素占用的总空间会增大。

1. 内边距 padding

1) 设置各边内边距

在 CSS 中,可以使用 padding 属性设置 HTML 元素的内边距。元素的内边距也可以被理解为元素内容周围的填充物,因为内边距不影响当前元素与其他元素之间的距离,它只能用于增加元素内容与元素边框之间的距离。

padding 属性值可以是长度值或者百分比值,但是不可以使用负数。

例如,为所有的段落元素<p>设置各边均为 20 像素的内边距:

```
p{padding:20px}
```

使用百分比值表示的是该元素的上一级父元素宽度(width)的百分比。例如:

```
<div style = "width:100px">
    <p style = "padding:20 % ">这是一个段落</p>
</div>
```

此时使用了内联样式表为段落元素<p>设置内边距为父元素宽度的 20%。该段落元素<p>的父元素为块级元素<div>,因此段落元素<p>各边的内边距均为是<div>元素宽度的 20%,即 20 像素。

padding 属性也可以为元素的各边分别设置内边距。例如:

```
p{padding: 10px 20px 0 20 % }
```

此时规定的属性值按照上右下左的顺时针顺序为各边的内边距进行样式定义。因此本例表示上边内边距为 10 像素;右边内边距为 20 像素;下边内边距为 0;左边内边距为其父元素宽度的 20%。

2) 单边内边距

如果只需要为 HTML 元素的某一个边设置内边距,可以使用 padding 属性的 4 种单边内边距属性,如表 3-14 所示。

表 3-14 CSS 单边内边距属性

属 性 名 称	解 释	属 性 名 称	解 释
padding-top	设置元素的上边内边距	padding-left	设置元素的左边内边距
padding-bottom	设置元素的下边内边距	padding-right	设置元素的右边内边距

例如,设置段落元素<p>的上边内边距为 20 像素:

```
p{padding - top: 20px}
```

【例 3-14】 CSS 属性 padding 的应用

测试段落元素<p>使用内边距属性 padding 的不同效果。

扫一扫

视频讲解

```
1.    <!DOCTYPE html>
2.    <html>
3.       <head>
4.          <meta charset = "utf-8">
5.          <title>CSS 属性 padding 的应用</title>
6.          <style>
7.             p {
```

```
8.                  width: 200px;
9.                  margin: 10px;
10.                 background - color: orange;
11.             }
12.             .style01 {
13.                 padding: 20px
14.             }
15.             .style02 {
16.                 padding: 10px 50px
17.             }
18.             .style03 {
19.                 padding - left: 50px
20.             }
21.         </style>
22.     </head>
23.     < body >
24.         < h3 >CSS 属性 padding 的应用</h3>
25.         < hr />
26.         < p >
27.             该段落没有使用内边距,默认值为 0
28.         </p>
29.         < p class = "style01">
30.             该段落元素的各边内边距均为 20 像素
31.         </p>
32.         < p class = "style02">
33.             该段落元素的上下边内边距均为 10 像素、左右边内边距均为 50 像素
34.         </p>
35.         < p class = "style03">
36.             该段落元素的左边内边距为 50 像素
37.         </p>
38.     </body>
39. </html >
```

运行效果如图 3-15 所示。

【代码说明】

本示例使用了四个段落元素< p >进行对比实验,其中第一个段落元素没有做 CSS 样式设置,作为原始参考。其余三个段落元素分别进行了三种不同情况的内边距设置:

- 使用 padding 属性加单个属性值的形式为各边同时设置相同的内边距。
- 使用 padding 属性加两个属性值的形式分别为上下边和左右边设置不同的内边距。
- 使用 padding-left 属性设置单边的内边距。

事先为段落元素< p >设置统一样式:宽度为 200 像素、背景色为橙色以及外边距为 10 像素。然后使用类选择器为段落元素设置不同的 padding 属性值。

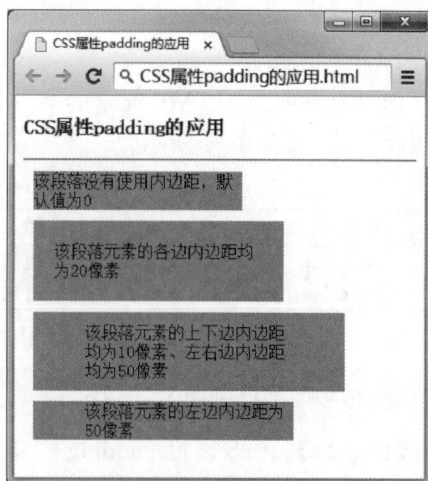

图 3-15　CSS 属性 padding 的应用效果

注意:如果为元素填充背景颜色或背景图像,则其显示范围是边框以内的区域,包括元素实际内容和内边距。

2．边框 border

使用 CSS 边框的相关属性可以为 HTML 元素创建不同宽度、样式和颜色的边框。和 CSS 边框有关的属性如表 3-15 所示。

1）边框宽度 border-width

CSS 中的 border-width 属性用于定义 HTML 元素边框的宽度。该属性有四种取值，如表 3-16 所示。

表 3-15　CSS 边框属性

属 性 名 称	解　　　释
border-width	设置边框的宽度
border-style	设置边框的样式
border-color	设置边框的颜色
border	上述所有属性的综合简写方式

表 3-16　CSS 属性 border-width 取值

属　性　值	解　　　释
thin	较窄的边框
medium	中等宽度的边框
thick	较宽的边框
像素值	自定义像素值宽度的边框

注：该属性必须和边框样式 border-style 属性一起使用方可看出效果。

【例 3-15】　CSS 属性 **border-width** 的简单应用

实验 CSS 属性 border-width 不同取值的显示效果。

```
1.    <!DOCTYPE html>
2.    <html>
3.        <head>
4.            <meta charset = "utf-8">
5.            <title>CSS 属性 border - width 的简单应用</title>
6.            <style>
7.                p {
8.                    width: 200px;
9.                    height: 50px;
10.                   border - style: solid;
11.               }
12.               .thin {
13.                   border - width: thin
14.               }
15.               .medium {
16.                   border - width: medium
17.               }
18.               .thick {
19.                   border - width: thick
20.               }
21.               .one {
22.                   border - width: 1px
23.               }
24.               .ten {
25.                   border - width: 10px
26.               }
27.           </style>
28.       </head>
29.       <body>
30.           <h3>CSS 属性 border - width 的简单应用</h3>
31.           <hr />
32.           <p class = "one">
33.               边框宽度为 1 像素
34.           </p>
35.           <p class = "thin">
36.               边框宽度为 thin
37.           </p>
```

```
38.        < p class = "medium">
39.            边框宽度为 medium
40.        </ p >
41.        < p class = "thick">
42.            边框宽度为 thick
43.        </ p >
44.        < p class = "ten">
45.            边框宽度为 10 像素
46.        </ p >
47.      </ body >
48.    </ html >
```

运行效果如图 3-16 所示。

图 3-16   CSS 属性 border-width 的应用效果

【代码说明】

本例中包含了五个段落元素< p >,并使用 CSS 类选择器为其设置不同的 border-width 属性值。为达到更好的显示效果,预先为所有段落元素设置了统一 CSS 样式:宽度为 200 像素、高度为 50 像素,并且设置边框为实线。

2)边框样式 border-style

CSS 中的 border-style 属性用于定义 HTML 元素边框的样式。该属性有 10 种取值,如表 3-17 所示。

表 3-17   CSS 属性 border-style 的取值

属　性　值	解　　释	属　性　值	解　　释
none	定义无边框效果	groove	定义 3D 凹槽边框效果
dotted	定义点状边框效果	ridge	定义 3D 脊状边框效果
dashed	定义虚线边框效果	inset	定义 3D 内嵌边框效果
solid	定义实线边框效果	outset	定义 3D 外凸边框效果
double	定义双线边框效果	inherit	从父元素继承边框样式

【例 3-16】 CSS 属性 border-style 的简单应用

实验 CSS 属性 border-style 不同取值的显示效果。

```
1.   <!DOCTYPE html>
2.   <html>
3.      <head>
4.         <meta charset = "utf-8">
5.         <title>CSS 属性 border - style 的应用</title>
6.         <style>
7.            p {
8.               width: 200px;
9.               height: 30px;
10.              border - width: 5px;
11.           }
12.           #p01 {
13.              border - style: none
14.           }
15.           #p02 {
16.              border - style: dotted
17.           }
18.           #p03 {
19.              border - style: dashed
20.           }
21.           #p04 {
22.              border - style: solid
23.           }
24.           #p05 {
25.              border - style: double
26.           }
27.           #p06 {
28.              border - style: groove
29.           }
30.           #p07 {
31.              border - style: ridge
32.           }
33.           #p08 {
34.              border - style: inset
35.           }
36.           #p09 {
37.              border - style: outset
38.           }
39.        </style>
40.     </head>
41.     <body>
42.        <h3>CSS 属性 border - style 的应用</h3>
43.        <hr />
44.        <p id = "p01">无边框效果</p>
45.        <p id = "p02">点状边框效果</p>
46.        <p id = "p03">虚线边框效果</p>
47.        <p id = "p04">实线边框效果</p>
48.        <p id = "p05">双线边框效果</p>
49.        <p id = "p06">3D 凹槽边框效果</p>
50.        <p id = "p07">3D 脊状边框效果</p>
51.        <p id = "p08">3D 内嵌边框效果</p>
52.        <p id = "p09">3D 外凸边框效果</p>
53.     </body>
54.  </html>
```

运行效果如图 3-17 所示。

【代码说明】

本例中包含了九个段落元素<p>,并使用 ID 选择器为其设置不同的 border-style 属性值。为达到更好的显示效果,预先为所有段落元素设置了统一的 CSS 样式:宽度为 200 像素,高度为 30 像素,并且设置边框宽度为 5 像素。由图 3-17 可见,根据 border-style 不同的取值,可以获得不同的显示效果。

border-style 属性也可以单独为元素的各边设置边框样式。例如:

```
p{border - style: solid dashed dotted double}
```

此时规定的属性值按照上右下左的顺时针顺序为各边的边框进行样式定义。因此本例表示上边框为实线;右边框为虚线;下边框为点状线;左边框为双线。

如果各边的边框有部分重复的样式值,可以使用简写的方式。如果简写为三个属性值的样式,则左右边框共用中间的属性值。例如:

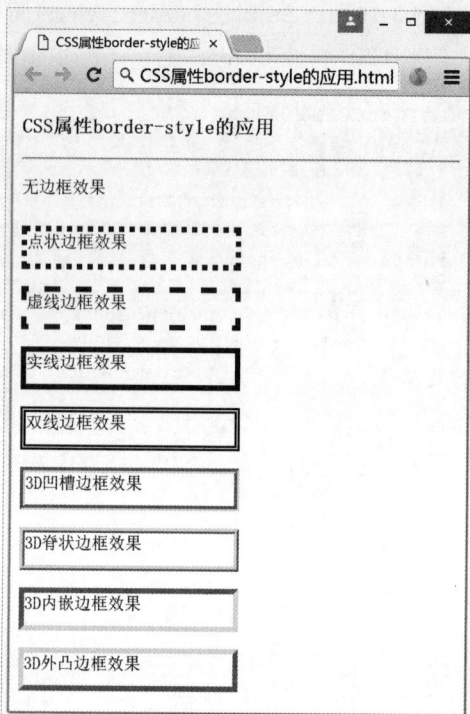

图 3-17　CSS 属性 border-style 的应用效果

```
p{border - style: solid dashed double}
```

本例表示上边框为实线;左右边框为虚线;下边框为双线。

如果简写为两个属性值的样式,则上下边框共用第一个属性值,左右边框共用第二个属性值。例如:

```
p{border - style: solid dashed}
```

本例表示上下边框均为实线,左右边框均为虚线。

3) 边框颜色 border-color

CSS 中的 border-color 属性用于定义 HTML 元素边框的颜色。其属性值为正常的颜色值即可,例如 red 表示红色边框等。关于颜色的写法可以参考 3.4.6 节,此处不再赘述。

【例 3-17】　CSS 属性 border-color 的简单应用

实验 CSS 属性 border-color 不同取值的显示效果。

扫一扫

视频讲解

```
1.    <!DOCTYPE html >
2.    < html >
3.        < head >
4.            < meta charset = "utf-8">
5.            <title>CSS 属性 border - color 的应用</title>
6.            < style >
7.                p {
8.                    width: 200px;
9.                    height: 30px;
```

```
10.                 border - width: 10px;
11.                 border - style: solid;
12.             }
13.         # p01 {
14.             border - color: red
15.         }
16.         # p02 {
17.             border - color: rgb(0,255,0)
18.         }
19.         # p03 {
20.             border - color: # 00F
21.         }
22.     </style>
23. </head>
24. <body>
25.     <h3>CSS 属性 border - color 的应用</h3>
26.     <hr />
27.     <p id = "p01">
28.         红色边框效果
29.     </p>
30.     <p id = "p02">
31.         绿色边框效果
32.     </p>
33.     <p id = "p03">
34.         蓝色边框效果
35.     </p>
36. </body>
37. </html>
```

运行效果如图 3-18 所示。

【代码说明】

本例中包含了三个段落元素<p>,并使用 ID 选择器为其设置不同的 border-color 属性值。为达到更好的显示效果,预先为所有段落元素设置了统一 CSS 样式:宽度为 200 像素、高度为 30 像素,并且设置边框宽度为 10 像素,边框风格是实线边框。

为了演示颜色的不同表达方式,这三种边框分别使用了关键词、RGB 和十六进制码的方式表示红色 red、绿色 rgb(0,255,0)和蓝色♯00F。其中蓝色的十六进制码是简写的形式,完整写法为♯0000FF。

图 3-18　CSS 属性 border-color 的应用效果

4) 边框简写 border

CSS 中的 border 属性可以用于概括其他三种边框属性,将相关属性值汇总写在同一行。当需要为同一个元素声明多项边框属性时可以使用 border 属性进行简写。属性值无规定顺序,彼此之间用空格隔开,如果其中某个属性没有规定可以省略不写。例如:

```
p{
    border - width: 1px;
    border - style: solid;
    border - color: red
}
```

上述代码使用 border 属性可以简写为：

```
p{ border: 1px solid red}
```

其效果完全相同。

3．外边距 margin

1）设置各边外边距

在 CSS 中,可以使用 margin 属性设置 HTML 元素的外边距。元素的外边距也可以被理解为元素内容周围的填充物,因为内边距不影响当前元素与其他元素之间的距离,它只能用于增加元素内容与元素边框之间的距离。

margin 属性值可以是长度值或百分比,包括可以使用负数。例如,为所有的标题元素 <h1>设置各边均为 10 像素的外边距：

```
h1{margin:10px}
```

和内边距 padding 属性类似,使用百分比值表示的也是当前元素上级父元素的宽度（width)百分比。例如：

```
< div style = "width:300px">
    < p style = "margin:10 % ">这是一个段落</p>
</div >
```

此时使用了内联样式表为段落元素< p >设置外边距为父元素宽度的10%。该段落元素< p >的父元素为块级元素< div >,因此段落元素< p >各边的外边距均为是< div >元素宽度的 10%,即 30 像素。

margin 属性同样也可以为元素的各边分别设置外边距。例如：

```
p{margin: 0 10 %  20px 30px}
```

此时规定的属性值按照上右下左的顺时针顺序为各边的外边距进行样式定义。因此本例表示上边外边距为 0 像素；右边外边距为其父元素宽度的 10%；下边外边距为 20 像素；左边外边距为 30 像素。

如果在设置外边距时各边有部分重复值,可以写成简写的方式。

简写为三个属性值的样式,则左右边外边距共用中间的属性值。例如：

```
p{margin: 10px 0 30px}
```

本例表示上边外边距为 10 像素；左右边外边距为 0；下边外边距为 30 像素。

简写为两个属性值的样式,则上下边外边距共用第一个属性值、左右边外边距共用第二个属性值。例如：

```
p{margin: 20px 30px}
```

本例表示上下边外边距为 20 像素；左右边外边距为 30 像素。

2）单边外边距

如果只需要为 HTML 元素的某一个边设置外边距,可以使用 margin 属性的 4 种单边外边距属性,如表 3-18 所示。

表 3-18　CSS 单边外边距属性

属 性 名 称	解　释	属 性 名 称	解　释
margin-top	设置元素的上边外边距	margin-left	设置元素的左边外边距
margin-bottom	设置元素的下边外边距	margin-right	设置元素的右边外边距

例如,设置段落元素<p>的左边外边距为10像素:

```
p{margin-left: 10px}
```

注意:不同的浏览器对于HTML元素的边距设置虽然基本都是默认为8像素,但是有细微的差异。其中Edge和Netscape浏览器对<body>标签定义了默认外边距margin属性为8px;而Opera浏览器相反是把内边距padding的默认值定义成了8px。为了保证网页的HTML元素兼容各种浏览器,建议自定义<body>标签中的margin和padding属性值。

扫一扫

视频讲解

【例3-18】　CSS属性margin的应用

测试<div>元素使用外边距属性margin的不同效果。

```
1.    <!DOCTYPE html>
2.    <html>
3.        <head>
4.            <meta charset = "utf-8">
5.            <title>CSS 属性 margin 的应用</title>
6.            <style>
7.                .box {
8.                    border: 1px solid;
9.                    width: 300px;
10.                   margin: 10px;
11.               }
12.               .yellow {
13.                   background-color: yellow
14.               }
15.               .style01 {
16.                   margin: 20px
17.               }
18.               .style02 {
19.                   margin: 10px 50px
20.               }
21.               .style03 {
22.                   margin-left: 100px
23.               }
24.           </style>
25.       </head>
26.       <body>
27.           <h3>CSS 属性 margin 的应用</h3>
28.           <hr />
29.           <div class = "box">
30.               <div class = "yellow">
31.                   该段落没有使用外边距,默认值为0
32.               </div>
33.           </div>
34.           <div class = "box">
35.               <div class = "style01 yellow">
36.                   该段落元素的各边外边距均为20像素
37.               </div>
38.           </div>
39.           <div class = "box">
```

```
40.            < div class = "style02 yellow">
41.                该段落元素的上下边外边距均为 10 像素、左右边外边距均为 50 像素
42.            </div >
43.        </div >
44.        < div class = "box">
45.            < div class = "style03 yellow">
46.                该段落元素左外边距为 100 像素
47.            </div >
48.        </div >
49.    </body>
50.  </html >
```

运行效果如图 3-19 所示。

【代码说明】

本示例使用了四组区域元素< div >进行对比实验,每组均为一个带有实线外框的< div >内部嵌套一个具有背景颜色和文字内容的< div >元素进行位置对照。

事先为作为外框的父元素< div >定义 class＝"box",并设置统一样式:宽度为 300 像素、边框为宽 1 像素的实线,并设置了 10 像素的外边距;然后为子元素< div >定义 class＝"yellow"并统一设置背景颜色为黄色。

其中第一组中的子元素< div >没有做外边距的样式设置,作为原始参考。其余三个段落元素分别进行了三种不同情况的外边距设置:

图 3-19　CSS 属性 margin 的应用效果

- 使用 margin 属性加单个属性值的形式为各边同时设置相同的外边距。
- 使用 margin 属性加两个属性值的形式分别为上下边和左右边设置不同的外边距。
- 使用 margin-left 属性设置单边的外边距。

3) 外边距合并

外边距合并又称为外边距叠加,指的是如果两个元素的垂直外边距相连接会发生重叠合并,其高度是合并前这两个外边距中的较大值。

因此外边距合并主要指的就是上下外边距的合并,存在以下三种可能:

- 当元素 B 出现在元素 A 下面时,元素 A 的下边距会与元素 B 的上边距发生重叠合并。
- 当元素 B 包含在元素 A 内部时,如果元素 B 的上/下内边距均为 0,也会发生上/下外边距合并现象。
- 当空元素没有边框和内边距时,上下外边距也会发生合并。

注意:只有普通块级元素的垂直外边距才会发生合并,如果是特殊情况,例如浮动框、行内框或者绝对定位之间的外边距是不会发生合并的。

3.5.3　CSS 文本

本节将介绍如何对网页上的文本内容进行修饰。和 CSS 文本有关的属性如表 3-19 所示。

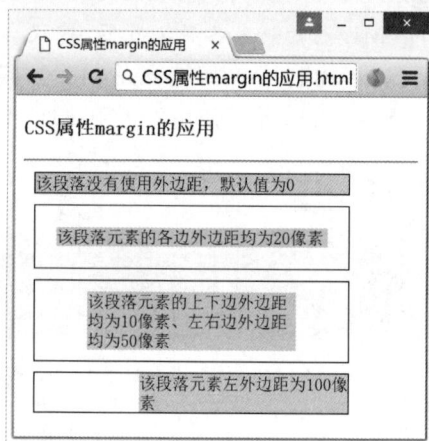

表 3-19　CSS 文本属性

属 性 名 称	解　　释
text-indent	设置文本缩进
text-align	设置文本对齐方式（左对齐、居中对齐、右对齐）
text-decoration	设置文本装饰（下画线、删除线、上画线）
text-transform	设置文本大小写的转换
letter-spacing	设置字符间距

1. 文本缩进 text-indent

CSS 中的 text-indent 属性用于为段落文本设置首行缩进效果。例如，为段落元素< p > 设置 20 像素的首行缩进：

```
p{text - indent: 20px}
```

扫一扫

视频讲解

【例 3-19】　CSS 属性 text-indent 的简单应用

```
1.   <!DOCTYPE html >
2.   < html >
3.       < head >
4.           < meta charset = "utf-8">
5.           < title > CSS 属性 text - indent 的应用</title >
6.           < style >
7.               p {
8.                   text - indent: 2em;
9.                   border: 1px solid;
10.                  width: 200px;
11.                  padding: 10px;
12.              }
13.          </style >
14.      </head >
15.      < body >
16.          < h3 > CSS 属性 text - indent 的应用</h3 >
17.          < hr />
18.          < p >
19.          这是一个用于测试首行缩进效果的段落元素.当前缩进了两个字符的距离。
20.          </p >
21.      </body >
22.   </html >
```

运行效果如图 3-20 所示。

【代码说明】

本示例包含了一个简单的段落元素< p >，并设置其样式为：带有 1 像素的实线边框，宽 200 像素，各边内边距为 10 像素，并使用 text-indent 属性为其设置了 2em 的首行缩进。em 是一个相对长度单位，表示的是原始字体大小的倍数，因此当前的 2em 表示的正好是两个字符的距离。

图 3-20　CSS 属性 text-indent 的应用效果

2. 文本对齐 text-align

CSS 中的 text-align 属性用于为文本设置对齐效果。该属性有四种取值，如表 3-20 所示。

表 3-20　CSS 属性 text-align 取值

属 性 值	解　　释	属 性 值	解　　释
left	文本内容左对齐	center	文本内容居中对齐
right	文本内容右对齐	justify	文本内容两端对齐

其中 justify 的取值在多数浏览器上显示会存在问题,因为 CSS 本身并没有规定如何将文字向两端拉伸,拉伸的依据是各类浏览器本身的规则。并且目前 CSS 尚未规定连字符的处理方式。因此为了各类浏览器的兼容效果,应慎用该属性值。

【例 3-20】　CSS 属性 text-align 的简单应用

```
 1.    <!DOCTYPE html>
 2.    < html >
 3.        < head >
 4.            < meta charset = "utf-8">
 5.            < title > CSS 属性 text – align 的应用</title>
 6.            < style >
 7.                div {
 8.                    border: 1px solid;
 9.                    width: 300px;
10.                    padding: 10px;
11.                }
12.                .center {text – align: center}/ * 文本居中对齐 * /
13.                .left {text – align: left}/ * 文本左对齐 * /
14.                .right {text – align: right}/ * 文本右对齐 * /
15.            </style >
16.        </head >
17.        < body >
18.            < h3 > CSS 属性 text – align 的应用</h3 >
19.            < hr />
20.            < div >
21.                < p class = "center">
22.                    文字居中对齐
23.                </p >
24.                < p class = "left">
25.                    文字左对齐
26.                </p >
27.                < p class = "right">
28.                    文字右对齐
29.                </p >
30.            </div >
31.        </body >
32.    </html >
```

运行效果如图 3-21 所示。

【代码说明】

本示例包含了三个段落元素< p >,分别用于测试文字居中对齐、左对齐和右对齐的显示效果。在三个段落元素的外面使用了一个< div >元素进行总体嵌套处理,该< div >元素设置为:带有 1 像素实线的边框,宽度为 500 像素并且内边距为 10 像素。

以类选择器的方式定义了 CSS 属性 text-align 的三种效果,类名称定义为和属性值一样

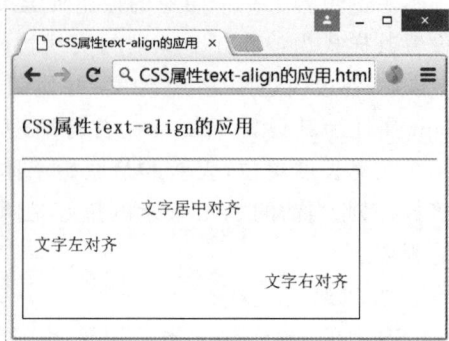

图 3-21　CSS 属性 text-align 的应用效果

的文字内容,并将其应用于三个不同的段落元素中,获得最终效果。

3. 文本装饰 text-decoration

CSS 中的 text-decoration 属性用于为文本添加装饰效果,例如下画线、删除线和上画线等。该属性有四种取值,如表 3-21 所示。

表 3-21　CSS 属性 text-decoration 取值

属 性 值	解　释	属 性 值	解　释
underline	为文本添加下画线	overline	为文本添加上画线
line-through	为文本添加删除线	none	正常状态的文本

【例 3-21】　CSS 属性 text-decoration 的简单应用

```
1.    <!DOCTYPE html>
2.    <html>
3.        <head>
4.            <meta charset = "utf-8">
5.            <title>CSS 属性 text-decoration 的应用</title>
6.            <style>
7.                .underline {text-decoration: underline}        /* 下画线 */
8.                .line-through {text-decoration: line-through}    /* 删除线 */
9.                .overline {text-decoration: overline}           /* 上画线 */
10.           </style>
11.       </head>
12.       <body>
13.           <h3>CSS 属性 text-decoration 的应用</h3>
14.           <hr />
15.           <p class = "underline">
16.               为文字添加下画线
17.           </p>
18.           <p class = "line-through">
19.               为文字添加删除线
20.           </p>
21.           <p class = "overline">
22.               为文字添加上画线
23.           </p>
24.       </body>
25.   </html>
```

运行效果如图 3-22 所示。

【代码说明】

本示例包含了三个段落元素<p>,用其测试 CSS 属性 text-decoration 不同属性值的效果。以类选择器的方式定义了 CSS 属性 text-decoration 的三种效果(下画线、删除线和上画线),类名称定义为和属性值一样的文字内容,并将其应用于三个不同的段落元素中。

图 3-22　CSS 属性 text-transform 的应用效果

一般来说,文本默认情况下就是 text-decoration 属性值为 none 的状态,无须特别声明,因此未在本示例中展示。但是 none 属性值适用于去掉超链接文本内容的下画线,具体用法请参考 3.5.5 节。

4. 文本转换 text-transform

CSS 中的 text-transform 属性用于设置文本的大小写。该属性有四种取值,如表 3-22 所示。

表 3-22　CSS 属性 text-transform 取值

属 性 值	解　　释	属 性 值	解　　释
uppercase	将文本中每个字母都转换为大写	capitalize	将文本中的首字母转换为大写
lowercase	将文本中每个字母都转换为小写	none	将文本保持原状不做任何转换

扫一扫

视频讲解

【例 3-22】　CSS 属性 text-transform 的简单应用

```
1.   <!DOCTYPE html >
2.   < html >
3.       < head >
4.           < meta charset = "utf-8">
5.           < title >CSS 属性 text - transform 的应用</title>
6.           < style >
7.               .uppercase {text - transform: uppercase}        / * 全大写 * /
8.               .lowercase {text - transform: lowercase}        / * 全小写 * /
9.               .capitalize {text - transform: capitalize}       / * 单词首字母大写 * /
10.          </style >
11.      </head >
12.      < body >
13.          < h3 >CSS 属性 text - transform 的应用</h3>
14.          < hr />
15.          < p class = "uppercase">
16.              hello javaScript
17.          </p >
18.          < p class = "lowercase">
19.              HELLO JAVASCRIPT
20.          </p >
21.          < p class = "capitalize">
22.              hello javaScript
23.          </p >
24.      </body >
25.  </html >
```

运行效果如图 3-23 所示。

【代码说明】

本示例包含了三个段落元素< p >,用其测试 CSS 属性 text-transform 不同属性值的效果。以类选择器的方式定义了 CSS 属性 text-transform 的三种效果(全大写、全小写和首字母大写),类名称定义为和属性值一样的文字内容,并将其应用于三个不同的段落元素中。

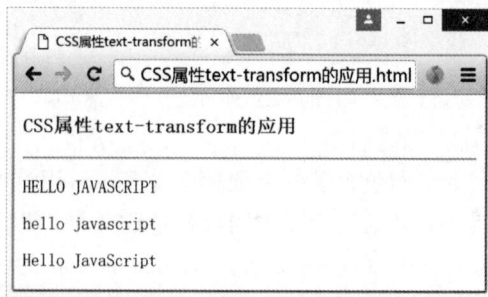

图 3-23　CSS 属性 text-transform 的应用效果

一般来说,文本默认情况下就是 text-transform 属性值为 none 的状态,无须特别声明,因此未在本示例中展示。

5. 字符间距 letter-spacing

CSS 中的 letter-spacing 属性用于设置文本中字符的间距,其属性值为长度值。例如,将标题元素< h1 >设置成字间距为 10 像素的宽度:

```
h1{letter - spacing:10px}
```

【例 3-23】 CSS 属性 letter-spacing 的简单应用

```
1.    <!DOCTYPE html>
2.    <html>
3.        <head>
4.            <meta charset = "utf-8">
5.            <title>CSS 属性 letter - spacing 的应用</title>
6.            <style>
7.                .style01 {
8.                    letter - spacing: 1em
9.                }
10.               .style02 {
11.                   letter - spacing: 2em
12.               }
13.               .style03 {
14.                   letter - spacing: - 5px
15.               }
16.           </style>
17.       </head>
18.       <body>
19.           <h3>CSS 属性 letter - spacing 的应用</h3>
20.           <hr />
21.           <p class = "style01">
22.                文字字间距为 1em
23.           </p>
24.           <p class = "style02">
25.                文字字间距为 2em
26.           </p>
27.           <p class = "style03">
28.                文字字间距为 - 5px
29.           </p>
30.       </body>
31.   </html>
```

运行效果如图 3-24 所示。

【代码说明】

本示例包含了三个段落元素<p>,用其测试 CSS 属性 letter-spacing 不同属性值的效果。以类选择器的方式定义了 CSS 属性 letter-spacing 的三种效果(字间距 1em、2em 和-5px 的情况),类名称定义为 style01、style02 和 style03,并将其应用于三个不同的段落元素中。

图 3-24 CSS 属性 letter-spacing 的应用效果

由图 3-24 可见,letter-spacing 的属性值允许是负数,但是需要适度,否则字符会全部堆积在一起无法识别。

3.5.4 CSS 字体

本节将介绍如何对字体进行样式设置。和 CSS 字体有关的属性如表 3-23 所示。

表 3-23 CSS 字体属性

属 性 名 称	解　　释
font-family	设置字体系列
font-style	设置字体风格(正常、斜体、倾斜三种)

续表

属 性 名 称	解 　 释
font-variant	设置字体变化(小型尺寸的大写字母等)
font-weight	设置字体的粗细
font-size	设置字体尺寸
font	上述所有属性的综合简写方式

1. 字体系列 font-family

在 CSS 中,将字体分为两类:一类是特定字体系列(family-name);另一类是通用字体系列(generic family)。特定字体系列指的是拥有具体名称的某一种字体,比如宋体、楷体、黑体、Times New Roman、Arial 等;而通用字体系列指的是具有相同外观特征的字体系列。

除了常见的各种特定字体外,CSS 规定了五种通用字体系列:

- Serif 字体;
- Sans-serif 字体;
- Monospace 字体;
- Cursive 字体;
- Fantasy 字体。

【例 3-24】 CSS 属性 font-family 的简单应用

扫一扫

视频讲解

```
1.    <!DOCTYPE html >
2.    < html >
3.        < head >
4.            < meta charset = "utf-8" >
5.            <title >CSS 属性 font - family 的应用</title >
6.            < style >
7.                .style01 {
8.                    font - family: "AR DELANEY"
9.                }
10.                .style02 {
11.                    font - family: "French Script MT"
12.                }
13.                .style03 {
14.                    font - family: "微软雅黑 Light"
15.                }
16.            </ style >
17.        </ head >
18.        < body >
19.            < h3 > CSS 属性 font - family 的应用</h3 >
20.            < hr/>
21.            < p class = "style01">
22.                AR DELANEY
23.            </p >
24.            < p class = "style02">
25.                French Script MT
26.            </p >
27.            < p class = "style03">
28.                微软雅黑 Light
29.            </p >
30.        </ body >
31.    </html >
```

运行效果如图 3-25 所示。

【代码说明】

本示例包含了三个段落元素< p >，用其测试 CSS 属性 font-family 不同属性值的效果。在首部标签< head >和</head >之间以类选择器的方式定义了 CSS 属性 font-family 的三个不同属性值，其中类名称定义为 style01、style02 和 style03，并将其应用于三个不同的段落元素中。

属性值为从系统中任选的三款较有特色的

图 3-25　CSS 属性 font-family 的应用效果

字体：AR DELANEY、French Script MT 以及微软雅黑 Light，分别用于显示描边、花体字和黑体字效果。由于这三款字体的名称都是多个单词组成中间有空格，因此属性值必须加上引号。如果字体名称为单个单词（例如 Arial），引号可以省略不写。

2．字体风格 font-style

CSS 中的 font-style 属性可以用于设置字体风格是否为斜体字。该属性有三种取值，如表 3-24 所示。

表 3-24　CSS 属性 font-style 取值

属 性 值	解 释
normal	正常字体
italic	斜体字
oblique	倾斜字体

【例 3-25】　CSS 属性 font-style 的简单应用

```
1.  <!DOCTYPE html >
2.  < html >
3.      < head >
4.          < meta charset = "utf-8">
5.          < title > CSS 属性 font - style 的应用</title >
6.          < style >
7.              .style01 {font - style: normal}      / * 正常字体 * /
8.              .style02 {font - style: italic}       / * 斜体字 * /
9.              .style03 {font - style: oblique}      / * 倾斜字体 * /
10.         </style >
11.     </head >
12.     < body >
13.         < h3 > CSS 属性 font - style 的应用</h3 >
14.         < hr />
15.         < p class = "style01">
16.             正常字体
17.         </p >
18.         < p class = "style02">
19.             斜体字
20.         </p >
21.         < p class = "style03">
22.             倾斜字体
23.         </p >
24.     </body >
25.  </html >
```

运行效果如图 3-26 所示。

【代码说明】

本示例包含了三个段落元素<p>,用其测试 CSS 属性 font-style 不同属性值的效果。在首部标签<head>和</head>之间以类选择器的方式定义了 CSS 属性 font-style 的三个不同属性值(正常字体、斜体字和倾斜字体),其中类名称定义为 style01、style02 和 style03,并将其应用于三个不同的段落元素中,从而显示最终效果。

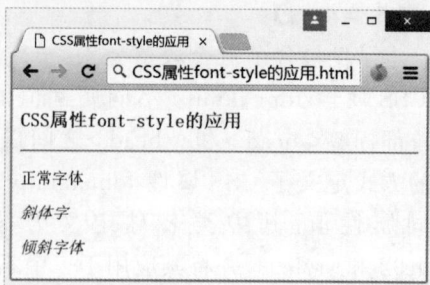

图 3-26   CSS 属性 font-style 的应用效果

3. 字体变化 font-variant

CSS 中的 font-variant 属性可以用于设置字体变化。该属性有两种取值,如表 3-25 所示。

表 3-25   CSS 属性 font-variant 取值

属 性 值	解 释
normal	正常字体
small-caps	小号字的大写字母

如果当前页面的指定字体不支持 small-caps 这种形式,则显示为正常大小字号的大写字母。

【例 3-26】   CSS 属性 font-variant 的简单应用

扫一扫

视频讲解

```
1.    <!DOCTYPE html>
2.    < html >
3.        < head >
4.            < meta charset = "utf-8">
5.            < title >CSS 属性 font – variant 的应用</title>
6.            < style >
7.                .style01 {font – variant: normal}
8.                .style02 {font – variant: small – caps}    / * 全大写,但是比正常大写字母小
                                                              一号 * /
9.            </style >
10.       </head >
11.       < body >
12.           < h3 >CSS 属性 font – variant 的应用</h3>
13.           < hr />
14.           < p class = "style01">
15.               Normal
16.           </p >
17.           < p class = "style02">
18.               Small Caps
19.           </p >
20.           < p class = "style02">
21.               small caps
22.           </p >
23.       </body >
24.   </html >
```

运行效果如图 3-27 所示。

【代码说明】

本示例包含了三个段落元素<p>,用其测试 CSS 属性 font-variant 不同属性值的效果。在首部标签<head>和</head>之间以类选择器的方式定义了 CSS 属性 font-style 的两个不同属性值(normal 和 small-caps),其中类名称定义为 style01 和 style02,并将其应用于三

个不同的段落元素中,从而显示最终效果。

其中,class="style01"的段落元素<p>显示为正常字体效果,用于作为对比案例。第二个和第三个段落元素<p>使用了相同的 class="style02",但是由图 3-27 可见,首字母的显示效果不同。原因是当文本内容中原先就存在大写字母时,使用 small-caps 属性值会将这些大写字母的字号显示为正常字体大小,而其他小写字母转换为大写字母后是小一号的字体大小,从而形成了一种特有的风格。

图 3-27　CSS 属性 font-variant 的应用效果

4. 字体粗细 font-weight

CSS 中的 font-weight 属性用于控制字体的粗细程度。该属性有五种取值,如表 3-26 所示。

表 3-26　CSS 属性 font-weight 取值

属　性　值	解　　　释
normal	标准正常字体,也是 font-weight 的默认值
bold	加粗字体
bolder	更粗的字体
lighter	更细的字体
100～900	[100,900]的整数,每个数字相差 100。数字越大字体越粗。其中 400 等同于 normal,700 等同于 bold

【例 3-27】　CSS 属性 font-weight 的简单应用

```
1.    <!DOCTYPE html>
2.    <html>
3.        <head>
4.            <meta charset="utf-8">
5.            <title>CSS 属性 font-weight 的应用</title>
6.            <style>
7.                .style01 {
8.                    font-weight: normal
9.                }
10.               .style02 {
11.                   font-weight: bold
12.               }
13.               .style03 {
14.                   font-weight: 100
15.               }
16.               .style04 {
17.                   font-weight: 400
18.               }
19.               .style05 {
20.                   font-weight: 900
21.               }
22.           </style>
23.       </head>
24.       <body>
25.           <h3>CSS 属性 font-weight 的应用</h3>
26.           <hr />
27.           <p class="style01">
28.               测试段落(正常字体)
```

扫一扫

视频讲解

```
29.              </p>
30.              < p class = "style02">
31.                  测试段落(粗体字)
32.              </p>
33.              < p class = "style03">
34.                  测试段落(100)
35.              </p>
36.              < p class = "style04">
37.                  测试段落(400)
38.              </p>
39.              < p class = "style05">
40.                  测试段落(900)
41.              </p>
42.          </body>
43.      </html>
```

运行效果如图 3-28 所示。

【代码说明】

本示例包含了五个段落元素< p >,用其测试
CSS 属性 font-weight 不同属性值的效果。在首部
标签< head >和</head >之间以类选择器的方式定
义 了 CSS 属 性 font-weight 的 五 个 不 同 属 性 值
(normal、bold、100、400 和 900),并将其应用于这五
个段落元素中。

由图 3-28 可见,使用数值的方式可以有更多的
选择。就浏览器的实际显示效果而言,100～400 的
显示效果相似,500～900 的显示效果相似。

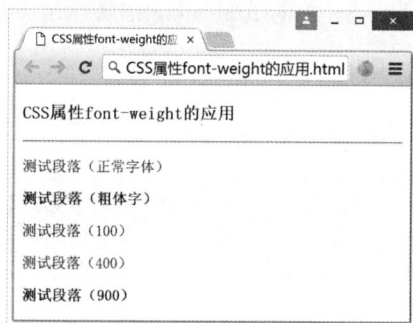

图 3-28   CSS 属性 font-weight 的应用效果

5. 字体大小 font-size

在 CSS 中,font-size 属性用于设置字体大小。font-size 的属性值为长度值,可以使用绝
对单位或相对单位。绝对单位使用的是固定尺寸,不允许用户在浏览器中更改文本大小,采
用了物理度量单位,例如,cm、mm、px 等;相对单位是相对于周围的参照元素进行设置大
小,允许用户在浏览器中更改字体大小,字体相对单位有 em、ch 等。例如:

```
p{font - size:30px}
h1{font - size: 2em}
h2{font - size:120 % }
```

关于字体大小的设置,常见用法是使用 px、em 或百分比(%)来显示字体尺寸。

* px——含义为像素,1px 指的是屏幕上显示的一个小点,它是绝对单位。
* em——含义为当前元素的默认字体尺寸,是相对单位。浏览器默认字体大小是
  16px,因此在用户未作更改的情况下,1em=16px。
* %——含义为相对于父元素的比例,例如,20%指的就是父元素宽度的 20%,也是一
  个相对单位。

【例 3-28】   CSS 属性 font-size 的简单应用

扫一扫

视频讲解

```
1.      <!DOCTYPE html >
2.      < html >
3.          < head >
4.              < meta charset = "utf-8">
```

```
5.              <title>CSS 属性 font-size 的应用</title>
6.              <style>
7.                  .style01 {
8.                      font-size: 16px
9.                  }
10.                 .style02 {
11.                     font-size: 1em
12.                 }
13.                 .style03 {
14.                     font-size: 32px
15.                 }
16.                 .style04 {
17.                     font-size: 2em
18.                 }
19.             </style>
20.         </head>
21.     <body>
22.         <h3>CSS 属性 font-size 的应用</h3>
23.         <hr />
24.         <p class="style01">
25.             测试段落,字体大小为 16 像素
26.         </p>
27.         <p class="style02">
28.             测试段落,字体大小为 1em
29.         </p>
30.         <p class="style03">
31.             测试段落,字体大小为 32 像素
32.         </p>
33.         <p class="style04">
34.             测试段落,字体大小为 2em
35.         </p>
36.     </body>
37. </html>
```

运行效果如图 3-29 所示。

【代码说明】

本示例包含了四个段落元素<p>,用其测试 CSS 属性 font-size 不同属性值的效果。在首部标签<head>和</head>之间以类选择器的方式定义了 CSS 属性 font-size 的两种不同类型取值:绝对值 px 和相对值 em,并将其应用于这四个段落元素中。

由图 3-29 可见,font-size 属性值声明为 1em 与 16px 的前两个段落元素的字体大小显示效果是完全一样的,同样 2em 与 32px 也是一样。这是由于浏览器默认的字

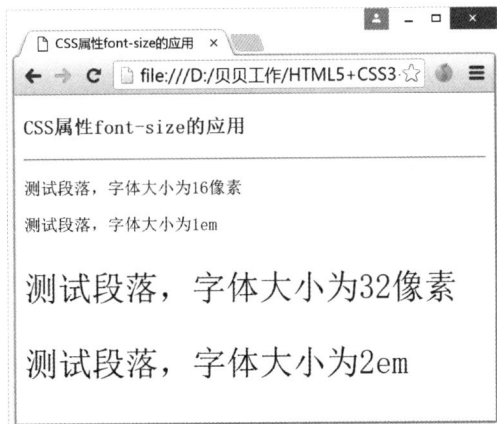

图 3-29　CSS 属性 font-size 的应用效果

体大小为 16 像素,因此在用户未作更改的情况下,1em 等同于 16px。

6. 字体简写 font

CSS 中的 font 属性可以用于概括其他五种字体属性,将相关属性值汇总写在同一行。当需要为同一个元素声明多项字体属性时,可以使用 font 属性进行简写。声明顺序如下:

```
[font-style]  [font-variant]  [font-weight]  [font-size]  [font-family]
```

属性值之间用空格隔开,如果其中某个属性没有规定可以省略不写。例如:

```
p{
  font - style:italic;
  font - weight:bold;
  font - size:20px;
}
```

上述代码使用 font 属性可以简写为:

```
p{font: italic bold 20px}
```

其效果完全相同。

3.5.5　CSS 超链接

HTML 中的超链接元素<a>和其他元素类似,有一些通用 CSS 属性可以设置,比如字体大小、字体颜色、背景颜色等。除此之外,超链接元素<a>还可以根据其所处的四种不同的状态分别设置 CSS 样式。超链接的四种状态如表 3-27 所示。

表 3-27　超链接的四种状态

状态名称	解释	状态名称	解释
a:link	未被访问的超链接	a:hover	鼠标悬浮在上面的超链接
a:visited	已被访问的超链接	a:active	正在被单击的超链接

为超链接设置不同状态的 CSS 样式时必须遵循两条规则:一是 a:hover 的声明必须在 a:link 和 a:visited 之后;二是 a:active 的声明必须在 a:hover 之后,否则声明有可能失效。

【例 3-29】　超链接不同状态的简单 CSS 应用

```
1.   <!DOCTYPE html >
2.   < html >
3.   < head >
4.   < meta charset = "utf-8">
5.   < title >CSS 属性超链接的应用</title>
6.   < style >
7.   a:link,a:visited{
8.     display:block;                /* 块级元素 */
9.     text - decoration:none;       /* 取消下画线 */
10.    color:white;                  /* 字体为白色 */
11.    font - weight:bold;           /* 字体加粗 */
12.    font - size:25px;             /* 字体大小为 25px */
13.    background - color: #7BF;     /* 设置背景颜色 */
14.    width:200px;                  /* 宽度 200 像素 */
15.    height:30px;                  /* 高度 30 像素 */
16.    text - align:center;          /* 文本居中显示 */
17.    line - height:30px;           /* 行高 30 像素 */
18.   }
19.   a:hover,a:active{
20.    background - color: #0074E8;  /* 设置背景颜色 */
21.   }
22.   </style >
23.   </head >
24.   < body >
25.   < h3 >CSS 属性超链接的应用</h3>
26.   < hr />
27.   < a href = "http://www.baidu.com">百度</a>
28.   </body>
29.   </html >
```

运行效果如图 3-30 所示。

(a) 未被访问的超链接效果　　　　　(b) 光标悬浮在上面的超链接效果

图 3-30　CSS 属性超链接的应用效果

【代码说明】

本示例包含了单一的超链接元素<a>作为示例。然后使用 CSS 内部样式表的形式分别为超链接的四种状态设置样式要求。当有多个状态使用同一个样式时，可以在一起进行声明，之间用逗号隔开即可。本例中未访问和已访问状态共用一种样式，光标悬浮在上面和正在单击状态共用另一种样式。

为使超链接元素形成仿按钮风格，为其定义 display 属性为 block，使之成为块级元素，从而可以为其设置尺寸。本例设置 text-decoration 属性值为 none，取消了超链接原有的下画线样式，并在光标悬浮和单击状态中设置了元素背景颜色的加深，从而实现动态效果。

3.5.6　CSS 列表

CSS 对于 HTML 列表元素的样式设置主要在于规定各项列表前面的标志(marker)类型。在之前第 2 章中提到了三种列表类型：有序列表、无序列表和定义列表。其中有序列表默认的标记样式为标准阿拉伯数字(1,2,3,4,…)，而无序列表默认的标记样式是实心圆点。和列表有关的属性如表 3-28 所示。

表 3-28　CSS 列表属性

属 性 名 称	解　　释
list-style-type	设置列表标志类型
list-style-image	设置列表标志图标
list-style-position	设置列表标志位置
list-style	上述所有属性的综合简写方式

1. 样式类型 list-style-type

CSS 中的 list-style-type 属性可以用于设置列表的标志样式。该属性在 CSS2 版本已有 21 种取值内容，如表 3-29 所示。

表 3-29　CSS 属性 list-style-type 常见取值

属 性 值	解　　释
none	无标记符号
disc	list-style-type 属性的默认值，样式为实心圆点
circle	空心圆
square	实心方块
decimal	阿拉伯数字(1,2,3,4,…)
decimal-leading-zero	带有 0 开头的阿拉伯数字(01,02,03,04,…)
upper-roman	大写罗马数字(Ⅰ,Ⅱ,Ⅲ,Ⅳ,…)
lower-roman	小写罗马数字(ⅰ,ⅱ,ⅲ,ⅳ,…)

续表

属　性　值	解　　　释
upper-alpha	大写英文字母(A,B,C,D,…)
lower-alpha	小写英文字母(a,b,c,d,…)
upper-latin	大写拉丁文字母(A,B,C,D,…)
lower-latin	小写拉丁文字母(a,b,c,d,…)
lower-greek	小写希腊字母(alpha,beta,gamma,…)
hebrew	传统的希伯来编号方式
armenian	传统的亚美尼亚编号方式
georgian	传统的乔治亚编号方式
cjk-ideographic	W3C组织称其为简单的表意数字,经测试在安装有中文字体的系统上运行可显示汉字(一,二,三,四,…)
hiragana	日语平假名(日本字母的草体字)的编号
katakana	日语片假名的编号
hiragana-iroha	日语平假名-伊吕波形的编号
katakana-iroha	日语片假名-伊吕波形的编号

　　其中,拉丁字母与英文字母显示效果完全相同。从表格的最后四行可以看到日语的平假名(hiragana)和片假名(katakana)编号都带有伊吕波(iroha)型的变种。伊吕波是源自日本的一首古老的歌谣,最早见于1079年,这首歌包含了全部日语音节,类似于英文ABC字母歌。这里日语编号的多样性可以理解为中文序号有一、二、三、四也有甲、乙、丙、丁这种概念。

扫一扫

视频讲解

【例3-30】　CSS属性 list-style-type 的应用

本示例用于演示对不同列表设置21种CSS属性 list-style-type 属性值的效果。

```
1.  <!DOCTYPE html>
2.  <html>
3.  <head>
4.  <meta charset = "utf-8">
5.  <title>CSS属性 list－style－type 的应用</title>
6.  <style>
7.  div{
8.      border:1px solid;
9.      width:235px;
10.     height:125px;
11.     float:left;
12.     margin:5px;
13. }
14. .none{list－style－type: none}
15. .disc{list－style－type: disc}
16. .circle{list－style－type:circle}
17. .square{list－style－type: square}
18. .decimal{list－style－type: decimal}
19. .decimal－leading－zero{list－style－type:decimal－leading－zero}
20. .upper－roman{list－style－type: upper－roman}
21. .lower－roman{list－style－type: lower－roman}
22. .upper－alpha{list－style－type:upper－alpha}
23. .lower－alpha{list－style－type: lower－alpha}
24. .upper－latin{list－style－type:upper－latin}
25. .lower－latin{list－style－type: lower－latin}
26. .lower－greek{list－style－type: lower－greek}
27. .hebrew{list－style－type: hebrew}
28. .armenian{list－style－type: armenian}
```

```
29.   .georgian{list - style - type: georgian}
30.   .cjk - ideographic{list - style - type: cjk - ideographic}
31.   .hiragana{list - style - type: hiragana}
32.   .hiragana - iroha{list - style - type: hiragana - iroha}
33.   .katakana{list - style - type: katakana}
34.   .katakana - iroha{list - style - type: katakana - iroha}
35.   </style>
36.   </head>
37.   < body >
38.   < h3 > CSS 属性 list - style - type 的应用</h3 >
39.   < hr/>
40.   < div >
41.   < h4 > 属性值为 none </h4 >
42.   < ul class = "none">
43.   < li >跳水</li >
44.   < li >举重</li >
45.   < li >击剑</li >
46.   </ul >
47.   </div >
48.
49.   < div >
50.   < h4 >属性值为 disc </h4 >
51.   < ul class = "disc">
52.   < li >跳水</li >
53.   < li >举重</li >
54.   < li >击剑</li >
55.   </ul >
56.   </div >
57.
58.   < div >
59.   < h4 >属性值为 circle </h4 >
60.   < ul class = "circle">
61.   < li >跳水</li >
62.   < li >举重</li >
63.   < li >击剑</li >
64.   </ul >
65.   </div >
66.
67.   < div >
68.   < h4 >属性值为 square </h4 >
69.   < ul class = "square">
70.   < li >跳水</li >
71.   < li >举重</li >
72.   < li >击剑</li >
73.   </ul >
74.   </div >
75.
76.   < div >
77.   < h4 >属性值为 decimal </h4 >
78.   < ul class = "decimal">
79.   < li >跳水</li >
80.   < li >举重</li >
81.   < li >击剑</li >
82.   </ul >
83.   </div >
84.
85.   < div >
86.   < h4 >属性值为 decimal - leading - zero </h4 >
87.   < ul class = "decimal - leading - zero">
```

```
88.    <li>跳水</li>
89.    <li>举重</li>
90.    <li>击剑</li>
91.    </ul>
92.    </div>
93.
94.    <div>
95.    <h4>属性值为 upper-roman</h4>
96.    <ul class = "upper-roman">
97.    <li>跳水</li>
98.    <li>举重</li>
99.    <li>击剑</li>
100.   </ul>
101.   </div>
102.
103.   <div>
104.   <h4>属性值为 lower-roman</h4>
105.   <ul class = "lower-roman">
106.   <li>跳水</li>
107.   <li>举重</li>
108.   <li>击剑</li>
109.   </ul>
110.   </div>
111.
112.   <div>
113.   <h4>属性值为 upper-alpha</h4>
114.   <ul class = "upper-alpha">
115.   <li>跳水</li>
116.   <li>举重</li>
117.   <li>击剑</li>
118.   </ul>
119.   </div>
120.
121.   <div>
122.   <h4>属性值为 lower-alpha</h4>
123.   <ul class = "lower-alpha">
124.   <li>跳水</li>
125.   <li>举重</li>
126.   <li>击剑</li>
127.   </ul>
128.   </div>
129.
130.   <div>
131.   <h4>属性值为 upper-latin</h4>
132.   <ul class = "upper-latin">
133.   <li>跳水</li>
134.   <li>举重</li>
135.   <li>击剑</li>
136.   </ul>
137.   </div>
138.
139.   <div>
140.   <h4>属性值为 lower-latin</h4>
141.   <ul class = "lower-latin">
142.   <li>跳水</li>
143.   <li>举重</li>
144.   <li>击剑</li>
145.   </ul>
146.   </div>
```

```
147.
148. <div>
149. <h4>属性值为 lower-greek</h4>
150. <ul class="lower-greek">
151. <li>跳水</li>
152. <li>举重</li>
153. <li>击剑</li>
154. </ul>
155. </div>
156.
157. <div>
158. <h4>属性值为 hebrew</h4>
159. <ul class="hebrew">
160. <li>跳水</li>
161. <li>举重</li>
162. <li>击剑</li>
163. </ul>
164. </div>
165.
166. <div>
167. <h4>属性值为 armenian</h4>
168. <ul class="armenian">
169. <li>跳水</li>
170. <li>举重</li>
171. <li>击剑</li>
172. </ul>
173. </div>
174.
175. <div>
176. <h4>属性值为 georgian</h4>
177. <ul class="georgian">
178. <li>跳水</li>
179. <li>举重</li>
180. <li>击剑</li>
181. </ul>
182. </div>
183.
184. <div>
185. <h4>属性值为 cjk-ideographic</h4>
186. <ul class="cjk-ideographic">
187. <li>跳水</li>
188. <li>举重</li>
189. <li>击剑</li>
190. </ul>
191. </div>
192.
193. <div>
194. <h4>属性值为 hiragana</h4>
195. <ul class="hiragana">
196. <li>跳水</li>
197. <li>举重</li>
198. <li>击剑</li>
199. </ul>
200. </div>
201.
202. <div>
203. <h4>属性值为 katakana</h4>
204. <ul class="katakana">
205. <li>跳水</li>
```

```
206.    <li>举重</li>
207.    <li>击剑</li>
208.    </ul>
209.    </div>
210.
211.    <div>
212.    <h4>属性值为 hiragana - irohaic </h4>
213.    <ul class = "hiragana - iroha">
214.    <li>跳水</li>
215.    <li>举重</li>
216.    <li>击剑</li>
217.    </ul>
218.    </div>
219.
220.    <div>
221.    <h4>属性值为 katakana - iroha </h4>
222.    <ul class = "katakana - iroha">
223.    <li>跳水</li>
224.    <li>举重</li>
225.    <li>击剑</li>
226.    </ul>
227.    </div>
228.    </body>
229.    </html>
```

运行效果如图 3-31 所示。

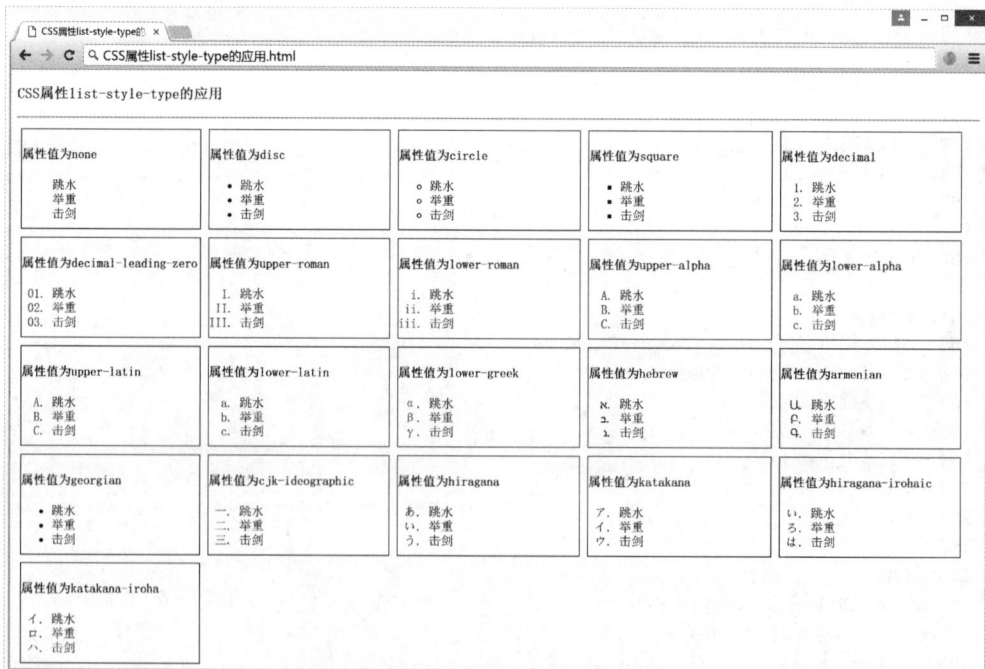

图 3-31　CSS 属性 list-style-type 的应用效果

【代码说明】

本示例包含了 21 组列表元素<ul>,每组列表的项目标签<li>均用于显示了三种运动类型(跳水、举重、击剑)作为示例。使用区域元素<div>对每组列表效果进行分块显示,并事先为<div>元素设置统一标准:带有 1 像素宽的实线边框,宽度为 235 像素、高度为 125 像素,各边外边距为 5 像素,浮动方式为左对齐。

以类选择器的方式定义了CSS属性list-style-type的21种效果,类名称定义为和属性值一样的文字内容。将这21种效果分配给本示例中的21组列表,即可查看最终效果。

2. 样式图片 list-style-image

CSS中的list-style-image属性可以用于设置列表的标志图标。标志图标可以是来源于本地或者网络的图像文件。如果已使用list-style-image属性声明了列表的标志图标,则不能同时使用list-style-type属性声明列表的标志类型,否则后者将无显示效果。

扫一扫

视频讲解

【例3-31】 CSS属性 list-style-image 的简单应用

使用自定义图片制作列表的标志图标。

```
1.  <!DOCTYPE html>
2.  <html>
3.      <head>
4.          <meta charset = "utf-8">
5.          <title>CSS属性 list-style-image的应用</title>
6.          <style>
7.              .arrow {
8.                  list-style-image: url(image/icon01.png)
9.              }
10.         </style>
11.     </head>
12.     <body>
13.         <h3>CSS属性 list-style-image的应用</h3>
14.         <hr />
15.         <ul class = "arrow">
16.             <li>选项一</li>
17.             <li>选项二</li>
18.             <li>选项三</li>
19.         </ul>
20.     </body>
21. </html>
```

运行效果如图3-32所示。

【代码说明】

本示例包含了列表元素<ul>与其内部的三个列表选项元素<li>作为示例。列表图标icon01.png来源于与HTML文档在同一目录下的image文件夹。使用list-style-image属性可以为列表定义多样化的图标。

图3-32 CSS属性 list-style-image 的应用效果

3. 样式位置 list-style-position

CSS中的list-style-position属性用于定义列表标志的位置,有三种属性值,如表3-30所示。

表3-30 CSS属性 list-style-position 属性值

属 性 值	解 释
outside	list-style-position 属性的默认值,表示列表标志放置在文本左侧
inside	表示列表标志放置在文本内部,多行文本根据标志对齐
inherit	继承父元素的 list-style-position 属性值

扫一扫

视频讲解

【例3-32】 CSS属性 list-style-position 的简单应用

使用列表元素<ul>对比 list-style-position 属性值为 outside 和 inside 的显示区别。

```
1.    <!DOCTYPE html >
2.    < html >
3.        < head >
4.            < meta charset = "utf-8">
5.            < title > CSS 属性 list – style – position 的应用</title>
6.            < style >
7.                ul {
8.                    width: 280px;
9.                    border: 1px solid
10.                }
11.               .outside {
12.                   list – style – position: outside
13.               }
14.               .inside {
15.                   list – style – position: inside
16.               }
17.           </style>
18.       </head>
19.       < body >
20.           < h3 > CSS 属性 list – style – position 的应用</h3>
21.           < hr />
22.           < ul class = "outside">
23.               < li >
24.                   本示例的 list – style – position 属性值为 outside。
25.               </li>
26.               < li >
27.                   本示例的 list – style – position 属性值为 outside。
28.               </li>
29.               < li >
30.                   本示例的 list – style – position 属性值为 outside。
31.               </li>
32.           </ul>
33.
34.           < ul class = "inside">
35.               < li >
36.                   本示例的 list – style – position 属性值为 inside。
37.               </li>
38.               < li >
39.                   本示例的 list – style – position 属性值为 inside。
40.               </li>
41.               < li >
42.                   本示例的 list – style – position 属性值为 inside。
43.               </li>
44.           </ul>
45.       </body>
46.   </html>
```

运行效果如图 3-33 所示。

【代码说明】

本示例包含了两个列表元素< ul >,分别测试 list-style-position 属性值为 outside 和 inside 的两种情况,并使用 CSS 内部样式表设置了列表元素< ul >的样式:宽度为 280 像素,并带有宽 1 像素的实线边框。每个列表元素内部包含了三个列表选项元素< li >作为示例。

由图 3-33 可见,当 list-style-position 属性值为 outside 时,列表左边的标志点是独立于文本外侧的,当列表文字内容较多需要换行时,第二行的文字内容可以和第一行对齐;而当 list-style-position 属性值为 inside 时,列表的标志点是嵌入文本中的,列表文字内容如果换行应和该标志点对齐。

图 3-33 CSS 属性 list-style-position 的应用效果

4. 样式简写 list-style

CSS 中的 list-style 属性可以用于概括其他三种字体属性,将相关属性值汇总写在同一行。当需要为同一个列表元素声明多项列表属性时可以使用 list-style 属性进行简写。声明顺序如下:

```
[list‐style‐type]  [list‐style‐position]  [list‐style‐image]
```

属性值之间用空格隔开,如果其中某个属性没有规定可以省略不写。

例如:

```
ul{
    list‐style‐type: circle;
    list‐style‐position: outside
}
```

上述代码使用 list-style 属性可以简写为:

```
ul{list‐style: circle outside}
```

其效果完全相同。

3.5.7 CSS 表格

本节将介绍如何对网页上的表格进行修饰。和 CSS 表格有关的属性如表 3-31 所示。

表 3-31 CSS 表格相关属性

属 性 名 称	解 释
border-collapse	用于设置表格的边框样式为双线或单线
border-spacing	用于设置表格中双线边框的分割距离
caption-side	用于设置表格中的标题位置
empty-cells	用于定义表格中空单元格边框和背景的显示方式
table-layout	用于规定表格的布局方式,包括固定表格布局和根据内容调整布局

除以上五种属性设置外,在 CSS 中一些通用属性设置同样也可以用于表格元素。例如,字体颜色(color)、背景(background)、文本对齐(text-align)、边框(border)、内边距(padding)、宽度(width)和高度(height)等,这里不再展开详细说明。

1. 折叠边框 border-collapse

在默认情况下,表格的边框如果设置为实线,则会显示为双层线条的样式效果。CSS 中的 border-collapse 属性用于设置是否将表格的双层边框折叠为单一线条边框,该属性有三种属性值,如表 3-32 所示。

表 3-32   CSS 属性 border-collapse 的属性值

属 性 名 称	解　　释
separate	border-collapse 属性的默认值,边框为分开的双层线条效果
collapse	边框会合并为单一线条的边框
inherit	继承父元素的 border-collapse 属性值

【例 3-33】　CSS 属性 border-collapse 的简单应用

使用表格元素对比 border-collapse 属性值为 separate 和 collapse 的显示效果。

```
1.    <!DOCTYPE html>
2.    <html>
3.        <head>
4.            <meta charset = "utf-8">
5.            <title>CSS 属性 border - collapse 的应用</title>
6.            <style>
7.                .separate {
8.                    border - collapse: separate
9.                }
10.               .collapse {
11.                   border - collapse: collapse
12.               }
13.           </style>
14.       </head>
15.       <body>
16.           <h3>CSS 属性 border - collapse 的应用</h3>
17.           <hr />
18.           <table border = "1" class = "separate">
19.               <caption>
20.                   双线边框效果
21.               </caption>
22.               <tr>
23.               <td>年份</td>
24.               <td>第一季度</td>
25.               <td>第二季度</td>
26.               <td>第三季度</td>
27.               </tr>
28.               <tr><td>2014</td><td>100</td><td>200</td><td>300</td></tr>
29.               <tr><td>2015</td><td>150</td><td>250</td><td>350</td></tr>
30.               <tr><td>2016</td><td>200</td><td>300</td><td>400</td></tr>
31.           </table>
32.           <br />
33.
34.           <table border = "1" class = "collapse">
35.               <caption>
36.                   折叠边框效果
37.               </caption>
38.               <tr>
39.               <td>年份</td>
40.               <td>第一季度</td>
41.               <td>第二季度</td>
42.               <td>第三季度</td>
```

```
43.            </tr>
44.            <tr><td>2014</td><td>100</td><td>200</td><td>300</td></tr>
45.            <tr><td>2015</td><td>150</td><td>250</td><td>350</td></tr>
46.            <tr><td>2016</td><td>200</td><td>300</td><td>400</td></tr>
47.         </table>
48.      </body>
49. </html>
```

运行效果如图 3-34 所示。

【代码说明】

本示例包含了两个表格元素 < table >，分别用于测试 border-collapse 属性值为 separate 和 collapse 两种情况，并使用 CSS 内部样式表设置了类选择器，将这两种属性值分别应用于其中一个表格元素。每个表格元素中包含了 4 行 4 列的单元格，表格中的数据内容为测试样例与本示例无关。为表格元素添加了属性 border＝"1"，以便形成宽度为 1 像素的实线边框。

图 3-34　CSS 属性 border-collapse 的应用效果

2. 边框距离 border-spacing

CSS 中的 border-spacing 属性用于定义表格中双线边框的分隔距离，该属性有三种属性值，如表 3-33 所示。

表 3-33　CSS 属性 border-spacing 属性值

属　性　值	解　　释
长度值	表示水平和垂直方向上的距离
长度值 1 长度值 2	长度值 1 用于表示水平方向的距离，长度值 2 用于表示垂直方向的距离
inherit	继承父元素的 border-spacing 属性值

注意：border-spacing 属性只在表格能显示边框并且边框的 border-collapse 属性值为默认值 separate 时生效，否则该属性将被忽略。

【例 3-34】　CSS 属性 border-spacing 的简单应用

为表格设置不同的边框距离。

扫一扫

视频讲解

```
1.  <!DOCTYPE html>
2.  <html>
3.     <head>
4.        <meta charset = "utf-8">
5.        <title>CSS 属性 border－spacing 的应用</title>
6.        <style>
7.           .style01 {
8.              border－spacing: 10px
9.           }
10.          .style02 {
11.             border－spacing: 50px 10px
12.          }
13.       </style>
14.    </head>
15.    <body>
16.       <h3>CSS 属性 border－spacing 的应用</h3>
```

```
17.            < hr />
18.            < table border = "1" class = "style01">
19.                < caption >
20.                    单个属性值效果:边框距离 10 像素
21.                </caption >
22.                < tr >
23.                    < td >年份</td>
24.                    < td >第一季度</td>
25.                    < td >第二季度</td>
26.                    < td >第三季度</td>
27.                </tr >
28.                < tr >< td > 2014 </td>< td > 100 </td>< td > 200 </td>< td > 300 </td></tr >
29.                < tr >< td > 2015 </td>< td > 150 </td>< td > 250 </td>< td > 350 </td></tr >
30.                < tr >< td > 2016 </td>< td > 200 </td>< td > 300 </td>< td > 400 </td></tr >
31.            </table >
32.            < br />
33.
34.            < table border = "1" class = "style02">
35.                < caption >
36.                    两个属性值效果:水平方向 50 像素,垂直方向 10 像素
37.                </caption >
38.                < tr >
39.                    < td >年份</td>
40.                    < td >第一季度</td>
41.                    < td >第二季度</td>
42.                    < td >第三季度</td>
43.                </tr >
44.                < tr >< td > 2014 </td>< td > 100 </td>< td > 200 </td>< td > 300 </td></tr >
45.                < tr >< td > 2015 </td>< td > 150 </td>< td > 250 </td>< td > 350 </td></tr >
46.                < tr >< td > 2016 </td>< td > 200 </td>< td > 300 </td>< td > 400 </td></tr >
47.            </table >
48.        </body >
49.    </html >
```

运行效果如图 3-35 所示。

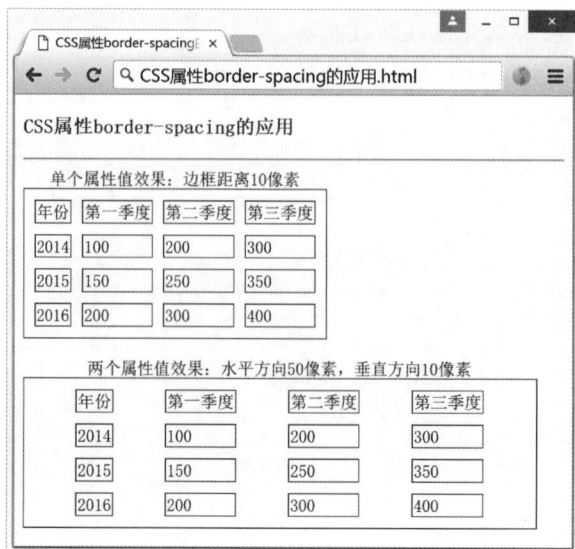

图 3-35   CSS 属性 border-spacing 的应用效果

【代码说明】

本示例包含了两个表格元素< table >,分别用于测试 border-spacing 属性值为单个长度值和两个长度值的情况,并使用 CSS 内部样式表设置了类选择器将这两种情况分别应用于其中一个表格元素。每个表格元素中包含了 4 行 4 列的单元格,表格中的数据内容为测试样例,与本示例无关。

注:由于表格的默认效果就是分隔边框(border-collapse 属性值为 separate),因此无须特别声明。只需要为表格元素添加属性 border="1",以便形成宽度为 1 像素的实线边框。

3. 标题位置 caption-side

CSS 中的 caption-side 属性用于定义表格中标题的位置,有三种属性值如表 3-34 所示。

表 3-34　CSS 属性 caption-side 属性值

属　性　值	解　　释
top	caption-side 属性的默认值,表示标题在表格上方
bottom	表示标题在表格下方
inherit	继承父元素的 caption-side 属性值

【例 3-35】　CSS 属性 caption-side 的简单应用

为表格设置出现在底端的标题。

```
1.   <!DOCTYPE html >
2.   < html >
3.       < head >
4.           < meta charset = "utf-8">
5.           < title > CSS 属性 caption - side 的应用</title>
6.           < style >
7.               caption {
8.                   caption - side: bottom
9.               }
10.          </style>
11.      </head >
12.      < body >
13.          < h3 > CSS 属性 caption - side 的应用</h3>
14.          < hr />
15.          < table border = "1">
16.              < caption >
17.                  我是显示在表格底端的标题
18.              </caption>
19.              < tr >
20.                  < td >年份</td>
21.                  < td >第一季度</td>
22.                  < td >第二季度</td>
23.                  < td >第三季度</td>
24.              </tr>
25.              < tr >
26.                  < td > 2014 </td>< td > 100 </td>< td > 200 </td>< td > 300 </td>
27.              </tr>
28.              < tr >
29.                  < td > 2015 </td>< td > 150 </td>< td > 250 </td>< td > 350 </td>
30.              </tr>
31.              < tr >
32.                  < td > 2016 </td>< td > 200 </td>< td > 300 </td>< td > 400 </td>
33.              </tr>
34.          </table>
35.      </body>
36.  </html>
```

运行效果如图 3-36 所示。

【代码说明】

本示例包含了单个表格元素＜ table ＞,用于测试 caption-side 属性值为 bottom 的情况,并使用 CSS 内部样式表设置了元素选择器,将该属性值应用于表格标题标签＜ caption ＞,并为表格元素添加属性 border＝"1",以便形成宽度为 1 像素的实线边框。

每个表格元素中包含了 4 行 4 列的单元格,表格中的数据内容为测试样例,与本示例无关。

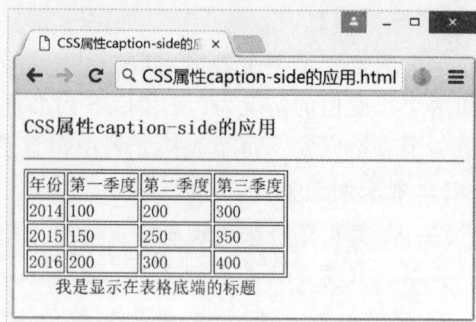

图 3-36　CSS 属性 caption-side 的应用效果

4. 空单元格 empty-cells

CSS 中的 empty-cells 属性用于定义表格中空单元格边框和背景的显示方式。该属性有三种属性值,如表 3-35 所示。

表 3-35　CSS 属性 empty-cells 属性值

属　性　值	解　　释
show	empty-cells 属性的默认值,表示正常显示空白单元格的边框与背景
hide	表示不显示空白单元格的边框与背景
inherit	继承父元素的 empty-cells 属性值

【例 3-36】　CSS 属性 empty-cells 的简单应用

为表格中的空白单元格设置不显示边框的效果。

```
1.    <!DOCTYPE html >
2.    < html >
3.        < head >
4.            < meta charset = "utf-8">
5.            < title > CSS 属性 empty－cells 的应用</title>
6.            < style >
7.                table {
8.                    empty－cells: hide
9.                }
10.           </style>
11.       </head>
12.       < body >
13.           < h3 > CSS 属性 empty－cells 的应用</h3>
14.           < hr />
15.           < table border = "1">
16.               < caption >
17.                   隐藏空单元格的边框效果
18.               </caption >
19.               < tr >
20.                   < td >年份</td>
21.                   < td >第一季度</td>
22.                   < td >第二季度</td>
23.                   < td >第三季度</td>
24.               </tr>
25.               < tr >
26.                   < td > 2014 </td>< td > 100 </td>< td > 200 </td>< td > 300 </td>
27.               </tr>
28.               < tr >
```

扫一扫

视频讲解

```
29.                    <td>2015</td><td>150</td><td>250</td><td>350</td>
30.                </tr>
31.                <tr>
32.                    <td>2016</td><td>200</td><td>300</td><td></td>
33.                </tr>
34.            </table>
35.        </body>
36.    </html>
```

运行效果如图 3-37 所示。

【代码说明】

本示例包含了单个表格元素<table>，用于测试 empty-cells 属性值为 hide 的情况，并使用 CSS 内部样式表设置了元素选择器，将该属性值应用于表格标签<table>。每个表格元素中包含了 4 行 4 列的单元格，表格中的数据内容为测试样例与本示例无关。

注：由于表格的默认效果就是分隔边框（border-collapse 属性值为 separate），因此无须特别声明。只需要为表格元素添加属性 border="1"，以便形成宽度为 1 像素的实线边框。

图 3-37　CSS 属性 empty-cells 的应用效果

5. 表格布局 table-layout

CSS 中的 table-layout 属性用于规定表格的布局方式，包括固定表格布局和根据内容调整布局。该属性有三种属性值，如表 3-36 所示。

表 3-36　CSS 属性 table-layout 属性值

属 性 值	解 释
automated	empty-cells 属性的默认值，表示单元格的宽度由内容决定
fixed	单元格的宽度由样式设置决定
inherit	继承父元素的 table-layout 属性值

【例 3-37】　**CSS 属性 table-layout 的简单应用**

为表格设置不同的边框距离。

```
1.    <!DOCTYPE html>
2.    <html>
3.        <head>
4.            <meta charset="utf-8">
5.            <title>CSS 属性 table-layout 的应用</title>
6.            <style>
7.                table {
8.                    width: 100%
9.                }
10.               .fixed {
11.                   table-layout: fixed
12.               }
13.               .automated {
14.                   table-layout: automated
15.               }
16.           </style>
```

扫一扫

视频讲解

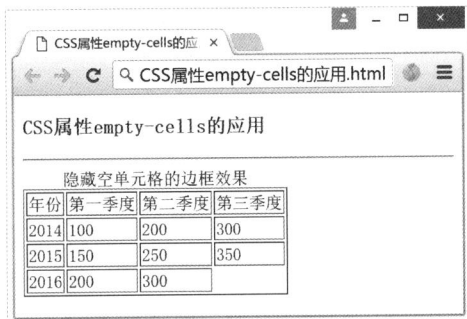

```
17.        </head>
18.        <body>
19.            <h3>CSS 属性 table-layout 的应用</h3>
20.            <hr />
21.            <table border="1" class="fixed">
22.                <caption>
23.                    固定列宽的表格
24.                </caption>
25.                <tr>
26.                    <td>年份</td><td>第一季度</td><td>第二季度</td><td>第三季度
                        </td>
27.                </tr>
28.                <tr>
29.                    <td>2016</td><td>200</td><td>300</td><td>400000000000000
                        </td>
30.                </tr>
31.            </table>
32.            <br />
33.
34.            <table border="1" class="automated">
35.                <caption>
36.                    随内容自动调整列宽的表格
37.                </caption>
38.                <tr>
39.                    <td>年份</td><td>第一季度</td><td>第二季度</td><td>第三季度
                        </td>
40.                </tr>
41.                <tr>
42.                    <td>2016</td><td>200</td><td>300</td><td>400000000000000
                        </td>
43.                </tr>
44.            </table>
45.        </body>
46.    </html>
```

运行效果如图 3-38 所示。

【代码说明】

本示例包含了两个表格元素<table>，分别用于测试 table-layout 属性值为 fixed 和 automated 的情况，并使用 CSS 内部样式表设置了类选择器，将这两种情况分别应用于其中一个表格元素，并设置表格元素的宽度为 100%，即与页面等宽。为表格元素添加属性 border="1"，以便形成宽度为 1 像素的实线边框。每个表格元素中包含了 2 行 4 列的单元格，表格中的数据内容为测试样例与本示例无关。

图 3-38   CSS 属性 table-layout 的应用效果

由图 3-38 可见，当 table-layout 的属性值为 fixed 时，所有单元格的列宽是平均分配的，即使最后一个单元格的测试数据内容较多，也只能溢出单元格而不会改变单元格宽度。而 table-layout 的属性值为 automated 时，单元格的列宽会随着内容的多少自动调整。由于 automated 是 table-layout 属性的默认值，也可以忽略不写。

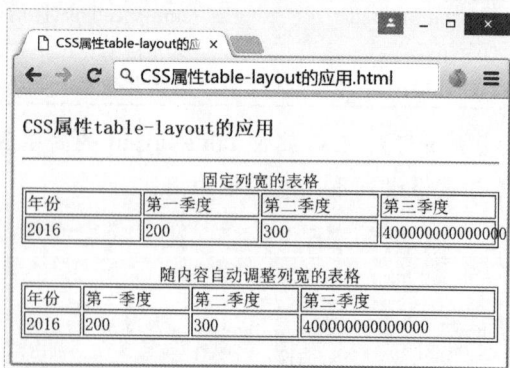

3.6 CSS 定位

CSS 定位可以将 HTML 元素放置在页面上指定的任意地方。CSS 定位的原理是把页面左上角的点定义为坐标为(0,0)的原点,然后以像素为单位将整个网页构建成一个坐标系统。其中 x 轴与数学坐标系方向相同,越往右数字越大;y 轴与数学坐标系方向相反,越往下数字越大。

本节主要介绍四种定位的方式:绝对定位、相对定位、层叠效果和浮动。联合使用这些定位方式,可以创建更为复杂和准确的布局。

3.6.1 绝对定位

绝对定位指的是通过规定 HTML 元素在水平和垂直方向上的位置来固定元素,基于绝对定位的元素不占据空间。

使用绝对定位需要将 HTML 元素的 position 属性值设置为 absolute(绝对的),并使用四种关于方位的属性关键词 left(左边)、right(右边)、top(顶部)、bottom(底端)中的部分内容设置元素的位置。一般来说从水平和垂直方向各选一个关键词即可。

例如,需要将段落元素<p>放置在距离页面顶端 150 像素、左边 100 像素的位置:

```
p{
    position: absolute;
    top:150px;
    left:100px
}
```

注意:绝对定位的位置声明是相对于已定位的并且包含关系最近的祖先元素。如果当前需要被定位的元素没有已定位的祖先元素作为参考值,则相对于整个网页。例如,同样是上面关于段落元素<p>的样式声明,如果该段落元素放置在一个已经定位的<div>元素内部,则指的是距离这个<div>元素的顶端 150 像素、左边 100 像素的位置。

【例 3-38】　CSS 绝对定位的应用

使用两个相同 CSS 样式的段落元素<p>对比不同的绝对定位效果。

扫一扫

视频讲解

```
1.  <!DOCTYPE html >
2.  < html >
3.      < head >
4.          < meta charset = "utf-8">
5.          < title >CSS 绝对定位的应用</title >
6.          < style >
7.              p {
8.                  position: absolute;
9.                  width: 120px;
10.                 height: 120px;
11.                 top: 100px;
12.                 left: 0px;
13.                 background - color: #C8EDFF;
14.             }
15.             div {
16.                 position: absolute;
17.                 width: 300px;
18.                 height: 300px;
19.                 top: 80px;
20.                 left: 180px;
21.                 border: 1px solid;
```

```
22.                    }
23.              </style>
24.         </head>
25.     < body >
26.         < h3 >CSS绝对定位的应用</h3 >
27.         < hr />
28.         < p >
29.             该段落是相对于页面定位的,距离页面的顶端100 像素,距离左边0 像素
30.         </ p >
31.         < div >
32.             我是相对于页面定位的div 元素,距离顶端80 像素,距离左边180 像素
33.             < p >
34.                 该段落是相对于父元素div 定位的,距离div 元素的顶端100 像素,距离div
                    元素的左边0 像素
35.             </ p >
36.         </ div >
37.     </ body >
38. </html >
```

运行效果如图 3-39 所示。

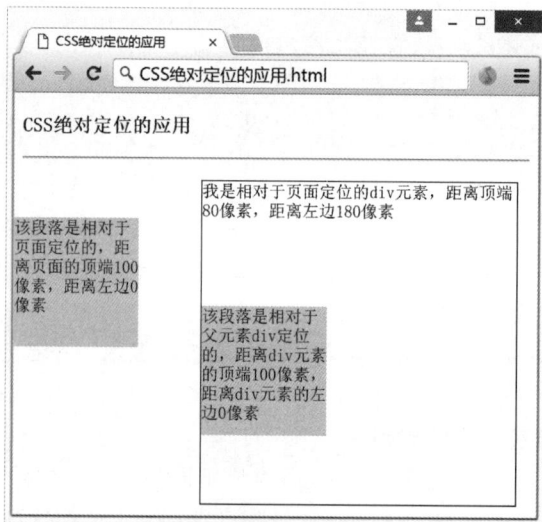

图 3-39   CSS 绝对定位的应用效果

【代码说明】

本示例包含了两个样式完全相同的段落元素< p >,用于对比测试直接在页面中使用和嵌入已定位的< div >元素中的两种情况。并使用 CSS 内部样式表设置了元素选择器,为段落元素< p >和区域元素< div >定义样式。

其中两个段落元素< p >的统一样式设置为:宽和高均为 120 像素的矩形,带有背景颜色,并为其定义 position 属性值为 absolute 表示绝对定位,要求距离父元素的顶端 100 像素、左边 0 像素。区域元素< div >的样式设置为:宽和高均为 300 像素的矩形,并带有宽 1 像素的实线边框。同样为< div >元素也定义了 position 属性值为 absolute 表示绝对定位,要求其距离父元素顶端 80 像素,左边 180 像素。

由图 3-39 可见,左边的段落元素< p >没有已定位的父元素,因此它的位置是相对于整个页面来计算的;而右边的段落元素< p >是包含于已定位的< div >元素中,所以其位置是相对于< div >元素的顶端和左边来进行计算的。因此虽然这两个段落元素< p >具有完全相同的 CSS 样式设置,它们出现在页面上的位置不一样。

3.6.2　相对定位

相对定位与绝对定位的区别在于它的参照点不是左上角的原点,而是该元素本身原先的起点位置。并且即使该元素偏移到了新的位置,也仍然从原始的起点处占据空间。

使用相对定位需要将 HTML 元素的 position 属性值设置为 relative(相对的),并同样使用四种关于方位的属性关键词 left(左边)、right(右边)、top(顶部)、bottom(底端)中的部分内容设置元素的位置。一般来说,从水平和垂直方向各选一个关键词即可。

例如,需要将段落元素<p>放置在距离元素初始位置顶端150像素、左边100像素的位置:

```
p{
    position: relative;
    top:150px;
    left:100px
}
```

注意:相对定位的位置是相对于元素自身的正常初始位置而言的。因此即使是内容完全一样的相对定位代码作用于初始位置不同的多个元素上也仅能保证位移的方向一致,并不能代表这些元素最终将出现在相同的位置上。

【例 3-39】　CSS 相对定位的应用

使用三个相同 CSS 样式的段落元素<p>对比不同的相对定位效果。

```
1.    <!DOCTYPE html>
2.    <html>
3.        <head>
4.            <meta charset = "utf-8">
5.            <title>CSS 相对定位的应用</title>
6.            <style>
7.                div {
8.                    width: 200px;
9.                    height: 380px;
10.                   border: 1px solid;
11.                   margin-left: 50px;
12.               }
13.               p {
14.
15.                   width: 150px;
16.                   height: 100px;
17.                   background-color: #C8EDFF;
18.               }
19.               .left {
20.                   position: relative;
21.                   left: -50px;
22.               }
23.               .right {
24.                   position: relative;
25.                   right: 130px;
26.               }
27.           </style>
28.       </head>
29.       <body>
30.           <h3>CSS 相对定位的应用</h3>
31.           <hr />
32.           <div>
33.               <p>
```

扫一扫

视频讲解

```
34.                  正常状态的段落
35.              </p>
36.              <p class = "left">
37.                  相对自己正常的位置向左边偏移了50像素
38.              </p>
39.              <p class = "right">
40.                  相对自己正常的位置向右边偏移了130像素
41.              </p>
42.          </div>
43.      </body>
44. </html>
```

运行效果如图 3-40 所示。

【代码说明】

本示例包含了三个样式相同的段落元素<p>,用于对比测试相对定位效果,并声明了一个带有实线边框效果的<div>元素包含这三个段落元素,以便对比段落元素位置的偏移量。

使用 CSS 内部样式表设置了元素选择器为段落元素<p>和区域元素<div>定义样式。其中段落元素<p>的统一样式设置为:宽 150 像素、高 100 像素,并带有背景颜色。区域元素<div>的样式设置为:宽 200 像素、高 380 像素的矩形,并带有 1 像素的实线边框。

第一个段落元素为正常显示效果,不做任何位置偏移设置,以便与后面两个段落元素进行位置对比。在 CSS 内部样式表中使用了类选择器为第二、三个段落元素设置分别向左和右边发生一定量的偏移,并将其 position 属性设置为 relative 表示相对定位模式。

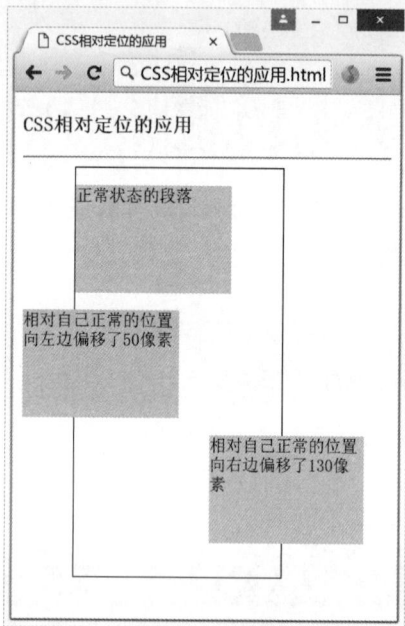

图 3-40   CSS 相对定位的应用效果

如果这三个段落元素都没有做位置偏移会从上往下左对齐显示在<div>元素中。由图 3-40 可见,目前只有第一个段落元素显示位置正常,第二、三个段落元素均根据自己的初始位置发生了指定像素的偏移。

3.6.3   层叠效果

在 CSS 中,除了定义 HTML 元素在水平和垂直方向上的位置,还可以定义多个元素在一起叠放的层次。使用属性 z-index 可以为元素规定层次顺序,其属性值为整数,并且该数值越大将叠放在越靠上的位置。例如,z-index 属性值为 99 的元素一定显示在 z-index 属性值为 10 的元素上面。

扫一扫

视频讲解

【例 3-40】   CSS 层叠效果的应用

使用 CSS 属性 z-index 制作扑克牌叠放效果。

```
1.  <!DOCTYPE html>
2.  < html >
3.      < head >
4.          < meta charset = "utf-8">
5.          <title>CSS 属性 z - index 的应用</title>
```

```
6.          < style >
7.              div {
8.                  width: 182px;
9.                  height: 253px;
10.                 position: absolute;
11.             }
12.             # ten {
13.                 background: url( image/ten. jpg) no - repeat;
14.                 z - index: 1;
15.                 left: 20px;
16.                 top: 100px;
17.             }
18.             # jack {
19.                 background: url( image/jack. jpg) no - repeat;
20.                 z - index: 2;
21.                 left: 100px;
22.                 top: 100px;
23.             }
24.             # queen {
25.                 background: url( image/queen. jpg) no - repeat;
26.                 z - index: 3;
27.                 left: 180px;
28.                 top: 100px;
29.             }
30.             # king {
31.                 background: url( image/king. jpg) no - repeat;
32.                 z - index: 4;
33.                 left: 260px;
34.                 top: 100px;
35.             }
36.             # ace {
37.                 background: url( image/ace. jpg) no - repeat;
38.                 z - index: 5;
39.                 left: 340px;
40.                 top: 100px;
41.             }
42.          </style >
43.      </head >
44.      < body >
45.          < h3 >CSS 属性 z - index 的应用</h3 >
46.          < hr />
47.          < div id = "ten"></div >
48.          < div id = "jack"></div >
49.          < div id = "queen"></div >
50.          < div id = "king"></div >
51.          < div id = "ace"></div >
52.      </body >
53.  </html >
```

运行效果如图 3-41 所示。

【代码说明】

本示例包含了五个< div >元素用于测试层叠效果。首先为< div >元素设置统一样式：宽度为 182 像素、高度为 253 像素，并使用绝对定位模式。

为这五个< div >元素分别设置背景图片，图片素材来源于扑克牌红桃 10、J、Q、K、A 的牌面。背景图片为 jpg 格式并且均来源于与 HTML 文档同一目录下的 image 文件夹。使用方位关键词 left 和 top 定位每一个< div >元素：所有< div >元素均距离页面顶端 100 像

图 3-41　CSS 属性 z-index 的应用效果

素；距离页面左侧分别为 20 像素、100 像素、180 像素、260 像素和 340 像素，即每个< div >元素往右边平移 80 像素。

为达到层叠效果，为这五个< div >元素分别设置 z-index 属性值，从 1 开始到 5 结束。其中红桃 10 对应 z-index:1，因此会显示为叠放在底层，以此类推每张牌都高一层，直到红桃 A 对应 z-index:5，会显示在最上面。因此最终实现了元素在页面上的层叠效果。

3.6.4　浮动

1. 浮动效果 float

在 CSS 中 float 属性可以用于令元素向左或向右浮动。以往常用于文字环绕图像效果，实际上任何元素都可以应用浮动效果。该属性有四种属性值，如表 3-37 所示。

表 3-37　CSS 属性 float 属性值

属　性　值	解　　　释
left	元素向左浮动
right	元素向右浮动
none	float 属性的默认值，表示元素不浮动
inherit	继承父元素的 float 属性值

在对元素声明浮动效果后，该浮动元素会自动生成一个块级框，因此需要明确指定浮动元素的宽度，否则会被默认不占空间。元素在进行浮动时会朝着指定的方向一直移动，直到碰到页面的边缘或者上一个浮动框的边缘才会停下来。

如果一行之内的宽度不足以放置浮动元素，则该元素会向下移动直到有足够的空间为止再向着指定的方向进行浮动。

【例 3-41】　CSS 浮动的简单应用

使用 CSS 属性 float 制作文字环绕图片的效果。

```
1.    <!DOCTYPE html >
2.    < html >
3.        < head >
4.            < meta charset = "utf-8">
5.            <title>CSS 浮动的应用</title>
```

```
6.              < style >
7.                  div {
8.                      float: left;
9.                      width: 230px;
10.                 }
11.                 p {
12.                     line – height: 30px;
13.                     text – indent: 2em;
14.                 }
15.             </ style >
16.         </ head >
17.         < body >
18.             < h3 > CSS 浮动的应用</ h3 >
19.             < hr />
20.             < div >< img src = "image/balloon.jpg" alt = "热气球" />
21.             </ div >
22.             < p >
23.                 18 世纪,法国造纸商孟格菲兄弟在欧洲发明了热气球。他们受碎纸屑在火炉中
                    不断升起的启发,用纸袋把热气聚集起来做实验,使纸袋能够随着气流不断上
                    升。1783 年 6 月 4 日,孟格菲兄弟在里昂安诺内广场做公开表演,一个圆周为
                    110 英尺的模拟气球升起,飘然飞行了 1.5 英里。同年 9 月 19 日,在巴黎凡尔赛
                    宫前,孟格菲兄弟为国王、王后、宫廷大臣及 13 万巴黎市民进行了热气球的升空
                    表演。同年 11 月 21 日下午,孟格菲兄弟又在巴黎穆埃特堡进行了世界上第一次
                    热气球载人空中飞行,飞行了 25 分钟,飞越半个巴黎之后降落在意大利广场附
                    近。这次飞行比莱特兄弟的飞机飞行早了整整 120 年。在充气气球方面,法国的
                    罗伯特兄弟是最先乘充满氢气的气球飞上天空的。(摘自百度百科热气球词条)
24.             </ p >
25.         </ body >
26. </ html >
```

运行效果如图 3-42 所示。

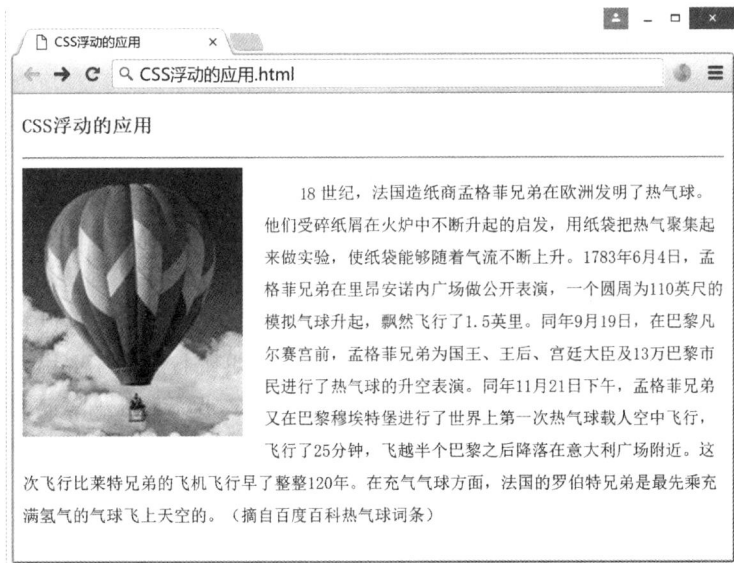

图 3-42   CSS 浮动的应用效果 1

【代码说明】

本示例包含了区域元素< div >和段落元素< p >各一个,用于测试段落内容对于图片的环绕效果。区域元素< div >的 CSS 样式定义为宽 230 像素,并且内部嵌套了一个图像元素< img >,图片来源于本地 image 文件夹中的 balloon.jpg。段落元素< p >作了简单的文本修

饰:首行缩进 2 个字符,并且段落行高为 30 像素。

在默认情况下,段落元素的文字内容会显示在图片的正下方。为< div >元素增加浮动效果:设置 float 属性值为 left,表示向左浮动。此时由图 3-42 可见,段落元素向上移动并补在了图片的右侧。从而实现了文字环绕图片的效果。

浮动也可以用于将多个元素排成一行,实现单行分列的效果。

扫一扫

视频讲解

【例 3-42】 CSS 浮动的简单应用 2

使用 CSS 属性 float 制作扑克牌排成一行展示的效果。

```
1.   <!DOCTYPE html >
2.   < html >
3.       < head >
4.           < meta charset = "utf-8">
5.           < title > CSS 浮动的应用 2 </title>
6.           < style >
7.               div {
8.                   width: 182px;
9.                   height: 253px;
10.                  float: left;
11.              }
12.              # ten {
13.                  background: url( image/ten. jpg) no - repeat
14.              }
15.              # jack {
16.                  background: url( image/jack. jpg) no - repeat
17.              }
18.              # queen {
19.                  background: url( image/queen. jpg) no - repeat
20.              }
21.              # king {
22.                  background: url( image/king. jpg) no - repeat
23.              }
24.              # ace {
25.                  background: url( image/ace. jpg) no - repeat
26.              }
27.          </style>
28.      </head >
29.      < body >
30.          < h3 > CSS 浮动的应用 2 </h3>
31.          < hr />
32.          < div id = "ten"></div >
33.          < div id = "jack"></div >
34.          < div id = "queen"></div >
35.          < div id = "king"></div >
36.          < div id = "ace"></div >
37.      </body >
38.  </html >
```

运行效果如图 3-43 所示。

【代码说明】

本示例是例 3-40 的修改版,将显示为层叠效果的 5 张扑克牌改为在同一行展开。每张扑克牌仍然使用宽 182 像素、高 253 像素的< div >元素表示。

图 3-43　CSS 浮动的应用效果 2

将这五个用于显示扑克牌面图片的<div>元素去掉原先的绝对定位与层叠属性 z-index，新增 float 属性值为 left，用于测试 CSS 属性 float 带来的浮动效果。由于<div>本身是块级元素会自动换行显示，因此本示例中如果没有添加浮动效果，则这些<div>元素会从上往下垂直排开。使用了 float 属性后，<div>元素会自动向左进行浮动，直到元素的左边外边缘碰到了页面顶端或前一个浮动框的边框时才会停止。

由图 3-43 可见，在页面足够宽的情况下，五张牌面可以在同一行进行展示。

注意：如果浏览器页面缩放尺寸，则有可能造成宽度过窄容纳不下全部的元素，这会导致其他<div>元素自动向下移动直到拥有足够的空间才能继续显示。

2．清理浮动 clear

CSS 中的 clear 属性可以用于清理浮动效果，它可以规定元素的哪一侧不允许出现浮动元素。该属性有五种属性值，如表 3-38 所示。

表 3-38　CSS 属性 clear 属性值

属　性　值	解　　　释
left	元素的左侧不允许有浮动元素
right	元素的右侧不允许有浮动元素
both	左右两侧均不允许有浮动元素
none	clear 属性的默认值，表示允许浮动元素出现在左右两侧
inherit	继承父元素的 clear 属性值

例如，常用 clear:both 来清除之前元素的浮动效果。

```
p{
    clear:both;
}
```

此时该元素不会随着之前的元素进行错误的浮动。

3.7　实验案例——导航菜单栏的设计与实现

使用 CSS 样式可以制作较为美观的导航栏效果，试设计一个带有横向菜单导航栏的页面，最终效果图如图 3-44 所示。

扫一扫

文档

扫一扫

视频讲解

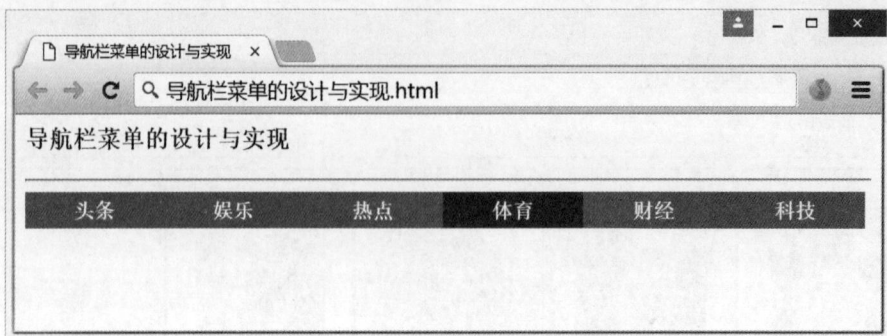

图 3-44　导航栏菜单的显示效果

扫一扫

AI 助教

本章小结及 AI 辅助编程技巧

　　CSS 通过样式表来设置页面样式,根据样式表的声明位置分为内联样式表、内部样式表和外部样式表,其中内联样式表的层叠优先级最高。在 CSS 样式表中可以使用选择器为指定元素设置样式,常用选择器包括元素选择器、ID 选择器、类选择器与属性选择器。

　　CSS 样式中可定义的取值包括数字、长度、角度、时间、文本及颜色等内容。CSS 常用于对 HTML 元素背景、边距、文本、字体、超链接、列表和表格的相关样式设置。CSS 还包含了四种定位 HTML 元素的方式,分别是绝对定位、相对定位、层叠定位与浮动。

扫一扫

自测题

习题3

　　1. CSS 样式表有哪几种类型? 它们的层叠优先级关系是怎样的?

　　2. 常用的 CSS 选择器有哪些?

　　3. CSS 的注释语句写法是怎样的?

　　4. CSS 颜色值有哪几种表达方式?

　　5. CSS 背景图像的平铺方式有哪几种?

　　6. 如何使用 CSS 为文本添加下画线?

　　7. 如何使用 CSS 为列表选项设置自定义标志图标?

　　8. 如何使用 CSS 实现表格为单线条框样式?

　　9. 如何使用 CSS 设置元素的层叠效果?

　　10. 元素可以向哪些方向进行浮动? 如何清除浮动效果?

第4章

JavaScript 基础

本章主要内容是 JavaScript 基础知识，包括 JavaScript 的使用、语法、变量等内容，以及基本数据类型、运算符、条件语句、函数以及 DOM 的用法。

本章学习目标

- 了解 JavaScript 的使用方式；
- 了解 JavaScript 的基本语法规则；
- 熟悉 JavaScript 的变量声明与命名规范；
- 掌握 JavaScript 的基本数据类型；
- 掌握 JavaScript 运算符的使用方法；
- 掌握 JavaScript 条件语句的用法；
- 掌握 JavaScript 函数的使用方法；
- 掌握 JavaScript DOM 的用法。

4.1 JavaScript 的使用

JavaScript 有两种使用方式：一是在 HTML 文档中直接添加代码；二是将 JavaScript 脚本代码写到外部的 JavaScript 文件中，再在 HTML 文档中引用该文件的路径地址。这两种使用方式的效果完全相同，可以根据使用率和代码量选择相应的开发方式。例如，有多个网页文件需要引用同一段 JavaScript 代码时，则可以写在外部文件中进行引用，以减少代码冗余。

4.1.1 内部 JavaScript

JavaScript 代码可以直接写在 HTML 页面中，只需使用< script >首尾标签嵌套即可。相关 HTML 代码语法格式如下：

```
< script >
  //JavaScript 代码...
</script >
```

使用 JavaScript 代码中的 alert()方法制作一段简单的示例：

```
< script >
  alert("Hello JavaScript!");
</script >
```

该语句表示打开网页后弹出警告对话框，显示的文字内容为"Hello JavaScript!"。

扫一扫

例 4-1

【例 4-1】　内部 JavaScript 的简单应用

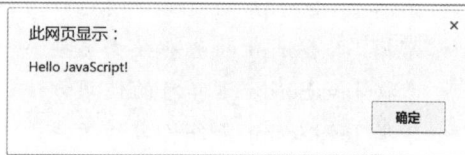

在 HTML5 页面使用内部 JavaScript 代码弹出对话框。

```
1.    <!DOCTYPE html>
2.    <html>
3.      <head>
4.        <meta charset = "utf-8">
5.        <title>内部 JavaScript 的简单应用</title>
6.      </head>
7.      <body>
8.        <h3>内部 JavaScript 的简单应用</h3>
9.        <hr />
10.       <!-- JavaScript 代码部分 -->
11.       <script>
12.         alert("Hello JavaScript!");
13.       </script>
14.     </body>
15.   </html>
```

运行结果如图 4-1 所示。

【代码说明】

本示例在<body>首尾标签之间使用
<script>标签插入了一行简单的
JavaScript 代码,用于弹出对话框并显示
提示语句。当前为 Chrome 浏览器的运
行效果,不同浏览器的对话框样式稍有
不同。

内部JavaScript的简单应用

> 此网页显示：
>
> Hello JavaScript!
>
> 确定

图 4-1　内部 JavaScript 的简单应用效果

内部 JavaScript 代码可位于 HTML 网页的任何位置,例如,放入<head>或者<body>
首尾标签中均可。同一个 HTML 网页也允许在不同位置放入多段 JavaScript 代码。为了
页面代码的可读性,通常把 JavaScript 代码统一放在同一个位置,例如,页面的底部或者
<head>首尾标签中。

4.1.2　外部 JavaScript

如果选择将 JavaScript 代码保存到外部文件中,则只需要在 HTML 页面的<script>标
签中声明 src 属性即可。此时外部文件的类型必须是 JavaScript 类型文件(简称为 JS 文
件),即文件扩展名为.js。相关 HTML 代码语法格式如下:

```
<script src = "JavaScript 文件 URL"></script>
```

以在本地 js 文件夹中的 myFirstScript. js 文件为例,在 HTML 页面中的引用方法
如下:

```
<script src = "js/myFirstScript.js"></script>
```

引用语句放在<head>或<body>首尾标签中均可,与在<script>标签中直接写脚本代
码的运行效果完全一样。

扫一扫

视频讲解

【例 4-2】　外部 JavaScript 的简单应用

在 HTML5 页面引用外部 JS 文件弹出对话框。

```
1.    <!DOCTYPE html>
2.    <html>
```

```
3.      < head >
4.        < meta charset = "utf-8">
5.        < title >外部 JavaScript 的简单应用</title>
6.      <!-- 外部 JavaScript 文件引用的部分 -->
7.      < script src = "js/myFirstScript.js"></script>
8.      </head>
9.      < body >
10.       < h3 >外部 JavaScript 的简单应用</h3>
11.     < hr />
12.     </body>
13.   </html>
```

其中,外部的 myFirstScript.js 文件内容如下:

```
alert("来自一个外部 JS 文件的问候: 你好!");
```

运行结果如图 4-2 所示,当前为 Chrome
浏览器的运行效果,不同浏览器的对话框样式
稍有不同。

【代码说明】

本示例在< head >首尾标签之间对外部 JS
文件 myFirstScript.js 进行了引用,该方法的

运行效果与内部 JS 代码完全一样。不同之处在于,外部 JS 文件中直接写 JavaScript 相关
代码即可,无须使用< script >首尾标签。

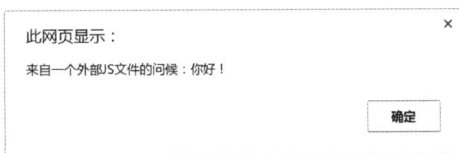

图 4-2　外部 JavaScript 的简单应用效果

4.2　JavaScript 的语法

4.2.1　JavaScript 的大小写

在 JavaScript 中大小写是严格区分的,无论是变量、函数名称、运算符和其他语法都必
须严格按照要求的大小写规定进行声明和使用。例如,变量 hello 与变量 HELLO 会被认
为是完全不同的内容。

4.2.2　JavaScript 分号

很多编程语言(例如,C、Java 和 Perl 等)都要求每句代码结尾要使用分号(;)表示结束。
而 JavaScript 的语法规则对此比较宽松,如果一行代码结尾没有分号也是可以被正确执行
的。例如:

```
var x = 99;
```

或

```
var x = 99
```

以上均为正确的语法格式,在没有分号结束的时候 JavaScript 会把该行代码的折行视
为结束标志。但是为考虑到浏览器的兼容性,建议不要省略代码结尾的分号,以免部分浏览
器不能正常显示。

4.2.3　JavaScript 注释

为了提高程序代码的可读性,JavaScript 允许在代码中添加注释。注释仅用于对代码
进行辅助提示,不会被浏览器执行。JavaScript 有两种注释方式:单行注释和多行注释。

单行注释用双斜杠(//)开头,可以自成一行也可以写在 JavaScript 代码的后面。例如:

```
//该提示语句自成一行
alert("Hello JavaScript!");
```

或

```
alert("Hello JavaScript!");          //该提示语句写在 JavaScript 代码后面
```

多行注释使用/*开头,以*/结尾,在这两个符号之间的所有内容都会被认为是注释内容,均不会被浏览器所执行。例如:

```
/*
    这是一个多行注释
    在首尾符号之间的所有内容都被认为是注释
    均不会被浏览器执行
*/
alert("Hello JavaScript!");
```

注:这两种注释符号仅可在 JavaScript 代码中使用,其使用范围是所有外部的 JS 文件以及< script >和</script >标签之间。

利用注释内容不会被执行的特点,在调试 JavaScript 代码时如果希望暂停某一句或几句代码的执行,可使用单行或多行注释符号将需要禁用的代码作为注释。例如:

```
//alert("Hello JavaScript1");
//alert("Hello JavaScript2");
alert("Hello JavaScript3");
```

此时第一、二行的 JavaScript 代码由于最前面添加了单行注释符号,因此不会被执行。当调试完成后去掉注释符号,代码即可恢复运行。

4.2.4　JavaScript 代码块

和 Java 语言类似,JavaScript 语言也使用一对大括号标识需要被执行的多行代码。例如:

```
var x = 9;
if(x < 10){
    x = 10;
    alert(x);
}
```

上述代码在 if 条件成立时,会执行大括号里面的所有代码。

4.3　JavaScript 变量

4.3.1　变量的声明

JavaScript 是一种弱类型的脚本语言,无论是数字、文本还是其他内容,统一使用关键词 var 加上变量名称进行声明,其中关键词 var 来源于英文单词 variable(变量)的前三个字母。可以在声明变量的同时对其指定初始值;也可以先声明变量,再另行赋值。例如:

```
var x = 2;
var msg = "Hello JavaScript!";
var name;
```

常见变量的赋值为数字或文本形式。当变量的赋值内容为文本时,需要使用引号(单引号、双引号均可)括住内容；当将变量赋值为数字的时候,内容不要加引号,否则会被当作字符串处理。

JavaScript 也允许使用一个关键词 var 同时定义多个变量。例如：

```
var x1, x2, x3;                          //一次定义了三个变量名称
```

同时定义的变量类型可以不一样,并且可为其中部分或全部变量进行初始化。例如：

```
var x1 = 2, x2 = "Hello", x3;
```

由于 JavaScript 变量是弱类型的,因此同一个变量可以用于存放不同类型的值。例如,可以声明一个变量初始化时用于存放数值,然后将其更改为存放字符串。代码如下：

```
var x = 99;                              //初始化时变量 x 存放的是数值 99
x = "Hello";                             //将变量 x 更改为存放字符串"Hello"
```

这段代码从语法上来说没有任何问题,但是基于良好的编程习惯不建议此种做法。应该将变量用于保存相同类型的值。

变量的声明不是必需的,可以不使用关键词 var 声明直接使用。例如：

```
msg1 = "Hello"
msg2 = "JavaScript";
msg = msg1 + " " + msg2;
alert(msg);                              //运行结果显示为 Hello JavaScript
```

上述代码中的 msg1、msg2 和 msg 均没有使用关键词 var 事先声明就直接使用了,这种写法也是有效的。当程序遇到未声明过的名称时,会自动使用该名称创建一个变量并继续使用。

【例 4-3】 JavaScript 变量的简单应用

在 JavaScript 中使用关键词声明变量并使用。

```
1.    <!DOCTYPE html>
2.    < html >
3.      < head >
4.        < meta charset = "utf-8">
5.        <title>JavaScript 变量的简单应用</title>
6.      </head>
7.      < body >
8.        < h3 >JavaScript 变量的简单应用</h3>
9.        < hr />
10.       < script >
11.           //声明变量 msg
12.           var msg = "Hello JavaScript!";
13.           //在 alert()方法中使用变量 msg
14.           alert(msg);
15.       </script>
16.     </body>
17.  </html>
```

运行效果如图 4-3 所示。

【代码说明】

本示例在 JavaScript 代码部分使用关键词 var 声明了变量 msg,并将其应用于 alert()方法中。浏览器会根据变量名称找到其所对应的值并显示出来。

注意：如果声明的变量没有赋值，则本示例中 alert(msg)的显示内容会变成 undefined（未定义）。

JavaScript变量的简单应用

此网页显示：	×
Hello JavaScript!	
	确定

图 4-3　JavaScript 变量的简单应用

4.3.2　变量的命名规范

一个有效的变量命名需要遵守以下两条规则：

- 首位字符必须是字母(A～Z、a～z)、下画线(_)或者美元符号($)。
- 其他位置上的字符可以是下画线(_)、美元符号($)、数字(0～9)或字母(A～Z、a～z)。

例如：

```
var hello;              //正确
var _hello;             //正确
var $ hello;            //正确
var $ x_ $ y;           //正确
var 123;                //不正确,首位字符必须是字母、下画线或者美元符号
var % x;                //不正确,首位字符必须是字母、下画线或者美元符号
var x % x;              //不正确,中间的字符不能使用下画线、美元符号、数字或字母以外的内容
```

常用的变量命名方式有 Camel 标记法、Pascal 标记法和匈牙利类型标记法等。
- Camel 标记法：又称为驼峰标记法，该规则声明的变量首字母为小写，其他单词以大写字母开头。例如，var myFirstScript、var myTest 等。
- Pascal 标记法：该规则声明的变量所有单词首字母均大写。例如，var MyFirstScript、var MyTest 等。
- 匈牙利类型标记法：该规则是在 Pascal 标记法的基础上为变量加一个小写字母的前缀，用于提示该变量的类型，如 i 表示整数、s 表示字符串等。例如，var sMyFirstScript、var iMyTest 等。

事实上只要符合变量命名规范的写法均可以被正确执行，以上标记法仅为开发者提供参考，以便形成良好的编程风格。

4.3.3　JavaScript 关键字和保留字

JavaScript 遵循 ECMA-262 标准中规定的一系列关键字规则，这些关键字不能作为变量或者函数名称。全部关键字共计 25 个，如表 4-1 所示。

表 4-1　JavaScript 的关键字

break	case	catch	continue	default
delete	do	else	finally	for
function	if	in	instanceof	new
return	switch	this	throw	try
typeof	var	void	while	with

如果使用了上述关键词作为变量或者函数名称会引起报错。

在 ECMA-262 中还规定了一系列保留字，这些字是为将来的关键字而保留的单词，同样也不可以作为变量或者函数的名称。全部保留字共计 31 个，如表 4-2 所示。

表 4-2　JavaScript 的保留字

abstract	boolean	byte	char	class
const	debugger	double	enum	export
extends	final	float	goto	implements
import	int	interface	long	native
package	private	protected	public	short
static	super	synchronized	throws	transient
volatile				

如果使用了上述保留字作为变量或者函数名称会被认为是使用了关键字,从而一样引起报错。

4.4　JavaScript 基本数据类型

JavaScript 有五种原始类型,分别是 Number(数字)、Boolean(布尔值)、String(字符串)、Null(空值)和 Undefined(未定义)。

JavaScript 提供了 typeof 方法用于检测变量的数据类型,该方法会根据变量本身的数据类型给出对应名称的返回值。语法格式如下:

```
typeof 变量名称
```

对于指定的变量使用 typeof 方法,其返回值是提示数据类型的文本内容。常见有五种情况,如表 4-3 所示。

表 4-3　typeof 方法的常见返回值

返　回　值	示　　例	解　　释
undefined	var x; alert(x);	该变量未赋值
boolean	var x = true; alert(x);	该变量为布尔值
string	var x = "Hello"; alert(x);	该变量为字符串
number	var x = 3.14; alert(x);	该变量为数值
object	var x = null; alert(x);	该变量为空值 null 或对象

4.4.1　Undefined 类型

所有 Undefined 类型的输出值都是 undefined。当需要输出的变量从未声明过,或者使用关键词 var 声明过但是从未进行赋值时会显示 undefined 字样。例如:

```
alert(y);          //返回值为 undefined,因为变量 y 之前从未使用关键词 var 进行声明
```

或

```
var x;
alert(x);          //返回值也是 undefined,因为未给变量 x 进行赋值
```

【例 4-4】　JavaScript 基础数据类型 Undefined 的简单应用

```
1.    <!DOCTYPE html >
2.    < html >
3.        < head >
4.            < meta charset = "utf-8">
5.            < title > JavaScript 变量之 undefined 类型</title >
6.        </head >
7.        < body >
8.            < h3 > JavaScript 变量之 undefined 类型</h3 >
9.            < hr />
10.           < script >
11.               //声明变量 msg
12.               var msg;
13.               //在 alert()方法中使用变量 msg
14.               alert(msg);
15.           </script >
16.       </body >
17.   </html >
```

运行效果如图 4-4 所示。

【代码说明】

本示例使用关键词 var 声明了变量 msg,但未对其进行初始赋值就直接使用 alert(msg)方法,要求在对话框中显示该变量内容。由图 4-4 可见,此时显示出来的结果为undefined。

JavaScript变量之undefined类型

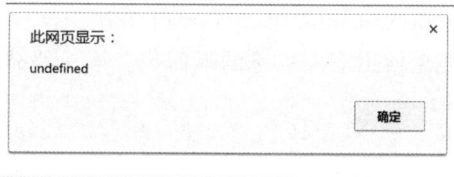

此网页显示：　　　　　　　　　　　×

undefined

确定

图 4-4　JavaScript 基础数据类型 Undefined 的简单应用效果

4.4.2　Null 类型

null 值表示变量的内容为空,可用于初始化变量,或者清空已经赋值的变量。例如:

```
var x = 99;
x = null;
alert(x);              //此时返回值是 null 而不是 99
```

【例 4-5】　JavaScript 基础数据类型 Null 的简单应用

```
1.    <!DOCTYPE html >
2.    < html >
3.        < head >
4.            < meta charset = "utf-8">
5.            < title > JavaScript 变量之 Null 类型</title >
6.        </head >
7.        < body >
8.            < h3 > JavaScript 变量之 Null 类型</h3 >
9.            < hr />
10.           < script >
11.               //声明变量 msg
12.               var msg = 99;
13.               //将变量 msg 赋值为 null 值
14.               msg = null;
15.               //在 alert()方法中使用变量 msg
16.               alert(msg);
17.           </script >
18.       </body >
19.   </html >
```

运行效果如图 4-5 所示。

【代码说明】

本示例使用关键词 var 声明了变量 msg 并对其赋值为 null，然后使用 alert(msg)方法要求在对话框中显示该变量内容。由图 4-5 可见，此时显示出来的结果为 null。

JavaScript变量之Null类型

此网页显示：	×
null	
	确定

4.4.3　String 类型

图 4-5　JavaScript 基础数据类型 Null 的简单应用效果

在 JavaScript 中 String 类型用于存储文本内容，又称为字符串类型。为变量进行字符串赋值时需要使用引号（单引号或双引号均可）括住文本内容。例如：

```
var country = 'China';
```

或

```
var country = "China";
```

与 JavaScript 不同的是，在 Java 中使用单引号声明单个字符，使用双引号声明字符串。而在 JavaScript 中没有区分单个字符和字符串，因此两种声明方式任选一种都是有效的。

如果字符串内容本身也需要带上引号，则用于包围字符串的引号不可以和文本内容中的引号相同。例如，字符串本身如果带有双引号，则使用单引号包围字符串；反之亦然。例如：

```
var dialog = 'Today is a gift, that is why it is called "Present".';
```

或

```
var dialog = "Today is a gift, that is why it is called 'Present'. ";
```

此时字符串内部的引号会默认保留字面的样式。

String 对象中包含了一系列方法，常用方法如表 4-4 所示。

表 4-4　JavaScript String 对象常见方法

方　法　名	解　　释
charAt()	返回指定位置上的字符
charCodeAt()	返回指定位置上的字符 Unicode 编码
concat()	连接字符串
indexOf()	正序检索字符串中指定内容的位置
lastIndexOf()	倒序检索字符串中指定内容的位置
match()	返回匹配正则表达式的所有字符串
replace()	替换字符串中匹配正则表达式的指定内容
search()	返回匹配正则表达式的索引值
slice()	根据指定位置节选字符串片段
split()	把字符串分割成字符串数组
substring()	根据指定位置节选字符串片段
toLowerCase()	将字符串中所有字母都转换为小写
toUpperCase()	将字符串中所有字母都转换为大写

1. 字符串长度

在字符串中,每一个字符都有固定的位置,其位置从左往右进行分配。以单词 hello 为例,其位置规则如图 4-6 所示。

H	E	L	L	O

位置序号　0　1　2　3　4

图 4-6　字符位置对照图

首字符 H 从位置 0 开始,第二个字符 L 是位置 1,以此类推,直到最后一个字符 O 的位置是字符串的总长度少 1。

可以使用 String 对象的属性 length 获取字符串的长度。

例如:

```
var s = "Hello";
var slen = s.length;              //返回值是变量 s 的字符串长度,即 5
```

【例 4-6】　JavaScript 获取字符串长度的简单应用

```
1.    <!DOCTYPE html >
2.    < html >
3.        < head >
4.            < meta charset = "utf-8">
5.            < title >JavaScript 获取字符串长度</title>
6.        </head >
7.        < body >
8.            < h3 >JavaScript 获取字符串长度</h3>
9.            < hr />
10.           < script >
11.               //声明变量 msg
12.               var msg = "Hello JavaScript!";
13.               //获取字符串长度
14.        var len = msg.length;
15.               alert("Hello JavaScript!的字符串长度为:" + len);
16.           </script >
17.        </body >
18.    </html >
```

运行效果如图 4-7 所示。

【代码说明】

本示例使用关键词 var 声明了变量 msg 并对其赋值为"Hello JavaScript!",然后使用字符串类型的 length 属性获取其字符长度并使用 alert()方法显示出来。由图 4-7 可见,此时显示出来的结果为 17,因为空格和感叹号也各算 1 个字符位置,因此总长度为 $5+1+10+1=17$。

JavaScript获取字符串长度

此网页显示:
Hello JavaScript!的字符串长度为 : 17
×
确定

图 4-7　JavaScript 获取字符串长度的运行结果

2. 获取字符串中的单个字符

在 JavaScript 中可以使用 charAt()方法获取字符串指定位置上的单个字符。其语法结构如下:

```
charAt(index)
```

其中,index 参数值填写需要获取的字符所在位置。例如:

```
var msg = "Hello JavaScript";
var x = msg.charAt(0);            //表示获取 msg 中的第一个字符,返回值为 H
```

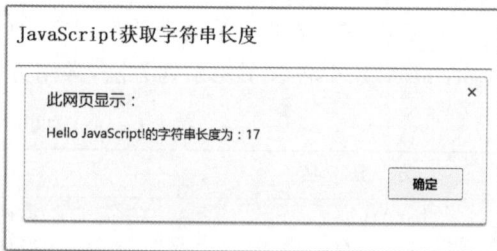

如果需要获取指定位置上单个字符的字符代码,可以使用 charCodeAt()方法。其语法结构如下:

```
charCodeAt(index)
```

其中,index 参数值填写需要获取的字符所在位置。例如:

```
Hvar msg = "Hello JavaScript";
var x = msg.charCodeAt(0);          //表示获取 msg 中的第一个字符的字符代码,返回值为 72
```

扫一扫

视频讲解

【例 4-7】 JavaScript 获取字符串中单个字符的应用

```
1.   <!DOCTYPE html >
2.   < html >
3.       < head >
4.           < meta charset = "utf-8">
5.           < title > JavaScript 获取字符串中单个字符</title>
6.       </head >
7.   < body >
8.       < h3 > JavaScript 获取字符串中单个字符</h3 >
9.       < hr />
10.      < script >
11.          //声明变量 msg
12.          var msg = "Hello JavaScript";
13.          //获取字符串中单个字符
14.          var letter = msg.charAt(10);
15.          //获取字符串中单个字符的代码
16.          var code = msg.charCodeAt(10);
17.          alert("Hello JavaScript 在第 10 位上的字符为:" + letter + "\n 其字符代
                 码为:" + code);
18.      </script >
19.   </body >
20.  </html >
```

运行效果如图 4-8 所示。

【代码说明】

本示例使用关键词 var 声明了变量 msg 并对其赋值为" Hello JavaScript",然后使用字符串类型的 charAt()方法获取其中第 10 位上的字符,并且用 charCodeAt()方法获取该字符的代码,最后用 alert()方法将结果显示出来。由图 4-8 可见,此时显示出来的结果为 S,其对应的字符代码为 83。alert()方法中的\n 为转义字符,表示换行。

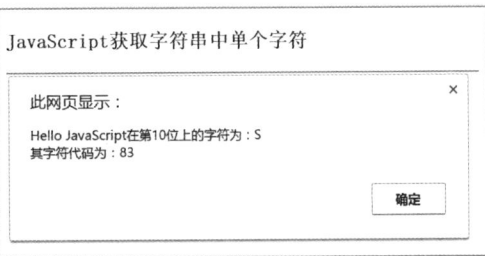

图 4-8 JavaScript 获取字符串中单个字符的
        运行效果

3. 连接字符串

在 JavaScript 中可以使用 concat()方法将新的字符串内容连接到原始字符串上。其语法结构如下:

```
concat(string1, string2, …, stringN);
```

该方法允许带有一个或多个参数,表示按照从左往右依次连接这些字符串。例如:

```
var msg = "Hello";
var newMsg = msg.concat(" JavaScript");
alert(newMsg);              //返回值为"Hello JavaScript"
```

也可以直接使用加号(+)进行字符串的连接,其效果相同。因此上述示例代码可改为:

```
var msg = "Hello";
var newMsg = msg + " JavaScript";
alert(newMsg);              //返回值为"Hello JavaScript"
```

扫一扫

视频讲解

【例 4-8】 JavaScript 连接字符串的简单应用

```
1.    <!DOCTYPE html >
2.    < html >
3.        < head >
4.            < meta charset = "utf-8">
5.            < title >JavaScript 连接字符串</title >
6.        </head >
7.    < body >
8.        < h3 >JavaScript 连接字符串</h3 >
9.        < hr />
10.       < script >
11.           //声明变量 s1,s2,s3
12.           var s1 = "Hello";
13.           var s2 = " Java";
14.           var s3 = "Script";
15.           //连接字符串
16.           var msg = s1.concat(s2, s3);
17.           alert(msg);
18.       </script >
19.   </body >
20.   </html >
```

运行效果如图 4-9 所示。

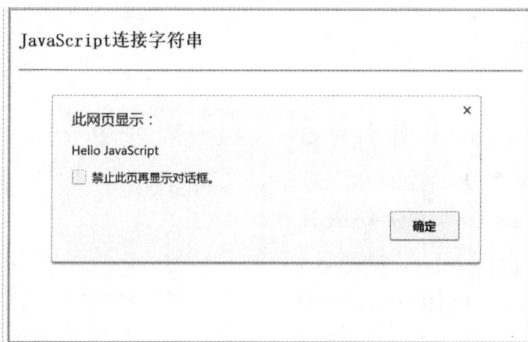

图 4-9 JavaScript 连接字符串的简单应用效果

【代码说明】

本示例在 JavaScript 中首先声明了三个字符串变量 s1、s2 和 s3,然后对 s1 使用 contact()方法连接 s2 和 s3 形成新的变量 msg,最后使用 alert()语句测试输出变量 msg 的效果。由图 4-9 可见,变量 msg 为变量 s1、s2 和 s3 连接的完整版。

本示例也可以直接使用加号(+)连接这三个变量实现同样的效果,写成 var msg = s1+s2+s3。

注意:使用 contact()方法只会连接形成新的返回值,不会影响变量 s1 的初始内容。

4．查找字符串是否存在

使用 indexOf( )和 lastIndexOf( )方法可以查找原始字符串中是否包含指定的字符串内容。其语法格式如下：

```
indexOf(searchString, startIndex)
```

或

```
lastIndexOf(searchString, startIndex)
```

其中，searchString 参数位置填入需要用于对比查找的字符串片段；startIndex 参数用于指定搜索的起始字符，该参数内容如果省略则按照默认顺序搜索全文。

indexOf( )和 lastIndexOf( )方法都可以用于查找指定内容是否存在，如果存在，则其返回值为指定内容在原始字符串中的位置序号；如果不存在，则直接返回 −1。区别在于，indexOf( )是从序号 0 的位置开始正序检索字符串内容的，而 lastIndexOf( )是从序号最大值的位置开始倒序检索字符串内容。

扫一扫

视频讲解

【例 4-9】 JavaScript 查找字符串是否存在的简单应用

分别使用 indexOf( )与 lastIndexOf( )方法查找字符串中是否包含指定的字母。

```
1.   <!DOCTYPE html>
2.   <html>
3.      <head>
4.         <meta charset = "utf-8">
5.         <title>JavaScript 查找字符串是否存在</title>
6.      </head>
7.      <body>
8.         <h3>JavaScript 查找字符串是否存在</h3>
9.         <hr />
10.        <p>查找字母 y 在字符串"Happy Birthday"中的位置</p>
11.        <script>
12.           //声明变量 msg
13.           var msg = "Happy Birthday";
14.           //查找字符 y 存在的位置(正序)
15.           var firstY = msg.indexOf("y");
16.           //查找字符 y 存在的位置(倒序)
17.           var lastY = msg.lastIndexOf("y");
18.           alert('indexOf("y"):' + firstY + '\nlastIndexOf("y"):' + lastY);
19.        </script>
20.     </body>
21.  </html>
```

运行效果如图 4-10 所示。

【代码说明】

本示例在 JavaScript 中声明了变量 msg 作为测试样例，并查找其中字母"y"存在的位置。分别使用 indexOf( )和 lastIndexOf( )方法进行正序和倒序查找并获取返回值，最后使用 alert( )方法输出返回结果。

由图 4-10 可见，对于同一个字母"y"使用 indexOf( )和 lastIndexOf( )方法获取位置的结果不相同，正序查找的结果为 4，倒序查

JavaScript查找字符串是否存在

查找字母y在字符串"Happy Birthday"中的位置

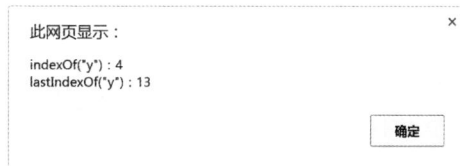

此网页显示：   ×

indexOf("y") : 4
lastIndexOf("y") : 13

确定

图 4-10　JavaScript 查找字符串是否存在的
　　　　　应用效果

找的结果为 13。原因是原字符串 msg 中包含了不止一个字母"y",而这两个方法会返回在字符串中查到的第一个符合条件的字符位置,因此结果不相同。

注意:JavaScript 是区分大小写的脚本语言,因此如果本示例查找大写字母"Y"会获取返回值-1,表示该字符不存在。

4.4.4 Number 类型

在 JavaScript 中使用 Number 类型表示数字,其数字可以是 32 位以内的整数或 64 位以内的浮点数。例如:

```
var x = 9;
var y = 3.14;
```

Number 类型还支持使用科学记数法、八进制和十六进制的表示方式。

1. 科学记数法

对于极大或极小的数字也可以使用科学记数法表示,写法格式如下:

```
数值 e 倍数
```

上述格式表示数字后面跟指数 e 再紧跟乘以的倍数,其中数值可以是整数或浮点数,倍数可以允许为负数。例如:

```
var x1 = 3.14e8;
var x2 = 3.14e - 8;
```

变量 x1 表示的数是 3.14 乘以 10 的 8 次方,即 314000000;变量 x2 表示的数是 3.14 乘以 10 的-8 次方,即 0.0000000314。

【例 4-10】 JavaScript 科学记数法的简单应用

```
1.    <!DOCTYPE html >
2.    < html >
3.        < head >
4.            < meta charset = "utf-8">
5.            < title >JavaScript 科学记数法</title>
6.        </head >
7.        < body >
8.            < h3 >JavaScript 科学记数法</h3>
9.            < hr />
10.           < script >
11.               var x1 = 3e6;
12.               var x2 = 3e - 6;
13.               alert('3e6 = ' + x1 + '\n3e - 6 = ' + x2);
14.           </script >
15.       </body >
16.   </html>
```

运行效果如图 4-11 所示。

2. 八进制与十六进制数

在 JavaScript 中,Number 类型也可以用于表示八进制或十六进制的数。

八进制的数需要用数字 0 开头,后面跟的数字只能是 0~7(八进制字符)的一个。

例如:

图 4-11　JavaScript 科学记数法的简单应用效果

```
var x = 010;                    //这里相当于十进制的 8
```

十六进制的数需要用数字 0 和字母 x 开头,后面的字符只能是 0~9 或 A~F(十六进制字符)的一个,大小写不限。例如:

```
var x = 0xA;                    //这里相当于十进制的 10
```

或

```
var x = 0xa;                    //等同于 0xA
```

虽然 Number 类型可以使用八进制或十六进制的赋值方式,但是执行代码时仍然会将其转换为十进制结果。

【例 4-11】 八进制与十六进制数的表达方式

```
1.   <!DOCTYPE html>
2.   <html>
3.       <head>
4.           <meta charset = "utf-8">
5.           <title>JavaScript 八进制与十六进制数</title>
6.       </head>
7.   <body>
8.       <h3>JavaScript 八进制与十六进制数</h3>
9.       <hr />
10.      <script>
11.          //八进制数
12.          var x1 = 020;
13.          //十六进制数
14.          var x2 = 0xAF;
15.          alert('八进制数 020 = ' + x1 + '\n 十六进制数 0xAF = ' + x2);
16.      </script>
17.   </body>
18.  </html>
```

运行效果如图 4-12 所示。

【代码说明】

本示例为变量 x1 赋值了 0 开头的数字代表八进制数,为变量 x2 赋值了 0x 开头的数字代表十六进制数,并使用 alert()语句将其显示在消息提示对话框中。由图 4-16 可见,最终显示结果会自动转换为十进制数。

注意:如果需要正常表示十进制整数,则不要使用数字 0 开头,以免被误认为是八进制数。

3. 浮点数

要定义浮点数,必须使用小数点以及小数点后面至少有一位数字。例如:

```
var x = 3.14;
var y = 5.0;
```

即使小数点后面的数字为 0 也被认为是浮点数类型。

如果浮点数类型的小数点前面整数位为 0 可以省略。例如:

```
var x = .15;                    //等同于 0.15
```

JavaScript八进制与十六进制数

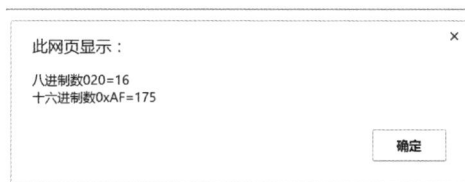

此网页显示:

八进制数020=16
十六进制数0xAF=175

确定

图 4-12 八进制与十六进制数的输出结果

浮点数可以使用 toFixed()方法规定小数点后保留几位数。其语法格式如下:

```
toFixed(digital)
```

其中参数 digital 换成小数点后需要保留的位数即可。例如:

```
var x = 3.1415926;
var result = x.toFixed(2);            //返回值为 3.14
```

该方法遵照四舍五入的规律,即使进位后小数点后面只有 0 也会保留指定的位数。例如:

```
var x = 0.9999;
var result = x.toFixed(2);            //返回值为 1.00
```

注意:在 JavaScript 中使用浮点数进行计算,有时会产生误差。例如:

```
var x = 0.7 + 0.1;
alert(x);                             //返回值会变成 0.7999999999999999,而不是 0.8
```

这是由于表达式使用的是十进制数,但是实际的计算是转换成二进制数计算再转回十进制结果的,在此过程中有时会损失精度。此时使用自定义函数将两个加数都乘以 10 进行计算后再除以 10 还原。

【例 4-12】 **JavaScript 浮点数的简单应用**

```
1.   <!DOCTYPE html >
2.   < html >
3.      < head >
4.         < meta charset = "utf-8">
5.         < title >JavaScript 浮点数类型的简单应用</title>
6.      </head >
7.      < body >
8.         < h3 >JavaScript 浮点数类型的简单应用</h3>
9.         < hr />
10.        < p >
11.             浮点数的加法运算。
12.        </p>
13.        < script >
14.           //直接将两数相加
15.           var result1 = 0.7 + 0.1;
16.           //将浮点数转换成整数后相加再还原
17.           var result2 = (0.7 * 10 + 0.1 * 10)/10;
18.           //输出结果
19.           document.write("0.7 + 0.1 = " + result1 + "< br >(0.7 * 10 + 0.1 * 10)/10 = " +
                 result2);
20.        </script >
21.     </body >
22.   </html >
```

运行效果如图 4-13 所示。

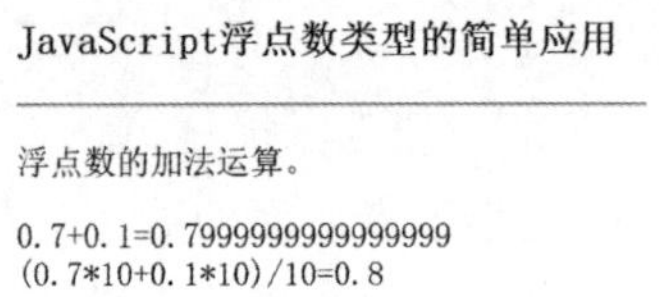

【代码说明】

本示例用于测试两个浮点数在进行算术运行时导致的误差,并给出了解决办法。事实上,目前 JavaScript 尚不能解决该问题,必须手动将浮点数放大 10 的倍数成为整数再进行计算才能避免误差。未来也可以使用自定义

JavaScript浮点数类型的简单应用

浮点数的加法运算。

0.7+0.1=0.7999999999999999
(0.7*10+0.1*10)/10=0.8

图 4-13　JavaScript 浮点数的应用效果

函数处理此类问题。

4. 特殊 Number 值

在 JavaScript 中,Number 类型还有一些特殊值,如表 4-5 所示。

表 4-5 JavaScript 中 Number 类型的特殊值

特 殊 值	解 释
Infinity	正无穷大,在 JavaScript 中使用 Number.POSITIVE_INFINITY 表示
-Infinity	负无穷大,在 JavaScript 中使用 Number.NEGATIVE_INFINITY 表示
NaN	非数字,在 JavaScript 使用 Number.NaN 表示
Number.MAX_VALUE	数值范围允许的最大值,大约等于 1.8e308
Number.MIN_VALUE	数值范围允许的最小值,大约等于 5e-324

1) Infinity

Infinity 表示无穷大的含义,有正负之分。当数值超过了 JavaScript 允许的范围就会显示为 Infinity(超过上限)或-Infinity(超过下限)。例如:

```
var x = 9e30000;
alert(x);           //因为该数字已经超出上限,返回值为 Infinity
```

在数字比较大小时,无论原数据值为多少,结果为 Infinity 的两个数认为相等,而同样两个-Infinity 也是相等的。例如:

```
var x1 = 3e9000;
var x2 = 9e3000;
alert(x1 = = x2);           //判断变量 x1 与 x2 是否相等,返回值为 true
```

上述代码中变量 x1 与 x2 的实际数据值并不相等,但是由于它们均超出了 JavaScript 可以接受的数据范围,因此返回值均为 Infinity,从而判断是否相等时会返回 true(真)。

在 JavaScript 中使用数字 0 作为除数不会报错,如果正数除以 0 返回值就是 Infinity,负数除以 0 返回值为-Infinity,0 除以 0 的特殊情况返回值为 NaN(非数字)。例如:

```
var x1 = 5 / 0;           //返回值是 Infinity
var x2 = -5 / 0;          //返回值是 - Infinity
var x3 = 0 / 0;           //返回值是 NaN
```

Infinity 不可以与其他正常显示的数字进行数学计算,返回结果均会是 Infinity。例如:

```
var x = Number.POSITIVE_INFINITY;
var result = x + 99;
alert(result);           //返回值为 Infinity
```

【例 4-13】 JavaScript 特殊 Number 值 Infinity 的应用

```
1.    <!DOCTYPE html>
2.    <html>
3.        <head>
4.            <meta charset = "utf-8">
5.            <title>JavaScript 特殊值 Infinity</title>
6.        </head>
7.        <body>
8.            <h3>JavaScript 特殊值 Infinity</h3>
9.            <hr />
10.           <script>
11.               var x1 = 2e9000;
12.               var x2 = - 2e9000;
```

扫一扫

视频讲解

```
13.                  var result = x1 + x2;
14.                  alert("x1(2e9000) = " + x1 + "\nx2( - 2e9000) = " + x2 + "\nx1 + x2 = " +
                     result);
15.          </script>
16.      </body>
17.  </html>
```

运行效果如图 4-14 所示。

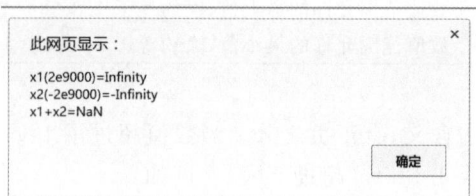

图 4-14　JavaScript 特殊 Number 值 Infinity 的输出结果

2) NaN

NaN 表示的是非数字(Not a Number),该数值用于表示数据转换成 Number 类型失败的情况,从而无须抛出异常错误。例如,将 String 类型转换为 Number 类型。NaN 因为不是真正的数字,不能用于进行数学计算;并且即使两个数值均为 NaN,它们也并不相等。

例如,将英文单词转换为 Number 类型,就会导致转换结果为 NaN,具体代码如下:

```
var x = "red";
var result = Number(x);              //返回值为 NaN,因为没有对应的数值可以转换
```

JavaScript 还提供了用于判断数据类型是否为数值的方法 isNaN(),其返回值是布尔值。当检测的数据无法正确转换为 Number 类型时返回真(true),其他情况返回假(false)。其语法规则如下:

```
isNaN(变量名称)
```

例如:

```
var x1 = "red";
var result1 = isNaN(x1);             //返回值是真(true)

var x2 = "999";
var result2 = isNaN(x2);             //返回值是假(false)
```

【例 4-14】　JavaScript 特殊 Number 值 NaN 的应用

扫一扫

视频讲解

```
1.   <!DOCTYPE html >
2.   < html >
3.       < head >
4.           < meta charset = "utf-8">
5.           < title >JavaScript 特殊值 NaN </title >
6.       </head >
7.       < body >
8.           < h3 >JavaScript 特殊值 NaN </h3 >
9.           < hr />
10.          < script >
```

```
11.                var x1 = "hello";
12.                var x2 = 999;
13.                var result1 = Number(x1);
14.                alert('x1(hello)不是数字:' + isNaN(x1) + '\nx2(999)不是数字:' + isNaN
                   (x2) + '\nx1 转换为数字的结果为:' + result1);
15.          </script>
16.     </body>
17. </html>
```

运行效果如图 4-15 所示。

JavaScript特殊值NaN

来自网页的消息

x1(hello)不是数字：true
x2(999)不是数字：false
x1转换为数字的结果为：NaN

确定

图 4-15 JavaScript 特殊 Number 值 NaN 的输出结果

4.4.5 Boolean 类型

布尔值(Boolean)在很多程序语言中都被用于进行条件判断,其值只有两种:true(真)或者 false(假)。

Boolean 类型的值可以直接使用单词 true 或 false,也可以使用表达式。例如:

```
var answer = true;
var answer = false;
var answer = (1>2);
```

其中,1>2 的表达式不成立,因此返回结果为 false(假)。

【例 4-15】 **JavaScript 中的 Boolean 类型的简单应用**

扫一扫

视频讲解

```
1.  <!DOCTYPE html>
2.  <html>
3.      <head>
4.          <meta charset = "utf-8">
5.          <title>JavaScript 中的 Boolean 类型的简单应用</title>
6.      </head>
7.      <body>
8.          <h3>JavaScript 中的 Boolean 类型的简单应用</h3>
9.          <hr />
10.         <script>
11.              var x1 = Boolean("hello");
12.              var x2 = Boolean(999);
13.              var x3 = Boolean(0);
14.              var x4 = Boolean(null);
15.              var x5 = Boolean(undefined);
16.              alert("hello:" + x1 + "\n999:" + x2 + "\n0:" + x3 + "\nnull:" + x4 + "\nunde
                 fined:" + x5);
17.         </script>
18.     </body>
19. </html>
```

运行效果如图 4-16 所示。

JavaScript中的Boolean类型的简单应用

此网页显示：   ×

hello:true
999:true
0:false
null:false
undefined:false

                                         确定

图 4-16   JavaScript 中的 Boolean 类型的简单应用结果

4.5   JavaScript 运算符

4.5.1   赋值运算符

在 JavaScript 中,运算符＝专门用来为变量赋值,因此也称为赋值运算符。在声明变量时可以使用赋值运算符对其进行初始化,例如：

```
var x1 = 9;                        //为变量 x1 赋值为整数 9
var x2 = "hello";                  //为变量 x2 赋值为字符串"hello"
```

也可以使用赋值运算符将已存在的变量值赋值给新的变量,例如：

```
var x1 = 9;                        //为变量 x1 赋值为整数 9
var x2 = x1;                       //将变量 x1 的值赋值给新声明的变量 x2
```

还可以使用赋值运算符为多个变量连续赋值,例如：

```
var x = y = z = 99;               //此时变量 x、y、z 的赋值均为整数 99
```

赋值运算符的右边还可以接受表达式,例如：

```
var x = 100 + 20;                 //此时变量 x 将赋值为 120
```

这里使用了加法(＋)运算符形成的表达式,在运行过程中会优先对表达式进行计算,然后再对变量 x 进行赋值。加法运算符属于算术运算符的一种,下一节将介绍常用的各类算术运算符。

4.5.2   算术运算符

在 JavaScript 中所有的基本算术均可以使用对应的算术运算符完成,包括加减乘除和求余等。算术运算符的常见用法如表 4-6 所示。

表 4-6   算术运算符的常见用法

运 算 符	解　　释	示　　例	变量 result 返回值
＋	加号,将两端的数值相加求和	var x＝3，y＝2； var result ＝ x ＋ y；	5
－	减号,将两端的数值相减求差	var x＝3，y＝2； var result ＝ x － y；	1
*	乘号,将两端的数值相乘求积	var x＝3，y＝2； var result ＝ x * y；	6

续表

运 算 符	解 释	示 例	变量 result 返回值
/	除号,将两端的数值相除求商	var x=4, y=2; var result = x / y;	2

%	求余符号,将两端的数值相除求余数	var x=3, y=2;
		var result = x % y;
		var x=3;
			1

++	自增符号,数字自增 1	x++;
		var result = x;
		var x=3;
			4

——	自减符号,数字自减 1	x——; var result = x;	2

其中加号还有一个特殊用法:可用于连接文本内容或字符串变量。例如:

```
var s1 = "Hello";
var s2 = " JavaScript";
var s3 = s1 + s2;              //结果会是 Hello JavaScript
```

如果将字符串和数字用加号相加,则会先将数字转换为字符串,再进行连接。例如:

```
var s = "Hello";
var x = 2016;
var result = s + x;           //结果会是 Hello2016
```

上述代码中即使字符串本身也是数字内容,使用加号连接仍然不会进行数学运算。例如:

```
var s = "2015";
var x = 2016;
var result = s + x;           //结果会是 20152016,而不是两个数字相加的和
```

将赋值运算符(等号)和算术运算符(加、减、乘、除、求余数)结合使用,可以达到简写的效果,具体用法如表 4-7 所示。

表 4-7 运算符组合

运算符组合	格 式	解 释
+=	x += y	等同于 x = x + y
-=	x -= y	等同于 x = x - y
*=	x *= y	等同于 x = x * y
/=	x /= y	等同于 x = x / y
%=	x %= y	等同于 x = x % y

4.5.3 逻辑运算符

逻辑运算符有三种类型:NOT(逻辑非)、AND(逻辑与)和 OR(逻辑或)。逻辑运算符使用的符号与对应关系如表 4-8 所示。

表 4-8 逻辑运算符

运 算 符	解 释
!	逻辑非,表示对布尔值结果再次反转。例如,原先为 true,加上!符号后返回值就变为 false

续表

运 算 符	解　释
&&	逻辑与,表示并列关系。必须在 && 符号前后条件均为 true,返回值才为 true。只要有任何一个条件为 false,返回值均为 false
||	逻辑或,表示二选一的关系。在||符号前后条件只要有一个为 true,返回值就为 true。如果两个条件都为 false,则返回值才为 false

在进行逻辑运算之前,JavaScript 中自带的抽象操作 ToBoolean 会将运算条件转换为逻辑值。转换规则如表 4-9 所示。

表 4-9　ToBoolean 的转换规则

值	示　例	转 换 结 果
布尔值真(true)	var x = true;	维持原状,仍为 true
布尔值假(false)	var x = false;	维持原状,仍为 false
null	var x = null;	false
undefined	var x = undefined;	false
非空字符串	var x = "Hello";	true
空字符串	var x = "";	false
数字 0	var x = 0;	false
NaN	var x = NaN;	false
其他数字(非 0 或 NaN)	var x = 99;	true
对象	var student = new Object();	true

1. 逻辑非运算符(NOT)

在 JavaScript 中,逻辑非运算符号与 C 语言和 Java 语言都相同,使用感叹号(!)并放置在运算内容左边表示。逻辑非运算符的返回值只能是布尔值,即 true 或者 false。逻辑非的运算规则如表 4-10 所示。

表 4-10　逻辑非运算符的规则

运算数类型	示　例	返　回　值
数字 0	var result = !0;	true
其他非 0 的数字	var result = !99;	false
对象	var student = new Object(); var result = !student;	false
空值 null	var x = null; var result = !x;	true
NaN	var x = NaN; var result = !x;	true
未赋值 undefined	var x; var result = !x;	true

2. 逻辑与运算符(AND)

在 JavaScript 中,逻辑与运算符使用双和符号(&&)表示,用于连接符号前后的两个条件判断,表示并列关系。当两个条件均为布尔值时,逻辑与的运算结果也是布尔值(true 或者 false)。判断结果如表 4-11 所示。

表 4-11　逻辑与（&&）的布尔值对照表

条　件　1	条　件　2	返　回　值
真（true）	真（true）	真（true）
真（true）	假（false）	假（false）
假（false）	真（true）	假（false）
假（false）	假（false）	假（false）

由表 4-11 可见，在条件 1 和条件 2 本身均为布尔值的前提条件下，只有当两个条件均为真时（true），逻辑与的返回值才为真（true）；只要有一个条件为假（false），逻辑与的返回值均为假（false）。

还有一种特殊情况：当条件 1 为假（false）时，无论条件 2 是任何内容（例如 null 值、undefined、数字、对象等），最终返回值都是假（false）。原因是逻辑与有简便运算的特性，即如果第一个条件为假（false）的话，直接判断逻辑与的运行结果为假（false），不再执行第二个条件。例如：

```
var x1 = false;
var result = x1&&x2;        //因为 x1 为 false,可以忽略 x2 直接判断最终结果
alert(result);             //该语句执行结果为 false
```

由于条件 1 为 false，逻辑与会直接判定最终结果为 false，直接忽略条件 2。因此即使本例中条件 2 的变量未声明都不影响代码的运行。

但是如果条件 1 为真（true），无法判断最终结果，此时仍然需要判断条件 2。例如上述示例中修改变量 x1 的值为真（true），代码如下：

```
var x1 = true;
var result = x1&&x2;        //因为未声明变量 x2,因此执行时发生错误
alert(result);             //该语句不会被执行
```

此时由于逻辑与需要判断条件 2 的值，因此会发现变量 x2 从未被声明过，从而执行时发生错误，导致后续语句不再会被执行。

如果存在某个条件是数字类型，则先将其转换为布尔值再继续判断。其中数字 0 对应的是假（false），其他非 0 的数字对应的都是真（true）。例如：

```
var x1 = 0;                //对应的是 false
var x2 = 99;               //对应的是 true
var result = x1&&x2;       //结果是 false
```

逻辑与运算符的返回值不一定是布尔值，如果其中某个条件的返回值不是布尔值，有可能出现其他返回值。逻辑与的特殊情况规则如表 4-12 所示。

表 4-12　逻辑与（&&）特殊情况规则

运算数类型	示　　例	返　回　值
一个是对象，一个是布尔值	var student = new Object(); var result = student&&true;	返回对象类型，即 student

两个都是对象	var student1 = new Object();
	var student2 = new Object();
	var result = student1&&student2;
		返回第二个对象，即 student2

一个是空值 null，一个是布尔值	var x = null; var result = x&&true;	null

续表

运算数类型	示　例	返　回　值
存在 NaN	var x = 100 / 0; var result = x&&true;	NaN
存在未赋值 undefined	var x; var result = x&&true;	undefined

注：以上所有情况均不包括条件1为假(false)，因为此时无论条件2是任何内容，最终返回值都是假(false)。

3. 逻辑或运算符(OR)

在 JavaScript 中，逻辑或运算符使用双竖线符号(||)表示，用于连接符号前后的两个条件判断，表示二选一的关系。当两个条件均为布尔值时，逻辑或的运算结果也是布尔值(true 或者 false)。判断结果如表 4-13 所示。

表 4-13　逻辑或(||)的布尔值对照表

条　件　1	条　件　2	返　回　值
真(true)	真(true)	真(true)
真(true)	假(false)	真(true)
假(false)	真(true)	真(true)
假(false)	假(false)	假(false)

由表 4-13 可见，在条件 1 和条件 2 本身均为布尔值的前提条件下，只有当两个条件均为假(false)时，逻辑或的返回值才为假(false)；只要有一个条件为真(true)，逻辑或的返回值均为真(true)。

还有一种特殊情况：当条件 1 为真(true)时，无论条件 2 是任何内容(例如 null 值、undefined、数字、对象等)，最终返回值都是真(true)。原因是逻辑或也具有简便运算的特性，即如果第一个条件为真(true)的话，直接判断逻辑或的运行结果为真(true)，不再执行第二个条件。例如：

```
var x1 = true;
var result = x1||x2;        //因为 x1 为 true,可以忽略 x2 直接判断最终结果
alert(result);             //该语句执行结果为 true
```

由于条件 1 为真(true)，逻辑或会直接判定最终结果为真(true)，直接忽略条件 2。因此即使本例中条件 2 的变量未声明都不影响代码的运行。

但是如果条件 1 为假(false)，无法判断最终结果，此时仍然需要判断条件 2。例如上述示例中修改变量 x1 的值为假(false)，代码如下：

```
var x1 = false;
var result = x1||x2;        //因为未声明变量 x2,因此执行时发生错误
alert(result);             //该语句不会被执行
```

此时由于逻辑或需要判断条件 2 的值，因此会发现变量 x2 从未被声明过，从而执行时发生错误，导致后续语句不再会被执行。

和逻辑与运算符类似，如果存在某个条件是数字类型，则先将其转换为布尔值再继续判断。其中数字 0 对应的是假(false)，其他非 0 的数字对应的都是真(true)。例如：

```
var x1 = 0;                //对应的是 false
var x2 = 99;               //对应的是 true
var result = x1||x2;        //结果是 true
```

逻辑或运算符的返回值同样不一定是布尔值,如果其中某个条件的返回值不是布尔值,有可能出现其他返回值。逻辑非的运算规则如表 4-14 所示。

表 4-14 逻辑或(||)特殊情况规则

运算数类型	示 例	返 回 值
条件 1 为 false,条件 2 为对象	var student = new Object(); var result = false‖student;	返回对象类型,即 student

两个都是对象	var student1 = new Object();
	var student2 = new Object();
	var result = student1‖student2;
		返回第一个对象,即 student1

条件 1 为 false,条件 2 为空值 null	var x = null; var result = false‖x;	null
条件 1 为 false,条件 2 为 NaN	var x = 100 / 0; var result = false‖x;	NaN
条件 1 为 false,条件 2 为 undefined	var x; var result = false‖x;	undefined

注:以上所有情况均不考虑条件 1 为真(true)的情况。因为此时无论条件 2 是任何内容,根据逻辑或的简便运算特性,最终返回值都是真(true)。

4.5.4 关系运算符

在 JavaScript 中,关系运算符共有四种:大于(>)、小于(<)、大于或等于(>=)和小于或等于(<=)。用于比较两个值的大小,返回值一定是布尔值(true 或 false)。

1. 数字之间的比较

数字之间的比较完全依据数学中比大小的规律,当条件成立时返回真(true),否则返回假(false)。例如:

```
var result1 = 99 > 0;              //符合数学规律,返回 true
var result2 = 1 > 100;             //不符合数学规律,返回 false
```

此时只要两个运算数都是数字即可,整数或小数都可以依据此规律进行比较并且返回对应的布尔值。

2. 字符串之间的比较

当两个字符串进行比大小时,是按照从左往右的顺序依次比较相同位置上的字符,如果字符完全一样,则继续比较下一个。

如果两个字符串在相同位置上都是数字,则仍然按照数学上的大小进行比较。例如:

```
var x1 = "9";
var x2 = "1";
var result = x1 > x2;              //返回 true
```

此时从数学概念上来说,9 大于 1,因此返回值是真(true)。

但是如果两个数字的位数不一样,仍然只对相同位置上的数字进行比大小,不按照数学概念看整体数值大小。例如:

```
var x1 = "9";
var x2 = "10";
var result = x1 > x2;              //返回 true
```

此时虽然从数学概念上来说 10 应该大于 9,但是由于字符串同位置比较原则,此时比较的是变量 x1 中的 9 和变量 x2 中的 1,得出结论 9 大于 1,因此返回值仍然是真(true)。

由于 JavaScript 是一种区分大小写的程序语言,所以如果相同位置上的字符大小写不同就可以直接作出判断,因为大写字母的代码小于小写字母的代码。例如:

```
var x1 = "hello";
var x2 = "HELLO";
var result = x1 > x2;              //返回 true
```

在上述示例中,按照从左往右的顺序先比较两个字符串的第一个字符,即变量 x1 中的 h 和变量 x2 中的 H。由于大写字母的代码小于小写字母的代码,因此返回值是真(true)。此时已判断出结果,因此不再继续比较后续的字符。

如果大小写相同,则按照字母表的顺序进行比较,字母越往后越大。例如:

```
var x1 = "hello";
var x2 = "world";
var result = x1 > x2;              //返回 false
```

在上述示例中,同样按照从左往右的顺序先比较两个字符串的第一个字符,即变量 x1 中的 h 和变量 x2 中的 w。按照字母表的顺序 h 在先 w 在后。因此返回值是假(false)。此时已判断出结果,因此不再继续比较后续的字符。

如果不希望两个字符串之间的比较受到大小写字母的干扰,而是无论大小写都按照字母表顺序进行比大小,可以将所有字母都转换为小写或大写的形式,再进行大小的比较。

使用方法 toLowerCase()可以将所有字母转换为小写形式,例如:

```
var x1 = "ball";
var x2 = "CAT";
var result1 = x1 > x2;                                //返回 true
var result2 = x1.toLowerCase()> x2.toLowerCase();     //返回 false
```

本示例给出了变量 result1 作为参照,当未进行大小写转换时,由于大写字母小于小写字母的原则,即使字母 c 在字母表更后的位置,也只能返回真(true);使用了方法 toLowerCase()将字母全部转换为小写形式后,结果符合字母表顺序排序的要求,返回假(false)。

使用方法 toUpperCase()可以将所有字母转换为大写形式,例如:

```
var x1 = "ball";
var x2 = "CAT";
var result1 = x1 > x2;                                //返回 true
var result2 = x1.toUpperCase()> x2.toUpperCase();     //返回 false
```

本示例使用了 toUpperCase()将所有字母转换为大写再进行比较,效果与之前使用方法 toLowerCase()将所有字母转换为小写的原理相同,不再赘述。

3. 字符串与数字的比较

当字符串与数字进行比大小时,总是先将字符串强制转换为数字再进行比较。例如:

```
var x1 = "100";
var x2 = 99;
var result1 = x1 > x2;              //返回 true
```

如果字符串中包含字母或其他字符导致无法转换为数字,则直接返回假(false)。例如:

```
var x1 = "hello";
var x2 = 99;
var result1 = x1 > x2;          //返回 false
```

因为变量 x1 的字符串在强制转换为数字时会变成 NaN 类型,当用 NaN 类型与数字类型进行比大小时,默认返回假(false)。无论中间的关系运算符是哪一种,所产生的结果都是一样的,即使修改本例中的最后一行代码为相反的含义"var result1 = x1 < x2;",返回值仍然为假(false)。

4.5.5 相等性运算符

相等性运算符包括等于运算符和非等于运算符。

在使用等于或非等于运算符进行比较时,如果两个值均为数字类型,则直接进行数学逻辑上的比较判断是否相等。例如:

```
var x1 = 100;
var x2 = 99;
alert (x1 == x2);               //返回 false
```

若需要进行比较的数据存在其他数据类型(例如字符串、布尔值等),要先将运算符前后的内容尝试转换为数字再进行比较判断。转换规则如表 4-15 所示。

表 4-15 数据类型转换规则

数 据 类 型	示　　例	转 换 结 果
布尔值(真)	true	1
布尔值(假)	false	0
字符串(纯数字内容)	"99"	99
字符串(非纯数字内容)	"99hello123"	NaN
空值	null	null
未定义的值	undefined	undefined

注:在进行数字转换时,null、undefined 不可进行转换,需保持原值不变,并且在判断时 null 与 undefined 被认为是相等的。

在进行了数据类型转换后仍然不是数字类型的特殊情况判断规则如表 4-16 所示。

表 4-16 相等性特殊情况规则

运算数类型	示　　例	返　回　值

其中一个为 null,另一个为 undefined	var x1 = null;
	var x2;
	var result = (x1==x2);
		true

两个值均为 null	var x1 = null;
	var x2 = null;
	var result = (x1==x2);
		true

两个值均为 undefined	var x1; var x2; var result = (x1==x2);	true

其中一个为数字,另一个为 NaN	var x1 = 5;
	var x2 = parseInt("a");
	var result = (x1==x2);
		false

续表

运算数类型	示　　例	返　回　值

两个值均为 NaN	var x1 = parseInt("a");
	var x2 = parseInt("b");
	var result = (x1==x2);
		false

4.6　JavaScript 条件语句

4.6.1　if 语句

在各类计算机程序语言中,最常见的条件语句就是 if 语句。

1. if 语句

最简单的 if 语句由单个条件组成,语法规则如下:

```
if(条件){
  条件为真(true)时执行的代码
}
```

在 if 后面的括号中填入一个判断条件,一般来说,要求填入条件的运算结果应该为布尔值。如果填入其他数据类型的内容,系统也会先将其转换为布尔值再执行后续操作。如果该条件的结果为真(true),则执行大括号内部的代码,可以是单行代码也可以是代码块;如果条件判断结果为假(false),则直接跳过此段代码不进行任何操作。

例如,判断成绩等级,如果高于 90 分弹出对话框提示为 Excellent,代码如下:

```
var score = 99;
if(score>90){
  alert("Excellent!");
}
```

2. if-else 语句

当判断条件成立与否都需要有对应的处理时可以使用 if-else 语句。其语法格式如下:

```
if(条件) {
  条件为真(true)时执行的代码
}else{
  条件为假(false)时执行的代码
}
```

如果条件成立则执行紧跟 if 语句的代码部分,否则执行跟在 else 语句后面的代码部分。这些代码可以是单行语句,也可以是一段代码块。

例如,同样是判断成绩等级,如果大于或等于 60 分,则提示弹出对话框提示"考试通过!",否则提示"不及格!"。修改后的代码如下:

```
var score = 99;
if(score>=60){
  alert("考试通过!");
}else{
  alert("不及格!");
}
```

3. if-else if-else 语句

当有多个条件分支需要分别判断时,可以使用 else if 语句。

```
if(条件 1) {
   条件 1 为真(true)时执行的代码
}else if(条件 2){
   条件 2 为真(true)时执行的代码
} else{
   所有条件都为假(false)时执行的代码
}
```

如果条件成立,则执行紧跟 if 语句的代码部分,否则执行 else if 对应的条件判断,如果前面所有条件都不符合再执行最后一个 else 条件对应的代码。其中的 else if 语句可以根据实际需要有一个或多个。

【例 4-16】 **JavaScript if-else 语句的简单应用**

扫一扫

视频讲解

```
1.  <!DOCTYPE html>
2.  < html >
3.    < head >
4.      < meta charset = "utf-8">
5.      < title >JavaScript if－else 语句的简单应用</title>
6.    </head>
7.    < body >
8.      < h3 >JavaScript if－else 语句的简单应用</h3>
9.      < hr />
10.     < p >
11.        使用 if－else if－else 语句判断今天是星期几。
12.     </p>
13.     < script >
14.     //获取当前日期时间对象
15.     var date = new Date();
16.     //获取当前是一周中的第几天(0－6)
17.     var day = date.getDay();
18.     //使用 if 语句判断星期几
19.     if(day == 1){
20.        alert("今天是星期一.");
21.     }else if(day == 2){
22.        alert("今天是星期二.");
23.     }else if(day == 3){
24.        alert("今天是星期三.");
25.     }else if(day == 4){
26.        alert("今天是星期四.");
27.     }else if(day == 5){
28.        alert("今天是星期五.");
29.     }else if(day == 6){
30.        alert("今天是星期六.");
31.     }else if(day == 0){
32.        alert("今天是星期日.");
33.     }
34.     </script>
35.   </body>
36. </html>
```

运行效果如图 4-17 所示。

【代码说明】

本示例使用了 if-else if-else 语句判断当前日期为星期几。首先创建 Date 对象,然后使用 getDay()方法获取当前日期为一周内的第几天,最后使用 if 语句分别判断返回值为 0～6 的每一种情况,并使用 alert()方法输出提示语句。

JavaScript if-else语句的简单应用

使用if-else if-else语句判断今天是星期几。

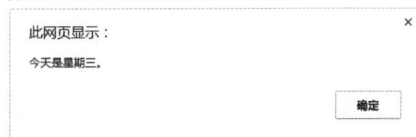

此网页显示:
今天是星期三.
确定

图 4-17 JavaScript if-else 语句的简单应用效果

4.6.2　switch 语句

当对于同一个变量需要进行多次条件判断时,也可以使用 switch 语句代替多重 if-else if-else 语句。语法格式如下:

```
switch(变量){
    case 值 1:
        执行代码块 1
        break;
    case 值 2:
        执行代码块 2
        break;
    …
    case 值 n:
        执行代码块 n
        break;
        [default:
        以上条件均不符合时的执行代码块]
}
```

首先在 switch 后面的小括号中设置一个表达式(通常是一个变量),然后在每一个 case 语句中给出一个值与变量进行比对,如果不一致则跳过该 case 语句,继续对比下一个 case 中给出的值。当变量与对比的值完全一致时执行该 case 语句分支里面的代码块,然后使用 break 语句终止其余代码的执行。其中 default 分支用于执行以上条件均不符合的情况,中括号表示该语句片段为可选内容。

扫一扫

视频讲解

【例 4-17】　**JavaScript switch 语句的简单应用**

使用 switch 语句改写例 4-16 中的 if-else 语句,并达到同样的最终效果。

```
1.    <!DOCTYPE html>
2.    <html>
3.        <head>
4.            <meta charset = "utf-8">
5.            <title>JavaScript switch 语句的简单应用</title>
6.        </head>
7.        <body>
8.            <h3>JavaScript switch 语句的简单应用</h3>
9.            <hr />
10.           <p>
11.                使用 switch 语句判断今天是星期几。
12.           </p>
13.           <script>
14.           //获取当前日期时间对象
15.           var date = new Date();
16.           //获取当前是一周中的第几天(0-6)
17.           var day = date.getDay();
18.           //使用 switch 语句判断星期几
19.           switch(day){
20.               case 1:alert("今天是星期一.");break;
21.               case 2:alert("今天是星期二.");break;
22.               case 3:alert("今天是星期三.");break;
23.               case 4:alert("今天是星期四.");break;
24.               case 5:alert("今天是星期五.");break;
25.               case 6:alert("今天是星期六.");break;
26.               case 0:alert("今天是星期日.");break;
27.           }
28.           </script>
```

```
29.      </body>
30.  </html>
```

运行效果如图 4-18 所示。

JavaScript switch语句的简单应用

使用switch语句判断今天是星期几。

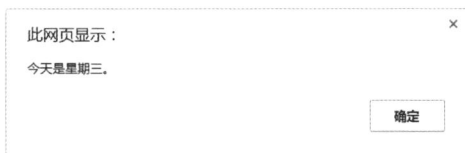

> 此网页显示：
>
> 今天是星期三。
>
> 　　　　　　　　　　　　确定

图 4-18　JavaScript switch 语句的简单应用效果

4.7　JavaScript 函数

4.7.1　函数的基本结构

函数是在调用时才会执行的一段代码块，可以重复使用。其基本语法结构如下：

```
function 函数名称(参数 0, 参数 1, …,参数 N){
    待执行代码块
}
```

上述语法结构是由关键词 function、函数名称、小括号内的一组可选参数以及大括号内的待执行代码块组成的。其中函数名称和参数个数均可以自定义，待执行的代码块可以是一句或多句 JavaScript 代码组成。例如：

```
function welcome(){
    alert("Welcome to JavaScript World");
}
```

上述代码定义了一个名称为 welcome 的函数，该函数的参数个数为 0。在待执行的代码部分只有一句 alert()方法，用于在浏览器上弹出对话框并显示双引号内的文本内容。

如果需要弹出的对话框每次显示的文本内容不同，可以使用参数传递的形式：

```
function welcome(msg){
    alert(msg);
}
```

此时为之前的 welcome 函数方法传递了一个参数 msg，在待执行的代码部分修改原先的 alert()方法，用于在浏览器上弹出对话框并动态显示 msg 传递的文本内容。

4.7.2　函数的调用

函数可以通过使用函数名称的方法进行调用。例如：

```
welcome();
```

如果该函数存在参数，则调用时必须在函数的小括号内传递对应的参数值。

```
welcome("Hello JavaScript!");
```

函数可以在 JavaScript 代码的任意位置进行调用,也可以在指定的事件发生时调用。例如,在按钮的单击事件中调用函数:

```
< button onclick = "welcome()">单击此处调用函数</button>
```

上述代码中的 onclick 属性表示元素被鼠标单击的状态触发等号右边的内容。

扫一扫

视频讲解

【例 4-18】 JavaScript 函数的简单调用

```
1.    <!DOCTYPE html >
2.    < html >
3.        < head >
4.            < meta charset = "utf-8">
5.            < title >JavaScript 函数的简单应用</title>
6.        </head >
7.        < body >
8.            < h3 >JavaScript 函数的简单应用</h3 >
9.            < hr />
10.           < button onclick = "test()">点我调用函数</button >
11.           < script >
12.           function test(){
13.               alert("test()函数被触发.");
14.           }
15.           </script >
16.       </body >
17.   </html >
```

运行效果如图 4-19 所示。

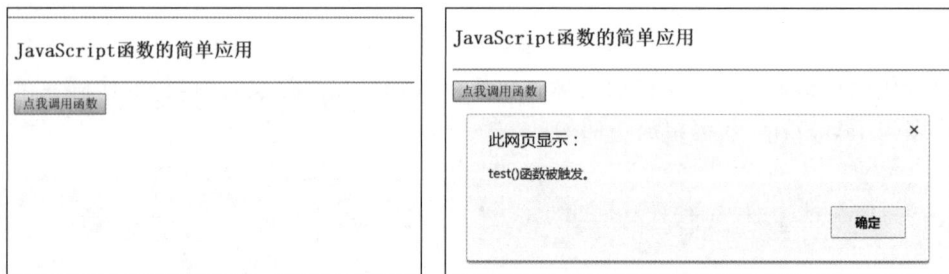

(a) 页面初始加载的状态　　　　　　　(b) 单击按钮后函数被调用

图 4-19　JavaScript 函数的简单调用效果

4.7.3　函数的返回值

相比 Java 而言,JavaScript 函数更加简便,无须特别声明返回值类型。在 Java 语言中,如果函数存在返回值,则需要在函数名称前面注明类型(例如 int、String、double 等),即使无返回值也需要在函数名称前面加上 void 字样,表示返回值为空值。

JavaScript 函数如果存在返回值,那么直接在大括号内的代码块中使用 return 关键词后面紧跟需要返回的值即可。例如:

```
function total(num1, num2){
    return num1 + num2;
}
var result = total(8,10);              //返回值是 18
alert(result);
```

上述代码对两个数字进行了求和运算,使用自定义变量 result 获取 total 函数的返回值。此时在 total 函数的参数位置填入了两个测试数据,得到了正确的计算结果。函数也可以带有多个 return 语句：

```
function maxNum(num1, num2){
    if(num1 > num2) return num1;
    else return num2;
}
var result = maxNum(99,100);           //返回值是 100
alert(result);
```

上述代码对两个数字进行了比大小运算,然后返回其中较大的数值。使用自定义变量 result 获取 maxNum 函数的返回值。此时在 maxNum 函数的参数位置填入了两个测试数据,得到了正确的计算结果。

单独使用 return 语句可随时终止函数代码的运行。例如,测试数值是否为偶数,如果是奇数则不提示,如果是偶数则弹出对话框。

```
function testEven(num){
    if(num % 2 != 0) return;
    alert(num + "是偶数!");
}
testEven(99);                //不会弹出对话框
testEven(100);               //会弹出对话框显示"100 是偶数!"
```

函数在执行到 return 语句时就直接退出了代码块,即使后续还有代码也不会被执行。本例中,如果参数为奇数才能符合 if 条件然后触发 return 语句,因此后续的 alert()方法不会被执行到,从而做到只有在参数为偶数时才显示对话框。

【例 4-19】 **JavaScript 带有返回值函数的应用**

在 JavaScript 中创建自定义名称的函数用于比较两个数值之间的大小,并返回较大值。

```
1.    <!DOCTYPE html >
2.    < html >
3.        < head >
4.            < meta charset = "utf-8">
5.            < title >JavaScript 带有返回值函数的应用</title>
6.        </head >
7.        < body >
8.            < h3 >JavaScript 带有返回值函数的应用</h3 >
9.            < hr />
10.           < p >
11.               在 JavaScript 中自定义 max 函数用于比较两个数的大小并给出较大值。
12.           </p >
13.           < script >
14.           //该函数用于两个数值之间的比大小,返回其中较大的数。
15.           function max(x1, x2){
16.               if(x1 > x2) return x1;
17.               else return x2;
18.           }
19.           alert("10 和 99 之间的最大值是:" + max(10,99));
20.           </script >
21.        </body >
22.    </html >
```

运行效果如图 4-20 所示。

扫一扫

视频讲解

JavaScript带有返回值函数的应用

在JavaScript中自定义max函数用于比较两个数的大小并给出较大值。

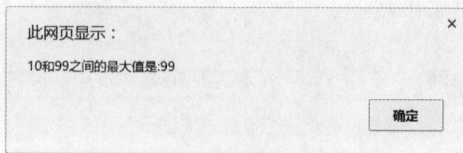

图 4-20　JavaScript 带有返回值函数的简单应用效果

4.8　文档对象模型

文档对象模型(Document Object Model,DOM),它是 HTML 的应用程序接口。DOM将整个 HTML 页面视为由各种节点层级构成的结构文档。本节主要介绍 JavaScript 对于文档对象模型的使用方法,包括如何查找、添加、删除 HTML 元素,修改元素的内容或属性,改变元素的 CSS 样式,以及元素事件处理。

4.8.1　查找 HTML 元素

在 JavaScript 中查找 HTML 元素有三种方法:
* 通过 HTML 元素的 id 名称查找;
* 通过 HTML 元素的标签名称查找;
* 通过 HTML 元素的类名称查找。

1. 通过 HTML 元素的 id 名称查找 HTML 元素

一般默认不同的 HTML 元素使用不一样的 id 名称以示区别,因此通过 id 名称找到指定的单个元素。在 JavaScript 中语法如下:

```
document.getElementById("id名称");
```

其中,getElementById()方法是遵照驼峰命名法,即第一个单词全小写,后面的每个单词首字母大写。这种命名方法在 JavaScript 中比较普遍。如果未找到该元素,则返回值为 null;如果找到该元素,则会以对象的形式返回。

例如,查找 id="test"的元素,并获取该元素内部的文本内容:

```
//根据 id 名称获取元素对象
var test = document.getElementById("test");
//获取元素内容
var result = test.innerHTML;
```

为简化代码,使用了与 id 名称同名的变量 test 来获取指定元素,该变量名称也可以是其他自定义变量名,不影响运行效果。innerHTML 可以用于获取元素内部的 HTML 代码,关于 innerHTML 的更多用法请参考 4.8.2 节。

2. 通过 HTML 元素的标签名称查找 HTML 元素

HTML 元素均有固定的标签名称,因此通过标签名称可以找到指定的单个或一系列元素。在 JavaScript 中语法如下:

```
document.getElementsByTagName("标签名称");
```

此时方法中的 Elements 是复数形式,因为要考虑有可能存在多个元素符合要求。同样,如果未找到符合条件的元素,返回值为 null;如果有多个符合条件的元素,则返回值是数组的形式。

例如,查找所有的段落元素<p>,并获取第一个段落标签内部的文本内容:

```
var p = document.getElementsByTagName("p");
var result = p[0].inner HTML;
```

因为有多个段落标签,因此变量返回值是数组的形式。其中第一个段落标签对应的是 p[0],以此类推,最后一个元素对应的索引号为数组长度减 1。

3. 通过 HTML 元素的类名称查找 HTML 元素

document.getElementsByClassName()方法可用于根据类名称获取 HTML 元素。在 JavaScript 中语法如下:

```
document.getElementsByClassName("类名称");
```

此时方法中的 Elements 是复数形式,因为要考虑有可能存在多个元素符合要求。同样,如果未找到符合条件的元素,返回值为 null;如果有多个符合条件的元素,则返回值是数组的形式。

扫一扫

视频讲解

【例 4-20】 **JavaScript 中的 DOM 查找元素的应用**

分别通过 id 名称、标签名称和类名称查找指定的元素对象,并使用 alert()语句输出指定元素对象的内容。

```
1.  <!DOCTYPE html>
2.  <html>
3.      <head>
4.          <meta charset = "utf - 8">
5.          <title>JavaScript 中的 DOM 查找元素的简单应用</title>
6.          <style>
7.              p{
8.                  width:130px;
9.                  height:50px;
10.                 border:1px solid;
11.             }
12.             .coral{
13.                 background - color:coral;
14.             }
15.         </style>
16.     </head>
17.     <body>
18.         <h3>JavaScript 中的 DOM 查找元素的简单应用</h3>
19.         <hr />
20.         <p id = "p01">这是第一个段落。</p>
21.         <p id = "p02" class = "coral">这是第二个段落。</p>
22.         <p id = "p03">这是第三个段落。</p>
23.         <script>
24.         //根据 id 名称查找指定的元素
25.         var p01 = document.getElementById("p01");
26.         //根据标签名称查找指定的元素
27.         var p = document.getElementsByTagName("p");
28.         //根据类名称查找指定的元素
29.         var p02 = document.getElementsByClassName("coral");
30.         alert("id 名称为 p01 的段落内容是:\n" + p01.innerHTML
31.             + "\n\n 第 3 个段落的内容是:\n" + p[2].innerHTML
32.             + "\n\n 类名称为 coral 的段落内容是:\n" + p02[0].innerHTML);
33.         </script>
```

```
34.    </body>
35.</html>
```

运行效果如图 4-21 所示。

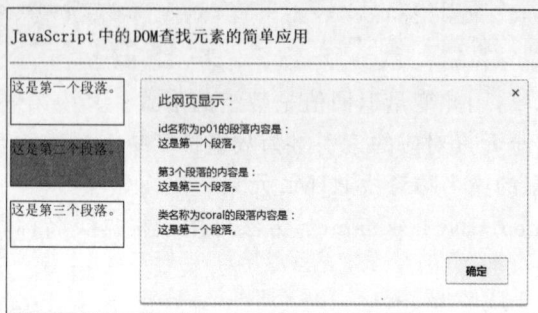

图 4-21   JavaScript DOM 查找元素的应用效果

【代码说明】

本示例分别使用了 document 对象中的 getElementById()、getElementsByTagName()和 getElementsByClassName 方法获取指定的元素对象,其中 getElementById()会根据 id 名称准确获取唯一的元素,另外两种方法会根据元素标签名称或类名称获取符合条件的所有元素。

4.8.2   DOM HTML

1. 创建动态的 HTML 内容

在 JavaScript 中,使用 document. write()方法可以向 HTML 页面动态输出内容。例如:

```
< body >
    < script >
    document.write("Hello 2016");
    </script >
</body >
```

上述代码片段表示将在空白页面上动态输出字符串"Hello 2016"。需要注意的是,alert()方法中的换行符\n 在这里是无效的,如果需要输出换行,直接使用 HTML 换行标签 < br >即可。

【例 4-21】   JavaScript 中的 DOM 动态生成 HTML 内容

使用 document. write()方法向 HTML 页面输出内容。

```
1.  <!DOCTYPE html >
2.  < html >
3.      < head >
4.          < meta charset = "utf - 8">
5.          < title >JavaScript DOM 动态创建内容</title >
6.      </head >
7.      < body >
8.          < h3 >JavaScript DOM 动态生成内容</h3 >
9.          < hr />
10.         < script >
11.         var date = new Date();
12.         document.write("本段文字为动态生成。" + date.toLocaleString());
13.         </script >
14.     </body >
15.</html >
```

运行效果如图 4-22 所示。

2. 改变 HTML 元素内容

innerHTML 可以用于获取元素内容,也可以用于修改元素内容。使用 innerHTML 属性获取或修改的元素内容可以包括 HTML 标签本身。

获取元素内容的语法结构如下:

```
var 变量名 = 元素对象.innerHTML;
```

修改元素内容的语法结构如下:

```
元素对象.innerHTML = 新的内容;
```

这里的元素对象可以使用 document 对象的 getElementById("id 名称")方法获取。

【例 4-22】 JavaScript 中的 DOM 修改元素内容

使用 innerHTML 属性修改指定元素的内容。

```
1.  <!DOCTYPE html>
2.  <html>
3.     <head>
4.        <meta charset = "utf-8">
5.        <title>JavaScript 中的 DOM 修改元素内容</title>
6.     </head>
7.     <body>
8.        <h3>JavaScript 中的 DOM 修改元素内容</h3>
9.        <hr />
10.       <p id = "test"><i>Hello 2025</i></p>
11.       <script>
12.       //获取 id = "test"的段落元素对象
13.       var p = document.getElementById("test");
14.       //获取该段落元素对象的初始内容
15.       var msg = p.innerHTML;
16.       //修改该段落元素对象的内容
17.       p.innerHTML = "<strong>Hello 2025</strong>";
18.       alert("段落元素的初始内容是:\n" + msg);
19.       </script>
20.    </body>
21. </html>
```

图 4-22 JavaScript 中的 DOM 动态
生成 HTML 内容

扫一扫

视频讲解

运行效果如图 4-23 所示。

【代码说明】

本示例在页面上包含了一个用于测试的段落元素<p>,并为其自定义 id = "test"便于在 JavaScript 中获取该对象。初始情况下,该段落元素的内容为带有斜体字标签<i>的文本内容。该示例在 JavaScript 中首先使用 document 对象的 getElementById("id 名称")方法获取 id = "test"的段落元素对象,然后使用 innerHTML 属性分别获取和修改其内容。

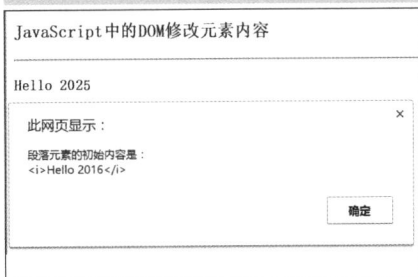

图 4-23 JavaScript 中的 DOM 修改
元素内容的应用效果

由图 4-23 可见,使用 innerHTML 属性获取的段落元素内容中包含了 HTML 标签与文本内容。同样,使用 innerHTML 属性修改的段落元素内容也可以包含带有 HTML 标签的文本。

3. 改变 HTML 元素属性

在 JavaScript 中,还可以根据属性名称动态地修改元素属性。其语法结构如下:

```
元素对象.attribute = 新的属性值;
```

这里的 attribute 替换为真正的属性名称即可使用。

例如,更改 id="image"的图片地址 src 属性:

```
var img = document. getElementById("image");
img. src = "image/newpic. jpg";
```

也可以使用 setAttribute()方法达到同样的效果。其语法格式如下:

```
元素对象.setAttribute("属性名称","新的属性值");
```

例如,更改 id="image"的图片地址 src 属性的代码修改后如下:

```
var img = document.getElementById("image");
img.setAttribute("src" ,"image/newpic.jpg");
```

扫一扫

视频讲解

【例 4-23】 **JavaScript 中的 DOM 修改元素属性**

```
1. <!DOCTYPE html>
2. <html>
3.     <head>
4.         <meta charset = "utf - 8">
5.         <title>JavaScript 中的 DOM 修改元素属性</title>
6.     </head>
7.     <body>
8.         <h3>JavaScript 中的 DOM 修改元素属性</h3>
9.         <hr />
10.        <h4>原始状态:</h4>
11.        <img id = "img01" src = "image/sunflower.jpg" alt = "向日葵" />
12.        <h4>使用 JavaScript 修改 src 属性后:</h4>
13.        <img id = "img02" src = "image/sunflower.jpg" alt = "向日葵" />
14.        <script>
15.        //获取 id="img02"的图片元素
16.        var img = document.getElementById("img02");
17.        //更改其 src 和 alt 属性值
18.        img.src = "image/lily.jpg";
19.        img.alt = "百合";
20.        </script>
21.    </body>
22.</html>
```

JavaScript中的DOM修改元素属性

原始状态:

使用JavaScript修改src属性后:

图 4-24 JavaScript 中的 DOM 修改
元素属性的应用效果

运行效果如图 4-24 所示。

【代码说明】

本示例在 HTML 代码部分定义了两个属性完全相同的图像元素<img>,并分别添加了自定义名称 img01 和 img02 以示区别。其图像素材来源均为本地 image 文件夹中的 sunflower. jpg 文件。其中,id 为 img01 的图像元素仅用于参考对比,不会对其做任何更改;id 为 img02 的图像元素为测试元素,将会在 JavaScript 中重新设置其 src 与 alt 属性。

在 JavaScript 中使用 document. getElementById()方法获取 id 为 img02 的图像元素,然后更改其 src 属性为同一个 image 文件夹目录下的 lily. jpg,并更新其 alt 属性为新的说明文字。由图 4-24 可见,作为测试的第二幅图片内容发生了变化。

4.8.3　DOM CSS

JavaScript 还可以改变 HTML 元素的 CSS 样式。其语法结构如下：

```
元素对象.style.属性 = 新的值;
```

这里的元素对象可以使用 document 对象的 getElementById("id 名称")方法获取。属性指的是在 CSS 样式中的属性名称,等号右边填写该属性更改后的样式值。

例如,更改 id="test"的元素背景颜色为蓝色:

```
var test = document.getElementById("test");
test.style.backgroundColor = "blue";
```

需要注意的是,这里元素 CSS 属性名称需要修改成符合驼峰命名法的写法,即首个单词全小写,后面的每个单词均首字母大写;而属性值在定义时需要加上双引号。

上述代码也可以连成一句,写法如下:

```
var test = document.getElementById("test").style.backgroundColor = "blue";
```

【例 4-24】　JavaScript 中的 DOM 修改元素 CSS 样式

```
1.  <!DOCTYPE html>
2.  <html>
3.      <head>
4.          <meta charset = "utf-8">
5.          <title>JavaScript DOM 修改元素 CSS 样式</title>
6.      </head>
7.      <body>
8.          <h3>JavaScript DOM 修改元素 CSS 样式</h3>
9.          <hr />
10.         <p id = "test">Hello 2016</p>
11.         <script>
12.         //获取 id = "test"的段落元素对象
13.         var p = document.getElementById("test");
14.         //修改该段落元素的样式
15.         p.style.backgroundColor = "orange";
16.         p.style.color = "white";
17.         p.style.fontWeight = "bold";
18.         </script>
19.     </body>
20. </html>
```

运行效果如图 4-25 所示。

【代码说明】

本示例在 JavaScript 中动态修改了 id="test"的段落元素<p>的 CSS 样式。初始情况下的段落元素<p>没有额外设置任何 CSS 样式效果,因此显示为左对齐、黑色字体并且无背景颜色的默认样式。在 JavaScript 中首先使用 document 对象的 getElementById("id 名称")方法获取 id="test"的段落元素对象,然后使用 style 属性分别重置其背景颜色为橙色、字体颜色为白色、字体加粗以及文本居中显示效果。

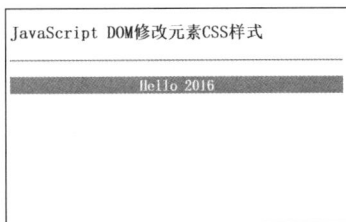

图 4-25　JavaScript 中的 DOM 修改元素 CSS 样式的效果

扫一扫

视频讲解

4.8.4　DOM 事件

JavaScript 还可以在 HTML 页面状态发生变化时执行代码,这种状态的变化称为DOM 事件(Event)。

例如用户单击元素会触发单击事件,使用事件属性 onclick 就可以捕获这一事件。为元素的 onclick 属性添加需要的 JavaScript 代码,即可做到用户单击元素时触发动作。

```
< button onclick = "alert('hi')">点我会弹出对话框</button>
```

JavaScript 代码可以直接在 onclick 属性的双引号中添加,也可以写到 JavaScript 函数中,在 onclick 属性的双引号中调用函数名称。例如上述代码可以改写为:

```
< button onclick = "test()">点我会弹出对话框</button>
< script >
function test(){
    alert("hi");
}
</script>
```

以上两种方法效果完全相同,可根据代码量决定采用其中哪种方式,假如单击事件触发后需要执行的代码较多,建议使用函数调用的方式。

HTML 常见事件如表 4-17 所示。

表 4-17　HTML 常用事件属性

事件属性	解释	事件属性	解释
onabort	图像加载过程被中断	onmousedown	鼠标按键被按下
onblur	元素失去焦点	onmousemove	光标被移动
onchange	域的内容被改变	onmouseout	光标从当前元素上移走
onclick	元素被鼠标左键单击	onmouseover	光标移动到当前元素上
ondbclick	元素被鼠标左键双击	onmouseup	鼠标按键被松开
onerror	加载文档或图像时发送错误	onreset	重置按钮被单击
onfocus	元素获得焦点	onresize	窗口或框架的大小被更改
onkeydown	键盘按键被按下	onselect	文本被选中
onkeypress	键盘按键被按下并松开	onsubmit	提交按钮被单击
onkeyup	键盘按键被松开	onunload	退出页面
onload	页面或图像被加载完成		

扫一扫

视频讲解

【例 4-25】　DOM 事件的简单应用

为按钮添加 onclick 事件,当用户单击按钮时更改段落元素中的文字内容。

```
1.  <! DOCTYPE html >
2.  < html >
3.      < head >
4.          < meta charset = "utf - 8">
5.          < title >JavaScript DOM 事件的简单应用</title>
6.      </head>
7.      < body >
8.          < h3 >JavaScript DOM 事件的简单应用</h3>
9.          < hr />
10.         < p id = "p1">
11.             这是一个段落元素。
12.         </p>
13.         <!-- 按钮元素 -->
14.         < button onclick = "change()">单击此处更改段落内容</button>
```

```
15.        <script>
16.        function change(){
17.            document.getElementById("p1").innerHTML = "onclick 事件被触发,从而调用了
               change()函数修改了此段文字内容。";
18.        }
19.        </script>
20.    </body>
21.</html>
```

运行效果如图 4-26 所示。

(a) 页面初始加载时　　　　　　(b) 单击按钮后

图 4-26　DOM 事件的应用效果

【代码说明】

本示例包含了一个 id="p1"的段落元素<p>和一个按钮元素<button>用于测试按钮的单击事件 onclick 的触发效果。在按钮元素中添加 onclick 事件的回调函数 change(),并在 JavaScript 中定义该函数,该函数名称可自定义。在 change()函数中使用 document.getElementById()方法获取了段落元素<p>并使用 innerHTML 属性更新其中的内容。

由图 4-26 可见,图 4-26(a)显示的是页面初始加载的效果,此时段落元素显示的还是最初的文字内容;图 4-26(b)显示的是单击按钮之后的页面效果,此时可以看到段落元素中的文字内容已经发生了改变。

4.8.5　DOM 节点

使用 JavaScript 也可以为 HTML 页面动态地添加和删除 HTML 元素。

1. 添加 HTML 元素

添加 HTML 元素有两个步骤:首先创建需要添加的 HTML 元素,然后将其追加在一个已存在的元素中。

使用 document 对象的 createElement()方法可以创建新的元素。其语法结构如下:

```
document.createElement("元素标签名");
```

例如,创建一个新的段落标签<p>:

```
document.createElement("p");
```

使用 appendChild()方法可以将创建好的元素追加到已存在的元素中。其语法结构如下:

```
已存在的元素对象.appendChild(需要添加的新元素对象);
```

这里已存在的元素对象可以使用 document 对象的 getElementById("id 名称")方法

获取。

例如,将例 4-25 中创建的段落标签< p >追加到 id="test"的< div >标签中:

```
var p = document.createElement("p");
var test = document.getElementById("test");
test.appendChild(p);
```

扫一扫

视频讲解

【例 4-26】 JavaScript 中的 DOM 添加 HTML 元素

在 JavaScript 中,使用 createElement( )方法动态创建新的 HTML 元素,并用 appendChild()方法将其添加到指定元素中。

```
1.  <! DOCTYPE html >
2.  < html >
3.    < head >
4.      < meta charset = "utf - 8">
5.      < title > JavaScript DOM 添加 HTML 元素</title >
6.      < style >
7.        p{
8.          width:100px;
9.          height:100px;
10.         border:1px solid;
11.         padding:10px;
12.         margin:10px;
13.         float:left;
14.        }
15.     </style >
16.   </head >
17.   < body >
18.     < h3 > JavaScript DOM 添加 HTML 元素</h3 >
19.     < hr />
20.     < p >未添加元素的参照段落。</p >
21.     < p id = "container">将被添加新元素的段落。</p >
22.     < script >
23.     //获取 id = "container"的段落元素对象
24.     var p = document.getElementById("container");
25.     //创建新元素
26.     var box = document.createElement("div");
27.     //设置新元素的背景颜色为黄色
28.     box.style.backgroundColor = "yellow";
29.     //设置新元素的内容
30.     box.innerHTML = "这是动态添加的 div 元素。";
31.     //将新创建的元素添加到 id = "container"的段落元素中
32.     p.appendChild(box);
33.     </script >
34.   </body >
35.</html >
```

运行效果如图 4-27 所示。

【代码说明】

本示例包含了两个段落元素< p >,并在 CSS 内部样式表中为其设置统一样式:宽和高均为 100 像素,带有 1 像素宽的实线边框,各边内外边距均为 10 像素,向左浮动。其中,第一个段落元素将保持原状,作为参照样例;第二个段落元素添加自定义 id 名称 container 便于在 JavaScript 中获取该对象。

为了使最终显示效果更加明显,在使用 createElement()

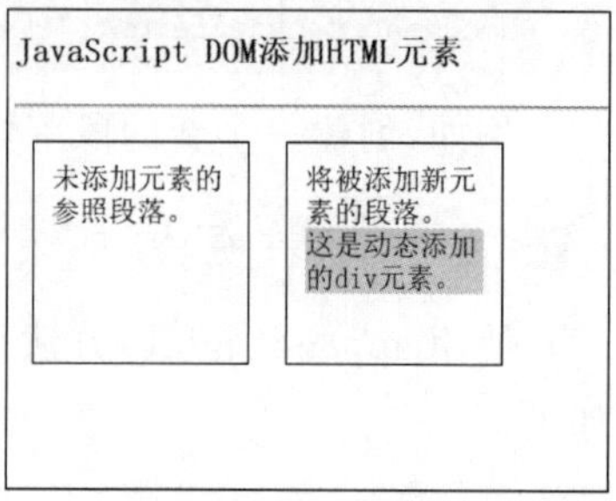

图 4-27 JavaScript 中的 DOM 添加 HTML 元素

方法动态创建了＜div＞元素之后,将＜div＞元素的背景颜色设置为黄色,然后使用 appendChild()方法动态地添加到 id＝"container"的段落元素中。由图 4-27 可见,右边的段落元素内部多出了一个背景为黄色的区域,该区域就是使用 JavaScript 代码动态加入的 ＜div＞元素。

2. 删除 HTML 元素

删除已存在的 HTML 元素也需要两个步骤:首先使用 document 对象的 getElementById ("id 名称")方法获取该元素,然后使用 removeChild()方法将其从父元素中删除。

其父元素如果有明确的 id 名称,同样可以使用 getElementById()方法获取。例如,在知道父元素 id 名称的情况下删除其中 id＝"p01"的子元素:

```
var test = document.getElementById("test");        //获取父元素
var p = document.getElementById("p01");            //获取子元素
test.removeChild(p);                               //删除子元素
```

如果父元素无对应的 id 名称可获取,可以使用子元素的 parentNode 属性获取其父元素对象,效果相同。例如,在不知道父元素 id 名称的情况下删除其中 id＝"p01"的子元素:

```
var p = document.getElementById("p01");            //获取子元素
var test = p.parentNode;                           //获取父元素
test.removeChild(p);                               //删除子元素
```

【例 4-27】　JavaScript DOM 删除 HTML 元素

在 JavaScript 中使用 removeChild()方法动态删除指定元素的子元素。

扫一扫

视频讲解

```
1.  <!DOCTYPE html>
2.  <html>
3.      <head>
4.          <meta charset = "utf - 8">
5.          <title>JavaScript DOM 删除 HTML 元素</title>
6.          <style>
7.          div{
8.              width:100px;
9.              height:100px;
10.             border:1px solid;
11.             padding:10px;
12.             margin:10px;
13.             float:left;
14.         }
15.         p{
16.             background - color:pink;
17.             width:100px;
18.         }
19.         </style>
20.     </head>
21.     <body>
22.         <h3>JavaScript DOM 删除 HTML 元素</h3>
23.         <hr />
24.         <div>
25.             未删除子元素的参照 div。
26.             <p>这是未被删除的段落元素</p>
27.         </div>
28.         <div id = "container">
29.             删除子元素的 div。
30.             <p id = "box">这是将被删除的段落元素</p>
31.         </div>
```

```
32.        < script >
33.            //获取 id = "container"的 div 元素对象
34.            var container = document.getElementById("container");
35.            //获取 id = "box"的段落元素对象
36.            var box = document.getElementById("box");
37.            //删除子元素
38.            container.removeChild(box);
39.        </script >
40.    </body >
41.</html >
```

运行效果如图 4-28 所示。

【代码说明】

本示例包含了两个区域元素<div>,并在 CSS 内部样式表中为其设置统一样式:宽和高均为 100 像素,带有 1 像素宽的实线边框,各边内外边距均为 10 像素,向左浮动。其中,第一个<div>元素将保持原状,作为参照样例;第二个<div>元素添加自定义 id 名称 container,便于在 JavaScript 中获取该对象。

为测试动态删除功能,事先在这两个<div>元素内部分别加入一个段落元素<p>,并在 CSS 内部样式表中统一设置<p>元素的样式为宽 100 像素、背景颜色为粉色的效果。由图 4-28 可见,右边的段落元素内部已被清空,该区域就是使用 JavaScript 代码动态删除了段落元素。

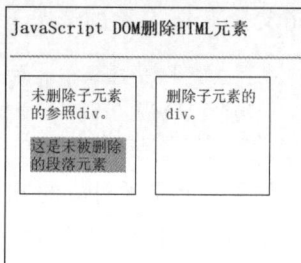

图 4-28　JavaScript 中的 DOM 删除 HTML 元素

扫一扫

文档

扫一扫

视频讲解

4.9　实验案例——数字时钟的设计与实现

设计一款简单的数字时钟,要求能够显示当前的时分秒,并且可以每秒更新一次实现动态效果。最终效果图如图 4-29 所示。

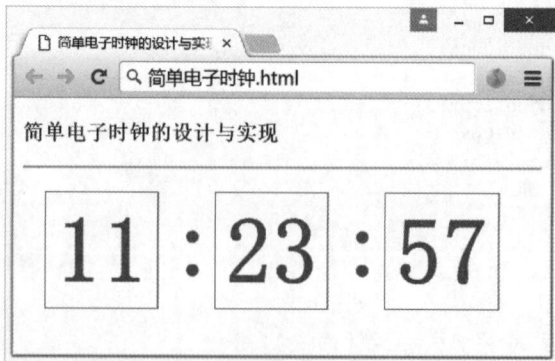

图 4-29　一款简单的数字时钟的效果图

扫一扫

AI 助教

本章小结及 AI 辅助编程技巧

本章主要介绍了 JavaScript 的基础知识,包括 JavaScript 的语法规则、变量声明和数据类型等内容。在 JavaScript 运算符部分,根据运算符的功能不同分别介绍了赋值运算符、算术运算符、逻辑运算符、关系运算符以及相等性运算符。在 JavaScript 条件语句部分介绍了 if 和 switch 语句的用法;在 JavaScript 函数部分主要介绍了函数的基本结构、调用方法与返回值处理；最后介绍了 JavaScript 对于文档对象模型的使用方法，包括如何查找、添加、删除 HTML 元素，修改元素的内容或属性，改变元素的 CSS 样式，以及元素事件处理。

扫一扫

自测题

习题 4

1. 引用 JavaScript 外部脚本的正确写法是怎样的？在 HTML 页面中直接插入 JavaScript 代码的正确做法是使用何种标签？

2. 以下哪个属于 JavaScript 注释的正确写法？

（1）<! -- 被注释掉的内容 -->

（2）//被注释掉的内容

（3）"被注释掉的内容"

3. 请分别说出下列内容中变量 x 的运算结果。

（1）var x = 9+9；

（2）var x = 9+"9"；

（3）var x = "9"+"9"；

4. 在 JavaScript 中有哪些常用的循环语句？

5. 如何使用警告对话框显示"Hello JavaScript"？

6. 如何创建与调用自定义名称的 JavaScript 函数？

7. 如何使用 JavaScript 对浮点数进行四舍五入获取最接近的整数值？

8. 如何使用 JavaScript 查找第一个出现的段落元素<p>？

第二部分
重 点 篇

第5章

HTML5 拖放 API

本章主要介绍 HTML5 拖放 API 的功能与应用。HTML5 拖放 API 可以用于拖曳网页中的元素并放置到页面上的指定区域,也可以直接将本地计算机上的文件拖放到网页中。HTML5 拖放 API 增强了页面友好度,使用该技术可以开发出用户体验良好的人机交互界面。

本章学习目标

- 了解拖放的概念;
- 熟悉拖放事件 DragEvent;
- 熟悉 DataTransfer 对象;
- 掌握拖放 HTML 元素的方法;
- 掌握拖放本地文件的方法。

5.1 HTML5 新增拖放 API

HTML5 拖放 API 规定了所有元素都可以被拖放。具体来说,HTML5 定义的拖放这一行为指的是用户可以使用鼠标左键单击选中允许拖放的元素或文件,在保持鼠标左键按下的情况下可以移动该元素至页面的任意位置,并且在移动到处于具有允许放置状态的元素上释放鼠标左键放置被拖放的元素。其中从鼠标左键按下选中元素,到保持鼠标左键按下并移动该元素的整个过程称为"拖";将被拖动的元素放置在许可放置的区域上方并释放鼠标左键的行为称为"放"。整个拖放过程增强了人机交互的功能。

5.2 浏览器支持情况

主流浏览器对 HTML5 拖放 API 的支持情况如表 5-1 所示。

表 5-1 主流浏览器对 HTML5 拖放 API 的支持情况

浏览器	Edge	Firefox	Chrome	Safari	Opera
支持情况	9.0 及以上版本	4.0 及以上版本	20 及以上版本	5.0 及以上版本	12 及以上版本

由此可见,目前所有的主流浏览器均支持 HTML5 拖放 API。

5.3 HTML5 拖放 API 的应用

5.3.1 DragEvent 事件

拖放元素时的一系列动作会触发相关元素的拖放事件 DragEvent,该事件继承于鼠标事件 MouseEvent。DragEvent 包含的常用事件类型如表 5-2 所示。

表 5-2　DragEvent 的常用事件类型

事 件 名 称	存 储 模 式	事 件 目 标	解　　释
ondragstart	读写模式	该事件由被拖曳的元素触发	当用户刚开始拖动元素时触发该事件
ondrag	保护模式	该事件由被拖曳的元素触发	当元素处于被拖动状态时触发该事件
ondragenter	保护模式	该事件由被拖曳的元素触发	当被拖动的元素进入到可以被放置下来的有效区域的瞬间触发该事件
ondragleave	保护模式	该事件由被拖曳的元素触发	当被拖动的元素离开了可以被放置下来的有效区域的瞬间触发该事件
ondragover	保护模式	该事件由目标区域元素触发	当被拖动的元素处于可以被放置下来的有效区域内时,该事件会不停地被触发。该事件状态在 dragenter 之后,在 dragleave 之前
ondrop	只读模式	该事件由目标区域元素触发	当被拖动的元素被放置在有效的区域时触发该事件
ondragend	保护模式	该事件由被拖曳的元素触发	当拖动操作结束时激发该事件。例如,在拖动元素的过程中释放鼠标左键或按下键盘上的 Esc 键均可触发该事件。该事件状态在 drop 之后

其中只有 ondragstart 事件为读写模式,ondrop 事件为只读模式,其余所有事件均为保护模式状态。在读写模式下既可以写入数据进行传递也可以读取数据;在只读模式下,只允许将数据读取出来,不可以写入新的数据;在保护模式下,当前传递的数据不可以被修改或读取。

从用户在元素上单击鼠标左键开始拖曳行为,到将该元素放置到指定的目标区域中的整个拖放生命周期触发的事件按照顺序如下:

```
dragstart -> drag -> dragenter -> dragover -> dragleave -> drop -> dragend
```

5.3.2　DataTransfer 对象

HTML5 拖放 API 允许在拖放过程中携带一项或多项自定义数据内容。这些数据内容可以使用拖放事件 DragEvent 中的 datatransfer 属性进行添加和处理,该属性来源于 HTML5 中的 DataTransfer 对象,其中包含的每项数据均可有独立的数据类型。

DataTransfer 对象的常用属性如表 5-3 所示。

表 5-3　DataTransfer 对象的常用属性

属 性 名 称	属 性 值	解　　释
dropEffect	none copy move link	该属性用于获取或重置当前的拖放类型,共有 4 种取值

续表

属 性 名 称	属 性 值	解 释
effectAllowed	none copy copyLink copyMove link linkMove move all uninitialized	提供所有允许的拖放类型
types	DOMString[]	该属性为只读属性。返回值为字符串数组,包含了所有存入数据的类型
items	DataTransferItemList 对象	该属性为只读属性。返回值为 DataTransferItemList 对象,该对象是以列表的形式保存所有的存入数据
files	FileList 对象	该属性为只读属性。如果拖放的是一个或多个本地文件,则该属性返回值为文件列表对象。如果拖放过程中没有涉及本地文件,则文件列表为空

DataTransfer 对象的常用方法如表 5-4 所示。

表 5-4   DataTransfer 对象的常用方法

方 法 名 称	解 释
getData(format)	获取 DataTransfer 对象中 format 格式的数据。一般在 ondrop 事件中使用,获取传递的数据内容。其中 format 替换成某种数据类型,例如,纯文本类型为 text/plain
setData(format, data)	将数据设置为 format 格式,并保存在 DataTransfer 对象中进行传递。一般在 ondragstart 事件中使用,设置需要传递的数据内容
clearData([format])	清除 DataTransfer 对象中 format 格式的数据。如果省略参数,则表示清除全部数据
setDragImage(image,x,y)	设置拖曳元素时所显示的自定义图标。其中 image 为图片对象,x 和 y 分别指的是图标与光标在水平和垂直方向上的距离

5.3.3 拖放元素过程

在 HTML5 页面中实现拖放的主要过程如下:

- 为需要被拖放的元素添加 draggable 属性,使其允许被拖放。
- 在被拖曳元素的 ondragstart 事件中初始化需要传递的数据信息。
- 为作为放置区域的元素设置 ondragover 事件,取消默认操作。
- 为作为放置区域的元素设置 ondrop 事件,接收并处理传递过来的数据内容。

1. 设置元素可拖放状态

在 HTML5 中规定所有元素都支持可拖放属性 draggable,该属性值可以用于定义元素是否为可拖放状态。当 draggable 属性值设置为 true 时表示元素为可拖放状态,设置为 false 时表示元素不可以被拖放。

例如,将一个段落元素变为可拖放状态:

```
< p draggable = "true">
    这是一个可以被拖放的段落元素。
</p>
```

注意：draggable 属性值在声明时不可以被省略。例如，< p draggable >就是错误的写法，必须加上完整的布尔值(true 或者 false)。本示例中的< p draggable＝"true">为正确的写法。

如果没有为元素设置 draggable 属性，则默认值为 auto 表示元素是否允许拖曳取决于浏览器的默认设置。一般情况下，只有图片元素< img >和带有 href 属性的超链接元素< a >无须设置 draggable 属性即可被拖放，其他元素可以通过设置 draggable 属性值为 true 来实现可拖放状态。

扫一扫

视频讲解

【例 5-1】　设置可拖放元素

使用 draggable 属性为元素设置可拖放状态。

```
1.   <!DOCTYPE html >
2.   < html >
3.     < head >
4.       < meta charset = "utf-8">
5.       < title >HTML5 拖放 API 之设置可拖放元素</title>
6.       < style >
7.       p{
8.           width:100px;              /＊设置段落元素宽 100 像素＊/
9.           height:100px;             /＊设置段落元素高 100 像素＊/
10.          background－color:yellow;  /＊设置段落元素背景色为黄色＊/
11.       }
12.      </style>
13.    </head>
14.    < body >
15.    < h3 >HTML5 拖放 API 之设置可拖放元素</h3>
16.    < hr />
17.    < p draggable = "true">这是一个可拖放的段落元素.</p>
18.    </body>
19.  </html>
```

运行效果如图 5-1 所示。

【代码说明】

本示例包含了一个段落元素< p >，用于演示元素的拖曳效果。将该元素的 draggable 属性值设置为 true 表示允许拖放。为了更清晰地表达显示效果，本示例在< head >首尾标签之间为段落元素< p >添加了 CSS 内部样式表进行样式设置，规定了该段落元素为宽 100像素、高 100 像素的矩形样式，并且定义了其背景颜色为黄色。

当前使用 draggable 属性实际上只能实现元素的拖曳效果，目前尚不能放置元素到其他指定区域，也不能在拖曳过程中传递有

图 5-1　元素的拖曳效果

效的数据。这些功能需要配合拖放元素的事件 DragEvent 设置自定义回调函数来实现。

2. 为被拖曳元素传递数据

使用 ondragstart 事件监听元素刚被拖动的状态，此时可以为 ondragstart 事件设置自定义名称的回调函数。例如，设置一个自定义函数 drag()来处理 ondragstart 事件：

```
< p draggable = "true" ondragstart = "drag(event)">
    这是一个可以被拖放的段落元素。
</p>
```

当用户开始拖动元素时,元素的 ondragstart 事件会被触发并调用 drag()函数来传递事件参数 event 对象,其中 event.datatransfer 属性用于在拖放过程中传递数据。

DataTransfer 对象的 setData()方法可以用于为拖放事件添加不同类型的数据,包括纯文本、超链接、HTML 代码等。其语法格式如下:

```
dataTransfer.setData(format, data)
```

其中,参数 format 用于填写数据类型;参数 data 用于填写需要传递的数据内容。

可用于传递的常用数据类型如下:

- 纯文本类型:text/plain。
- 超链接类型:text/uri-list。
- HTML 代码类型:text/html。

例如,在之前 ondragstart 事件的回调函数 drag()中设置传递的数据:

```
function drag(ev){
    ev.dataTransfer.setData("text/plain","Hello HTML5");            //纯文本数据
    ev.dataTransfer.setData("text/uri-list","http://www.test.com");  //超链接数据
    ev.dataTransfer.setData("text/html","<h3>Hello HTML5</h3>");     //HTML 代码数据
}
```

这些传递数据目前只能在 ondragstart 事件的回调函数中进行设置,从页面上来看没有什么不同。后续需要在放置元素时使用 DataTransfer 对象的 getData()方法进行获取数据才能显示其作用。

其中在触发 ondragstart 事件时可以读写数据。在触发 ondrop 事件时为只读模式,可以读取数据。其余所有事件状态下均为保护模式,不可以读写数据。

在 event 事件中的 target 属性表示被拖曳的元素对象,因此可以利用纯文本类型传递元素对象的 id 名称。仍然以 ondragstart 事件的回调函数 drag()为例:

```
function drag(ev){
    ev.dataTransfer.setData("text/plain",ev.target.id); //纯文本数据,用于传递元素 id 名称
}
```

这样在可放置元素的目标区域就可以使用 getData()方法获取此 id 名称,并且使用 JavaScript 中的 document.getElementById()方法获得并处理被拖曳元素的对象。

3. 定义可放置元素的目标区域

由于被拖动的元素不可以放置在未定义的区域,因此需要将指定的元素定义为可放置区域才能用于放置被拖动的元素。作为可放置区域的元素必须带有 ondragover 事件,用于监听是否有可拖放的元素进入了目标区域。

例如,将另外一个段落元素<p>设置为可放置区域,代码如下:

```
<p ondragover = "allowDrop(event)">
    这是一个可以放置被拖曳元素的段落区域。
</p>
```

其中,回调函数 allowDrop()名称可自定义,表示当前事件触发时的处理操作。

默认情况下无法将元素放置在其他元素中,因此需要在放置区域 ondragover 事件的回调函数中使用 event.preventDefault()方法阻止默认处理。

以前面的自定义函数 allowDrop()为例,相关 JavaScript 代码如下:

```
function allowDrop(ev){
    event.preventDefault();                 //阻止默认处理方式
}
```

event. preventDefault()方法可以禁用默认处理,因此在执行该方法后指定的区域允许用于放置被拖曳的元素。

4. 接收被拖曳元素的传递数据

当松开鼠标左键进行放置元素时,放置区域的 ondrop 事件被触发。此时可以使用 DataTransfer 对象中的 getData()方法获取传递的数据内容。

例如,为前面的放置区域< p >添加 ondrop 事件用于接收数据,代码如下:

```
< p ondragover = "allowDrop(event)" ondrop = "drop(event)">
    这是一个可以放置被拖曳元素的段落区域。
</p>
```

其中,回调函数 drop()名称可自定义,表示当前事件触发时的处理操作。

由于 ondrop 事件的默认行为是以超链接的形式打开数据,所以同样首先需要使用 event. preventDefault()方法阻止原先的默认处理方式,然后可以在 ondrop 事件的回调函数中自定义需要处理的内容。例如:

```
function drop(ev){
    event.preventDefault();                          //阻止默认处理方式
    var data = event.datatransfer.getData("text");   //获取传递的文本类型数据
}
```

这里数据格式如果简写为 text 或 url 会被自动转换为 text/plain 类型或 text/uri-list 类型。如果没有找到指定的数据内容,则返回一个空字符串。

【例 5-2】 拖放元素的简单应用

将段落元素< p >拖放到 id = "container"的< div >元素中。

```
1.   <!DOCTYPE html >
2.   < html >
3.       < head >
4.           < meta charset = "utf-8">
5.           < title >HTML5 拖放 API 的简单应用</title>
6.           < style >
7.               p {
8.                   width: 100px;              /* 设置段落元素宽 100 像素 */
9.                   height: 100px;             /* 设置段落元素高 100 像素 */
10.                  background-color: yellow;   /* 设置段落元素背景色为黄色 */
11.              }
12.              div # container {
13.                  border: 1px solid;
14.                  width: 200px;
15.                  height: 200px;
16.              }
17.          </style >
18.      </head >
19.      < body >
20.          < h3 >HTML5 拖放 API 的简单应用</h3>
21.          < hr />
22.          < p id = "test" draggable = "true" ondragstart = "drag(event)">
23.              这是一个可以被拖放的段落元素
24.          </p>
25.          < div id = "container" ondragover = "allowDrop(event)" ondrop = "drop(event)">
```

扫一扫

视频讲解

```
26.                这是一个可以用于放置被拖放元素的区域
27.            </div>
28.            <script>
29.                //ondragstart 事件回调函数
30.                function drag(ev) {
31.                    //设置传递的内容为被拖曳元素的 id 名称,数据类型为纯文本类型
32.                    ev.dataTransfer.setData("text/plain", ev.target.id);
33.                }
34.
35.                //ondragover 事件回调函数
36.                function allowDrop(ev) {
37.                    //解禁当前元素为可放置被拖曳元素的区域
38.                    ev.preventDefault();
39.                }
40.
41.                //ondrop 事件回调函数
42.                function drop(ev) {
43.                    //解禁当前元素为可放置被拖曳元素的区域
44.                    ev.preventDefault();
45.                    //获取当前被放置的元素 id 名称
46.                    var id = ev.dataTransfer.getData("text");
47.                    //根据 id 名称获取元素对象
48.                    var p = document.getElementById(id);
49.                    //获取文件夹区域并添加该元素对象
50.                    ev.target.appendChild(p);
51.                }
52.            </script>
53.        </body>
54.    </html>
```

运行效果如图 5-2 所示。

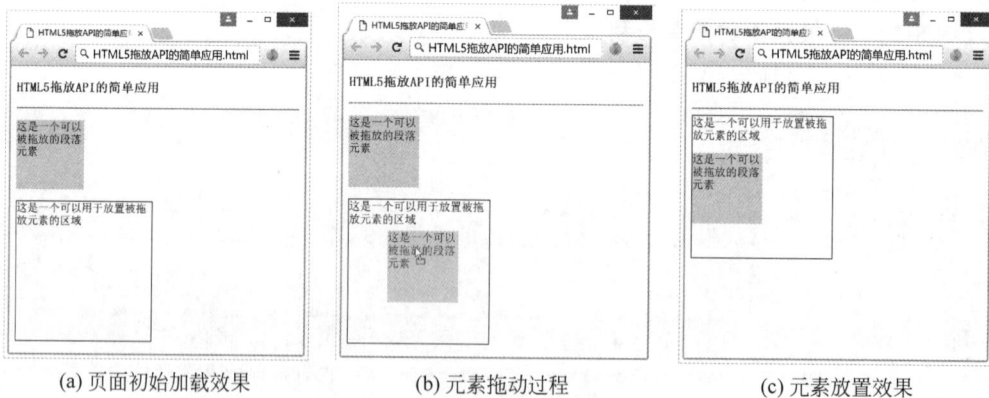

(a) 页面初始加载效果   (b) 元素拖动过程   (c) 元素放置效果

图 5-2　段落元素的拖曳效果

【代码说明】

本示例包含了一个段落元素<p>,用于演示元素的拖曳效果。将 id="test"的段落元素<p>的 draggable 属性值设置为 true 表示允许拖放,并且将 id="container"的<div>元素设置为可放置区域。在拖动元素的过程中传递了段落元素的 id 名称,并且在放置元素时获取该 id 名称并且将被拖曳的段落元素移动到作为可放置区域的<div>元素中。

5.3.4　自定义拖放图标

使用 DataTransfer 对象中的 setDragImage()方法可以自定义拖曳时显示的图标。其语法格式如下:

```
setDragImage( image, x, y);
```

其中,参数 image 表示 Image 对象,代表图标的来源;参数 x 和 y 分别表示图标与光标在水平方向和垂直方向上的距离。该方法一般用于 ondragstart 事件的回调函数中,表示从拖动动作开始时更改拖放图标。例如:

```
function drag(ev){
    var img = new Image();
    img.src = "image/star.jpg";
    ev.dataTransfer.setDragImage(img, 10, 10);
}
```

扫一扫

视频讲解

其中,变量 img 为图片对象,指定的图片素材来源于本地的 image 文件夹中的 star.jpg。

【例 5-3】　定义拖曳的数据和图标

```
1.    <!DOCTYPE html >
2.    < html >
3.      < head >
4.        < meta charset = "utf-8">
5.        < title > HTML5 拖放 API 之设置可拖放元素</title>
6.        < style >
7.          p{
8.              width:100px;              /* 设置段落元素宽 100 像素 */
9.              height:100px;             /* 设置段落元素高 100 像素 */
10.             background - color:yellow;  /* 设置段落元素背景色为黄色 */
11.         }
12.        </style >
13.     </head>
14.     < body >
15.     < h3 > HTML5 拖放 API 之设置可拖放元素</h3>
16.     < hr />
17.     < p draggable = "true" ondragstart = "drag(event)">这是一个可拖放的段落元素.</p>
18.     < script >
19.     function drag(ev){
20.       var img = new Image();
21.       img.src = "image/star.jpg";
22.       ev.dataTransfer.setDragImage(img, 5, 5);
23.     }
24.     </script >
25.     </body >
26.    </html >
```

运行效果如图 5-3 所示。

【代码说明】

本示例包含了一个段落元素< p >用于演示元素的拖曳效果。将该元素的 draggable 属性值设置为 true 表示允许拖放,并且使用了 setDragImage()方法设置了本地 image 目录中的 star.jpg 图片作为拖曳时显示的图标内容。

5.3.5　自定义拖放行为

DataTransfer 对象具有 effectAllowed 和 dropEffect 属性用于规定拖放行为,当对元素进行拖放时,共有三种常见效果解释如下。

图 5-3　元素的拖曳效果(自定义图标)

- copy：表示被拖曳的数据将从它的初始位置复制到可放置区域。
- move：表示被拖曳的数据将从它的初始位置移动到可放置区域。
- link：表示被拖曳的数据将从它的初始位置链接一个快捷方式到可放置区域。

这三种效果根据组合又可以形成不同的样式要求，不同的拖放行为对应显示的鼠标图标样式各不相同，具体样式由浏览器和操作系统决定。一般可以在 ondragstart 事件被触发时通过设置 effectAllowed 属性值来规定允许进行何种操作。例如：

```
ev.dataTransfer.effectAllowed = "move";
```

上述代码表示设置允许的操作为移动，effectAllowed 的属性值只能在 ondragstart 事件中进行设置。

effectAllowed 属性共有如下 9 种取值。

- none：不允许任何操作；
- copy：只允许复制操作；
- copyLink：允许复制或者链接；
- copyMove：允许复制或者移动；
- link：只允许链接操作；
- linkMove：允许链接或移动；
- move：只允许移动操作；
- all：允许所有(复制、移动或链接)操作；
- uninitialized：尚未设置 effectAllowed 属性时的默认值，等同于 all。

在拖曳元素的过程中，dropEffect 属性值可以在 dragenter 或 dragover 事件中进行设置。dropEffect 属性共有如下 4 种取值。

- none：不允许任何操作。
- copy：该状态下被拖曳的元素将复制一个副本放到指定的放置区域。
- move：该状态下被拖曳的元素将移动到指定的放置区域，该属性值为默认值。
- link：该状态下被拖曳的元素与可放置区域之间将创建连接。

dropEffect 属性的取值会受到 effectAllowed 属性取值的约束。例如上面示例中设置 effectAllowed 属性值为 move 时，dropEffect 的属性值也只能设置为 move。effectAllowed 与 dropEffect 属性取值的具体对应关系如表 5-5 所示。

表 5-5   effectAllowed 与 dropEffect 属性取值的对照

effectAllowed 设置的取值	dropEffect 允许的取值
none	none
copy	copy
copyLink	copy 或 link
copyMove	copy 或 move
link	link
linkMove	link 或 move
move	move
all	copy、link 或 move 任选其一
uninitialized 并且被拖曳的元素为文本框中的内容	move 或 copy
uninitialized 并且被拖曳对象为普通元素	copy 或 link
uninitialized 并且被拖曳对象为带 href 属性的超链接元素＜a＞	link 或 copy

【例 5-4】 自定义拖放行为

在多个可拖曳元素 ondragstart 事件的回调函数中设置不同的 effectAllowed 属性值以
查看鼠标指针的显示效果。

```html
1.  <!DOCTYPE html>
2.  <html>
3.      <head>
4.          <meta charset = "utf-8">
5.          <title>HTML5 拖放 API 之自定义拖放行为</title>
6.          <style>
7.              p {
8.                  width: 100px;                        /*设置段落元素宽100像素*/
9.                  height: 100px;                       /*设置段落元素高100像素*/
10.                 background-color: lightblue;         /*设置段落元素背景色为浅蓝色*/
11.                 float:left;
12.                 margin:10px;
13.                 text-align:center;
14.             }
15.             div#container {
16.                 border: 1px solid;
17.                 width: 340px;
18.                 height: 100px;
19.                 clear:both;
20.                 margin:10px;
21.                 text-align:center;
22.             }
23.         </style>
24.     </head>
25.     <body>
26.         <h3>HTML5 拖放 API 之自定义拖放行为</h3>
27.         <hr />
28.         <p id = "test1" draggable = "true" ondragstart = "drag1(event)">
29.             拖曳效果<br>move
30.         </p>
31.         <p id = "test2" draggable = "true" ondragstart = "drag2(event)">
32.             拖曳效果<br>copy
33.         </p>
34.         <p id = "test3" draggable = "true" ondragstart = "drag3(event)">
35.             拖曳效果<br>link
36.         </p>
37.         <div id = "container" ondragover = "allowDrop(event)" ondrop = "drop(event)">
38.             可放置区域
39.         </div>
40.         <script>
41.             //ondragstart 事件回调函数
42.             function drag1(ev) {
43.                 var dataTrans = ev.dataTransfer;
44.                 dataTrans.effectAllowed = "move";
45.                 //设置传递的内容为被拖曳元素的 id 名称,数据类型为纯文本类型
46.                 dataTrans.setData("text/plain", "ev.target.id");
47.             }
48.             function drag2(ev) {
49.                 var dataTrans = ev.dataTransfer;
50.                 dataTrans.effectAllowed = "copy";
51.                 //设置传递的内容为被拖曳元素的 id 名称,数据类型为纯文本类型
52.                 dataTrans.setData("text/plain", ev.target.id);
53.             }
54.             function drag3(ev) {
55.                 var dataTrans = ev.dataTransfer;
```

```
56.              dataTrans.effectAllowed = "link";
57.              //设置传递的内容为被拖曳元素的 id 名称,数据类型为纯文本类型
58.              dataTrans.setData("text/plain", ev.target.id);
59.          }
60.
61.          //ondragover 事件回调函数
62.          function allowDrop(ev) {
63.              //解禁当前元素为可放置被拖曳元素的区域
64.              ev.preventDefault();
65.          }
66.
67.          //ondrop 事件回调函数
68.          function drop(ev) {
69.              //解禁当前元素为可放置被拖曳元素的区域
70.              ev.preventDefault();
71.          }
72.      </script>
73.    </body>
74. </html>
```

运行效果如图 5-4 所示。

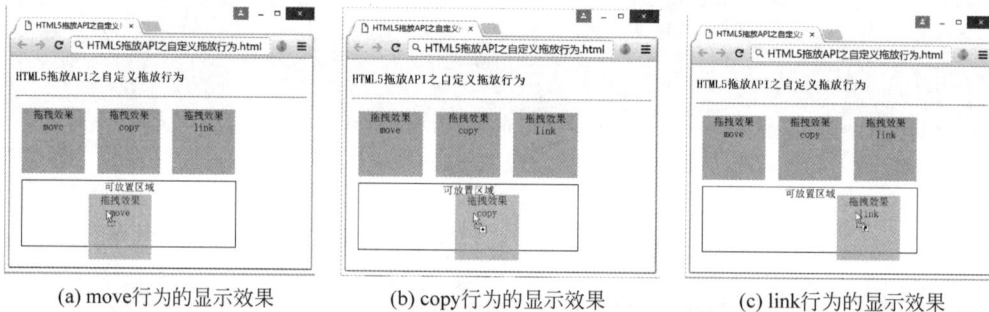

| (a) move行为的显示效果 | (b) copy行为的显示效果 | (c) link行为的显示效果 |

图 5-4   自定义拖放行为的不同显示效果

【代码说明】

本示例包含了三个可拖曳段落元素<p>,用于对比不同拖放行为导致鼠标指针显示效果的区别,其 id 名称分别为 test1、test2 和 test3。为这三个段落元素添加 ondragstart 事件,并定义回调函数名称分别为 drag1(event)、drag2(event)和 drag3(event),在其中分别设置 effectAllowed 属性值为 move、copy 和 link。在页面上设置一个 id="container"的可放置区域<div>,用于放置本示例的三个测试段落元素。

由图 5-4 可见,这三种拖放行为均显示正常的鼠标指针,以及指针下方会显示一个空心矩形框。不同的拖放行为会导致鼠标指针显示的样式稍有区别:move 行为没有显示其他特殊内容;copy 行为会在空心矩形的右下角显示一个加号符号的小图标;link 行为会在空心矩形的右下角显示带一个箭头符号的小图标。

5.3.6   本地文件的拖放

扫一扫

视频讲解

除了页面上自带的 HTML 元素外,本地文件也可以使用 HTML5 拖放 API 进行拖曳并放置到页面的指定区域中。传递本地文件时无须设置传递的数据内容,直接在放置文件时使用 DataTransfer 对象的 files 属性即可获取文件列表,里面包含了所有文件。

【例 5-5】   HTML5 拖放 API 之本地文件拖放

将本地文件拖放至页面的指定区域,使用 DataTransfer 对象的 files 属性将文件相关信息(例如,文件名称、修改时间、文件大小等内容)显示在页面上。

```
1.    <!DOCTYPE html>
2.    <html>
3.        <head>
4.            <meta charset="utf-8">
5.            <title>HTML5 拖放 API 之本地文件拖放</title>
6.            <style>
7.                #fileCheck {
8.                    width: 300px;
9.                    height: 100px;
10.                   border: 1px dashed;
11.                   margin: 20px;
12.                }
13.                li {
14.                    margin: 10px;
15.                }
16.            </style>
17.       </head>
18.       <body>
19.           <h3>HTML5 拖放 API 之本地文件拖放</h3>
20.           <hr />
21.           <div id="fileCheck" ondragover="allowDrop(event)" ondrop="drop
              (event)">
22.               请将文件拖放至此处。
23.           </div>
24.           <div id="status"></div>
25.           <script>
26.               //ondragover 事件回调函数
27.               function allowDrop(ev) {
28.                   //解禁当前元素为可放置被拖曳元素的区域
29.                   ev.preventDefault();
30.               }
31.
32.               //ondrop 事件回调函数
33.               function drop(ev) {
34.                   //解禁当前元素为可放置被拖曳元素的区域
35.                   ev.preventDefault();
36.                   //获取拖曳的文件列表
37.                   var files = ev.dataTransfer.files;
38.                   //用于记录文件的状态,包括文件名、文件大小、修改时间等
39.                   var fileStatus;
40.                   //用于获取单个文件对象
41.                   var f;
42.                   //使用 for 循环遍历所有文件
43.                   for (var i = 0; i < files.length; i++) {
44.                       //获取当前文件对象
45.                       f = files[i];
46.                       //获取最近修改文件的日期对象
47.                       var lastModified = f.lastModifiedDate;
48.                       //将日期时间显示为纯文本形式
49.                       var lastModifiedStr = lastModified.toLocaleString();
50.
51.                       //组合文件相关信息
52.                       fileStatus += '<li>文件名称:' + f.name + '<br>文件类型:'
                          + f.type + '<br>文件大小:' + f.size + '字节<br>修改时间:'
                          + lastModifiedStr + '</li>';
53.                   }
54.                   //获取文件状态显示栏对象
55.                   var status = document.getElementById("status");
56.                   //更新文件信息至显示栏中
```

```
57.                        status.innerHTML = '<ul>' + fileStatus + '</ul>';
58.                    }
59.            </script>
60.        </body>
61.    </html>
```

运行效果如图 5-5 所示。

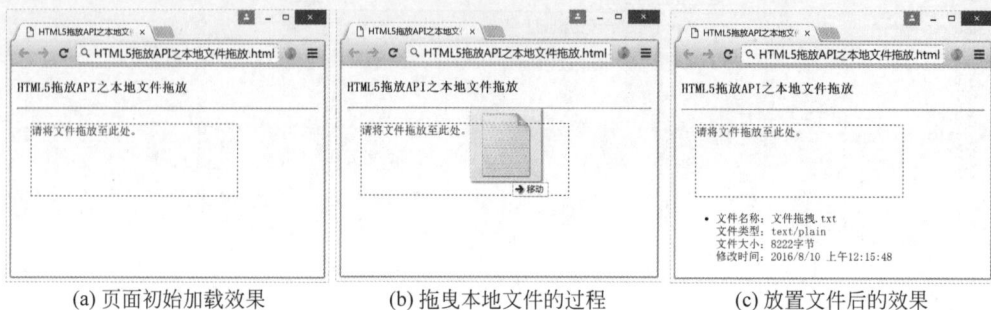

<table>
<tr><td>(a) 页面初始加载效果</td><td>(b) 拖曳本地文件的过程</td><td>(c) 放置文件后的效果</td></tr>
</table>

图 5-5　本地文件的拖放效果

【代码说明】

本示例包含了一个 id="fileCheck" 的区域元素<div>作为本地文件的放置区域,并在 CSS 内部样式表中为其设置样式:宽 300 像素、高 100 像素,带有 1 像素宽的虚线边框,且各边的外边距为 20 像素。其下方还有一个 id="status" 的<div>元素用于显示被拖曳放置的本地文件信息,由于初始状态尚无文件被放置,因此该元素内部为空。显示效果如图 5-5(a)所示。

为该元素添加 ondragover 与 ondrop 事件,分别用于监听是否有元素进入该区域,以及是否有元素放置在该区域。这两个事件的回调函数分别为 allowDrop(event)和 drop(event),函数名称均可自定义。在这两个函数中均使用 ev.preventDefault()表示允许元素放置在当前区域。本地文件的拖曳过程由图 5-5(b)所示。

在 drop(event)函数中使用 dataTransfer 对象的 files 属性获取拖曳文件列表,由于拖曳规则是允许每次拖曳一个或同时拖曳多个文件进行放置,因此该对象返回值为数组的形式。使用 for 循环遍历本次拖放的所有本地文件,并将每个文件的相关信息累加到 fileStatus 变量中去。最后将 fileStatus 变量的全部内容更新到 id="status" 的<div>元素中,从而实时显示在页面上。放置本地文件后的页面效果如图 5-5(c)所示。

扫一扫

文档

扫一扫

视频讲解

5.4　实验案例——仿回收站效果的设计与实现

背景介绍:在 Windows 等操作系统中均包含回收站功能,用户可以直接将不需要的文件拖曳并放置到桌面回收站图标上以实现文件删除。

功能要求:使用 HTML5 拖放 API 相关技术,在网页上实现仿回收站的类似效果。用户通过拖曳可以将页面上的元素放置到回收站中删除。

最终效果图如图 5-6 所示。

图 5-6 以删除文件 2 为例,展示了对文件 2 拖动与删除的全过程。其他几个文件的操作效果完全相同,这里不再重复举例。

(a) 页面初始加载效果   (b) 拖动文件2的过程   (c) 文件2被删除后的效果

图 5-6　仿回收站效果示意图

扫一扫

AI 助教

本章小结及 AI 辅助编程技巧

HTML5 新增拖放 API 可以用于拖曳和放置所有指定的 HTML 元素。所有 HTML 元素均可以被设置为可拖放状态，并且可以将其放置到指定区域中。HTML5 拖放 API 中包含了 DragEvent 事件与 DataTransfer 对象。其中 DragEvent 事件包含了从开始拖曳到放置完成的一系列拖放事件。DataTransfer 对象中 setData() 方法可用于在拖曳过程中设置传递的数据，而 getData() 方法可用于在放置过程中获取传递的数据。

HTML5 拖放 API 可以自定义拖放时显示的图标与不同拖放行为，不同的拖放行为（例如复制、移动、链接等动作）所显示的鼠标指针样式也有所区别。HTML5 拖放 API 还允许拖放本地文件，并且获取文件的名称、修改时间、大小等相关信息。

扫一扫

自测题

习题 5

1. 如何将元素设置为允许拖放的状态？
2. 元素被拖曳直到放置在指定区域的完整过程中依次触发了哪些拖放事件？
3. 拖放过程中被传递的常见数据类型有哪些？
4. 使用 DataTransfer 对象中的何种方法可以自定义拖放图标？
5. 如何将指定元素设置为允许放置元素的目标区域？
6. 在进行本地文件的拖放时，DataTransfer 对象中的哪个属性可以用于获取文件列表？

第6章

HTML5 表单 API

本章主要介绍 HTML5 表单 API 的功能与应用。HTML 表单主要用于收集用户输入或选择的数据,并将其作为参数提交给远程服务器。本章主要内容包括 HTML 表单的基础知识与 HTML5 表单 API 的新特性。在 HTML5 表单 API 新特性中增加了 HTML5 特有的输入类型、元素标签与相关属性。

本章学习目标

- 了解 HTML5 表单的作用;
- 掌握 HTML5 表单 API 保留的常用标签用法;
- 掌握 HTML5 新增输入类型的用法;
- 掌握 HTML5 新增元素标签的用法;
- 掌握 HTML5 新增元素属性的用法。

6.1 HTML 表单基础

HTML 表单主要用于收集用户输入或选择的数据,并将其作为参数提交给远程服务器。HTML 表单提供了一系列交互式表单控件化简用户的操作,这些表单控件具有明确的含义和作用。

本章侧重于介绍关于表单的前端页面设计与数据的提交验证,事实上当数据提交后还需要由服务器端进行进一步处理。由于将数据提交给服务器后的处理不属于 HTML5 范畴,因此不在本书进行详细介绍。有兴趣的开发者可以另外学习 PHP、JSP 或 ASP 技术。

6.1.1 表单标签< form >

表单标签< form >和</form>用于定义一个完整的表单框架,其内部可包含各式各样的表单组件,例如文本输入框、密码框、按钮等内容。表单标签< form >的基本语法格式如下:

```
< form >
  <!-- 内部可添加各种表单组件 -->
</form>
```

在 HTML4 中该标签具有 5 种属性,如表 6-1 所示。

表 6-1 表单元素< form >的属性

属性名称	属 性 值	解 释
action	URL 地址	规定表单提交数据的服务器地址
method	get 或 post	规定用于发送表单数据的 HTTP 方法,默认值为 get

属性名称	属 性 值	解　释
name	自定义表单名称	规定表单的名称,具有唯一性
enctype	application/x-www-form-urlencoded multipart/form-data text/plain	规定表单数据发送之前的编码要求
target	_blank _self _parent _top iframename	规定在何处打开 action 属性中的 URL 地址

表单的 method 属性用于规定发送表单数据的两种 HTTP 方法:get 和 post 方法。表单标签默认的提交方式为 get 方法,与 post 方法的区别如下。

- get 方法:提交表单数据时,get 方法会将表单组件的数据名称和值转换为文本形式的参数并直接加在原 URL 地址后面,单击“提交”按钮后可以直接从浏览器地址栏看到全部内容。这种方式适用于传递一些安全级别要求不高的数据,并且有传输大小限制,每次不能超过 2KB。
- post 方法:这种方法传递的表单数据会放在 HTML 的表头中,不会出现在浏览器地址栏里,用户无法直接看到参数内容,适用于安全级别相对较高的数据。并且对于客户端而言没有传递数据的容量限制,完全取决于服务器的限制要求,总体来说传输的数据量比 get 方法大。

表单的 enctype 属性用于规定表单数据传递时的编码方式,具有 3 种属性值:

- application/x-www-form-urlencoded——该属性值为 enctype 属性的默认值,这种编码方式用于处理表单控件中所有的 value 属性值。
- multipart/form-data——这种编码方式以二进制流的方式处理表单数据,除了处理表单控件中的 value 属性值,也可以把用于上传文件的内容封装到参数中。该方法适合在使用表单上传文件时使用。
- text/plain——这种编码方式主要用于通过表单发送邮件,适用于当表单的 action 属性值为 mailto:URL 的情况。

上述这些属性中比较常用的是 action 和 method,用于规定表单数据提交的 URL 地址以及提交方式。其余属性无特殊情况一般可省略直接使用默认值。例如:

```
< form action = "http://localhost/testform" method = "post">
   <!-- 内部可添加各种表单组件 -->
</form >
```

单纯的< form >标签不包含任何可视化内容,需要与表单组件配合使用形成完整的表单效果。

6.1.2　输入标签< input >

输入标签< input >是最常用的表单标签,根据其 type 属性值的不同可以显示多种表单元素样式,例如单行文本输入框、密码框、单选按钮和复选框等。该表单标签有一系列属性用于对表单输入控件进行设置,如表 6-2 所示。

表 6-2　＜input＞标签的常用属性

属 性 名 称	属 性 值	解　释
accept	MIME 文件类型	只能与＜input type="file"＞的文件上传控件配合使用,用于规定文件上传控件可选择的文件类型
alt	文本内容	只能与＜input type="image"＞的图像按钮控件配合使用,用于规定无法显示图像时的提示文本
checked	checked	只能与＜input type="radio"＞的单选按钮或＜input type="checkbox"＞的复选框配合使用,用于规定页面加载时默认为选中状态
disabled	disabled	用于规定加载时禁用此元素
maxlength	数值	用于规定输入框中字符的最大长度
name	自定义名称	用于定义＜input＞标签的名称,如果没有填写 name 属性值,则表单组件的内容无法被正确提交
readonly	readonly	用于定义＜input＞标签中的文本为不可编辑的只读状态
size	数值	用于定义输入框中可见字符的个数
type	text password radio checkbox submit reset button image file hidden	用于规定＜input＞标签的类型,具体解释见表 6-3
value	文本值	用于规定＜input＞标签的值

＜input＞标签的常见语法格式如下:

```
＜input type = "输入类型" name = "自定义名称" />
```

其中,type 属性值需要替换成表示输入类型的关键词,在 HTML5 中＜input＞标签的基本输入类型共有 10 种,如表 6-3 所示。

表 6-3　＜input＞标签的基本输入类型

类 型 名 称	解　释
text	用于显示单行文本输入框
password	用于显示密码输入框,其中字符会被 * 遮挡
radio	用于显示单选按钮
checkbox	用于显示复选框
submit	用于显示提交按钮,该按钮可以将表单数据发送给服务器
reset	用于显示重置按钮,该按钮可以清除表单中的所有数据
button	用于显示无动作按钮,通常点击事件需要配合 JavaScript 使用
image	用于显示图像形式的提交按钮
file	用于显示文件上传控件,包含输入区域和浏览按钮
hidden	用于隐藏输入字段

1. 单行文本框 text

在＜input＞标签中,type 的属性值 text 表示单行文本输入框组件。其语法格式如下:

```
< input type = "text" name = "自定义名称" />
```

在同一个表单中,单行文本框的 name 属性值必须是唯一的。在大部分浏览器中,该组件的宽度默认值为 20 个字符。可以使用< input >标签的 size 属性重新规定可见字符的宽度,或者使用 CSS 样式定义该标签的 width 属性。

默认情况下,单行文本框在首次加载时内容为空。可以为其添加 value 属性预设初始文本内容。例如:

```
< input type = "text" name = "username" value = "admin" />
```

2. 密码框 password

在< input >标签中,type 的属性值 password 表示单行密码输入框组件,在该组件中输入的字符会被密码专用符号所遮挡,以保证文本的安全性。其语法格式如下:

```
< input type = "password" name = "自定义名称" />
```

除显示的文字内容效果不一样外,密码框其余特征均与单行文本框相同。

【例 6-1】 第一个表单页面

使用< input >标签中的 text 和 password 类型生成简易表单页面。

扫一扫

视频讲解

```
1.   <!DOCTYPE html >
2.   < html >
3.       < head >
4.           < meta charset = "utf-8" >
5.           < title >第一个表单页面</title>
6.       </head >
7.   < body >
8.           < h3 >第一个表单页面</h3 >
9.           < hr />
10.          < form method = "post" action = "URL">
11.             用户名:
12.             < input type = "text" name = "username" />
13.             < br />
14.             密　码:
15.             < input type = "password" name = "pwd" />
16.          </form >
17.      </body >
18.  </html >
```

运行效果如图 6-1 所示。

(a) 首次加载后的效果　　　　(b) 输入文本后的效果

图 6-1　第一个表单页面的运行效果

【代码说明】

本示例使用了<form>标签声明了一个表单区域,其中用于表示提交方法的 method 属性值为 post,用于表示提交服务器地址的 action 属性值为 URL,在实际应用中可替换为真正的服务器地址。

该表单包含了两个<input>元素,根据 type 属性值的不同分别用于显示单行文本框和密码框。由于<input>元素是行内元素(inline element)不会自动换行,因此在两个<input>元素之间使用了换行符
以进行格式调整。

3. 单选按钮 radio

在<input>标签中,type 的属性值 radio 表示单选按钮,其样式为一个空心圆形区域,当用户单击该按钮时,会在空心区域中出现一个实心点。其语法格式如下:

```
< input type = "radio" name = "自定义名称" value = "值" />
```

其中,value 属性值为该表单元素在提交数据时传递的数据值。

注意:单行文本框和密码框在提交数据时所传递的数据值均为文本框中用户输入的内容。与之不同的是,单选按钮传递的只能是事先定义好的 value 属性值。

多个 radio 类型的按钮可以组合在一起使用,为它们添加相同的 name 属性值即可表示这些单选按钮属于同一个组。例如:

```
< input type = "radio" name = "gender" value = "M" /> 男
< input type = "radio" name = "gender" value = "F" /> 女
```

属于同一个组的单选按钮不能同时被选中,最多只能选择其中一个选项。如果在已选择了某个选项的前提下单击同一组中的其他选项,则被选中效果(实心圆)会更新到最新单击的按钮上。

单选按钮可以使用 checked 属性设置默认选中的选项。例如:

```
< input type = "radio" name = "gender" value = "M" checked /> 男
< input type = "radio" name = "gender" value = "F" /> 女
```

其中,checked 属性完整写法为 checked = "checked",可简写为 checked。如果没有使用 checked 属性,则页面首次加载时所有选项均处于未被选中状态。

注意:只能为单选按钮的其中一个选项使用 checked 属性。即使为多个选项都使用了该属性,浏览器也只默认选中其中最后一个使用了该属性的选项。

【例 6-2】　单选按钮 radio 的简单应用

使用<input>标签中的 radio 类型生成简易单选按钮。

扫一扫

视频讲解

```
1.     <!DOCTYPE html >
2.     < html >
3.        < head >
4.           < meta charset = "utf-8" >
5.           < title >单选按钮 radio 的简单应用</title>
6.        </head>
7.        < body >
8.           < h3 >单选按钮 radio 的简单应用</h3>
9.           < hr />
10.          < form method = "post" action = "URL">
11.             < input type = "radio" name = "gender" value = "M"/>
12.                男
```

```
13.              < br />
14.              < input type = "radio" name = "gender" value = "F" checked />
15.              女
16.          </form >
17.      </body >
18.  </html >
```

运行效果如图 6-2 所示。

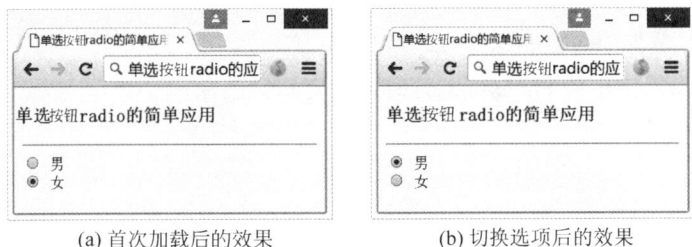

(a) 首次加载后的效果   (b) 切换选项后的效果

图 6-2 单选按钮 radio 的运行效果

【代码说明】

本示例使用了< form >标签声明了一个表单区域,其中用于表示提交方法的 method 属性值为 post,用于表示提交服务器地址的 action 属性值为 URL,在实际应用中可替换为真正的服务器地址。

在表单中包含了两个< input >元素,其类型设置均为 type = "radio"表示单选按钮。并且为这两个元素提供了相同的 name 名称,以确保它们属于同一个选项组。由于< input >元素是行内元素(inline element)不会自动换行,因此在两个< input >元素之间使用了换行符< br />进行格式调整。

图 6-2(a)显示的是页面首次加载后的效果,由图可见,在本示例中第二个单选按钮默认显示为选中状态,这是由于该选项添加了 checked 属性声明表示默认选中。如果不做 checked 属性声明,则在页面首次加载后所有选项将均处于未选中状态。图 6-2(b)为用户手动单击切换选项后的效果,由于这两个单选按钮拥有完全相同的 name 名称,因此不会被同时选中。

4. 复选框 checkbox

复选框又称为多选框,在< input >标签中 type 的属性值 checkbox 表示多选框。其样式为一个可勾选的空心方形区域,当用户单击该按钮时,会在空心区域中出现一个对勾符号(√)。其语法格式如下:

```
< input type = "checkbox" name = "自定义名称" value = "值" />
```

与单选按钮的用法类似,需要事先设置 value 属性值作为提交表单时传递的数据值。

多个 checkbox 类型的按钮可以组合在一起使用,为它们添加相同的 name 属性值即可表示这些复选按钮属于同一个组。例如:

```
< input type = "checkbox" name = "group1" value = "1"/> 朋友推荐
< input type = "checkbox" name = "group1" value = "2" /> 搜索引擎
< input type = "checkbox" name = "group1" value = "3" /> 媒体宣传
< input type = "checkbox" name = "group1" value = "4" /> 其他
```

即使在同一个组内复选按钮也允许同时被选中。在表单提交时,同组所有选中的复选框选项值将以数值的形式对应同一个参数名称进行数据传递。

复选框也可以使用 checked 属性设置默认被选中的选项,与单选按钮不同的是,它允许多个选项同时使用该属性。例如:

```
< input type = "checkbox" name = "group1" value = "1"/> 朋友推荐
< input type = "checkbox" name = "group1" value = "2" checked /> 搜索引擎
< input type = "checkbox" name = "group1" value = "3" checked /> 媒体宣传
< input type = "checkbox" name = "group1" value = "4" checked /> 其他
```

扫一扫

视频讲解

上述代码表示将第 2~4 个选项均设置为默认选中的状态。

【例 6-3】 复选框 checkbox 的简单应用

使用< input >标签中的 checkbox 类型生成简易复选框。

```
1.    <!DOCTYPE html >
2.    < html >
3.        < head >
4.            < meta charset = "utf-8" >
5.            < title >复选框 checkbox 的简单应用</title>
6.        </head >
7.    < body >
8.        < h3 >复选框 checkbox 的简单应用</h3 >
9.        < hr />
10.       问卷调查:您是通过何种方式了解 XX 产品的?
11.       < form method = "post" action = "URL">
12.           < input type = "checkbox" name = "group1" value = "1"/>
13.           朋友推荐
14.           < br />
15.           < input type = "checkbox" name = "group1" value = "2" checked />
16.           搜索引擎
17.           < br />
18.           < input type = "checkbox" name = "group1" value = "3" checked />
19.           媒体宣传
20.           < br />
21.           < input type = "checkbox" name = "group1" value = "4" checked />
22.           其他
23.       </form >
24.   </body >
25.   </html >
```

运行效果如图 6-3 所示。

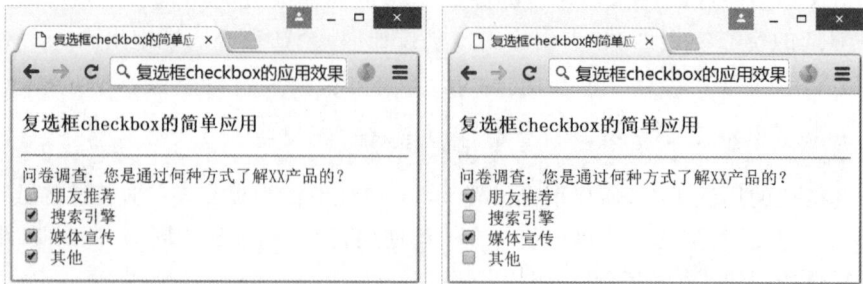

(a) 首次加载后的效果   (b) 切换选项后的效果

图 6-3 复选框 checkbox 的运行效果

【代码说明】

本示例使用< form >标签声明了一个表单区域,其中用于表示提交方法的 method 属性值为 post,用于表示提交服务器地址的 action 属性值为 URL,在实际应用中可替换为真正的服务器地址。

在表单中包含了4个<input>元素,其类型设置均为type="checkbox"表示复选框。并且为这4个元素提供了相同的name名称,以确保它们属于同一个选项组。由于<input>元素是行内元素不会自动换行,因此在每两个<input>元素之间使用了换行符
进行格式调整。

图6-3(a)显示的是页面首次加载后的效果,由图可见,在本示例中第2、3、4个复选框默认显示为选中状态,这是由于该选项添加了checked属性声明表示默认选中。如果不做checked属性声明,在页面首次加载后所有选项将均处于未选中状态。图6-3(b)为用户手动单击切换选项后的效果,可切换其中任意选项的选中状态。

5. 提交按钮submit

在<input>标签中,type的属性值submit表示提交按钮。当用户单击该按钮时,会将当前表单中所有数据整理成名称(name)和值(value)的形式进行参数传递,提交给服务器处理。其语法格式如下:

```
<input type="submit" value="值" />
```

其中,value属性值可以用于自定义按钮上的文字内容。该属性如果省略不写,则按钮默认的文字内容为submit。

【例6-4】 提交按钮submit的简单应用

使用<input>标签中的submit类型生成表单提交按钮。

扫一扫

视频讲解

```
1.   <!DOCTYPE html>
2.   <html>
3.       <head>
4.           <meta charset="utf-8">
5.           <title>提交按钮submit的简单应用</title>
6.       </head>
7.       <body>
8.           <h3>提交按钮submit的简单应用</h3>
9.           <hr />
10.          <form method="post" action="server.html">
11.              用户名:
12.              <input type="text" name="username" />
13.              <br />
14.              密  码:
15.              <input type="password" name="pwd" />
16.              <br />
17.              <input type="submit" value="登录" />
18.          </form>
19.      </body>
20.  </html>
```

运行效果如图6-4所示。

【代码说明】

本示例基于本章例6-1的代码进行了修改,在其中新增了一个类型为submit的<input>元素用于创建表单提交按钮,并使用value属性为提交按钮设置了文字内容。

图6-4(a)显示的是页面首次加载后的效果,此时提交按钮显示的文字为其value值中自定义的内容。图6-4(b)为提交表单后的效果,本示例会以post的形式将用户名与密码的数据传递给指定的服务器地址。

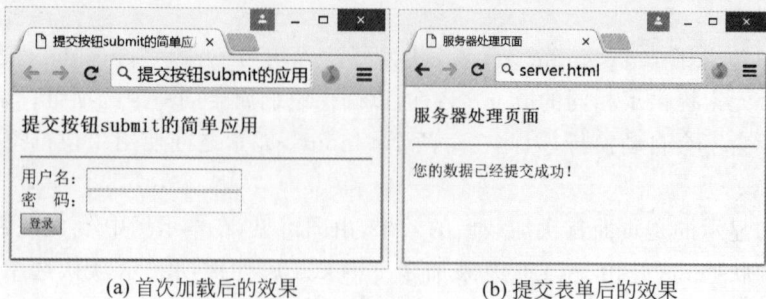

(a) 首次加载后的效果   (b) 提交表单后的效果

图 6-4   提交按钮 submit 的运行效果

6. 重置按钮 reset

在< input >标签中,type 的属性值 reset 表示重置按钮,其样式与提交按钮完全相同。用户单击该按钮会清空当前表单中的所有数据,包括填写的文本内容和选项的选中状态等。其语法格式如下:

```
< input type = "reset" value = "值" />
```

扫一扫

视频讲解

其中,value 属性值可以用于自定义按钮上的文字内容。该属性如果省略不写,则按钮默认的文字内容为 reset。

【例 6-5】   重置按钮 reset 的简单应用

使用< input >标签中的 reset 类型生成表单重置按钮。

```
1.    <!DOCTYPE html>
2.    < html >
3.        < head >
4.            < meta charset = "utf-8" >
5.            <title>重置按钮 reset 的简单应用</title>
6.        </head >
7.        < body >
8.            < h3 >重置按钮 reset 的简单应用</h3 >
9.            < hr />
10.           < form method = "post" action = "URL">
11.               用户名:
12.               < input type = "text" name = "username" />
13.               < br />
14.               密　码:
15.               < input type = "password" name = "pwd" />
16.               < br />
17.               < input type = "reset" value = "重置" />
18.               < input type = "submit" value = "登录" />
19.           </form >
20.       </body >
21.   </html >
```

运行效果如图 6-5 所示。

【代码说明】

本示例基于例 6-4 的代码进行了修改,在其中新增了一个类型为 reset 的< input >元素用于创建表单重置按钮,并使用 value 属性为提交按钮设置了文字内容。

图 6-5(a)显示的是用户手动输入文本内容后的效果,用于和重置后的效果进行对比。图 6-5(b)显示的是单击重置按钮后的页面效果,由图 6-5(b)可见,表单中的所有数据都被清空。

(a) 重置前的输入效果　　　　　　(b) 单击重置按钮后的效果

图 6-5　重置按钮 reset 的运行效果

注意：如果其中有表单组件设置了初始 value 值，则重置按钮被单击后将恢复该 value 值，而不是清空内容。

7. 无动作按钮 button

在<input>标签中，type 的属性值 button 表示普通无动作按钮，其样式与提交按钮、重置按钮均相同。其语法格式如下：

```
< input type = "button" value = "值" />
```

其中，value 属性值可以用于自定义按钮上的文字内容。该属性如果省略不写，则按钮默认的文字内容为 button。

该按钮被单击后无任何效果，需要与脚本配合使用。可以为其添加 onclick 事件，当用户单击按钮时触发事件并执行指定的 JavaScript 代码。

例如，为按钮添加单击事件，当用户单击时弹出警告对话框：

```
< input type = "button" value = "值" onclick = "alert('Hello HTML5!')" />
```

如果需要执行的 JavaScript 代码内容较多，也可以在 onclick 事件中调用 JavaScript 函数名称。例如上述代码可修改为：

```
< input type = "button" value = "值" onclick = "test()" />
< script >
function test(){
  alert('Hello HTML5!');
}
</script >
```

【例 6-6】 无动作按钮 button 的简单应用

使用<input>标签中的 button 类型生成无动作按钮，并为其自定义单击事件。

```
1.    <!DOCTYPE html >
2.    < html >
3.       < head >
4.          < meta charset = "utf-8" >
5.          <title>无动作按钮 button 的简单应用</title>
6.       </head >
7.       < body >
8.          <h3>无动作按钮 button 的简单应用</h3>
9.          < hr />
10.         < form method = "post" action = "URL">
11.            < input type = "button" value = "按钮 1" />
12.            < input type = "button" value = "按钮 2" onclick = "welcome()" />
```

扫一扫

视频讲解

```
13.              </form>
14.          <script>
15.              function welcome() {
16.                  alert('Hello HTML5!');
17.              }
18.          </script>
19.      </body>
20.  </html>
```

运行效果如图 6-6 所示。

(a) 单击按钮1的效果   (b) 单击按钮2的效果

图 6-6   无动作按钮 button 的运行效果

【代码说明】

本示例在表单中包含了两个<input>元素,其类型设置均为 type="button"表示无动作按钮,并分别命名为按钮 1 和按钮 2。为达到对比效果,按钮 1 未添加任何单击事件;按钮 2 添加了 onclick 事件,并为其调用了自定义 JavaScript 函数 welcome(),该函数用于在当前页面弹出对话框。

图 6-6(a)显示的是单击按钮 1 后的效果,由图可见,无动作按钮本身无任何效果。图 6-6(b)为单击按钮 2 后的效果,由图可见,单击事件触发后会调用 JavaScript 函数弹出对话框。

8. 图片提交按钮 image

在<input>标签中,type 的属性值 image 表示图片提交按钮,其样式可来源于自定义图片素材。该按钮的单击效果与 submit 按钮完全一样,用于提交表单数据。其语法格式如下:

```
<input type="image" src="图片 URL 地址" alt="替代文本内容" />
```

图片提交按钮需要配合 src 和 alt 属性使用,其中 src 属性规定图片素材的来源,以及 alt 属性定义图片无法显示时的替代文本内容。这与 HTML 中的图像标签<img>属性用法类似。

例如:

```
<input type="image" src="image/btn.jpg" alt="提交" />
```

图片提交按钮只支持图片样式,无法允许文本加背景图片形式的按钮出现。如果需要既有按钮背景图片也有文本内容,可以使用 Photoshop 合成图片,或者使用专门的按钮标签<button>(详情可查阅 6.1.6 节)。

扫一扫

视频讲解

【例 6-7】 图片提交按钮 **image** 的简单应用

使用< input >标签中的 image 类型生成图片提交按钮,可以代替纯文字的 submit
按钮。

```
1.   <!DOCTYPE html >
2.   < html >
3.       < head >
4.           < meta charset = "utf-8" >
5.           <title>图片提交按钮 image 的简单应用</title>
6.       </ head >
7.       < body >
8.           < h3 >图片提交按钮 image 的简单应用</h3 >
9.           < hr />
10.          < form method = "post" action = "server.html">
11.              用户名:
12.              < input type = "text" name = "username" />
13.              < br />
14.              密　码:
15.              < input type = "password" name = "pwd" />
16.              < br />
17.              < input type = "image" src = "image/btn.jpg" alt = "登录" />
18.          </ form >
19.      </ body >
20.  </ html >
```

运行效果如图 6-7 所示。

(a) 首次加载后的效果　　　　(b) 单击图片提交按钮后的效果

图 6-7　图片提交按钮 image 的运行效果

【代码说明】

本示例基于例 6-4 的代码进行了修改,将其中原先的 submit 提交按钮类型改为
type="image",并为其规定了 src 和 alt 属性。按钮图片素材来源于本地的 image 文件夹
中的 btn.jpg。

图 6-7(a)显示的是页面首次加载后的效果,由图可见,在本示例中登录按钮已经替换为
自定义的图片素材,图 6-7(b)为单击图片提交按钮后的效果,由图可见,使用 image 类型的
按钮同样可以完成提交动作。

9. 文件上传域 file

在< input >标签中,type 的属性值 file 表示文件上传域,其样式为一个可单击的浏览按
钮和一个文本输入框,当用户单击浏览按钮时,跳出文件选择对话框,用户可以选择需要的
文件。其语法格式如下:

```
< input type = "file" name = "自定义名称" />
```

默认情况下,文件上传控件支持 MIME 标准认可的全部文件格式。MIME 的全称是 Multipurpose Internet Mail Extensions(多用途互联网邮件扩展类型),是一个互联网标准,最初用于电子邮件系统使其能够支持非文本格式的附件,例如音频、视频、图像等文件。

MIME 类型由两部分组成,前面表示数据的种类,例如应用 application、音频 audio、图像 image 等,中间用斜杠(/)隔开,后面表示具体的文件类型。常见 MIME 文件类型如表 6-4 所示。

表 6-4 常见 MIME 文件类型对照表

MIME 文件类型	常见文件扩展名	解　释
application/vnd. msexcel	.xls .xla	Microsoft Excel 文件
application/mspowerpoint	.ppt .pps .pot .ppz	Microsoft PowerPoint 文件
application/msword	.doc .dot	Microsoft Word 文件
application/octet-stream	.exe	exe 可执行文件
application/pdf	.pdf	Adobe PDF 文件
application/rtf	.rtf	Microsoft RTF 文件
application/x-shockwave-flash	.swf .cab	Flash Shockwave 文件
application/zip	.zip	ZIP 格式压缩文件
audio/mpeg	.mp3	MP3 格式音频文件
audio/x-midi	.mid .midi	MIDI 格式音频文件
audio/x-wav	.wav	WAV 格式音频文件
image/gif	.gif	GIF 格式图像文件
image/jpeg	.jpg .jpeg .jpe .jpz	JPEG 格式图像文件
text/css	.css	CSS 样式文件
text/html	.html .htm .stm	网页格式文件
text/plain	.txt	普通文本文件
video/mpeg	.mpg .mpeg	MPEG 格式视频文件
video/quicktime	.qt .mov	QUICKTIME 格式视频文件
video/x-msvideo	.avi	AVI 格式视频文件

文件上传控件可以添加 accept 属性用于筛选上传文件的 MIME 类型。例如:

```
< input type = "file" accept = "image/gif"/>
```

上述代码表示只允许上传扩展名为 .gif 格式的图像文件。也可以写为"accept = "image/ * "",表示允许上传所有类型的图片格式文件。

【例 6-8】　文件上传域 file 的简单应用

使用< input >标签中的 file 类型生成 3 个文件上传控件,并各自设置不同的 accept 属性值以进行对比实验。

扫一扫

视频讲解

```
1.    <!DOCTYPE html >
2.    < html >
3.      < head >
4.        < meta charset = "utf-8" >
5.        <title>文件上传域 file 的简单应用</title>
6.      </head >
7.      < body >
```

```
8.          <h3>文件上传域 file 的简单应用</h3>
9.          <hr />
10.         <form method = "post" action = "URL">
11.             所有文件类型：
12.             <input type = "file" name = "file01" />
13.             <br />
14.             图片格式文件：
15.             <input type = "file" name = "file02" accept = "image/ * " />
16.             <br />
17.             Word 格式文件：
18.             <input type = "file" name = "file03" accept = "application/msword" />
19.         </form>
20.     </body>
21. </html>
```

运行效果如图 6-8 所示。

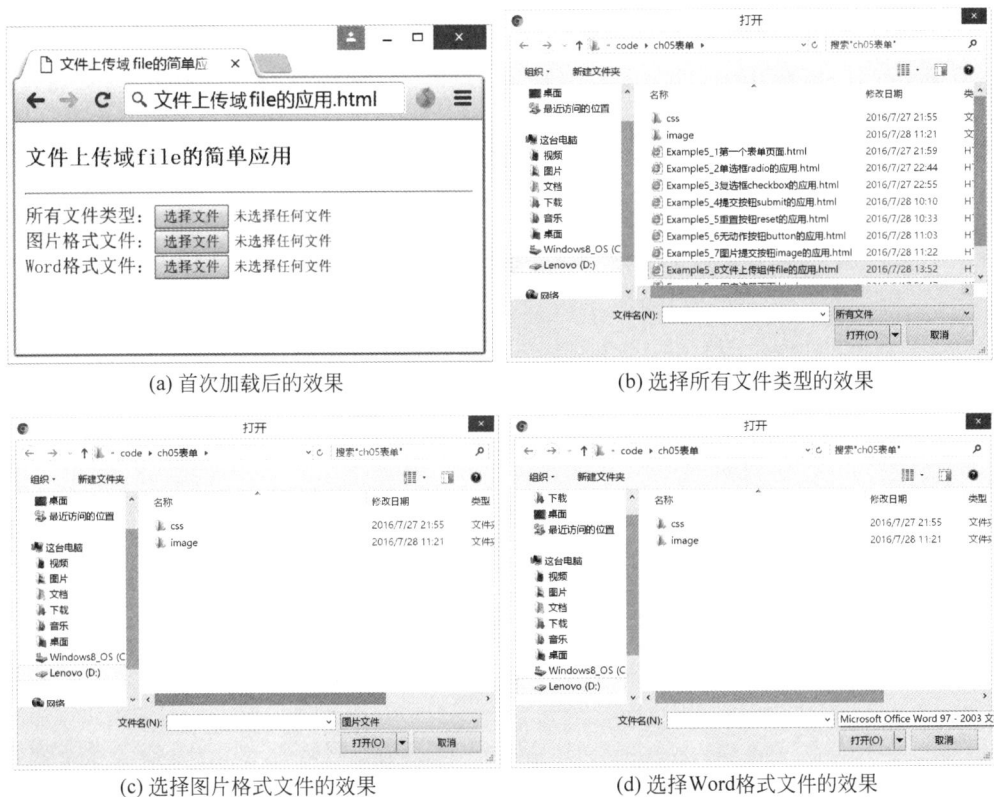

(a) 首次加载后的效果　　　　　　　　　(b) 选择所有文件类型的效果

(c) 选择图片格式文件的效果　　　　　　(d) 选择 Word 格式文件的效果

图 6-8　文件上传域 file 的运行效果

【代码说明】

本示例在表单中包含了三个<input>元素，其类型设置均为 type="file"表示文件上传控件。为达到对比效果，第一个<input>元素未添加任何单击事件；第二、三个<input>元素均添加了 accept 属性，其属性值分别定义为"image/ * "（所有图像类型文件）和"application/msword"（所有 Word 格式文件）。

图 6-8(a)显示的是页面首次加载后的效果，三个文件上传控件的样式完全相同；图 6-8(b)为单击第一个<input>元素的浏览按钮弹出的文件选择对话框，由图可见，筛选条件为"所有文件"；图 6-8(c)为单击第二个<input>元素的浏览按钮弹出的文件选择对话框，由图可见，筛选条件为"图片文件"；图 6-8(d)为单击第三个<input>元素的浏览按钮弹出

的文件选择对话框,由图可见,筛选条件为"Microsoft Office Word 97—2003 文件"。

注意:accept 属性只用于方便用户筛选上传文件的种类,不能约束用户的行为。如果对于需要上传的文件有指定的规范要求,则需要在服务器端对其进行额外的检测。

10. 隐藏域 hidden

在< input >标签中,type 的属性值 hidden 表示隐藏域,在页面中对用户不可见。提交表单数据时,隐藏域的数据名称和值也会一起发送到服务器端。其语法格式如下:

```
< input type = "hidden" name = "自定义名称" value = "值" />
```

隐藏域的内容用户是无法手动修改的,因此必须事先设置好正确的 value 属性,该属性值在提交表单时会发给服务器。根据这一特点,可以将隐藏域用于确认用户身份,例如 sessionkey 等。使用隐藏域的优势是所有浏览器都支持该功能,并且无须担心浏览器禁用 cookies 或脚本。

扫一扫

视频讲解

【例 6-9】 隐藏域 **hidden** 的简单应用

使用< input >标签中的 hidden 类型生成一个隐藏域,在提交表单时用于确认用户身份。

```
1.    <!DOCTYPE html >
2.    < html >
3.        < head >
4.            < meta charset = "utf-8" >
5.            <title>隐藏域 hidden 的简单应用</title>
6.        </head >
7.        < body >
8.            <h3>隐藏域 hidden 的简单应用</h3 >
9.            < hr />
10.           < form method = "post" action = "server.html">
11.               用户名:
12.               < input type = "text" name = "username" />
13.               < br />
14.               密  码:
15.               < input type = "password" name = "pwd" />
16.               < br />
17.               <!-- 插入一项隐藏域,该内容对用户不可见 -->
18.               < input type = "hidden" name = "country" value = "CHINA" />
19.               < input type = "submit" value = "登录" />
20.           </form >
21.       </body >
22.   </html >
```

运行效果如图 6-9 所示。

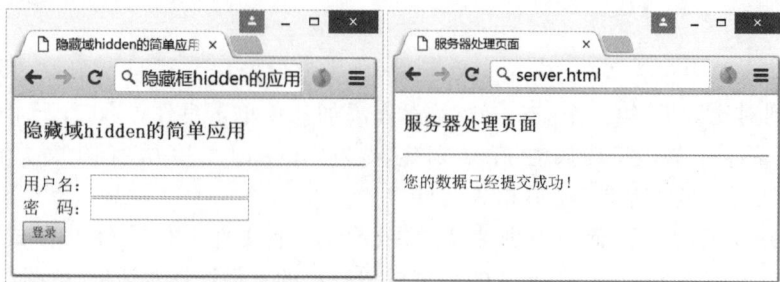

(a) 首次加载后的效果　　　　　　　(b) 数据提交后的效果

图 6-9　隐藏域 hidden 的运行效果

【代码说明】

本示例基于例 6-4 的代码进行了修改,在其中新增了一个类型为 hidden 的< input >元素用于创建隐藏域,用于确认用户的所在国家为中国(CHINA)。

图 6-9(a)显示的是页面首次加载后的效果,由图可见,与例 6-4 的首次加载看起来并没有什么不同,原因是隐藏域在页面上是不可见的。图 6-9(b)为用户提交数据后的效果图。

6.1.3 标记标签< label >

标记标签< label >又称为标注标签,可放置在< input >元素前后为其定义标记,通常为文本形式作为< input >元素的补充说明。虽然显示效果与普通文本一致,但是< label >标签可以在被单击时为对应的表单控件生成焦点。

可以在< label >元素的首标签中使用 for 属性引用对应表单控件的 id 名称。例如:

```
< label for = "name1">姓名:</label>
< input type = "text" name = "name1" id = "name1" />
```

其中,表单控件的 id 名称为自定义,可以与 name 属性值相同。

也可以直接将文本内容与表单控件都放入< label >和</label >标签之间,此时无须为< input >元素特别设置 id 名称。例如:

```
< label >姓名:< input type = "text" name = "name1" /></label >
```

这两种方法的运行效果完全相同。

【例 6-10】 标记标签< label >的简单应用

在两个独立的表单中分别使用< label >标签的两种表示方法。

扫一扫

视频讲解

```
1.    <!DOCTYPE html >
2.    < html >
3.        < head >
4.            < meta charset = "utf-8" >
5.            <title>标记标签 label 的简单应用</title>
6.            < style >
7.                form {
8.                    border: 1px solid;
9.                    text – align: center;
10.                   width: 250px;
11.               }
12.           </style >
13.       </head >
14.       < body >
15.           < h3 >标记标签 label 的简单应用</h3>
16.           < hr />
17.           < form method = "post" action = "URL" name = "form1">
18.               < label for = "name1">用户名:</label>
19.               < input type = "text" name = "name1" id = "name1" />
20.               < br />
21.               < label for = "pwd1">密  码:</label>
22.               < input type = "password" name = "pwd1" id = "pwd1" />
23.               < br />
24.               < input type = "submit" value = "登录" />
25.           </form >
26.           < br />
27.
28.           < form method = "post" action = "URL" name = "form2">
```

```
29.            < label >用户名：
30.                < input type = "text" name = "name2" />
31.            </ label >
32.            < br />
33.            < label >密　码：
34.                < input type = "password" name = "pwd2" />
35.            </ label >
36.            < br />
37.            < input type = "submit" value = "登录" />
38.        </ form >
39.      </ body >
```

运行效果如图 6-10 所示。

【代码说明】

本示例包含了两组表单< form >元素，每组表单均包含了一个单行文本框和一个密码框，用于对比测试不同的< label >标签使用方法。为了在页面上区分开两组表单内容，使用 CSS 内部样式表为< form >标签设置了统一样式：带有宽 1 像素的实线边框，文字内容居中显示，并且表单宽度为 250 像素。

图 6-10　标记标签< label >的运行效果

其中第一组表单为< label >标签增加了 for 属性用于关联表单控件的 id 名称；第二组表单不使用 for 属性，直接将文本内容与表单控件嵌套在< label >的首尾标签之间。

由图 6-10 可见，使用不同的< label >标签表达方式在页面显示样式上几乎没有太大的区别。使用本例对比之前例 6-4 的内容：在本示例中单击任意一个< label >标签均可使其对应的表单控件成为焦点；在例 6-4 中没有使用< label >标签而是普通的文本作为标记，单击文字内容则无法实现焦点的获取。

6.1.4　多行文本标签< textarea >

使用< textarea >标签可以实现多行文本区域，它与< input >标签实现的文本框最大的区别在于< textarea >元素允许文本回车换行。其基本语法格式如下：

```
< textarea ></ textarea >
```

使用该标签实现的文本域可以容纳无限量的文本内容，其中文本的默认字体为 Courier。

目前该标签具有 3 种属性，如表 6-5 所示。

表 6-5　< textarea >元素属性

属 性 名 称	属 性 值	解　　释
rows	正整数的数值	规定文本框可见的行数
cols	正整数的数值	规定文本框可见的宽度，默认值为 20
wrap	soft 或 hard	规定文本框的换行方式，默认值为 soft

例如，声明一个 20 行、每行 15 个字符的多行文本域，写法如下：

```
< textarea cols = "15" rows = "20"></ textarea >
```

也可以使用 CSS 样式规定< textarea >元素的宽度（width）和高度（height）属性。

默认情况下，< textarea >元素形成的多行文本框是可编辑状态，可以使用< textarea >元素的 readonly 属性将该文本框改为只读状态，或使用 disabled 属性禁用该文本区域。

扫一扫

视频讲解

【例 6-11】　多行文本标签< **textarea** >的简单应用

使用< textarea >标签及其相关属性定义多行文本框。

```html
1.    <!DOCTYPE html>
2.    <html>
3.        <head>
4.            <meta charset="utf-8">
5.            <title>多行文本标签 textarea 的简单应用</title>
6.            <style>
7.                textarea {
8.                    width: 20em;
9.                    height: 5em;
10.                   display: block;
11.                   margin: 10px;
12.               }
13.           </style>
14.       </head>
15.       <body>
16.           <h3>多行文本标签 textarea 的简单应用</h3>
17.           <hr />
18.           <textarea>这是可编辑状态的正常 textarea 元素</textarea>
19.           <textarea readonly>这是只读(readonly)状态的 textarea 元素</textarea>
20.           <textarea disabled>这是禁用(disabled)状态的 textarea 元素</textarea>
21.       </body>
22.   </html>
```

运行效果如图 6-11 所示。

【代码说明】

本示例在表单中包含了三个< textarea >元素，并使用 CSS 内部样式表为< textarea >标签设置了统一样式：宽 20em、高 5em，各边外边距为 10 像素，并且将其设置为块级元素，以便可以自动换行。

为这三个< textarea >设置不同的效果：第一个< textarea >元素为正常状态，可编辑文本内容；第二个< textarea >元素添加了 readonly（只读）属性的效果，虽然样式没有变化但是无法修改其中的文本内容；第三个< textarea >元素添加了 disabled（禁用）属性的效果，由图 6-11 可见，该文本框变为灰色，并且不可编辑内部文本内容。

图 6-11　多行文本标签< textarea >的运行效果

6.1.5　列表标签< select >

在 HTML 表单中，< select >标签可以用于创建单选或多选菜单，菜单的样式根据属性值的不同可显示为下拉菜单或列表框。

在 HTML5 中该标签具有 4 种属性，如表 6-6 所示。

表 6-6　列表元素＜select＞属性

属 性 名 称	属 性 值	解　　释
disabled	disabled	禁用列表菜单
multiple	multiple	规定允许同时选中多个选项
name	自定义名称	规定列表元素的名称
size	数值	规定列表菜单中可见选项的个数

其中 multiple 属性会使得＜select＞元素的显示样式从默认的下拉菜单变更为列表框，并允许同时选中多个选项栏目。

最常见的用法是＜select＞元素配合若干个＜option＞标签使用，形成简易的下拉菜单。＜option＞标签具有 4 种属性，如表 6-7 所示。

表 6-7　选项元素＜option＞属性

属 性 名 称	属 性 值	解　　释
disabled	disabled	首次加载时禁用当前选项
label	文本内容	规定选项的简写内容，该内容将取代原选项内容显示在列表中
selected	selected	规定首次加载时当前选项为选中状态
value	文本内容	规定提交表单时发送给服务器的选项值

选项标签＜option＞配合列表标签＜select＞使用的基本语法格式如下：

```
＜select＞
    ＜option value = "值 1"＞选项 1＜/option＞
    ＜option value = "值 2"＞选项 2＜/option＞
     …
    ＜option value = "值 N"＞选项 N＜/option＞
＜/select＞
```

其中，value 属性值是提交表单时传递的数据值，不显示在网页上；＜option＞首尾标签之间的文本才是显示在网页上的选项内容。例如：

```
＜select＞
    ＜option value = "apple"＞苹果＜/option＞
    ＜option value = "cherry"＞樱桃＜/option＞
    ＜option value = "grape"＞葡萄＜/option＞
＜/select＞
```

在页面首次加载时第一个选项为默认选中的状态。如果需要默认选中列表中的其他选项，可以为该选项标签＜option＞添加 selected 属性。例如，为第三个选项设置默认选中效果：

```
＜select＞
    ＜option value = "apple"＞苹果＜/option＞
    ＜option value = "banana"＞香蕉＜/option＞
    ＜option value = "grape" selected＞葡萄＜/option＞
＜/select＞
```

其中，selected 属性的完整声明应为 selected＝"selected"，也可以简写为 selected。

注意：如果是单选状态，则只能为其中一个选项添加 selected 属性。如果为多个选项同时添加了该属性，则默认也只显示最后一个带有 selected 属性的选项。

如果列表项目较多需要进行分类，可以使用＜optgroup＞标签定义选项组。＜optgroup＞标签具有两种属性，如表 6-8 所示。

表 6-8　选项组元素＜ optgroup ＞属性

属 性 名 称	属 性 值	解　释
disabled	disabled	禁用选项组中的所有选项
label	文本内容	规定选项组的标题

例如:

```
< select >
  < optgroup label = "水果类">
  < option value = "apple">苹果</option >
  < option value = "banana">香蕉</option >
  < option value = "grape">葡萄</option >
  </optgroup >
  < optgroup label = "蔬菜类">
  < option value = "pumpkin">南瓜</option >
  < option value = "greenbean">四季豆</option >
  < option value = "potato">土豆</option >
  </optgroup >
</select >
```

此时＜ optgroup ＞标签中 label 属性的文本内容也会显示在列表中作为分组选项的标
题,单击时不会变为选中状态。

【例 6-12】 列表标签＜ select ＞的应用

使用列表标签＜ select ＞配合选项标签＜ option ＞、选项组标签＜ optgroup ＞形成 3 种不同
样式的列表菜单。

扫一扫

视频讲解

```
1.    <!DOCTYPE html >
2.    < html >
3.        < head >
4.            < meta charset = "utf-8" >
5.            < title >列表标签 select 的简单应用</title>
6.            < style >
7.                select {
8.                    width: 20em;
9.                    display: block;
10.                   margin: 10px;
11.               }
12.           </style >
13.       </head >
14.       < body >
15.           < h3 >列表标签 select 的简单应用</h3>
16.           < hr />
17.           < p >
18.               简单下拉菜单(单选):
19.           </p >
20.           < select >
21.               < option value = "apple">苹果</option >
22.               < option value = "cherry">樱桃</option >
23.               < option value = "grape">葡萄</option >
24.           </select >
25.
26.           < p >
27.               分组下拉菜单(单选):
28.           </p >
29.           < select >
30.               < optgroup label = "水果类">
```

```
31.              < option value = "apple">苹果</option>
32.              < option value = "cherry">樱桃</option>
33.              < option value = "grape">葡萄</option>
34.          </optgroup>
35.          < optgroup label = "蔬菜类">
36.              < option value = "potato">土豆</option>
37.              < option value = "tomato">番茄</option>
38.              < option value = "eggplant">茄子</option>
39.          </optgroup>
40.      </select>
41.
42.      < p>
43.          简单列表菜单(多选):
44.      </p>
45.      < select multiple>
46.          < option value = "apple">苹果</option>
47.          < option value = "cherry">樱桃</option>
48.          < option value = "grape">葡萄</option>
49.      </select>
50.
51.      < p>
52.          分组列表菜单(多选):
53.      </p>
54.      < select multiple size = "8">
55.          < optgroup label = "水果类">
56.              < option value = "apple">苹果</option>
57.              < option value = "cherry">樱桃</option>
58.              < option value = "grape">葡萄</option>
59.          </optgroup>
60.          < optgroup label = "蔬菜类">
61.              < option value = "potato">土豆</option>
62.              < option value = "tomato">番茄</option>
63.              < option value = "eggplant">茄子</option>
64.          </optgroup>
65.      </select>
66.  </body>
67. </html>
```

运行效果如图 6-12 所示。

【代码说明】

本示例在表单中包含了 4 个< select >元素,分别用于显示下拉菜单和列表框效果。首先在 CSS 内部样式表中为其设置了统一样式:宽度为 20em,各边外边距为 10 像素,显示为块级元素以便可以自动换行。

图 6-12(a)显示的是页面首次加载后的效果,前两个< select >元素不带有 multiple 属性,显示为下拉菜单样式,只显示其中的一条默认选项,需要单击展开才能看到所有的选项内容,并且只能单选;后两个< select >元素带有 multiple 属性的< select >元素显示为列表框样式,即选项内容直接全部显示在页面上,并允许多选。图 6-12(b)为展开第一个< select >元素下拉菜单的样式,该菜单由三个< option >元素组成没有分组。图 6-12(c)为展开第二个< select >元素下拉菜单的样式,该菜单使用了< optgroup >标签进行了选项分组。图 6-12(d)为后两个< select >元素的展示效果,按住 Ctrl 键可以对选项进行多选。由于列表框默认只显示 4 条选项内容,超过 4 项内容则无法同时显示,会自动生成滚动条。因此为最后一个< select >元素使用了属性 size= "8"以显示全部选项内容。

(a) 页面首次加载后的效果

(b) 普通单选下拉菜单效果

(c) 分组单选下拉菜单效果

(d) 列表菜单的多选效果

图 6-12　列表标签＜select＞的应用效果

6.1.6　按钮标签＜button＞

按钮标签＜button＞可用于在网页上生成自定义样式的按钮。在＜button＞和＜/button＞标签之间可以包含普通纯文本内容、图像、文本格式化标签等内容；而＜input＞的提交（submit）、重置（reset）或无动作按钮（button）类型都只允许包含无样式的普通文本，如果需要图片，必须使用专门的图像提交按钮（image）类型。

这意味着使用＜button＞可以创建带有图像、颜色、文字等更多样式效果的按钮，比＜input＞标签创建的按钮更加丰富。

在 HTML5 中该标签具有 4 种属性,如表 6-9 所示。

表 6-9 按钮元素＜button＞属性

属性名称	属性值	解释
disabled	disabled	禁用当前按钮元素
name	自定义名称	规定按钮的名称
type	button	规定按钮的类型
	reset	
	submit	
value	文本内容	规定按钮的初始值

扫一扫

视频讲解

＜button＞按钮也可以在表单之外独立使用,配合 JavaScript 脚本形成多样化的功能。

【例 6-13】 按钮标签＜button＞的简单应用

使用＜button＞标签分别创建文本按钮和图片按钮。

```
1.   <!DOCTYPE html >
2.   < html >
3.      < head >
4.         < meta charset = "utf-8" >
5.         <title>按钮标签 button 的简单应用</title>
6.         < style >
7.              # btn1 {
8.                   width: 100px;
9.                   height: 30px;
10.                  color: white;
11.                  font - weight: bold;
12.                  font - size: 20px;
13.                  font - family: "微软雅黑 Light";
14.                  line - height: 30px;
15.                  background - color: # 3C9DFF;
16.                  text - decoration: none;
17.                  border: 0px;
18.              }
19.              # btn1:hover {
20.                  background - color: # 0061C1;
21.              }
22.              # btn2 {
23.                  background: transparent;
24.                  border: 0;
25.              }
26.         </style>
27.      </head >
28.      < body >
29.         < h3 >按钮标签 button 的简单应用</h3 >
30.         < hr />
31.         < h4 >文本按钮:</h4 >
32.         < button id = "btn1" >
33.              按 钮
34.         </button >
35.         < br />
36.         < h4 >图片按钮:</h4 >
37.         < button id = "btn2">< img src = " image/play.png"width = "80"height =  "80"/>
38.         </button >
39.      </body >
40.   </html >
```

运行效果如图 6-13 所示。

(a) 页面首次加载的效果　　　　　　　(b) 光标悬浮在文本按钮上的效果

图 6-13　按钮标签< button >的运行效果

【代码说明】

本示例在表单中包含了两个< button >元素，分别用于创建文字按钮和图片按钮。为方便设置 CSS 样式，为这两个按钮分别定义了 id 名称为 btn1 和 btn2。使用 CSS 内部样式表为 id="btn1"的文本按钮进行样式设置：宽 100 像素、高 30 像素，背景颜色为浅蓝色，字体为白色、加粗显示、微软雅黑 Light 风格、20 像素大小，令文本行间距为 30 像素，以便文字在水平、垂直方向均居中显示。将边框设置为 0 像素，以便去掉< button >元素自带边框效果。

同样使用 CSS 内部样式表为 id="btn2"的图像按钮进行样式设置：边框宽度为 0 像素，同时令背景颜色属性值为 transparent 表示透明效果，以便显示自定义形状的图片。图片素材来源于本地 image 文件夹中的 play.png 文件，显示效果为圆形按钮。PNG 格式的图片支持透明效果，因此可以实现自定义形状的图像按钮。

图 6-13(a)显示的是页面首次加载后的效果，由图可见< button >元素既可以显示带有背景颜色、字体样式的文本按钮，也可以显示为自定义形状的图片按钮；图 6-13(b)显示是将光标悬浮在文本按钮上的效果，此时会触发 CSS 内部样式表中的 ♯btn1:hover，所以背景颜色会重置为深蓝色，由图可见这一动态变化的结果。

6.1.7　域标签< fieldset >和域标题标签< legend >

域标签< fieldset >可以用于将同一个表单中的多个表单元素分组显示。当把一组表单元素放在< fieldset >和</fieldset >标签之间，浏览器会形成边框效果凸显分组。配合以域标题标签< legend >使用，可以为每个分组的区域显示独立的标题。

其基本语法格式如下：

```
< form >
  < fieldset >
    < legend >域标题</legend>
    <!-- 其他表单组件 -->
  </fieldset>
</form>
```

例如，用于显示学生的个人基本信息：

```
< form >
  < fieldset >
    < legend >学生基本信息</legend>
```

```
        姓名:< input type = "text" />
        学号:< input type = "text" />
    </fieldset >
</form >
```

在同一个表单内可以使用< fieldset >标签对表单元素进行多项分组。

【例 6-14】 域标签< fieldset >和域标题标签< legend >的简单应用

制作简易一个用户注册页面,使用域标签< fieldset >将表单中的多个元素进行分组显示,并使用域标题标签< legend >为各组区域显示标题。

```
1.   <!DOCTYPE html >
2.   < html >
3.   < head >
4.   < meta charset = "utf-8" >
5.   < title >域标签 fieldset 和域标题 legend 的简单应用</title >
6.   < style >
7.   form{
8.      width:280px;
9.      margin:20px;
10.  }
11.  div{text - align:center;}
12.  </style >
13.  </head >
14.  < body >
15.  < h3 >域标签 fieldset 和域标题 legend 的简单应用</h3 >
16.  < hr />
17.  < form method = "post" action = "URL">
18.      < fieldset >
19.      < legend >账号信息</legend >
20.      < label >用户名:< input type = "text" name = "username" /></label >< br />
21.      < label >密    码:< input type = "text" name = "pwd1" /></label >< br />
22.      < label >确    认:< input type = "text" name = "pwd2" /></label >< br />
23.      </fieldset >
24.      < br />
25.      < fieldset >
26.      < legend >个人信息</legend >
27.      < label >姓    名:< input type = "text" name = "name" /></label >< br />
28.      < label >单    位:< input type = "text" name = "title" /></label >< br />
29.      < label >职    位:< input type = "text" name = "position" /></label >< br />
30.      < label >职    称:< input type = "text" name = "title" /></label >< br />
31.      < label >手    机:< input type = "text" name = "tel" /></label >< br />
32.      < label >邮    箱:< input type = "text" name = "email" /></label >< br />
33.      </fieldset >
34.      < br />
35.      < div >
36.      < input type = "reset" value = "重置"/>   < input type = "submit"value = "提交"/>
37.      </div >
38.  </form >
39.  </body >
40.  </html >
```

运行效果如图 6-14 所示。

【代码说明】

本示例为一个简易用户注册页面,在表单中包含了两组< fieldset >域标签元素,分别用于收集注册的账号信息和个人信息。表单的最下方使用了< div >元素包含重置按钮和提交按钮。在 CSS 内部样式表中对样式做了简单调整:设置< form >元素宽 280 像素,各边外

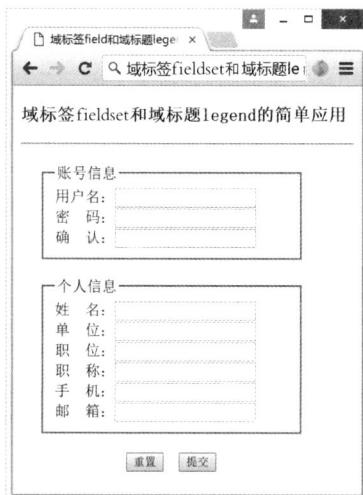

图 6-14　域标签<fieldset>和域标题标签<legend>的运行效果

边距为 20 像素；设置<div>元素为文字居中显示效果。

由图 6-14 可见，使用<fieldset>标签可以将表单控件分组，并自动生成了边框效果。域标题标签<legend>可以在每个分组的边框上插入标题，默认在上边框并且左对齐的位置。

6.2　HTML5 表单新特性

相对 HTML4 而言，HTML5 的表单新特性提供了更多语义明确的表单类型，并能够及时响应用户交互。HTML5 的表单新特性还提供了原先浏览器脚本才能做到的输入类型验证功能，即使用户禁用了浏览器脚本也能得到完全相同的体验。

6.2.1　HTML5 表单新增输入类型

HTML5 新增多项表单输入类型，这些新类型具有更明确的含义，并且在禁用浏览器脚本的情况都可以为用户提供输入控制和验证。HTML5 表单新增的输入类型共计 13 种，如表 6-10 所示。

表 6-10　HTML5 表单新增输入类型

输　入　类　型	含　　义
tel	电话号码
email	电子邮箱地址
url	URL 网址
number	数值
range	包含数值范围的滚动条
datetime	UTC 日期(包含年、月、日)和时间(包含时、分)
datetime-local	本地日期和时间
time	选择时间(包含时、分)
date	选择日期(包含年、月、日)
week	选择星期(包含年、第几周)
month	选择月份(包含年、月)
search	搜索栏目的文本输入域
color	颜色选择器

在 HTML4 中最常见的普通单行文本框输入类型格式为<input type="text" name=

"自定义名称" />,HTML5 新增的输入类型写法格式是相类似的,需要将双引号中的 text
替换为表中新的类型值。

其中 datetime、datetime-local、time、date、week 和 month 类型是 6 种样式不同的时间
日期选择器控件,统称为 Date Pickers(日期选择器)。

1. 电话号码类型 tel

tel 类型用于输入电话号码。该类型在 PC 端与普通单行文本框 text 类型没有任何区
别,但是在手机移动端使用该类型输入时会显示数字键盘,提高了用户的体验。

【例 6-15】 HTML5 表单新增输入类型 tel 的简单应用

使用< input >标签中的 tel 类型生成电话号码输入域。

扫一扫

视频讲解

```
1.    <!DOCTYPE html>
2.    < html >
3.        < head >
4.            < meta charset = "utf-8" >
5.            < title > HTML5 表单新增输入类型 tel 的简单应用</title>
6.            < style >
7.                form {
8.                    width: 280px;
9.                    margin: 20px;
10.                }
11.            </style >
12.        </head >
13.        < body >
14.            < h3 > HTML5 表单新增输入类型 tel 的简单应用</h3 >
15.            < hr />
16.            < form method = "post" action = "URL">
17.                < fieldset >
18.                    < legend >
19.                        新增输入类型 tel 的简单应用
20.                    </legend >
21.                    < label >电话号码:
22.                        < input type = "tel" name = "tel" />
23.                    </label >
24.                </fieldset >
25.                < br />
26.                < input type = "submit" value = "提交" />
27.            </form >
28.        </body >
29.    </html >
```

将本示例的页面放置在服务器端,分别使用 iOS 与 Android 系统的手机浏览器访问。
运行效果如图 6-15 所示。

【代码说明】

本示例包含了一个表单元素< form >,在 CSS 内部样式表中为其设置样式:宽 280 像
素,各边外边距 20 像素。在表单中包含了一个输入类型为 tel 的< input >标签,并配有提交
按钮用于测试输入验证效果。增加了域标签< fieldset >、域标题标签< legend >用于美化页
面显示效果。

图 6-15(a)显示的是 iOS 手机访问页面的效果,图 6-15(b)显示的是 Android 手机访问
页面的效果。由图 6-15 可见,在手机端点击 tel 类型的文本框进行输入时均会出现数字
键盘。

2. 电子邮箱类型 email

email 类型用于输入电子邮箱地址,该类型只允许输入包含"@"字样的标准电子邮箱

(a) iOS手机截屏 (b) Android手机截屏

图 6-15 HTML5 表单新增输入类型 tel 的运行效果

格式的文本内容。在 iPhone 的 Safari 浏览器中支持通过改变触屏键盘来添加"@"和".com"或".cn"等选项。

该输入类型在表单标签<form>和</form>内使用可用于验证用户填写的是否为正确的电子邮件地址,当用户提交表单时浏览器会自动验证输入域的值是否有效。例如:

电子邮箱:< input type = "email" name = "myemail" />

其中,<input>标签 name 属性的值可自定义。

【例 6-16】 HTML5 表单新增输入类型 email 的简单应用

使用<input>标签中的 email 类型生成电子邮箱输入域。

扫一扫

视频讲解

```
1.    <!DOCTYPE html>
2.    <html>
3.        <head>
4.            <meta charset = "utf-8">
5.            <title>HTML5 表单新增输入类型 email 的简单应用</title>
6.            <style>
7.                form {
8.                    width: 280px;
9.                    margin: 20px;
10.                }
11.                div {
12.                    text-align: center;
13.                    margin-top: 10px;
14.                }
15.            </style>
16.        </head>
17.    <body>
18.        <h3>HTML5 表单新增输入类型 email 的简单应用</h3>
19.        <hr />
20.        <form method = "post" action = "URL">
```

```
21.                    <fieldset>
22.                        <legend>
23.                            新增输入类型email的简单应用
24.                        </legend>
25.                        <label>电子邮箱:
26.                            <input type = "email" name = "email" />
27.                        </label>
28.                    </fieldset>
29.                    <div>
30.                        <input type = "submit" value = "提交" />
31.                    </div>
32.                </form>
33.            </body>
34.    </html>
```

运行效果如图 6-16 所示。

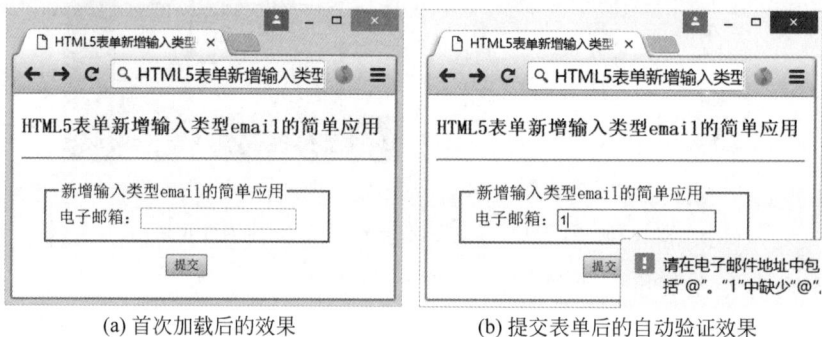

(a) 首次加载后的效果   (b) 提交表单后的自动验证效果

图 6-16   HTML5 表单新增输入类型 email 的运行效果

【代码说明】

本示例包含了一个表单元素< form >,在 CSS 内部样式表中为其设置样式:宽 280 像素,各边外边距 20 像素。在表单中包含了一个输入类型为 email 的<input>标签,并配有提交按钮用于测试输入验证效果。增加了域标签< fieldset >、域标题标签< legend >用于美化页面显示效果。

图 6-16(a)显示的是页面首次加载后的效果,由图可见其样式与单行文本输入框相同。图 6-16(b)为输入不符合要求的文本内容后点击"提交"按钮的效果。由图 6-16(b)可见,在提交表单时 email 类型的输入框会验证用户输入电子邮件地址是否包含"@"字符,如果验证不通过,则弹出提示对话框。

3. 地址类型 url

url 类型用于显示包含 URL 地址的输入框。当用户提交表单时浏览器会自动验证输入框内值是否有效。例如:

```
网站地址:<input type = "url" name = "url" />
```

其中,< input >标签 name 属性的值可自定义。

【例 6-17】 HTML5 表单新增输入类型 url 的简单应用

使用< input >标签中的 url 类型生成 URL 地址输入域。

扫一扫

视频讲解

```
1.    <!DOCTYPE html>
2.    <html>
3.        <head>
4.            <meta charset = "utf-8" >
```

```
5.              <title>HTML5 表单新增输入类型 url 的简单应用</title>
6.              <style>
7.                  form {
8.                      width: 280px;
9.                      margin: 20px;
10.                 }
11.                 div {
12.                     text-align: center;
13.                     margin-top: 10px;
14.                 }
15.             </style>
16.         </head>
17.     <body>
18.         <h3>HTML5 表单新增输入类型 url 的简单应用</h3>
19.         <hr />
20.         <form method="post" action="URL">
21.             <fieldset>
22.                 <legend>
23.                     新增输入类型 url 的简单应用
24.                 </legend>
25.                 <label>网站地址：
26.                     <input type="url" name="url" />
27.                 </label>
28.             </fieldset>
29.             <div>
30.                 <input type="submit" value="提交" />
31.             </div>
32.         </form>
33.     </body>
34. </html>
```

运行效果如图 6-17 所示。

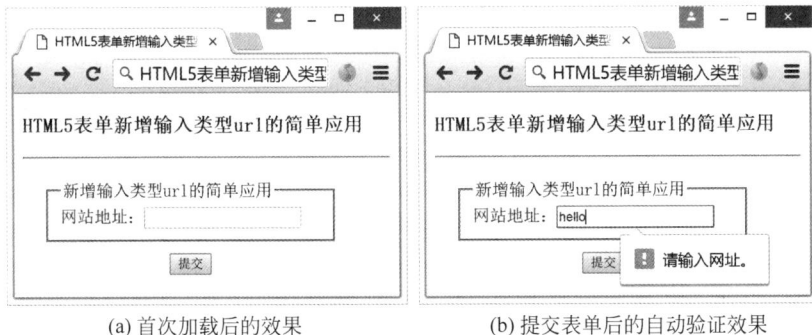

(a) 首次加载后的效果　　　(b) 提交表单后的自动验证效果

图 6-17　HTML5 表单新增输入类型 url 的运行效果

【代码说明】

本示例包含了一个表单元素<form>，在 CSS 内部样式表中为其设置样式：宽 280 像素，各边外边距为 20 像素。在表单中包含了一个输入类型为 url 的<input>标签，并配有提交按钮用于测试输入验证效果。增加了域标签<fieldset>、域标题标签<legend>用于美化页面显示效果。

图 6-17(a)显示的是页面首次加载后的效果，由图可见，其样式与单行文本输入框相同。图 6-17(b)为输入不符合要求的文本内容后点击提交按钮的效果。由图 6-17(b)可见，在提交表单时 url 类型的输入框会验证用户输入内容是否是网址格式（比如是否带有 http:// 字样），如果验证不通过，则弹出提示对话框。

4. 数值类型 number

number 类型用于显示只能包含数值内容的文本输入框。例如：

```
< input type = "number" name = "mynumber" />
```

其中,<input>标签 name 属性的值可自定义。

还可以用 max 和 min 属性限定数值的最大值和最小值范围。例如,设计一个只允许输入数字 0～100 的输入框,写法如下：

```
< input type = "number" min = "0" max = "100" />
```

【例 6-18】 HTML5 表单新增输入类型 number 的简单应用

使用<input>标签中的 number 类型生成数值输入域。

```
1.    <!DOCTYPE html>
2.    < html >
3.        < head >
4.            < meta charset = "utf-8" >
5.            < title >HTML5 表单新增输入类型 number 的简单应用</title>
6.            < style >
7.                form {
8.                    width: 280px;
9.                    margin: 20px;
10.                }
11.                div {
12.                    text - align: center;
13.                    margin - top: 10px;
14.                }
15.            </style>
16.        </head >
17.        < body >
18.            < h3 >HTML5 表单新增输入类型 number 的简单应用</h3>
19.            < hr />
20.            < form method = "post" action = "URL">
21.                < fieldset >
22.                    < legend >
23.                        新增输入类型 number 的简单应用
24.                    </legend >
25.                    < label >请输入 20 的整数倍：
26.                        < input type = "number" name = "number"min = "0" max = "100" step = "20" />
27.                    </label >
28.                </fieldset >
29.                < div >
30.                    < input type = "submit" value = "提交" />
31.                </div >
32.            </form >
33.        </body >
34.    </html >
```

运行效果如图 6-18 所示。

【代码说明】

本示例包含了一个表单元素< form >,在 CSS 内部样式表中为其设置样式：宽 280 像素,各边外边距 20 像素。在表单中包含了一个输入类型为 number 的<input>标签,并配有

(a) 首次加载后的效果　　　　　　　(b) 提交表单后的自动验证效果

图 6-18　HTML5 表单新增输入类型 number 的运行效果

"提交"按钮用于测试输入验证效果。增加了域标签< fieldset >、域标题标签< legend >用于美化页面显示效果。

图 6-18(a)显示的是页面首次加载后的效果,由图可见,其样式与单行文本输入框类似。图 6-18(b)为输入不符合要求的文本内容后点击"提交"按钮的效果。由图 6-18(b)可见,在提交表单时 number 类型的输入框会验证用户输入内容是否在规定的数值范围内,如果验证不通过,则弹出提示对话框,并提供参考数值。

5. 数值范围类型 range

range 类型用于显示包含数值范围的滑动条,用户直接拖动滑动条上的滑块进行数据值的选择。其语法格式如下:

```
< input type = "range" name = "range01" min = "最小数值"max = "最大数值"step = "数值间隔"/>
```

其中,< input >标签 name 属性的值可自定义。

例如,设置一个滑动条,最小值为 0、最大值为 100,并且数值间隔为 20:

```
< input type = "range" min = "0" max = "100" step = "20" />
```

【例 6-19】　HTML5 表单新增输入类型 range 的应用

可利用< input >标签的输入类型 range 制作音量控制器的滚动条效果。

扫一扫

视频讲解

```
1.    <!DOCTYPE html >
2.    < html >
3.        < head >
4.            < meta charset = "utf-8" >
5.            < title >HTML5 表单新增输入类型 range 的简单应用</title>
6.            < style >
7.                form {
8.                    width: 280px;
9.                    margin: 20px;
10.               }
11.           </style >
12.       </head >
13.   < body >
14.       < h3 >HTML5 表单新增输入类型 range 的简单应用</h3 >
15.       < hr />
16.       < form method = "post" action = "URL">
17.           < fieldset >
```

```
18.                    < legend >
19.                        新增输入类型 range 的简单应用
20.                    </ legend >
21.                    < label >音量大小:
22.                        < input type = "range" name = "range" id = "range" min = "0"
                         max = "100" step = "1" value = "0" onchange = "change()" />
23.                    </ label >< span id = "volume" > 0 </ span >
24.                </ fieldset >
25.            </ form >
26.
27.            < script >
28.                //当用户拖动滑动条时触发 onchange 事件调用此函数
29.                function change() {
30.                    //获取滑动条对象
31.                    var range = document.getElementById("range");
32.                    //获取 span 对象
33.                    var text = document.getElementById("volume");
34.                    text.innerHTML = range.value;
35.                }
36.            </ script >
37.        </ body >
38.    </ html >
```

运行效果如图 6-19 所示。

(a) 首次加载后的效果   (b) 移动滑动条的效果

图 6-19   HTML5 表单新增输入类型 range 的运行效果

【代码说明】

本示例包含了一个表单元素< form >,在 CSS 内部样式表中为其设置样式:宽 280 像素,各边外边距 20 像素。在表单中包含了一个输入类型为 range 的< input >标签用于显示音量调节滑动条,并配有域标签< fieldset >、域标题标签< legend >用于美化页面显示效果。

由于滑动条本身不显示刻度,因此在< input >标签的右边添加了一个 id = "volume" 的< span >元素用于显示当前刻度值的文本内容。为< input >标签添加了 onchange 事件监听,表示一旦滑动条上的数值发生变化,就调用 JavaScript 自定义函数 change()获取当前< input >标签的 value 值并更新到< span >元素中。

图 6-19(a)显示的是页面首次加载后的效果,由图可见,根据< input >标签的 value = "0",滑动条的刻度初始在 0 的位置上。图 6-19(b)为拖动滑动条的效果,随着往右边移动音量对应的刻度数值增大,直到最右边显示刻度为最大值 100。

6. 日期选择器 Date Pickers

Date Pickers 又称为日期选择器,它不是类型名称,而是各种日期时间选择器类型的总称。< input >标签中与时间日期选择相关的 type 属性值分为以下 6 种:

• datetime 类型——可用于选择包含年月日和时间的内容(时间为 UTC 时间)。

- datetime-local 类型——可用于选择包含年月日和时间的内容(时间为本地时间)。
- time 类型——可用于选择时间,包括小时和分钟。
- date 类型——可用于选择年、月、日。
- week 类型——可用于选择年份和第几周。
- month 类型——可用于选择年份和月份。

使用日期选择器的语法格式如下:

```
< input type = "日期类型" name = "date" />
```

其中,<input>标签的 type 属性值可填入以上 6 种类型的任意一种,日期选择器控件效果会稍有区别;<input>标签的 name 属性的值可自定义。

【例 6-20】　**HTML5 表单新增输入类型 Date Pickers 系列的应用**

使用<input>标签的输入类型 Date Pickers 系列制作时间日期选择控件。

```
1.    <!DOCTYPE html>
2.    < html >
3.        < head >
4.            < meta charset = "utf-8" >
5.            < title >HTML5 表单新增输入类型 Date Pickers 的应用</title>
6.            < style >
7.                form {
8.                    width: 280px;
9.                    margin: 20px;
10.               }
11.           </style>
12.       </head>
13.       < body >
14.           < h3 >HTML5 表单新增输入类型 Date Pickers 的应用</h3>
15.           < hr />
16.           < form method = "post" action = "URL">
17.               < fieldset >
18.                   < legend >
19.                       显示日期和时间
20.                   </legend>
21.                   < label >本地:
22.                       < input type = "datetime - local" name = "date1" />
23.                   </label>
24.               </fieldset>
25.               < br />
26.               < fieldset >
27.                   < legend >
28.                       只显示时间
29.                   </legend>
30.                   < label >时间:
31.                       < input type = "time" name = "date2" />
32.                   </label>
33.               </fieldset>
34.               < br />
35.               < fieldset >
36.                   < legend >
37.                       只显示日期
38.                   </legend>
39.                   < label >日期:
40.                       < input type = "date" name = "date3" />
41.                   </label>
42.               </fieldset>
43.               < br />
```

```
44.                <fieldset>
45.                    <legend>
46.                        显示年份和月份
47.                    </legend>
48.                    <label>月份:
49.                        <input type="month" name="date4" />
50.                    </label>
51.                </fieldset>
52.                <br />
53.                <fieldset>
54.                    <legend>
55.                        显示年份和第几周
56.                    </legend>
57.                    <label>星期:
58.                        <input type="week" name="date5" />
59.                    </label>
60.                </fieldset>
61.            </form>
62.        </body>
63.    </html>
```

运行效果如图 6-20 所示。

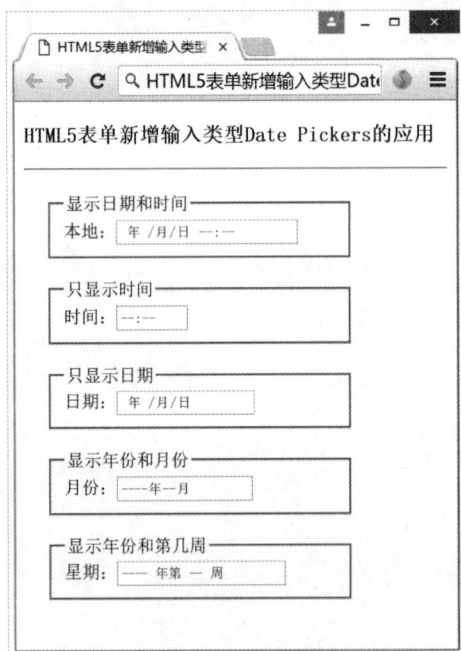

(a) 首次加载后的效果

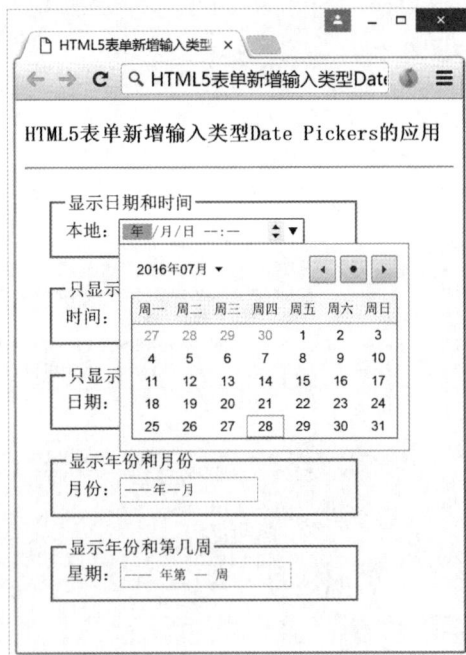

(b) 输入类型为datetime-local的控件效果

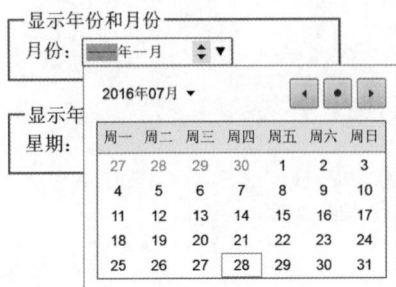

(c) 输入类型为month的控件效果

(d) 输入类型为week的控件效果

图 6-20　HTML5 表单新增输入类型 Date Pickers 系列的运行效果

【代码说明】

本示例在表单元素< from >内部包含了 5 款不同类型的日期选择器,其 type 属性值分别为 datetime-local、time、date、month 和 week。

图 6-20(a)显示的是页面首次加载后的效果,由图可见,不同的日期选择器具有各自不同的默认格式效果。图 6-20(b)为输入类型为 datetime-local 的控件效果,该控件可以显示本地日期(年、月、日)与时间(时、分)。图 6-20(c)为输入类型为 month 的控件效果,该控件仅能录入年份与月份。图 6-20(d)为输入类型为 week 的控件效果,该控件在选择日期后会自动转换为年份与第几周的格式显示。

7. 搜索框类型 search

search 类型用于显示搜索域,例如谷歌搜索、站内搜索等,显示效果为普通单行文本框。例如:

```
网站地址:< input type = "search" name = "search" />
```

其中,< input >标签 name 属性的值可自定义。

【例 6-21】 **HTML5 表单新增输入类型 search 的简单应用**

使用< input >标签中的 search 类型生成搜索框。

```
1.    <!DOCTYPE html>
2.    < html >
3.        < head >
4.            < meta charset = "utf-8" >
5.            < title >HTML5 表单新增输入类型 search 的简单应用</title>
6.            < style >
7.                form {
8.                    width: 280px;
9.                    margin: 20px;
10.               }
11.               div {
12.                   text - align: center;
13.                   margin - top: 10px;
14.               }
15.          </style >
16.      </head >
17.      < body >
18.          < h3 >HTML5 表单新增输入类型 search 的简单应用</h3>
19.          < hr />
20.          < form method = "post" action = "URL">
21.              < fieldset >
22.                  < legend >
23.                      新增输入类型 search 的简单应用
24.                  </legend >
25.                  < label >网站地址:
26.                      < input type = "search" name = "search" />
27.                  </label >
28.              </fieldset >
29.              < div >
30.                  < input type = "submit" value = "搜索" />
31.              </div >
32.          </form >
33.      </body >
34.  </html >
```

运行效果如图 6-21 所示。

(a) 首次加载后的效果　　　　　　　　(b) 输入过程中的效果

图 6-21　HTML5 表单新增输入类型 search 的运行效果

【代码说明】

本示例包含了一个表单元素< form >,在 CSS 内部样式表中为其设置样式:宽 280 像素,各边外边距 20 像素。在表单中包含了一个输入类型为 search 的< input >标签,并配有提交按钮用于测试输入验证效果。增加了域标签< fieldset >、域标题标签< legend >用于美化页面显示效果。

图 6-21(a)显示的是页面首次加载后的效果,由图可见,其样式与单行文本输入框相同。图 6-21(b)为输入关键词以后的效果,可以看出,与普通单行文本框的不同之处在于搜索框在文字内容后面会出现快捷符号"x"用于清空搜索框的文字内容。

8. 颜色类型 color

color 类型用于显示颜色选择器。例如:

```
颜色:< input type = "color" name = "color" />
```

扫一扫

视频讲解

其中,< input >标签 name 属性的值可自定义。

【例 6-22】　**HTML5 表单新增输入类型 color 的简单应用**

使用< input >标签中的 color 类型生成颜色选择器。

```
1.    <!DOCTYPE html >
2.    < html >
3.        < head >
4.            < meta charset = "utf-8" >
5.            < title >HTML5 表单新增输入类型 color 的简单应用</title>
6.            < style >
7.                form {
8.                    width: 280px;
9.                    margin: 20px;
10.               }
11.               div {
12.                   text - align: center;
13.                   margin - top: 10px;
14.               }
15.           </style>
16.       </head>
17.       < body >
18.           < h3 >HTML5 表单新增输入类型 color 的简单应用</h3>
19.           < hr />
20.           < form method = "post" action = "URL" >
21.               < fieldset >
22.                   < legend >
23.                       新增输入类型 color 的简单应用
24.                   </legend>
```

```
25.              < label >颜色选择:
26.                  < input type = "color" name = "color" id = "color" onchange =
                     "change()" />
27.              </ label >
28.          </ fieldset >
29.          < div >
30.              < input type = "submit" value = "提交" />
31.          </ div >
32.      </ form >
33.      < script >
34.          //该函数在颜色选择器 onchange 事件发生时被触发
35.          function change() {
36.              //获取颜色选择器中的颜色值
37.              var color = document.getElementById("color").value;
38.              alert(color);
39.          }
40.      </ script >
41.  </ body >
42. </ html >
```

运行效果如图 6-22 所示。

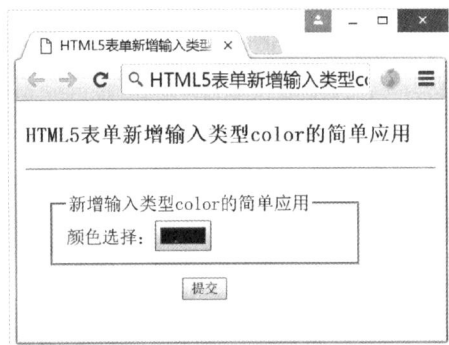
(a) 首次加载后的效果

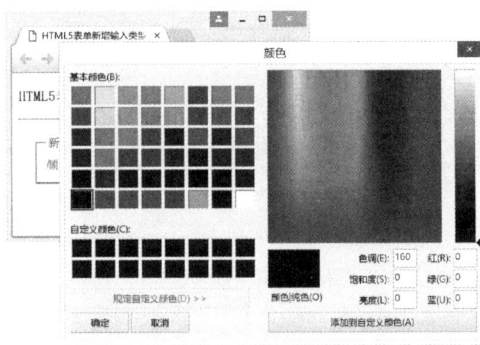
(b) 单击颜色选择器后的效果

(c) 选择了红色后弹出的对话框

(d) 最终显示的效果

图 6-22 HTML5 表单新增输入类型 color 的运行效果

【代码说明】

本示例包含了一个表单元素< form >,在 CSS 内部样式表中为其设置样式:宽 280 像素,各边外边距 20 像素。在表单中包含了一个输入类型为 color 的< input >标签,并配有提交按钮用于测试输入验证效果。增加了域标签< fieldset >、域标题标签< legend >用于美化页面显示效果。

图 6-22(a)显示的是页面首次加载后的效果,由图可见,其样式为一个带有颜色的方框,

初始默认颜色为黑色。如果使用了不支持该类型的浏览器则仍然显示为普通单行文本框的样式。图 6-22(b)为点击颜色选择器的效果,会弹出当前设备自带的颜色选择器调色盘。

为了测试颜色选择器选取完颜色之后的 value 值,给< input >标签添加了 onchange 事件监听,一旦用户更改了颜色则调用 JavaScript 自定义函数 change( )来获取颜色选择器的 value 值,并使用 alert( )方法弹出提示对话框。由图 6-22(c)可见,颜色值的取值为十六进制码的形式,当前选取的红色对应的十六进制码是♯ff0000。图 6-22(d)为颜色选择完毕后的最终效果。

6.2.2 HTML5 表单新增元素标签

本节将介绍 HTML5 中新增的两个表单元素标签:< datalist >和< output >元素。

1. 数据列表标签< datalist >

使用数据列表标签< datalist >可以为普通单行文本输入框提供提示选项。提示选项初始为隐藏状态,当焦点位于对应的文本输入框时会在下方自动展开提示选项,用户可以通过点击提示选项自动生成文本内容。

在 HTML5 中该标签具有 4 种属性,如表 6-11 所示。

表 6-11   数据列表标签< datalist >属性

属 性 名 称	属 性 值	解 释
disabled	disabled	禁用列表菜单
multiple	multiple	规定允许同时选中多个选项
name	自定义名称	规定列表元素的名称
size	数值	规定列表菜单中可见选项的个数

< datalist >元素和列表标签< select >的用法类似,也需要在其首尾标签内部使用一个或多个选项标签< option >。其基本格式如下:

```
< datalist >
    < option value = "值 1">选项一</option >
    < option value = "值 2">选项二</option >
    < option value = "值 3">选项三</option >
</datalist >
```

其中,< option >标签的 value 值为可选。如果设置了 value 值,则该属性值会随着用户的选择自动显示在文本输入框中;如果没有设置 value 值,则会显示< option >首尾标签之间的文本内容。

< datalist >无法单独使用,需要与文本输入框配合使用。在需要显示列表选项的文本框中添加 list 属性并令其属性值为< datalist >元素的 id 名称。例如:

```
< input type = "text" list = "myList" />
< datalist id = "myList">
    < option >选项一</option >
    < option >选项二</option >
    < option >选项三</option >
</datalist >
```

在< datalist >的首标签内必须为其声明一个自定义的 id 名称方可被文本输入框调用。

【例 6-23】 **HTML5 表单新增元素标签< datalist >的简单应用**

使用< textarea >标签及其相关属性定义多行文本框。

```
1.    <!DOCTYPE html>
2.    < html >
3.        < head >
4.            < meta charset = "utf-8" >
5.            < title >HTML5 表单新增元素标签 datalist 的简单应用</title>
6.            < style >
7.                form {
8.                    width: 280px;
9.                    margin: 20px;
10.                }
11.                div {
12.                    text - align: center;
13.                    margin - top: 10px;
14.                }
15.            </style>
16.        </ head >
17.        < body >
18.            < h3 >HTML5 表单新增元素标签 datalist 的简单应用</h3>
19.            < hr />
20.            < form method = "post" action = "URL">
21.                < fieldset >
22.                    < legend >
23.                        新增元素标签 datalist 的简单应用
24.                    </legend >
25.                    < label >请选择:
26.                        < input type = "text" list = "myList" />
27.                    </label >
28.                    < datalist id = "myList">
29.                        < option value = "apple">苹果</option >
30.                        < option value = "grape">葡萄</option >
31.                        < option value = "banana">香蕉</option >
32.                    </datalist >
33.                </fieldset >
34.                < div >
35.                    < input type = "submit" value = "提交" />
36.                </div >
37.            </form >
38.        </body >
39.    </html >
```

运行效果如图 6-23 所示。

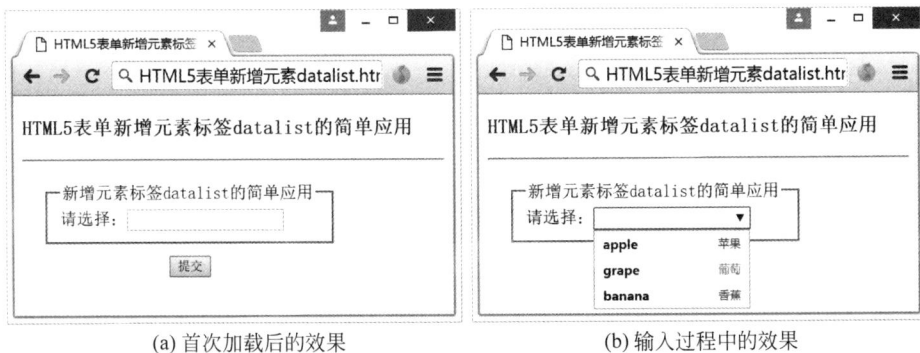

(a) 首次加载后的效果　　　(b) 输入过程中的效果

图 6-23　HTML5 表单新增元素标签< datalist >的运行效果

【代码说明】

本示例包含了一个表单元素< form >,在 CSS 内部样式表中为其设置样式:宽 280 像素,各边外边距 20 像素。在表单中包含了一个输入类型为 text 的< input >标签,并为其配

有 id＝"myList"的＜datalist＞元素用于文本提示。增加了域标签＜fieldset＞、域标题标签
＜legend＞和提交按钮用于美化页面显示效果。

图 6-23(a)显示的是页面首次加载后的效果,由图可见其样式与单行文本输入框相同。
图 6-23(b)为自动展开的提示列表内容,在 Chrome 浏览器中,列表选项＜option＞中的
value 值与标签之间的文本内容均显示在页面上。

2. 输出标签＜output＞

输出标签＜output＞用于显示各类输出结果,可以和表单 oninput 事件配合使用,动态
变化输出结果。

在 HTML5 中该标签具有 3 种属性,如表 6-12 所示。

表 6-12　输出标签＜output＞属性

属 性 名 称	属 性 值	解　释
for	元素的 id 名称	定义关联的一个或多个元素
form	表单的 id 名称	定义输出标签隶属的一个或多个表单
name	自定义名称	规定输出标签的名称

其基本格式如下:

```
＜output name = "自定义名称" for = "相关元素 id 名称"＞文本内容＜/output＞
```

其中,for 属性中可填入关联的一个或多个元素的 id 名称,如果是填入多个名称,中间用空
格隔开即可。例如:

```
＜input type = "range" name = "range1" id = "range1" min = "0" max = "100" step = "1" value = "0" /＞
＜output name = "output1" for = "range1"＞0＜/output＞
```

【例 6-24】　HTML5 表单新增元素标签＜output＞的简单应用

使用＜output＞标签输出音量大小的取值。

```
1.    <!DOCTYPE html>
2.    ＜html＞
3.        ＜head＞
4.            ＜meta charset = "utf-8"＞
5.            ＜title＞HTML5 表单新增元素标签 output 的简单应用＜/title＞
6.            ＜style＞
7.                form {
8.                    width: 280px;
9.                    margin: 20px;
10.               }
11.           ＜/style＞
12.       ＜/head＞
13.   ＜body＞
14.       ＜h3＞HTML5 表单新增元素标签 output 的简单应用＜/h3＞
15.       ＜hr /＞
16.       ＜form method = "post" action = "URL" oninput = "output1.innerHTML = range1.
              value"＞
17.           ＜fieldset＞
18.               ＜legend＞
19.                   新增元素标签 output 的简单应用
20.               ＜/legend＞
21.               音量大小:
22.               ＜input type = "range" name = "range1" id = "range1" min = "0" max =
                  "100" step = "1" value = "0" /＞
23.               ＜output name = "output1" for = "range1"＞
24.                   0
```

```
25.                    </output>
26.                </fieldset>
27.            </form>
28.        </body>
```

运行效果如图 6-24 所示。

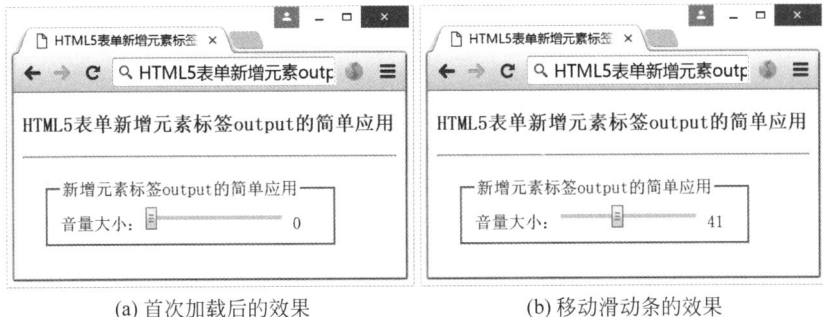

(a) 首次加载后的效果   (b) 移动滑动条的效果

图 6-24   HTML5 表单新增元素标签＜output＞的运行效果

【代码说明】

本示例基于例 6-19 的代码进行了修改,将其中用于显示音量取值的＜span＞元素用 HTML5 表单新增元素＜output＞代替。在＜output＞标签中使用 for 属性将其与 id＝ "range1"的＜input＞标签关联起来,并且去掉原先例 6-19 中的 onchange 事件以及相关 JavaScript 函数 change()。在表单元素＜form＞中添加 oninput＝"output1.innerHTML＝ range1.value",表示监听用户操作输入域的动作,并且发生变化时将＜output＞首尾标签之 间的内容更新为＜input＞标签的 value 属性值。

图 6-24(a)显示的是页面首次加载后的效果,由图可见,其样式与原先例 6-19 中相似。 图 6-24(b)为拖动滑动条的滑块带来的数值变化,由图可见,表单的 oninput 事件捕捉到了 用户的动作,并更新了与之关联的＜output＞元素首尾标签之间的内容,使其与滚动条刻度 的数值同步显示。

6.2.3 HTML5 表单新增属性

1. autofocus 属性

autofocus 属性使得指定的输入框在页面加载时自动成为焦点,该属性适用于所有 ＜input＞标签的类型。使用方式是在需要获取焦点的＜input＞标签中添加 autofocus＝ "autofocus"或直接简写为 autofocus。例如:

```
< input type = "password" name = "pwd" autofocus />
```

扫一扫

视频讲解

【例 6-25】 **HTML5 表单新增属性 autofocus 的简单应用**

使用 HTML5 表单新增属性 autofocus 为密码输入框获取焦点。

```
1.    <!DOCTYPE html>
2.    < html >
3.        < head >
4.            < meta charset = "utf-8" >
5.            < title > HTML5 表单新增属性 autofocus 的简单应用</title>
6.            < style >
7.                form {
8.                    width: 280px;
9.                    margin: 20px;
10.                }
```

```
11.                div {
12.                    text - align: center;
13.                    margin - top: 10px;
14.                }
15.            </style>
16.        </head>
17.        <body>
18.            <h3>HTML5 表单新增属性 autofocus 的简单应用</h3>
19.            <hr />
20.            <form method = "post" action = "URL">
21.                <fieldset>
22.                    <legend>
23.                        新增属性 autofocus 的简单应用
24.                    </legend>
25.                    <label>用户名:
26.                        <input type = "text" name = "usrname" />
27.                    </label>
28.                    <br />
29.                    <label>密    码:
30.                        <input type = "password" name = "pwd" autofocus />
31.                    </label>
32.                </fieldset>
33.                <div>
34.                    <input type = "submit" value = "提交" />
35.                </div>
36.            </form>
37.        </body>
38.    </html>
```

运行效果如图 6-25 所示。

【代码说明】

本示例包含了一个表单元素<form>,在 CSS 内部样式表中为其设置样式:宽 280 像素,各边外边距 20 像素。在表单中包含了两个<input>标签,其输入类型分别为 text(单行文本框)和 password(密码框),并为其中的密码框添加了 autofocus 属性。增加了域标签<fieldset>、域题标签<legend>并配有提交按钮用于美化页面显示效果。图中显示的页面首次加载的效果,可见带有 autofocus 属性的密码框自动获取了焦点。

图 6-25   HTML5 表单新增属性 autofocus 的运行效果

2. form 属性

在 HTML5 之前,只有包含在表单标签<form>内的表单组件方能正确提交给服务器,而在 HTML5 中表单组件可以通过规定 form 属性放置于<form>标签之外。form 属性可以指定<input>元素从属于哪个表单,同一个<input>元素可以属于一个甚至多个表单。该属性适用于所有<input>标签的类型。

外部的<input>标签在使用时必须引用表单标签<form>的 id 名称。例如:

```
<form id = "form1">
    <!-- 内容略 -->
</form>
<input id = "username" type = "text" form = "form1" />
```

上述代码中,外部的<input>标签通过引用表单标签<form>的id名称"form1"实现了与该表单的关联。当提交表单给服务器时,该标签的内容也会当作表单标签<form>内部的内容一并提交。

外部的<input>标签还允许同时从属多个表单,在使用 form 属性引用多个表单的 id 名称时需要使用逗号进行分隔。例如:

```
< form id = "form1">
    <!-- 内容略 -->
</form>
< form id = "form2">
    <!-- 内容略 -->
</form>
< input id = "username" type = "text" form = "form1, form2" />
```

上述代码中,外部的<input>标签通过 form 属性声明实现了同时与不同表单元素关联的从属关系。其中任意一个表单向服务器提交数据时,都会将外部的<input>标签的内容当作表单元素内部的数据一并提交。

3. formaction 系列属性

以 formaction 为首的一系列属性被称为表单重写属性(form override attributes),它们可以用于更改表单的一些属性设置,并且仅适用于类型为 submit 或 image 的< input >标签。

常用表单重写属性共有五种,如表 6-13 所示。

表 6-13　常用表单重写属性

属 性 名 称	解　　释
formaction	用于重写表单的 action 属性
formenctype	用于重写表单的 enctype 属性
formmethod	用于重写表单的 method 属性
formnovalidate	用于重写表单的 novalidate 属性
formtarget	用于重写表单的 target 属性

如果表单标签<form>中设置的属性在提交按钮中进行了重写,则会优先使用提交按钮中设置的表单重写属性。例如:

```
< form method = "get">
    <!-- 内容略 -->
    < input type = "submit" value = "提交" formmethod = "post" />
</form>
```

上述代码中虽然<form>标签设置了 method 属性值为"get",但是当点击提交按钮时,该属性值会被更新为"post"。

利用这些表单重写属性可以方便地在同一个表单中设置多个不同的提交按钮,并可以为这些提交按钮分别设置各自的属性,它们互相不会产生干扰。例如:

```
< form method = "post">
    <!-- 内容略 -->
    < input type = "submit" value = "注册" formaction = "register" />
    < input type = "submit" value = "登录" formaction = "login" />
</form>
```

上述代码表示当点击"注册"或"登录"按钮时会分别将数据提交给不同的服务器地址进

行处理。

4. placeholder 属性

placeholder 属性为 input 类型提供了提示功能,该提示会在空白输入框中出现,当输入框获得焦点时提示消失。该属性适用于<input>标签的 6 种常见类型:text(单行文本框)、search(搜索框)、url(URL 地址)、tel(电话)、email(电子邮箱)和 password(密码框)。

使用方式是将 placeholder 属性添加到<input>标签中,并给出提示内容。例如:

```
< input type = "text" name = "username" placeholder = "请输入用户名" />
```

主流浏览器对该属性的支持情况如表 6-14 所示。

表 6-14 主流浏览器对 HTML5 表单 placeholder 属性的支持情况

浏览器	Edge	Firefox	Chrome	Safari	Opera
支持情况	10.0 及以上版本	4.0 及以上版本	3.0 及以上版本	3.0 及以上版本	11.1 及以上版本

由此可见,目前所有的主流浏览器都支持 placeholder 属性。

【例 6-26】 **HTML5 表单新增属性 placeholder 的简单应用**

使用 HTML5 表单新增属性 placeholder 为单行文本框和密码框显示提示语句。

```
1.    <!DOCTYPE html>
2.    < html >
3.       < head >
4.          < meta charset = "utf-8" >
5.          < title > HTML5 表单新增属性 placeholder 的简单应用</title>
6.          < style >
7.             form {
8.                width: 280px;
9.                margin: 20px;
10.               }
11.            div {
12.               text - align: center;
13.               margin - top: 10px;
14.               }
15.         </style >
16.      </head >
17.      < body >
18.         < h3 >HTML5 表单新增属性 placeholder 的简单应用</h3 >
19.         < hr />
20.         < form method = "post" action = "URL">
21.            < fieldset >
22.               < legend >
23.                  新增属性 placeholder 的简单应用
24.               </legend >
25.               < label >用户名:
26.               < input type = "text" name = "usrname" placeholder = "请输入用户名"  />
27.               </label >
28.               < br />
29.               < label >密    码:
30.               < input type = "password" name = "pwd" placeholder = "请输入密码" />
31.               </label >
32.            </fieldset >
33.            < div >
34.               < input type = "submit" value = "提交" />
```

```
35.              </div>
36.          </form>
37.      </body>
38. </html>
```

运行效果如图 6-26 所示。

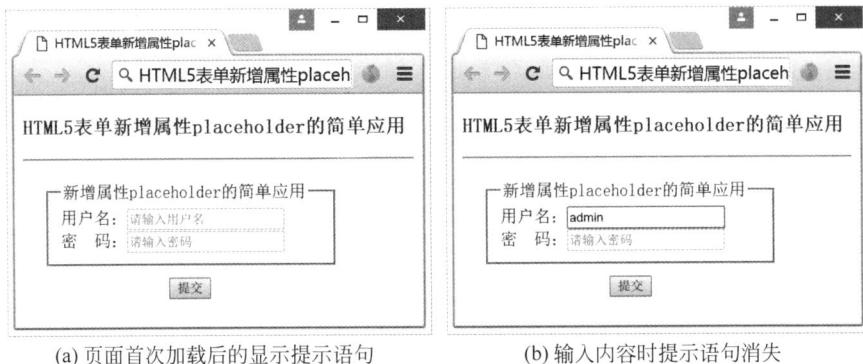

(a) 页面首次加载后的显示提示语句   (b) 输入内容时提示语句消失

图 6-26　HTML5 表单新增属性 placeholder 的运行效果

【代码说明】

本示例包含了一个表单元素< form >，在 CSS 内部样式表中为其设置样式：宽 280 像素，各边外边距 20 像素。在表单中包含了两个< input >标签分别用于输入用户名(text 类型)和密码(password 类型)，并增加了域标签< fieldset >、域标题标签< legend >用于美化页面显示效果。

为两个< input >标签分别添加 placeholder 属性，用于显示提示语句。图 6-26(a)显示的是页面首次加载后的效果，由图可见，当输入框失去焦点时可显示 placeholder 属性中声明的文本内容。图 6-26(b)显示的是正在输入用户名的效果，由图可见，当文本输入框获得焦点进行输入时，提示语句会自动消失。

5. required 属性

required 属性要求在提交之前必须在输入框内填写内容，提交时输入框不能为空。该属性适用于< input >标签常用的 11 种类型：text(单行文本框)、search(搜索框)、url(URL 地址)、tel(电话)、email(电子邮箱)、password(密码框)、date pickers(日期选择器)、number(数值)、checkbox(复选框)、radio(单选按钮)和 file(上传文件控件)。

例如：

```
用户名:< input type = "text" name = "usrname" required />
```

【例 6-27】　HTML5 表单新增属性 required 的简单应用

使用 HTML5 表单新增属性 required 为单行文本框和密码框进行非空验证。

```
1.  <!DOCTYPE html >
2.  < html >
3.      < head >
4.          < meta charset = "utf-8" >
5.          < title >HTML5 表单新增属性 required 的简单应用</title>
6.          < style >
7.              form {
8.                  width: 280px;
```

```
 9.                    margin: 20px;
10.                }
11.            div {
12.                text - align: center;
13.                margin - top: 10px;
14.            }
15.        </style>
16.    </head>
17.    <body>
18.        <h3>HTML5 表单新增属性 required 的简单应用</h3>
19.        <hr />
20.        <form method = "post" action = "URL">
21.            <fieldset>
22.                <legend>
23.                    新增属性 required 的简单应用
24.                </legend>
25.                <label>用户名:
26.                    <input type = "text" name = "usrname" required />
27.                </label>
28.                <br />
29.                <label>密　码:
30.                    <input type = "password" name = "pwd" />
31.                </label>
32.            </fieldset>
33.            <div>
34.                <input type = "submit" value = "提交" />
35.            </div>
36.        </form>
37.    </body>
38. </html>
```

运行效果如图 6-27 所示。

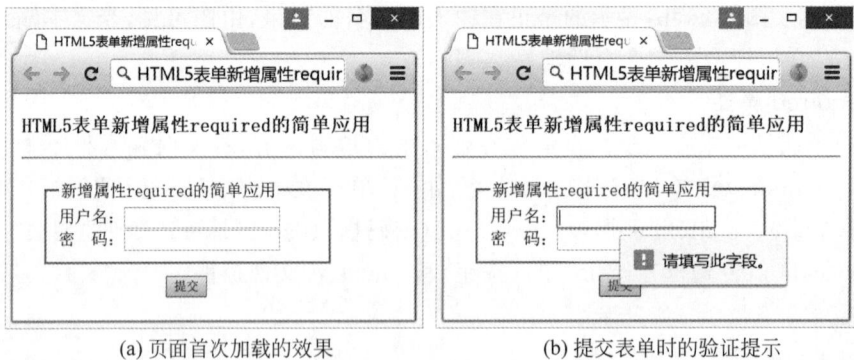

(a) 页面首次加载的效果　　　　　　　　(b) 提交表单时的验证提示

图 6-27　HTML5 表单新增属性 required 的运行效果

【代码说明】

本示例包含了一个表单元素<form>,在 CSS 内部样式表中为其设置样式:宽 280 像素,各边外边距 20 像素。在表单中包含了两个<input>标签分别用于输入用户名(text 类型)和密码(password 类型),并配有提交按钮用于测试输入验证效果。在表单中增加了域标签<fieldset>、域标题标签<legend>用于美化页面显示效果。

为用户名对应的<input>标签添加 required 属性,用于进行非空验证。图 6-27(a)显示的是页面首次加载后的效果。图 6-27(b)显示的是点击提交按钮后的效果,由图可见,当用户名对应的文本框没有输入内容时表单停止提交并给出提示语句。

6. max、min 和 step 属性

max 和 min 属性用于为数字或日期的 input 类型规定所允许的数值范围：其中 max 规定最大值，min 规定最小值，step 属性规定数字间隔。max、min 和 step 属性均适用于三种类型的<input>标签：date pickers（日期选择器）、number（数值）和 range（数值范围）。

这三个属性使用时不分先后顺序，例如：

```
< input type = "number" max = "100" min = "0" step = "20" />
```

上述代码表示在数值输入框中允许输入的最小值为 0，最大值为 100；数字间隔为 20，表示只能输入 0、20、40、60、80 和 100。

【例 6-28】 **HTML5 表单新增属性 max、min 和 step 的应用**

使用 HTML5 表单新增属性 max、min 和 step 为日期选择器进行时间范围的约束。

扫一扫

视频讲解

```
1.    <!DOCTYPE html >
2.    < html >
3.        < head >
4.            < meta charset = "utf-8" >
5.            < title >HTML5 表单新增属性 max、min 和 step 的简单应用</title>
6.            < style >
7.                form {
8.                    width: 280px;
9.                    margin: 20px;
10.               }
11.               div {
12.                   text - align: center;
13.                   margin - top: 10px;
14.               }
15.           </style >
16.       </head >
17.       < body >
18.           < h3 >HTML5 表单新增属性 max、min 和 step 的简单应用</h3>
19.           < hr />
20.           < form method = "post" action = "URL">
21.               < fieldset >
22.                   < legend >
23.                       新增属性 max、min 和 step 的应用
24.                   </legend >
25.                   < input type = "date" name = "datetime1" max = "2016 - 10 - 20" min = "2016 - 10 - 01" step = "5"/>
26.               </fieldset >
27.               < div >
28.                   < input type = "submit" value = "提交" />
29.               </div >
30.           </form >
31.       </body >
32.   </html >
```

运行结果如图 6-28 所示。

【代码说明】

本示例包含了一个表单元素< form >，在 CSS 内部样式表中为其设置样式：宽 280 像素，各边外边距 20 像素。在表单中包含了一个 date 类型的<input>标签用于显示日期选择器（包含年、月、日），并设置日期选择范围的最大值 max = "2016-10-20"、最小值 min = "2016-10-01" 以及天数间隔 step = "5"。在表单中增加了域标签< fieldset >、域标题标签< legend >用于美化页面显示效果。

由图 6-28 可见,点击日期选择器控件后会直接跳到 min 与 max 属性允许的时间范围,即 2016 年 10 月的日历。目前该日历界面上只有其中的 1、6、11、16 日为可选状态(白底色),其余所有日期为灰色禁用状态。并且根据本例的范围设置要求,也无法切换到上个月或下个月。

关于输入类型 number 和 range 使用 min、max 和 step 属性的示例请参考 6.2.1 节中的例 6-18 和例 6-19。

7. multiple 属性

multiple 属性可以允许< input >标签同时输入多个值。该属性只适用于两种类型的< input >标签:email(电子邮箱)和 file(上传文件控件)。例如:

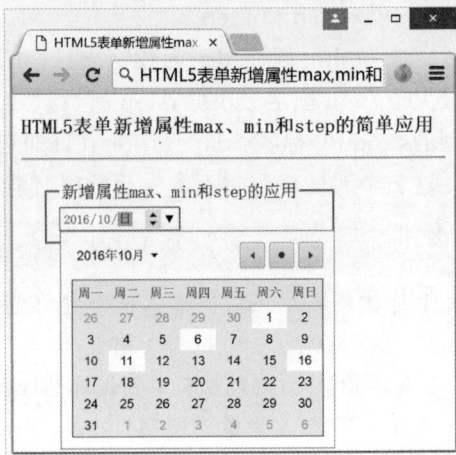

图 6-28   HTML5 表单新增属性 max、min 和 step 的运行效果

```
选择文件:< input type = "file" name = "file" multiple />
```

其中,multiple 属性为简写形式,完整的写法是 multiple= "multiple"。

【例 6-29】　HTML5 表单新增属性 multiple 的简单应用

使用 HTML5 表单新增属性 multiple 为单行文本框和密码框显示提示语句。

```
1.    <!DOCTYPE html >
2.    < html >
3.        < head >
4.            < meta charset = "utf-8" >
5.            < title >HTML5 表单新增属性 multiple 的简单应用</title>
6.            < style >
7.                form {
8.                    width: 280px;
9.                    margin: 20px;
10.               }
11.               div {
12.                   text - align: center;
13.                   margin - top: 10px;
14.               }
15.           </style>
16.       </head>
17.       < body >
18.           < h3 >HTML5 表单新增属性 multiple 的简单应用</h3>
19.           < hr />
20.           < form method = "post" action = "URL">
21.               < fieldset >
22.                   < legend >
23.                       新增属性 multiple 的简单应用
24.                   </legend>
25.                   < label >选择文件:
26.                       < input type = "file" name = "file" multiple />
27.                   </label>
28.               </fieldset>
29.               < div >
30.                   < input type = "submit" value = "提交" />
31.               </div>
32.           </form>
```

```
33.        </body>
34.    </html>
```

运行效果如图 6-29 所示。

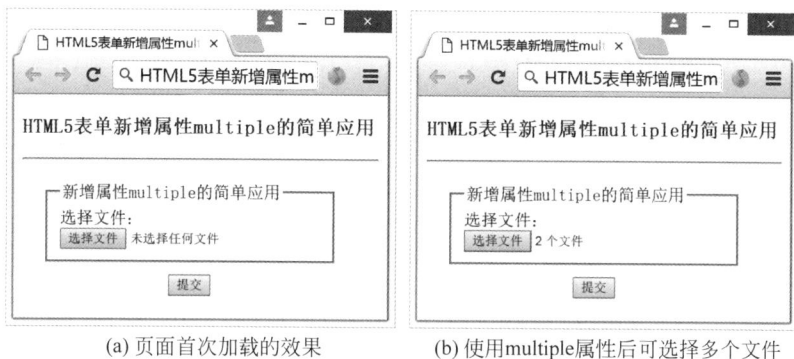

(a) 页面首次加载的效果　　(b) 使用 multiple 属性后可选择多个文件

图 6-29　HTML5 表单新增属性 multiple 的运行效果

【代码说明】

本示例包含了一个表单元素< form >，在 CSS 内部样式表中为其设置样式：宽 280 像素，各边外边距 20 像素。在表单中包含了一个类型为 file 的< input >标签用于显示文件上传控件，并增加了域标签< fieldset >、域标题标签< legend >用于美化页面显示效果。

为< input >标签添加 multiple 属性表示允许多选。图 6-29（a）显示的是页面首次加载后的效果。图 6-29（b）显示的是文件选择后的结果，由图可见，当前一共选择了两个文件。

8. width 和 height 属性

width 和 height 属性只能用于类型为 image 的< input >标签，为图像规定以像素为单位的宽度（width）和高度（height）。

例如，规定图像提交按钮的宽和高分别为 240 像素和 50 像素：

```
< input type = "image" src = "image/btn. jpg" alt = "登录" width = "240" height = "50"/>
```

扫一扫

视频讲解

【例 6-30】　HTML5 表单新增属性 width 和 height 的简单应用

使用 HTML5 表单新增属性 width 和 height 为图像提交按钮规定大小。

```
1.  <!DOCTYPE html>
2.  < html >
3.    < head >
4.      < meta charset = "utf-8" >
5.      < title >HTML5 表单新增属性 width 和 height 的简单应用</title>
6.      < style >
7.        form {
8.          width: 280px;
9.          margin: 20px;
10.       }
11.       div {
12.         text - align: center;
13.         margin - top: 10px;
14.       }
15.     </style>
16.   </head>
17.   < body >
18.     < h3 >HTML5 表单新增属性 width 和 height 的简单应用</h3>
```

```
19.            < hr />
20.            < form method = "post" action = "URL">
21.                < fieldset >
22.                    < legend >
23.                        新增属性 width 和 height 的简单应用
24.                    </legend >
25.                    < label >用户名:
26.                        < input type = "text" name = "usrname" />
27.                    </label >
28.                    < br />
29.                    < label >密　码:
30.                        < input type = "password" name = "pwd" />
31.                    </label >
32.                </fieldset >
33.                < div >
34.                    < input type = "image" src = "image/btn.jpg" alt = "登录" width =
                       "140" height = "50" />
35.                </div >
36.                < div >
37.                    < input type = "image" src = "image/btn.jpg" alt = "登录" width =
                       "240" height = "50" />
38.                </div >
39.            </form >
40.        </body >
41.    </html >
```

运行效果如图 6-30 所示。

【代码说明】

本示例包含了一个表单元素< form >,在 CSS
内部样式表中为其设置样式:宽 280 像素,各边外边
距 20 像素。在表单中包含了四个< input >标签,其
中两个的输入类型分别为 text 和 password 用于输
入用户名和密码,另外两个的输入类型均为 image,
用于测试使用同一个图像来源但是不同的尺寸导致
的图像提交按钮显示效果不同。并增加了域标签
< fieldset >、域标题标签< legend >用于美化页面显
示效果。

这两个提交按钮的图片素材的来源均为本地

图 6-30　HTML5 表单新增属性 width 和
　　　　　height 的运行效果

image 文件夹中的 btn.jpg,分别为其设置 width(宽)和 height(高)属性。由图 6-30 可见,
使用 width 和 height 属性值可以自定义图像按钮的尺寸。

9. pattern 属性

pattern 属性用于约束输入域的内容,该属性以正则表达式的方式对输入内容进行规
范。该属性适用于六种< input > 标签:text(单行文本框)、search(搜索框)、url(URL 地
址)、tel(电话)、email(电子邮箱)以及 password(密码框)。例如:

```
< input type = "text" name = "country_code" pattern = "[A – z]{3}" title = "Three letter country
code" />
```

上述代码表示输入框只允许填入英文大小写字母,并且只可以有三个字符。
JavaScript 中常用的正则表达式如表 6-15 所示。

表 6-15 JavaScript 常用正则表达式

括号表达式	解 释
[0-9]	查找 0～9 之间的数字
[a-z]	查找从小写字母 a 到小写字母 z 之间的字符
[A-Z]	查找从大写字母 A 到大写字母 Z 之间的字符
[A-z]	查找从大写字母 A 到小写字母 z 之间的字符
[abc]	查找括号之间的任意一个字符
[^abc]	查找括号内字符之外的所有内容
(red|blue|green)	查找"|"符号间隔的任意选项内容

量词表达式	解 释
n+	查找任何包含至少一个 n 的字符串
n*	查找任何包含至少一个 n 的字符串
n?	查找任何包含 0～1 个 n 的字符串
n{X}	查找包含 X 个 n 的字符串
n{X,Y}	查找包含 X 或 Y 个 n 的字符串
n{X,}	查找至少包含 X 个 n 的字符串
n$	查找任何以 n 结束的字符串
^n	查找任何以 n 开头的字符串
?=n	查找任何后面紧跟字符 n 的字符串
?!n	查找任何后面没有紧跟字符 n 的字符串

元 字 符	解 释
.	查找除了换行符与行结束符以外的单个字符
\w	查找单词字符。w 表示 word（单词）
\W	查找非单词字符
\d	查找数字字符。d 表示 digital（数字）
\D	查找非数字字符
\s	查找空格字符。s 表示 space（空格）
\S	查找非空格字符
\n	查找换行符
\f	查找换页符
\r	查找回车符
\t	查找制表符
\xxx	查找八进制数字 xxx 对应的字符，如果没有找到则返回 null。例如\130 表示的是大写字母 X
\xdd	查找十六进制数字 dd 对应的字符，如果没有找到则返回 null。例如\x58 表示的是大写字母 X
\uxxxx	查找十六进制数字 xxxx 对应的 Unicode 字符，如果没有找到则返回 null。例如\u0058 表示的是大写字母 X

注：其中量词表达式中的 n 可以替换成其他任意字符。

【例 6-31】 **HTML5 表单新增属性 pattern 的简单应用**

使用 HTML5 表单新增属性 pattern 验证用户输入的国内邮政编码。

注：邮政编码（Postal Code）代表邮政投递的一种专用代号。在我国邮政编码为六位阿拉伯数字，前两位表示省、市、自治区，第三位代表邮区，第四位代表县市的邮局，最后两位表

示投递区的位置。

```
1.    <!DOCTYPE html >
2.    < html >
3.        < head >
4.            < meta charset = "utf-8" >
5.            < title >HTML5 表单新增属性 pattern 的简单应用</title >
6.            < style >
7.                form {
8.                    width: 280px;
9.                    margin: 20px;
10.               }
11.               div {
12.                   text – align: center;
13.                   margin – top: 10px;
14.               }
15.           </style >
16.       </head >
17.       < body >
18.           < h3 >HTML5 表单新增属性 pattern 的简单应用</h3 >
19.           < hr />
20.           < form method = "post" action = "URL">
21.               < fieldset >
22.                   < legend >
23.                       新增属性 pattern 的简单应用
24.                   </legend >
25.                   < label >邮政编码:
26.                       < input type = "text" name = "country_code" pattern = "[0 – 9]
                           {6}" title = "请输入 6 位国内邮政编码" />
27.                   </label >
28.                   < br />
29.               </fieldset >
30.               < div >
31.                   < input type = "submit" value = "提交" />
32.               </div >
33.           </form >
34.       </body >
35.   </html >
```

运行效果如图 6-31 所示。

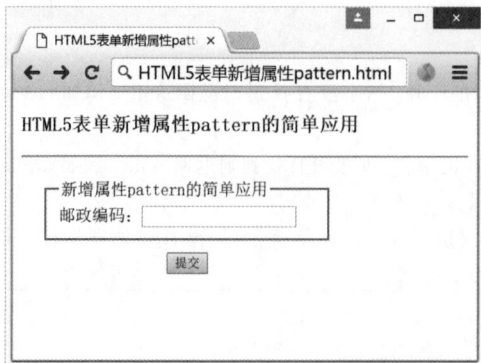

(a) 页面首次加载的效果　　　　　　　(b) 提交表单时的验证提示

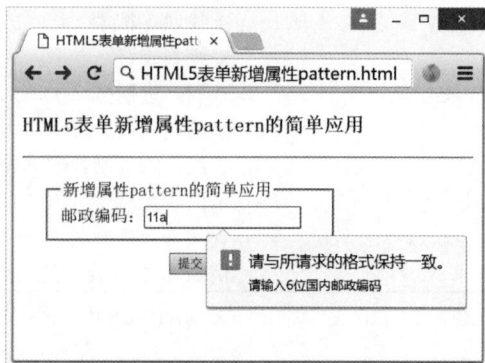

图 6-31　HTML5 表单新增属性 pattern 的运行效果

【代码说明】

本示例包含了一个表单元素< form >,在 CSS 内部样式表中为其设置样式：宽 280 像素,各边外边距 20 像素。在表单中包含了一个输入类型为 text 的< input >标签用于输入邮政编码,并配有提交按钮用于测试输入验证效果。在表单中添加了域标签< fieldset >、域标题标签< legend >用于美化页面显示效果。

为< input >标签添加 pattern 属性,由于需要填入一个六位的纯阿拉伯数字编码,因此给出正则表达式[0-9]{6}表示一共六个字符位置,每位只允许填写数字 0~9,并配套设置了 title 属性与提示语句。

图 6-31(a)显示的是页面首次加载后的效果。图 6-31(b)显示的是输入了错误格式内容的数据,在提交表单时会显示如图 6-31(b)所示的提示语句。

10. list 属性

list 属性可以为输入框提供一系列选项提示,需要与数据列表标签< datalist >配合使用。数据列表标签< datalist >是输入域的提示选项列表,当输入域获得焦点时,提示选项列表会自动展开。该属性适用于九种< input >标签:text(单行文本框)、search(搜索框)、url(URL 地址)、tel(电话)、email(电子邮箱)、date pickers(日期选择器)、number(数值)、range(数值范围)和 color(颜色选择器)。

具体示例请参考 6.2.2 节中数据列表标签< datalist >的有关内容。

11. autocomplete 属性

autocomplete 属性表示在< form >或< input >域中为用户正在输入的内容显示曾经填写过的内容选项,其属性值有 on(开启)或 off(关闭)两种情况。该属性同时适用于< form >标签和九种< input >标签:text(单行文本框)、search(搜索框)、url(URL 地址)、tel(电话)、email(电子邮箱)、password(密码框)、date pickers(日期选择器)、range(数值范围)和 color(颜色)。

【例 6-32】　HTML5 表单新增属性 autocomplete 的简单应用

使用 HTML5 表单新增属性 autocomplete 为搜索框显示提示语句。

```
1.    <!DOCTYPE html >
2.    < html >
3.        < head >
4.            < meta charset = "utf-8" >
5.            < title >HTML5 表单新增属性 autocomplete 的应用</title>
6.            < style >
7.                form {
8.                    width: 280px;
9.                    margin: 20px;
10.               }
11.               div {
12.                   text - align: center;
13.                   margin - top: 10px;
14.               }
15.           </style>
16.       </head>
17.   < body >
18.       < h3 >HTML5 表单新增属性 autocomplete 的应用</h3>
19.       < hr />
20.       < form method = "post" action = "URL">
21.           < fieldset >
22.               < legend >
23.                   新增属性 autocomplete 的应用
24.               </legend>
25.               < label >关键词:
```

```
26.                      < input type = "search" name = "search" autocomplete = "on" />
27.                  </label>
28.              </fieldset>
29.              < div >
30.                  < input type = "submit" value = "搜索" />
31.              </div>
32.          </form>
33.      </body>
34.  </html>
```

运行效果如图 6-32 所示。

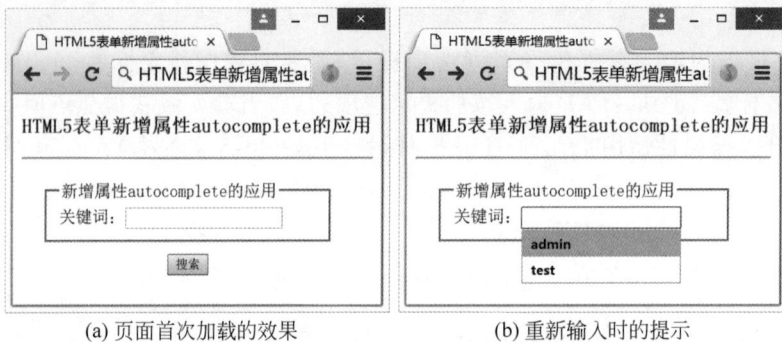

(a) 页面首次加载的效果   (b) 重新输入时的提示

图 6-32 HTML5 表单新增属性 autocomplete 的运行效果

【代码说明】

本示例包含了一个表单元素< form >,在其中使用了类型为 search 的< input >标签作为搜索框,并为其增加了域标签< fieldset >、域标题标签< legend >用于美化页面显示效果。在 CSS 内部样式表中为表单元素< form >设置样式:宽 280 像素,各边外边距 20 像素。

为< input >标签添加 autocomplete＝"on"属性,开启自动提示内容效果。图 6-32(a)为页面首次加载的效果,由图可见,与普通单行文本框没有任何区别。先在搜索框中填入一次关键词(例如填入 admin)并于提交后重新回到该页面,在第二次重新输入内容时会在输入框下方自动显示出曾经填写过的关键词内容。图 6-32(b)显示的是曾经填写过两次关键词后,第三次输入的效果。

12. novalidate 属性

novalidate 属性表示在表单提交时不验证 form 或 input 域的内容,其属性值有 true(真)或 false(假)两种情况。该属性同时适用于< form >标签和九种< input >标签:text(单行文本框)、search(搜索框)、url(URL 地址)、tel(电话)、email(电子邮箱)、password(密码框)、date pickers(日期选择器)、range(数值范围)和 color(颜色)。

【例 6-33】 **HTML5 表单新增属性 novalidate 的简单应用**

使用 HTML5 表单新增属性 novalidate 禁用表单中所有的输入验证。

扫一扫

视频讲解

```
1.   <!DOCTYPE html >
2.   < html >
3.   < head >
4.   < meta charset = "utf-8" >
5.   < title >HTML5 表单新增属性 novalidate 的应用</title>
6.   < style >
7.       form {
8.           width: 280px;
```

```
9.              margin: 20px;
10.          }
11.          div {
12.              text - align: center;
13.          }
14.    </style>
15.    </head>
16.    < body >
17.    < h3 > HTML5 表单新增属性 novalidate 的应用</h3>
18.    < hr />
19.    < form method = "post" action = "server.html" novalidate = "true">
20.        < fieldset >账号信息</fieldset>
21.        < legend >账号信息</legend>
22.        < label >用户名:< input type = "text" name = "username" required/></label>< br />
23.        < label >密  码:< input type = "password" name = "pwd1" /></label>< br />
24.        < label >确  认:< input type = "password" name = "pwd2" /></label>< br />
25.        </fieldset>
26.        < br />
27.        < fieldset >
28.        < legend >个人信息</legend>
29.        < label >姓  名:< input type = "text" name = "name" required /></label>< br />
30.        < label >单  位:< input type = "text" name = "title" /></label>< br />
31.        < label >职  位:< input type = "text" name = "position" /></label>< br />
32.        < label >邮  箱:< input type = "email" name = "email" /></label>< br />
33.        </fieldset>
34.        < br />
35.        < div >
36.        < input type = "reset" value = "重置"/>  < input type = "submit"value = "提交"/>
37.        </div>
38.    </form>
39.    </body>
40.    </html>
```

运行效果如图 6-33 所示。

(a) 未添加novalidate属性之前的提交效果   (b) 添加novalidate属性后的提交效果

图 6-33 HTML5 表单新增属性 novalidate 的运行效果

【代码说明】

本示例包含了一个带有多个输入域的表单用于检测提交表单时的验证情况。在表单中包含了两组< field >域标签元素,分别用于收集注册的账号信息和个人信息。其中用户名、姓名、单位和职位对应的<input>标签为 text 类型,并为用户名对应的<input>元素添加了验证输入内容不能为空的 required 属性;密码与确认对应的<input>标签为 password 类型;邮箱对应的<input>标签是 email 类型。

在没有 novalidate 属性的情况下,提交该表单数据时会验证两条内容:一是用户名不能为空,二是电子邮箱格式必须带有"@"符号。当没有添加 novalidate 属性之前的提交效果如图 6-33(a)所示,由于用户名尚未填写因此被浏览器给出提示并拒绝提交。

在本示例中,由于表单元素<form>设置了 novalidate 属性,因此即使没有填写任何内容也会跳过所有验证直接提交数据,如图 6-33(b)所示。

注意:本示例使用了简写方式,即直接在<form>标签中添加了 novalidate 属性,也可以写成 novalidate="true"。

扫一扫

文档

扫一扫

视频讲解

6.3　实验案例——用户注册页面的设计与实现

功能介绍:使用 HTML5 表单技术实现用户注册页面,要求用户可以输入用户名、密码、真实姓名和电子邮箱等信息进行注册。

验证要求:每个输入栏目的文本框均需要显示提示信息。用户在点击按钮提交注册信息时可以验证所有栏目均为必填项以及电子邮箱的有效性。

最终效果图如图 6-34 所示。

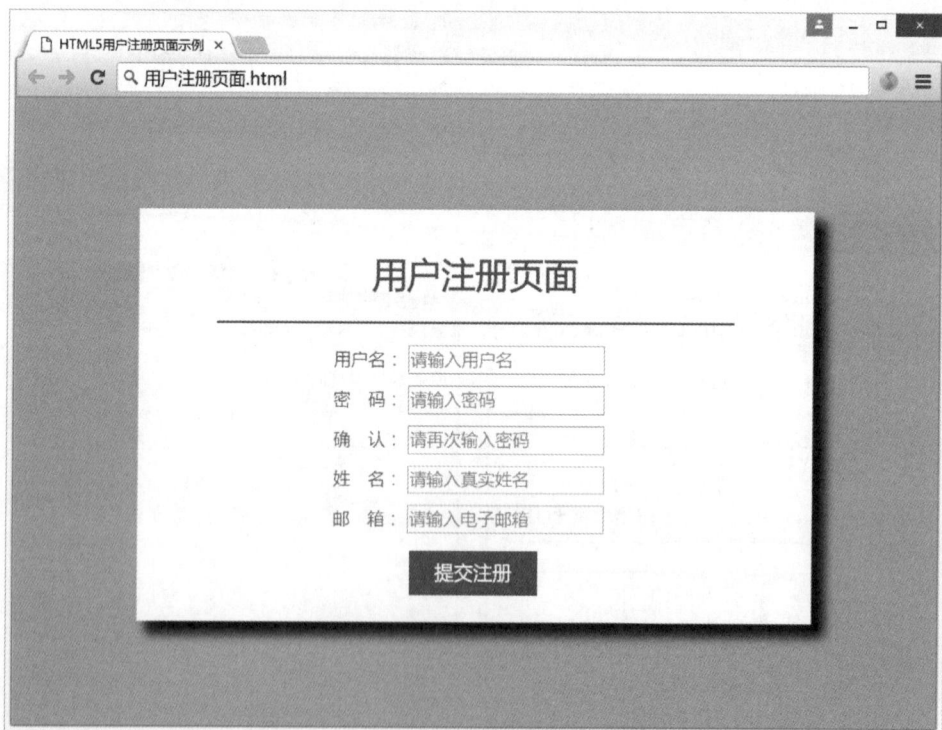

图 6-34　HTML5 用户注册页面的最终效果

扫一扫

AI 助教

本章小结及 AI 辅助编程技巧

HTML5 表单 API 可用于将用户填写或选择的数据内容提交给服务器,增加了页面的交互功能。在 HTML5 表单 API 中保留了 HTML4.01 之前的常用表单标签,例如<form>、

<input>、<label>、<textarea>等。HTML5 表单 API 新增了一系列<input>标签的输入类型,使输入数据具有更加明确的分类。HTML5 表单 API 还新增了元素标签及一系列元素属性。

习题6

1. <form>标签的 method 属性可以取哪些属性值? 分别表示什么含义?

2. HTML5 中新增了哪些<input>标签的常用类型? 分别表示什么含义?

3. 按钮标签<button>有哪些类型? 分别表示什么含义?

4. HTML5 表单新增 multiple 属性可以用于何种类型的<input>标签?

5. HTML5 表单新增 width 和 height 属性可以用于何种类型的<input>标签?

6. 如何使用 HTML5 表单新增 pattern 属性限制用户只允许输入 6 位阿拉伯数字?

第7章

HTML5 画布 API

本章主要介绍 HTML5 画布 API 的功能与应用。HTML5 画布 API 主要用于网页上图案或图片的特效处理以及动画效果显示。HTML5 画布 API 需要使用 JavaScript 代码实现绘制效果。通过对画笔颜色、样式的设置，可以绘制出自定义的线条或填充颜色；通过对图形的变形和剪裁，可以在画布上实现更加丰富的绘制效果。

本章学习目标

- 了解画布的概念和画布坐标系；
- 掌握画布的创建方法；
- 掌握绘制路径与矩形的方法；
- 掌握绘制图片与文本的方法；
- 掌握设置画笔颜色与样式的方法；
- 掌握绘画的保存与恢复功能的应用；
- 掌握图像变形与剪裁的应用。

7.1 画布概述

7.1.1 HTML5 画布

画布(Canvas)的概念最早是由苹果公司提出并用于 macOS Web 套件上的。在此之前，开发者只能通过在浏览器上安装插件的方式调用一些第三方的画图 API，例如 Adobe 公司提供的 Flash 和 SVG 插件。这些插件基本都是将矢量图转换为矢量标记语言(Vector Markup Language，VML)的形式使用。

HTML5 画布 API 提供了< canvas >标签用于在网页上创建矩形的画布区域，配合以 JavaScript 即可在画布区域动态绘制需要的内容。目前所有的主流浏览器都提供了对于 HTML5 画布 API 的支持。

7.1.2 画布坐标

画布坐标系中原点的位置在画布矩形框的左上角，即(0,0)坐标的位置。该坐标系与数学坐标系在水平方向上一致，垂直方向为镜像对称。也就是说，画布坐标系的水平方向为 x 轴，其正方向为向右延伸；垂直方向为 y 轴，其正方向为向下延伸。

具体的坐标系如图 7-1 所示。

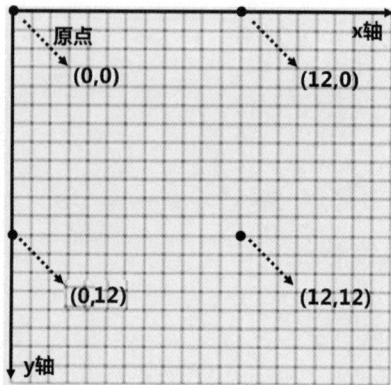

图 7-1　HTML5 画布坐标系示意图

由图 7-1 可见,根据在画布上规定的像素点坐标可以准确定位绘制内容的位置。

7.1.3 主流浏览器支持情况一览

目前所有的主流浏览器都支持 HTML5 画布 API。具体支持情况如表 7-1 所示。

表 7-1 主流浏览器对 HTML5 画布 API 支持情况

浏览器	Edge	Firefox	Chrome	Safari	Opera
支持情况	9.0 及以上	1.5 及以上	1.0 及以上	1.3 及以上	9.0 及以上

由此可见,目前所有的浏览器都提供对 HTML5 画布 API 的支持。

7.2 HTML5 画布 API 的应用

7.2.1 检测浏览器支持情况

在使用 HTML5 画布 API 之前,先对浏览器进行检测以确认其支持情况。可以直接在画布标签< canvas >和</canvas >之间填写浏览器不支持时的提示语句,如果浏览器支持画布标签则该语句不会被显示出来。

【例 7-1】 检测浏览器对 HTML5 画布 API 的支持情况

检测浏览器对 HTML5 画布 API 支持情况完整代码如下:

扫一扫

视频讲解

```
1.    <!DOCTYPE HTML >
2.    < html >
3.        < head >
4.            < meta charset = "utf-8">
5.            <title>检测浏览器对 HTML5 画布 API 的支持情况</title>
6.        </head>
7.        < body >
8.            < h3 >检测浏览器对 HTML5 画布 API 的支持情况</h3 >
9.            < hr />
10.           < canvas >
11.               对不起,您的浏览器不支持 HTML5 画布功能
12.           </canvas >
13.       </body>
14.   </html >
```

在浏览器中访问该网页文件,运行结果如图 7-2 所示。

(a) 浏览器支持HTML5画布   (b) 浏览器不支持HTML5画布

图 7-2 检测浏览器对 HTML5 画布 API 的支持情况

【代码说明】

其中图 7-2(a)显示是浏览器支持 HTML5 画布 API 的运行结果,提示的文字内容不会被显示出来。此时画布由于没有任何样式设置和内容的绘制,所以看似空白但可以看到浏

览器出现了滚动条,说明画布元素已经占据了一定的空间区域。图 7-2(b)显示的是浏览器不支持 HTML5 画布 API,此时会显示出备选的文字内容。

7.2.2 创建画布

在 HTML5 中创建画布需要使用< canvas >元素,该元素的首尾标签< canvas >和</canvas >可以创建出一个默认尺寸为宽 300 像素、高 150 像素的矩形框。也可以在< canvas >标签中自定义画布的宽度和高度。

基本语法结构如下:

```
< canvas id = "自定义 id 名称" width = "宽度值" height = "高度值"></canvas >
```

其中,< canvas >标签的 id 属性为必填内容,使用 JavaScript 进行绘图时可根据 id 找到需要绘图的画布,该名称可自定义;width 和 height 属性分别表示画布的宽度和高度,可填入长度数值,其默认单位均为像素(px)。

例如,创建一个 id 名称为 canvas01,宽度为 300px,高度为 200px 的画布,代码如下:

```
< canvas id = "canvas01" width = "300" height = "200"></canvas >
```

此时画布会被创建在 HTML5 页面上。由于画布默认是无边框的,因此该画布创建完成时是不可见的。可根据实际开发需要使用 CSS 样式表为画布添加边框。< canvas >元素也支持 HTML 中的一些常规 CSS 样式设置,例如边框、背景颜色、大小等。

例如,使用 CSS 行内样式表为上述画布添加边框效果,代码如下:

```
< canvas id = "canvas01" width = "300" height = "200" style = "border:1px solid"></canvas >
```

扫一扫

视频讲解

此段代码可以创建一个带有 1 像素宽的实线黑色边框的画布。

【例 7-2】 第一个画布页面

使用< canvas >元素创建第一个带有样式的画布页面。

```
1.    <!DOCTYPE HTML >
2.    < html >
3.        < head >
4.            < meta charset = "utf-8">
5.            < title>第一个 HTML5 画布页面</title>
6.            < style >
7.                canvas {
8.                    background - color: orange;
9.                    border: 1px solid;
10.                }
11.            </style>
12.        </head>
13.    < body >
14.        < h3 >第一个 HTML5 画布页面</h3 >
15.        < hr />
16.        < canvas id = "myCanvas" width = "200" height = "100">
17.            对不起,您的浏览器不支持 HTML5 画布 API
18.        </canvas >
19.    </body>
20.    </html >
```

运行效果如图 7-3 所示。

【代码说明】

本示例规定了画布的尺寸为宽 200 像素、高 100 像素。并使用 CSS 内部样式表为画布设置了背景颜色为橙色、边框为 1 像素宽度的黑色实线。

由图 7-3 可见，在支持 HTML5 画布 API 的浏览器中画布的尺寸、边框、背景颜色等样式均可实现。下一节将介绍如何使用 JavaScript 在画布上进行绘制。

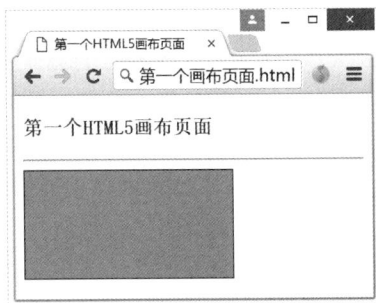

7.2.3 画布绘制方法

在 HTML5 中，<canvas>元素本身没有绘图能力，所有的绘图代码需要使用 JavaScript 完成。

图 7-3 第一个 HTML5 画布的显示效果

首先需要在 JavaScript 中创建 context 对象，然后用该对象动态地绘制画布内容。

其语法结构如下：

```
<script>
//根据 id 找到指定的画布
var c = document.getElementById("画布 id");
//创建 2D 的 context 对象
var ctx = c.getContext("2d");
//绘图代码
...
</script>
```

其中，画布 id 必须填入之前在 HTML5 页面中为<canvas>元素声明的 id 名称，如果填入不存在的 id，则无法正确定位指定的画布进行画图。目前 getContext()的参数只能填入 2d，表示是 2D 绘制效果，该方法为未来即将加入的 3D 绘制效果作准备。

变量 c 和变量 ctx 的名称为常见写法，也可自定义。后续绘图代码均以 context 类型的对象 ctx 为主语加上相对应的绘图方法进行绘制工作，具体不再进行解释。

7.2.4 绘制路径

路径（Path）是绘制图形轮廓时画笔留下的轨迹，也可以理解为画笔画出的像素点组成的线条。多个点形成线段或曲线，不同的线段或曲线相连接又形成了各种形状效果。

绘制路径主要有以下 4 种方法。

- beginPath()：用于新建一条路径，也是图形绘制的起点。每次调用该方法都会清空之前的绘图轨迹记录，重新开始绘制新的图形。
- closePath()：该方法用于闭合路径。当执行该方法时，会从画笔的当前坐标位置绘制一条线段到初始坐标位置来闭合图形。此方法不是必需的，若画笔的当前坐标位置就是初始坐标位置，则该方法可以省略不写。
- stroke()：在图形轮廓勾勒完毕后需要执行该方法才能正式将路径渲染到画布上。
- fill()：可以使用该方法为图形填充颜色，生成实心的图形。若之前并未执行 closePath()方法来闭合图形，则在此方法被调用时会自动生成线段连接画笔当前坐标位置和初始坐标位置，形成闭合图形然后再进行填充颜色。

1. 绘制线段

在 HTML5 画布中通过指定画笔的初始坐标位置和移动到的新坐标位置进行线段的绘制。

绘制线段主要有以下 3 种方法。

- moveTo(x,y)：将当前的画笔直线移动到指定的(x,y)坐标上，并且不留下移动痕迹。用该方法可以定义线段的初始位置。

- lineTo(x,y)：将当前的画笔直线移动到指定的(x,y)坐标上，并且画出移动痕迹。用该方法可以进行线段的绘制。
- stroke()：在绘制完成后使用该方法可以在画布上一次性渲染出效果。在使用stroke()方法之前的所有绘制动作均为路径绘制，可以将其理解为是透明的轨迹，该轨迹不会显示在画布上。

绘制线段时 beginPath()方法可以省略不写，在所有的轨迹完成后直接使用 stroke()方法可以实现一样的效果。

扫一扫

视频讲解

【例 7-3】 绘制线段的简单应用

在 HTML5 画布上进行线段的简单绘制。

```
1.   <!DOCTYPE HTML >
2.   < html >
3.       < head >
4.           < meta charset = "utf-8">
5.           <title>在画布上绘制线段</title>
6.           < style >
7.               canvas {
8.                   border: 1px solid;
9.               }
10.          </ style >
11.      </ head >
12.      < body >
13.          < h3 >在画布上绘制线段</h3>
14.          < hr />
15.          < canvas id = "myCanvas" width = "200" height = "100">
16.                  对不起,您的浏览器不支持 HTML5 画布 API。
17.          </ canvas >
18.          < script >
19.              var c = document.getElementById("myCanvas");
20.              var ctx = c.getContext("2d");
21.              ctx.moveTo(10, 10);
22.              ctx.lineTo(150, 50);
23.              ctx.lineTo(10, 50);
24.              ctx.stroke();
25.          </ script >
26.      </ body >
27.  </html >
```

运行效果如图 7-4 所示。

【代码说明】

本示例包含了一个宽 200 像素、高 100 像素的画布元素< canvas >。为方便运行效果的展示,为< canvas >元素使用 CSS 内部样式表设置了 1 像素宽的黑色实线边框。

使用 moveTo(10,10)方法将画笔起始位置移动到了(10,10)点,并且通过 lineTo()函数两次移动画笔绘制线段路径,最后使用 stroke()函数将线段显示在画布上。

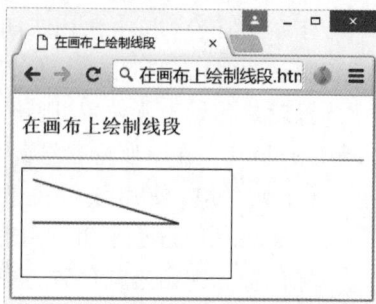

图 7-4 在画布上绘制线段的运行效果

2. 绘制三角形

三角形的绘制其实就是分别绘制三条线段,并且让它们首尾相连组成形状。在

HTML5 画布中绘制三角形会用到上一节中绘制线段的 moveTo()方法和 lineTo()方法。

【例 7-4】　绘制三角形的简单应用

在 HTML5 画布上进行三角形的简单绘制。

```
1.   <!DOCTYPE HTML>
2.   <html>
3.       <head>
4.           <meta charset = "utf-8">
5.           <title>在画布上绘制三角形</title>
6.       </head>
7.       <body>
8.           <h3>在画布上绘制三角形</h3>
9.           <hr />
10.          <canvas id = "myCanvas" width = "200"height = "100"style = "border:1px solid;">
11.              对不起,您的浏览器不支持 HTML5 画布 API。
12.          </canvas>
13.          <script>
14.              var c = document.getElementById("myCanvas");
15.              var ctx = c.getContext("2d");
16.
17.              //绘制空心三角形
18.              ctx.beginPath();
19.              ctx.moveTo(10, 10);
20.              ctx.lineTo(10, 90);
21.              ctx.lineTo(150, 90);
22.              ctx.closePath();
23.              //等同于使用 ctx.lineTo(10,10);画三角形的第三条边
24.              ctx.stroke();
25.
26.              //绘制实心三角形
27.              ctx.beginPath();
28.              ctx.moveTo(40, 10);
29.              ctx.lineTo(180, 10);
30.              ctx.lineTo(180, 90);
31.              ctx.closePath();
32.              //等同于使用 ctx.lineTo(40,10);画三角形的第三条边
33.              ctx.stroke();
34.              ctx.fill();
35.          </script>
36.      </body>
37.  </html>
```

运行效果如图 7-5 所示。

【代码说明】

本示例包含了一个宽 200 像素、高 100 像素的画布元素<canvas>。为方便运行效果的展示,为<canvas>元素使用行内样式表设置了 1 像素宽的黑色实线边框。

使用 fill()方法填充时画笔默认是黑色的,如果需要切换成其他颜色,可以在 fill()方法之前重新定义 context 对象中的 fillStyle 属性。

例如,要将本示例中的黑色三角形更改为红色,只需在 ctx.fill()方法前一句加上:

```
ctx.fillStyle = "red";                      //设置填充颜色为红色
```

运行效果如图 7-6 所示。

由图 7-6 可见,fillStyle 属性改变了图形的填充颜色。事实上,在画布中绘制的线条样式、颜色效果等都能进行自定义设置。7.2.8 节会有关于颜色与样式的更多介绍与示例。

图 7-5　在画布上绘制并填充三角形的运行效果　　图 7-6　更改三角形填充颜色的运行效果

3. 绘制圆弧

除了直线路径外,HTML5 画布还可以在 JavaScript 中使用 arc() 函数绘制圆弧。其基本语法格式如下:

```
arc(x, y, radius, startAngle, endAngle, anticlockwise)
```

arc() 函数共包含了 6 个参数,解释如下:

- x 和 y 表示圆心在(x,y)坐标位置上。
- radius 为圆弧的半径,默认单位为像素。
- startAngle 为开始的角度,endAngle 为结束的角度。
- anticlockwise 指的是绘制方向,可填入一个布尔值。其中 true 表示逆时针绘制,false 表示顺时针绘制。

注意:arc() 函数中的角度单位是弧度,使用时不可直接填入度数单位,需要进行转换。转换公式如下:

```
弧度 = π/180x 度数
```

在 JavaScript 中转换公式写法如下:

```
radians = Math.PI/180 * degrees
```

其中,特殊弧度半圆(180°)转换后弧度为 π,圆(360°)转换后弧度为 2π。在开发过程中遇到这两种情况可以免于换算,直接使用转换结果。

例如,绘制一个圆心在坐标(100,100)、半径为 50 像素的圆形:

```
ctx.arc(100, 100, 50, 0, Math.PI * 2, true);
```

由于圆形是旋转 360 度的特殊圆弧,看不出顺时针和逆时针的区别,因此用于规定绘制方向的最后一个参数填入 true 或 false 均可。

扫一扫

【例 7-5】　绘制圆弧的简单应用

在 HTML5 画布上使用绘制圆弧的 arc() 方法绘制笑脸。

视频讲解

```
1.    <!DOCTYPE HTML >
2.    < html >
3.        < head >
4.            < meta charset = "utf-8">
5.            < title >在画布上绘制圆弧</title>
6.        </head>
7.        < body >
```

```
8.          <h3>在画布上绘制圆弧</h3>
9.          <hr />
10.         <canvas id="myCanvas"width="300"height="200"style="border:1px solid;">
11.             对不起,您的浏览器不支持HTML5画布API。
12.         </canvas>
13.         <script>
14.             var c = document.getElementById("myCanvas");
15.             var ctx = c.getContext("2d");
16.
17.             //设置填充颜色为黄色
18.             ctx.fillStyle = "yellow";
19.
20.             //绘制圆形的脸,并填充为黄色
21.             ctx.beginPath();
22.             ctx.arc(150, 100, 80, 0, Math.PI * 2, true);
23.             ctx.stroke();
24.             //如果不需要勾勒脸的轮廓,此句可省略
25.             ctx.fill();
26.
27.             //设置填充颜色为黑色
28.             ctx.fillStyle = "black";
29.
30.             //填充黑色的左眼
31.             ctx.beginPath();
32.             ctx.arc(110, 80, 10, 0, Math.PI * 2, true);
33.             ctx.fill();
34.
35.             //填充黑色的右眼
36.             ctx.beginPath();
37.             ctx.arc(190, 80, 10, 0, Math.PI * 2, true);
38.             ctx.fill();
39.
40.             //绘制带有弧度的笑容
41.             ctx.beginPath();
42.             ctx.arc(150, 110, 50, 0, Math.PI, false);
43.             ctx.stroke();
44.         </script>
45.     </body>
46. </html>
```

运行效果如图7-7所示。

【代码说明】

本示例规定了画布的尺寸为宽300像素、高200像素,并使用CSS行内样式表为画布设置了边框为1像素宽度的黑色实线。

注意:重新设置fillStyle的属性值意味着重置画笔的默认颜色。新的颜色将默认用于绘制后续的所有内容,直到再一次重新设置fillStyle的属性值。因此,如果需要给多个图形填充不同的颜色,则每次都需要重新设置fillStyle的值。本例题就是在填充了黄色的圆脸之后重新设置了fillStyle的值为黑色才继续填充眼睛的。

4. 绘制曲线

在HTML5画布API中绘制曲线的原理来自贝塞尔曲线(Bezier Curve)。贝塞尔曲线又称为贝兹曲线或者贝济埃曲线,由法国数学家Pierre Bezier发明,是计算机图形学中非常重要的参数曲线,也是应用于2D图形应用程序的数学曲线。贝塞尔曲线由曲线与节点组成,节点上有控制线和控制点可以拖动,曲线在节点的控制下可以伸缩(如图7-8所示)。一些矢量图形软件用其来精确绘制曲线,如Adobe Photoshop、Adobe Illustrator等。

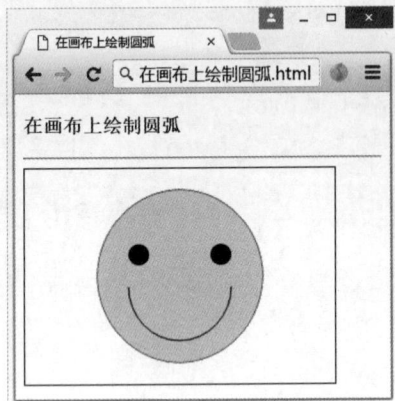

图 7-7　在画布上用 arc()方法绘制笑脸

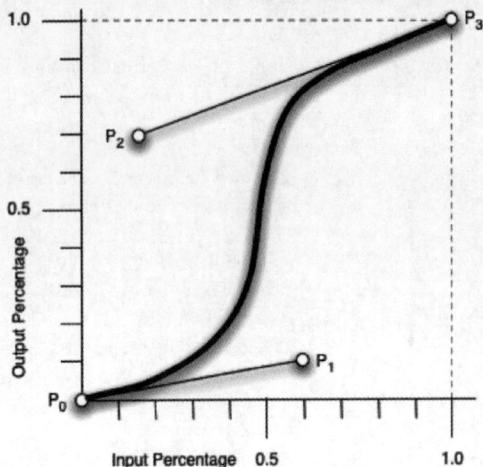

图 7-8　贝塞尔曲线

(来源:万维网联盟 W3C,2013)

　　贝塞尔曲线一般用来绘制较为复杂的规律图形。根据控制点数量不同,分为二次贝塞尔曲线和三次贝塞尔曲线。

　　二次贝塞尔曲线语法结构如下:

```
quadraticCurveTo(cp1x, cp1y, x, y)
```

其中,(cp1x,cp1y)为控制点的坐标;(x,y)为结束点的坐标。

　　三次贝塞尔曲线语法结构如下:

```
bezierCurveTo(cp1x, cp1y, cp2x, cp2y, x, y)
```

其中,(cp1x,cp1y)为控制点一的坐标;(cp2x,cp2y)为控制点二的坐标;(x,y)为结束点的坐标。

　　与矢量软件不同的是,HTML5 画布 API 编程时没有贝塞尔曲线预览图。在没有直接视觉反馈的前提下,绘制复杂的曲线图形显得较为困难,需要花费更多的时间进行绘制。

扫一扫

视频讲解

【例 7-6】　在画布上绘制贝塞尔曲线

用三次贝塞尔曲线绘制爱心。

```
1.    <!DOCTYPE HTML >
2.    < html >
3.       < head >
4.          < meta charset = "utf-8">
5.          <title>用三次贝塞尔曲线绘制爱心</title>
6.       </head>
7.    < body >
8.          < h3 >用三次贝塞尔曲线绘制爱心</h3 >
9.          < hr />
10.       < canvas id = "myCanvas" width = "180" height = "160" style = "border:1px solid">
11.             对不起,您的浏览器不支持 HTML5 画布 API。
12.       </canvas >
13.       < script >
14.             var c = document.getElementById("myCanvas");
15.             var ctx = c.getContext("2d");
16.
```

```
17.             //设置填充颜色为红色
18.             ctx.fillStyle = "red";
19.
20.             //三次曲线
21.             ctx.beginPath();
22.             ctx.moveTo(90, 55);
23.             ctx.bezierCurveTo(90, 52, 85, 40, 65, 40);
24.             ctx.bezierCurveTo(35, 40, 35, 77.5, 35, 77.5);
25.             ctx.bezierCurveTo(35, 95, 55, 117, 90, 135);
26.             ctx.bezierCurveTo(125, 117, 145, 95, 145, 77.5);
27.             ctx.bezierCurveTo(145, 77.5, 145, 40, 115, 40);
28.             ctx.bezierCurveTo(100, 40, 90, 52, 90, 55);
29.             ctx.fill();
30.         </script>
31.     </body>
32. </html>
```

运行效果如图 7-9 所示。

【代码说明】

本示例规定了画布的尺寸为宽 180 像素、高 160 像素,并使用行内样式表为画布设置了边框为 1 像素宽度的黑色实线。由图 7-9 可见,通过三次贝塞尔曲线 bezierCurveTo()方法可以绘制更为复杂的曲线图形。

图 7-9　用三次贝塞尔曲线绘制爱心的简单应用效果

5. 绘制其他自定义形状

和绘制三角形的原理类似,如果自定义多条线段的起始和结束为止,令它们互相连接可以形成多样化的自定义形状。

【例 7-7】　绘制自定义形状

在 HTML5 画布上使用自定义线段绘制 n 角星。

```
1.  <!DOCTYPE HTML>
2.  <html>
3.      <head>
4.          <meta charset="utf-8">
5.          <title>在画布上绘制自定义形状</title>
6.      </head>
7.      <body>
8.          <h3>在画布上绘制自定义形状</h3>
9.          <hr />
10.         <canvas id="myCanvas" width="300" height="200" style="border:1px solid;">
11.             对不起,您的浏览器不支持 HTML5 画布 API。
12.         </canvas>
13.         <script>
14.             var c = document.getElementById("myCanvas");
15.             var ctx1 = c.getContext("2d");
16.
17.             //绘制五角星,并填充为红色
18.             drawStar(5, 50, 100, 50, "red", ctx1);
19.             //绘制七角星,并填充为蓝色
20.             drawStar(7, 140, 100, 50, "blue", ctx1);
21.             //绘制九角星,并填充为绿色
22.             drawStar(9, 240, 100, 50, "green", ctx1);
23.
```

```
24.              //绘制 n 角星的方法
25.              function drawStar(n, dx, dy, size, color, ctx) {
26.                  ctx.beginPath();
27.                  for (var i = 0; i < n; i++) {
28.                      //转换弧度
29.                      var radians = Math.PI / n * 4 * i;
30.                      //计算下一个坐标位置
31.                      var x = Math.sin(radians) * size + dx;
32.                      var y = Math.cos(radians) * size + dy;
33.                      //绘制路径
34.                      ctx.lineTo(x, y);
35.                  }
36.                  //结束路径绘制
37.                  ctx.closePath();
38.                  //设置画笔颜色
39.                  ctx.fillStyle = color;
40.                  //为 n 角星填充颜色
41.                  ctx.fill();
42.              }
43.          </script>
44.      </body>
45.  </html>
```

运行效果如图 7-10 所示。

【代码说明】

本示例规定了画布的尺寸为宽 300 像素、高 200 像素,并使用 CSS 内部样式表为画布设置了边框为 1 像素宽度的黑色实线。在 JavaScript 中自定义了 drawStar(n, dx, dy, size, color, ctx)方法用于绘制 n 角星(n 为奇数),其中参数 n 用于定义角的个数,dx 和 dy 表示坐标位置,size 指的是形状的大小,color 表示填充的颜色,ctx 用于传递画布对象。

由图 7-10 可见,通过在 drawStar()方法中定义不同的参数值可以绘制出不同颜色、大小和位置的多角星。使用函数进行类似规律形状的绘制可以大幅度提高代码效率。

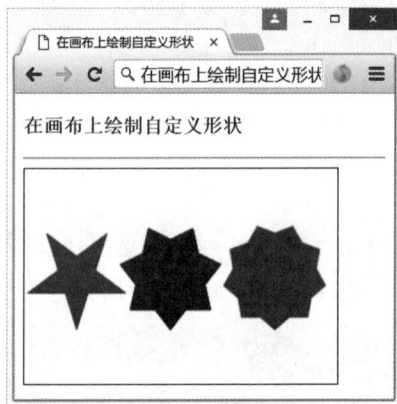

图 7-10   在画布上绘制自定义多角星

7.2.5   绘制矩形

矩形的绘制不同于其他形状的路径绘制,无须提前声明 beginPath(),可通过直接调用绘制矩形的方法来完成,语法更加简洁。根据绘制风格不同共有三种方法,分别用于绘制矩形边框、用颜色填充矩形和清空矩形区域。

1. 绘制带边框的空心矩形

在 HTML5 中可以使用 strokeRect()方法绘制带边框的矩形,其语法结构如下:

```
strokeRect(x, y, width, height)
```

其中,x 和 y 规定了矩形左上角的坐标位置为(x,y); width 为矩形的宽度; height 为矩形的高度,默认单位均为像素(px)。

【例 7-8】   绘制带边框空心矩形的简单应用

在 HTML5 画布上进行空心矩形的简单绘制。

扫一扫

视频讲解

```
1.    <!DOCTYPE HTML>
2.    <html>
3.        <head>
4.            <meta charset="utf-8">
5.            <title>在画布上绘制空心矩形</title>
6.            <style>
7.            canvas{
8.                border:1px solid;
9.                background-color:silver;
10.           }
11.           </style>
12.       </head>
13.       <body>
14.           <h3>在画布上绘制空心矩形</h3>
15.           <hr />
16.           <canvas id="myCanvas" width="300" height="200">
17.               对不起,您的浏览器不支持 HTML5 画布 API。
18.           </canvas>
19.           <script>
20.               var c = document.getElementById("myCanvas");
21.               var ctx = c.getContext("2d");
22.               ctx.strokeRect(50, 50, 200, 100);
23.           </script>
24.       </body>
25.   </html>
```

运行效果如图 7-11 所示。

【代码说明】

本示例规定了画布的尺寸为宽 300 像素、高 200 像素,并使用 CSS 内部样式表为画布设置了背景颜色为黄色、边框为 1 像素宽度的黑色实线。在 JavaScript 中使用 strokeRect()方法绘制了一个左上角位于(50,50)的空心矩形,其中宽度为 200 像素,高度为 100 像素。

由图 7-11 可见,通过 strokeRect()方法绘制的矩形仅带有默认的黑色边框线条,没有填充颜色,因此画布的背景颜色会透过矩形显示出来。

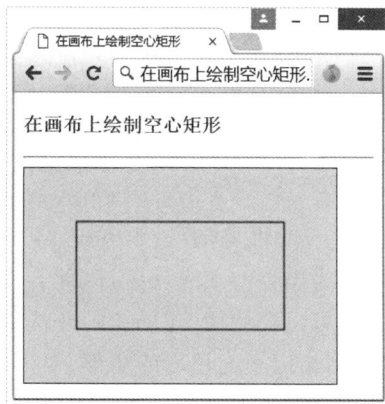

图 7-11　在画布上绘制带边框的空心矩形

2. 用颜色填充矩形

在 HTML5 中使用 fillRect()方法绘制填充颜色的实心矩形,其语法结构如下:

```
fillRect(x,y,width,height)
```

该方法与 strokeRect()方法的参数类似,其中 x 和 y 规定了矩形左上角的坐标位置为 (x,y),width 为矩形的宽度,height 为矩形的高度,默认单位为像素(px)。画笔默认是黑色的,如果需要切换成其他颜色,可以在绘制之前重新定义 context 对象中的 fillStyle 属性。

【例 7-9】　绘制实心矩形的简单应用

在 HTML5 画布上进行实心矩形的简单绘制。

```
1.    <!DOCTYPE HTML>
2.    <html>
3.        <head>
4.            <meta charset="utf-8">
```

扫一扫

视频讲解

```
5.              <title>在画布上绘制实心矩形</title>
6.              <style>
7.              canvas{
8.                  border:1px solid;
9.                  background-color:silver;
10.                 }
11.         </style>
12.     </head>
13.     <body>
14.         <h3>在画布上绘制实心矩形</h3>
15.         <hr />
16.         <canvas id="myCanvas" width="300" height="200">
17.              对不起,您的浏览器不支持 HTML5 画布 API。
18.         </canvas>
19.         <script>
20.              var c = document.getElementById("myCanvas");
21.              var ctx = c.getContext("2d");
22.              ctx.fillRect(50, 50, 200, 100);
23.         </script>
24.     </body>
25.  </html>
```

运行效果如图 7-12 所示。

【代码说明】

本示例规定了画布的尺寸为宽 300 像素、高 200 像素,并使用 CSS 内部样式表为画布设置了背景颜色为银色、边框为 1 像素宽度的黑色实线。在 JavaScript 中使用 fillRect()方法绘制了一个左上角位于(50,50)的实心矩形,其中宽度为 200 像素,高度为 100 像素。

由图 7-12 可见,通过 fillRect()方法绘制的矩形带有默认为黑色的填充颜色,因此会覆盖画布的背景颜色。也可以在使用 fillRect()方法之前重置画笔颜色,以画出指定填充色彩的矩形。

图 7-12　在画布上绘制实心矩形

3. 清空矩形区域

在 HTML5 中使用 clearRect()方法清空矩形的区域,其语法结构如下:

```
clearRect(x,y,width,height)
```

同样是 x 和 y 规定了矩形左上角的坐标位置为(x,y),width 为矩形的宽度,height 为矩形的高度,默认单位为像素(px)。该方法类似橡皮擦的功能,可以将画布上覆盖的颜色擦除,显露出画布本身的背景颜色。

扫一扫

视频讲解

【例 7-10】 清空矩形区域的简单应用

在 200×100 像素的橙色矩形中间清空 100×50 像素的矩形区域。

```
1.     <!DOCTYPE HTML>
2.     <html>
3.         <head>
4.              <meta charset="utf-8">
5.              <title>在画布上清空矩形区域</title>
6.         </head>
```

```
7.          <body>
8.              <h3>在画布上清空矩形区域</h3>
9.              <hr />
10.             <canvas id = "myCanvas" width = "300" height = "200" style = "border:1px solid">
11.                 对不起,您的浏览器不支持 HTML5 画布 API。
12.             </canvas>
13.             <script>
14.                 var c = document.getElementById("myCanvas");
15.                 var ctx = c.getContext("2d");
16.                 //设置填充颜色
17.                 ctx.fillStyle = "orange";
18.                 //绘制实心矩形
19.                 ctx.fillRect(50,50,200,100);
20.                 //清空其中一块矩形区域
21.                 ctx.clearRect(100,75,100,50);
22.             </script>
23.          </body>
24. </html>
```

运行效果如图 7-13 所示。

【代码说明】

本示例规定了画布的尺寸为宽 300 像素、高 200 像素,并使用行内样式表为画布设置了边框为 1 像素宽度的黑色实线。在 JavaScript 中使用 fillRect()方法先绘制了一个左上角位于(50,50)的橙色实心矩形,其中宽度为 200 像素,高度为 100 像素。然后在该矩形的内部使用 clearRect()清除出一块宽 100 像素,高 50 像素的矩形区域。

由图 7-13 可见,通过 clearRect()方法绘制的矩形可以清除原先画布上的颜色。

注意:该方法无法清除画布本身的背景颜色。

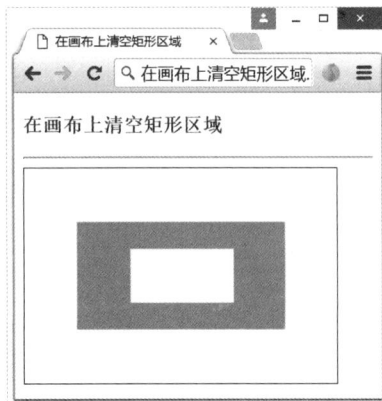

图 7-13　清空矩形区域的简单应用效果

7.2.6　绘制图片

在 HTML5 中也可以直接将素材文件的图片内容绘制在画布上。

1. 装载图片

在 JavaScript 中,可以直接使用 Image()构造函数来创建一个新的图片对象。

例如,装载一张名称为 hello. png 的图片:

```
var img = new Image();
img.src = "hello.png";
```

此时图片只是指定了来源,暂时还未绘制在画布上,因此看不到任何效果。

2. 绘制图片

图片装载完毕后,可以使用 drawImage()方法绘制图片,语法如下:

```
ctx.drawImage(image, x, y);
```

其中,image 是图片对象的自定义名称;x 和 y 指的是该图片在画布中的起始位置在(x,y)坐标上。例如:

```
var img = new Image();
img.src = "ballon.jpg";
ctx.drawImage(img, 0, 0);
```

上述代码表示绘制一张名称为 balloon.jpg 的图片,并将其左上角放置在原点上。此时绘制的图片尺寸与原图一致。

有时由于图片过大导致加载时间较长,在图片还未加载完毕时就执行了 drawImage()方法,这可能导致图片无法正常显示。此时可以将绘制图片的代码片段放在图片对象的onload 事件函数中,修改后的代码如下:

```
var img = new Image();
img.src = "ballon.jpg";
img.onload = function(){
  ctx.drawImage(img, 0, 0);
}
```

上述代码表示必须等待图片加载完毕才执行图像绘制方法。

3. 缩放图片

图片的大小可以在绘制时进行缩放。语法如下:

```
drawImage(image, x, y, width, height)
```

该方法比普通绘制图片方法多出两个参数 width 和 height,分别用于指定缩放后图片的宽度和高度,其默认单位均为像素。例如:

```
var img = new Image();
img.src = "ballon.jpg";
img.onload = function(){
  ctx.drawImage(img, 0, 0, 20, 20);
}
```

上述代码表示将从原点(0,0)坐标开始绘制一张名称为 balloon.jpg 的图片,其尺寸缩放为宽和高均为 20 像素。

4. 图片切割

绘制图片时可以根据实际需要对原图进行切割,只显示指定的区域内容。语法结构如下:

```
drawImage(image, sx, sy, sWidth, sHeight, dx, dy, dWidth, dHeight)
```

该方法有 9 个参数,其中 image 是需要切割的图片对象;sx 和 sy 表示将从原图片的(sx,sy)坐标位置进行切割;切割的矩形宽度为 sWidth,高度为 sHeight,其默认单位均为像素。dx 和 dy 表示切割后的图片将显示在画布的(dx,dy)坐标位置上,并且其宽度缩放为dWidth、高度缩放为 dHeight。例如:

```
var img = new Image();
img.src = "ballon.jpg";
img.onload = function(){
  ctx.drawImage(img, 20, 20, 10, 10, 0, 0, 30, 30);
}
```

上述代码表示将一张名称为 balloon.jpg 的图片从(20,20)的坐标点开始切割一块10×10 像素大小的方块,将切割下来的方块放置在画布原点(0,0)上,并将该图片放大至

30×30 像素的比例。

【例 7-11】 绘制图片的简单应用

在 HTML5 画布上进行图片缩放、切割与绘制。

```
1.    <!DOCTYPE HTML>
2.    <html>
3.        <head>
4.            <meta charset = "utf-8">
5.            <title>HTML5 画布之绘制图片</title>
6.        </head>
7.        <body>
8.            <h3>HTML5 画布之绘制图片</h3>
9.            <hr />
10.           <canvas id = "myCanvas"width = "650"height = "240"style = "border:1px solid">
11.               对不起,您的浏览器不支持 HTML5 画布 API。
12.           </canvas>
13.           <script>
14.           var c = document.getElementById("myCanvas");
15.               var ctx = c.getContext("2d");
16.
17.           //装载图片
18.       var img = new Image();
19.       img.src = "image/guilin.jpg";
20.       img.onload = function(){
21.       //缩放图片为 350x200 像素的比例,从画布的(20,20)坐标作为起点绘制
22.       ctx.drawImage(img,20,20,350,200);
23.           //从图片上的(960,730)坐标开始进行切割,切割的尺寸为 330x330 像素
24.           //并且在画布的(380,20)坐标开始绘制,缩放为 250x200 像素
25.       ctx.drawImage(img,960,730,330,330,380,20,250,200);
26.           }
27.           </script>
28.       </body>
29.   </html>
```

运行效果如图 7-14 所示。

图 7-14　在画布上进行图片缩放、切割与绘制的运行效果

【代码说明】

本示例规定了画布的尺寸为宽 650 像素、高 240 像素,并使用 CSS 行内样式表为画布设置了边框为 1 像素宽度的黑色实线。图片素材来源于本地 image 文件夹中的 guilin.jpg 文件,该图片为 2125×1062 像素的原始尺寸。

在画布中图 7-14 左图使用了 drawImage(image，x，y，width，height)方法绘制被缩放的图片；图 7-14 右图使用了 drawImage(image，sx，sy，sWidth，sHeight，dx，dy，dWidth，dHeight)方法绘制先在原图上切割再在画布上缩放的图片。

7.2.7　绘制文本

HTML5 画布 API 提供了两种绘制文本的方法：fillText()方法用于绘制实心文本内容，strokeText()方法用于为文本内容描边。

绘制实心文本内容的语法结构如下：

```
fillText(text, x, y, maxWidth)
```

绘制空心文本内容的语法结构如下：

```
strokeText(text, x, y, maxWidth)
```

其中，text 表示文本内容，实际填写时需要在文本内容的前后加上引号；x 和 y 表示文本将绘制在(x，y)坐标上；maxWidth 指的是绘制文本的最大宽度，其默认单位为像素；maxWidth 不是必填内容，根据实际需要可以省略。

在绘制之前也可以使用 context 对象的 font 属性自定义字体风格，该属性默认的字体大小为 10px、字体格式为 sans-serif。该属性的语法规则与 CSS 样式中的 font 属性完全相同，此处不再赘述。可以重新设置 font 属性来改变字体样式，例如：

```
ctx.font = "bold 20px serif";
```

上述代码表示字体设置为加粗、字大小为 20 像素、serif 字体样式。

文本的默认对齐方式是 start，可以使用 context 对象中的 textAlign 属性重新设置文本的对齐方式。textAlign 属性有 5 种属性值，解释如下。

- start：文本从指定位置开始，该属性值为默认值；
- end：文本从指定位置结束；
- left：文本左对齐；
- right：文本右对齐；
- center：文本居中显示。

例如：

```
ctx.textAlign = "center";
```

扫一扫

视频讲解

上述代码表示将文本设置为居中显示的效果。

【例 7-12】　绘制文本的简单应用

在 HTML5 画布上分别使用 fillText()和 strokeText()方法进行两种不同风格的文本绘制。

```
1.    <!DOCTYPE HTML >
2.    < html >
3.        < head >
4.            < meta charset = "utf-8">
5.            <title>在画布上绘制文字</title>
6.        </head >
7.        < body >
8.            < h3 >在画布上绘制文字</h3 >
```

```
9.              < hr />
10.             < canvas id = "myCanvas"width = "300"height = "200"style = "border:1px solid">
11.                 对不起,您的浏览器不支持 HTML5 画布 API。
12.             </canvas>
13.             < script >
14.                 var c = document.getElementById("myCanvas");
15.                 var ctx = c.getContext("2d");
16.
17.                 //设置字体为加粗、大小为 68 像素,serif
18.                 ctx.font = "bold 68px serif";
19.
20.                 //设置填充色为红色
21.                 ctx.fillStyle = "red";
22.
23.                 //填充文本内容
24.                 ctx.fillText("你好,", 50, 80);
25.
26.                 //描边文本内容
27.                 ctx.strokeText("HTML5!", 70, 160);
28.             </script>
29.         </body>
30.     </html>
```

运行效果如图 7-15 所示。

【代码说明】

本示例规定了画布的尺寸为宽 200 像素、高 100 像素,并使用 CSS 行内样式表为画布设置了边框为 1 像素宽度的黑色实线。在 JavaScript 中分别使用 fillText( )和 strokeText( )方法绘制文字内容,由图可见,这两种绘制方式可以分别实现实心和空心的文字效果。

7.2.8　颜色与样式

1. 颜色设置

绘图时默认的画笔颜色为黑色,这意味着在画布中绘制的轮廓颜色和图形填充色在缺省属性声明时均为黑色。在 CanvasRendering Context2D 接口中有两个和颜色相关的重要属性:strokeStyle 和 fillStyle,利用这两个属性可以重新定义线条颜色和图形的填充色。

其基本语法格式如下:

```
//设置图形轮廓的颜色
ctx.strokeStyle = "颜色值";

//设置图形的填充颜色
ctx.fillStyle = "颜色值";
```

在这里颜色值需要使用 CSS 样式中的声明标准,可以是颜色名、RGB 格式或者十六进制码格式的完整版或简写版。

以 fillStyle 属性为例,设置图形的填充色为红色,有如下几种写法表达同样的含义:

```
ctx.fillStyle = "red";                    //用颜色名设置红色
ctx.fillStyle = "rgb(255, 0, 0)";         //用十进制 RGB 颜色设置红色
ctx.fillStyle = "#FF0000";                //用十六进制码设置红色
ctx.fillStyle = "#F00";                   //用十六进制码简写形式设置红色
```

图 7-15　在画布上绘制文本的运行效果

【例 7-13】　颜色设置的简单应用

在 HTML5 画布上使用 strokeStyle 和 fillStyle 属性分别设置图形的轮廓颜色与填充颜色。

```
1.   <!DOCTYPE HTML>
2.   <html>
3.       <head>
4.           <meta charset = "utf-8">
5.           <title>颜色设置的简单应用</title>
6.       </head>
7.       <body>
8.           <h3>颜色设置的简单应用</h3>
9.           <hr />
10.          <canvas id = "myCanvas" width = "250" height = "110" style = "border:1px solid">
11.               对不起,您的浏览器不支持 HTML5 画布 API。
12.          </canvas>
13.          <script>
14.              var c = document.getElementById("myCanvas");
15.              var ctx = c.getContext("2d");
16.
17.              for(var i = 0;i < 5;i++){
18.                  var green = 255 − 51 * i;
19.
20.                  //设置线条颜色
21.                  ctx.strokeStyle = "rgb(0," + green + ",255)";
22.                  //绘制空心圆
23.                  ctx.beginPath();
24.                  ctx.arc(40 + 40 * i,30,20,0, Math.PI * 2, true);
25.                  ctx.stroke();
26.
27.                  //设置填充颜色
28.                  ctx.fillStyle = "rgb(0," + green + ",255)";
29.                  //绘制实心矩形
30.                  ctx.fillRect(20 + 40 * i,60,40,40);
31.              }
32.          </script>
33.      </body>
34.  </html>
```

运行效果如图 7-16 所示。

【代码说明】

本示例规定了画布的尺寸为宽 250 像素、高 110 像素,并使用 CSS 行内样式表为画布设置了边框为 1 像素宽度的黑色实线。在画布中依次绘制了 5 组空心圆与实心矩形,分别用于检测图形的描边颜色与填充颜色的设置效果。

颜色的取值使用了 rgb 表示法,并设置红色通道值为 0,蓝色通道值为 255 保持不变。将绿色通道值设置为变量 green。在 JavaScript 中使用了 for 循环

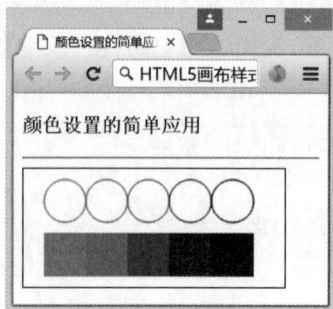

图 7-16　设置图形轮廓颜色和填充颜色的运行效果

遍历 5 次,每次将绿色通道值减弱 51。由图 7-16 可见,图形的轮廓颜色与填充颜色均可以根据设置进行改变。

2. 颜色透明度

HTML5 画布可以使用半透明色作为图形轮廓或填充颜色。其语法结构如下:

```
ctx.globalAlpha = 透明度值;
```

画布中所有的图形都被 context 对象中 globalAlpha 的属性值影响透明度,有效值范围是从 0.0 到 1.0。其中 0.0 表示完全透明,1.0 表示完全不透明。

例如,设置透明度为 0.5(半透明)写法如下:

```
ctx.globalAlpha = 0.5;
```

globalAlpha 适合批量设置图形颜色。

如果需要为图形单独设置透明度,可以使用 rgba 方法。其语法结构如下:

```
rgba(red, green, blue, 透明度值)
```

和 rgb 方法类似,前三个参数用法完全一样,只多出最后一个参数用于设置透明度。rgba 的透明度有效值范围和 globalAlpha 一样,是从 0.0(完全透明)到 1.0(完全不透明)。

当透明度值处于 1.0 时,效果和 rgb 设置的颜色完全一致。例如:

```
rgba(255,0,0,1)
```

等同于

```
rgb(255,0,0)
```

【例 7-14】　透明度设置的简单应用

在 HTML5 画布上使用 rgba 方法设置不同矩形的透明度。

```
1.    <!DOCTYPE HTML >
2.    < html >
3.        < head >
4.            < meta charset = "utf-8">
5.            < title > HTML5 画布颜色特效之透明度设置</title>
6.        </head >
7.    < body >
8.        < h3 > HTML5 画布颜色特效之透明度设置</h3>
9.        < hr />
10.       < canvas id = "myCanvas" width = "300" height = "200" style = "border:1px
          solid">
11.           对不起,您的浏览器不支持 HTML5 画布 API。
12.       </canvas>
13.       < script >
14.           var c = document.getElementById("myCanvas");
15.           var ctx = c.getContext("2d");
16.
17.           //设置填充颜色为红色,透明度 0.2
18.           ctx.fillStyle = "rgba(255,0,0,0.2)";
19.           //绘制矩形
20.           ctx.fillRect(0,0,300,200);
21.           //设置填充颜色为红色,透明度 0.4
22.           ctx.fillStyle = "rgba(255,0,0,0.4)";
23.           //绘制矩形
24.           ctx.fillRect(25,25,250,150);
25.           //设置填充颜色为红色,透明度 0.6
26.           ctx.fillStyle = "rgba(255,0,0,0.6)";
27.           //绘制矩形
28.           ctx.fillRect(50,50,200,100);
```

扫一扫

视频讲解

```
29.                  //设置填充颜色为红色,透明度 0.8
30.                  ctx.fillStyle = "rgba(255,0,0,0.8)";
31.                  //绘制矩形
32.                  ctx.fillRect(75,75,150,50);
33.              </script>
34.          </body>
35.      </html>
```

运行效果如图 7-17 所示。

【代码说明】

本示例规定了画布的尺寸为宽 300 像素、高 200 像素,并使用 CSS 行内样式表为画布设置了边框为 1 像素宽度的黑色实线。使用 rgba 颜色取值法定义 4 种透明度分别为 0.2、0.4、0.6 和 0.8 的红色,并将其分别用于 4 个矩形图像的绘制。其中最底层的矩形与画布相同尺寸,每增加 0.2 的透明度就将下一个矩形的位置偏移(25,25),并各边缩减 50 像素。由图 7-17 可见,为同一种颜色设置不同透明度可以实现更丰富的色彩效果。

图 7-17　设置不同透明度的矩形显示效果

3. 颜色渐变

在 HTML5 中,可以使用颜色渐变效果来设置图形的轮廓或填充颜色,分为线性渐变与径向渐变两种。首先可以创建具有指定渐变区域的 canvasGradient 对象。

创建线性渐变 canvasGradient 对象的语法格式如下:

```
Ctx.createLinearGradient(x1, y1, x2, y2);
```

其中,(x1,y1)表示渐变的初始位置坐标;(x2,y2)表示渐变的结束位置坐标。

创建径向渐变 canvasGradient 对象的语法格式如下:

```
ctx.createRadialGradient(x1, y1, r1, x2, y2, r2);
```

其中,前三个参数表示渐变的初始位置是圆心在(x1,y1)上的半径为 r1 的圆;后三个参数表示渐变的结束位置是圆心在(x2,y2)上的半径为 r2 的圆。

使用这两种渐变方法创建 canvasGradient 对象后均可继续使用 addColorStop()方法为渐变效果定义颜色与渐变点。其语法格式如下:

```
gradient.addColorStop(position, color);
```

其中,position 参数需要填写一个 0～1 的数值,表示渐变点的相对位置。例如,0.5 表示在渐变区域的正中间。color 参数需要填写一个有效的颜色值,可参考 CSS 颜色标准的声明方式。

以上两种方法所创建出来的颜色渐变效果均可当作一种特殊的颜色值直接赋值给 fillStyle 属性。例如:

```
//创建线性渐变
var linear = ctx.createLinearGradient(0, 0, 150, 150);
linear.addColorStop(0, "rgb(0,0,255)");
```

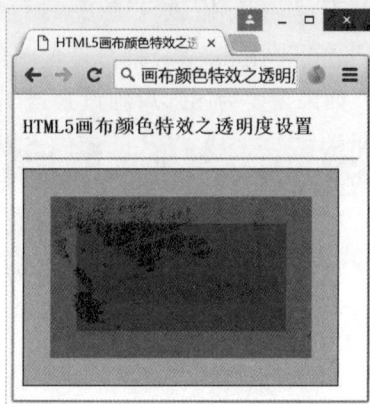

```
linear.addColorStop(1, "rgb(255,0,0)");

//画图形
ctx.fillStyle = linear;
ctx.fillRect(0, 0, 150, 150);
```

上述代码表示创建了一个宽高均为 150 像素的矩形,其左上角顶点在原点(0,0)的位置。其填充颜色不是一般的纯色,而是由左上角点(0,0)开始填充蓝色向右下角点(150,150)渐变为红色的填充效果。

扫一扫

视频讲解

【例 7-15】　颜色渐变的简单应用

在 HTML5 画布上进行颜色渐变的简单绘制。

```
1.    <!DOCTYPE HTML>
2.    <html>
3.        <head>
4.            <meta charset = "utf-8">
5.            <title>HTML5 画布颜色特效之颜色渐变</title>
6.        </head>
7.        <body>
8.            <h3>HTML5 画布颜色特效之颜色渐变</h3>
9.            <hr />
10.           <canvas id = "myCanvas" width = "300" height = "150" style = "border:1px solid">
11.               对不起,您的浏览器不支持 HTML5 画布 API。
12.           </canvas>
13.           <script>
14.               var c = document.getElementById("myCanvas");
15.               var ctx = c.getContext("2d");
16.               //创建渐变 1
17.               var radgrad = ctx.createRadialGradient(50, 50, 20, 70, 70, 60);
18.               radgrad.addColorStop(0, "rgba(0,0,255,0.6)");
19.               radgrad.addColorStop(0.9, "rgba(0,0,255,1)");
20.               radgrad.addColorStop(1, "rgba(0,0,255,0)");
21.
22.               //画图形
23.               ctx.fillStyle = radgrad;
24.               ctx.fillRect(0, 0, 150, 150);
25.
26.               //创建渐变 2
27.               var linear = ctx.createLinearGradient(150, 0, 300, 150);
28.               linear.addColorStop(0, "rgb(0,0,255)");
29.               linear.addColorStop(1, "rgb(255,0,0)");
30.
31.               //画图形
32.               ctx.fillStyle = linear;
33.               ctx.fillRect(150, 0, 150, 150);
34.           </script>
35.       </body>
36.    </html>
```

运行效果如图 7-18 所示。

【代码说明】

本示例规定了画布的尺寸为宽 200 像素、高 100 像素,并使用 CSS 行内样式表为画布设置了边框为 1 像素宽度的黑色实线。在 JavaScript 中创建了径向渐变 radgrad 和线性渐变 linear 分别用于实现立体球状效果和平面矩形的渐变效果。

图 7-18　在画布上使用颜色渐变的效果

4. 图案填充

在 CanvasRenderingContext2D 接口中的 createPattern( )方法可以将外部图片素材用于填充画布上绘制的图形。其语法结构如下：

```
createPattern(image, type)
```

其中,image 必须是一个 Image 对象或 canvas 对象的引用；type 用于设置图片填充时是否重复,只能为以下 4 个值之一：repeat、repeat-x、repeat-y 和 no-repeat。将该方法的返回值赋值给 fillStyle 属性即可。

和绘制图片一样,最好将相关代码写到图像的 onload 事件函数中,以免图片尚未加载完成无法显示正确的效果。例如：

```
var img = new Image();
img.src = "ballon.jpg";
img.onload = function(){
  var pattern = ctx.createPattern(img, "repeat");
  ctx.fillStyle = pattern;
  ctx.fillRect(0,0,100,100);
}
```

扫一扫

视频讲解

【例 7-16】 图案填充的简单应用

在 HTML5 画布上使用图片素材填充图形。

```
1.    <!DOCTYPE HTML>
2.    <html>
3.        <head>
4.            <meta charset = "utf-8">
5.            <title>HTML5 画布样式之图案填充</title>
6.        </head>
7.        <body>
8.            <h3>HTML5 画布样式之图案填充</h3>
9.            <hr />
10.           <canvas id = "myCanvas" width = "200" height = "200" style = "border:1px solid">
11.               对不起,您的浏览器不支持 HTML5 画布 API。
12.           </canvas>
13.           <script>
14.               var c = document.getElementById("myCanvas");
15.               var ctx = c.getContext("2d");
16.               //指定图片素材来源
17.               var img = new Image();
18.               img.src = "image/pattern.png";
19.               //图片加载完毕
20.               img.onload = function() {
21.                   //设置图案效果为重复平铺
22.                   var pattern = ctx.createPattern(img, "repeat");
23.                   //开始绘制路径
24.                   ctx.beginPath();
25.                   //绘制圆弧
26.                   ctx.arc(100, 100, 100, 0, Math.PI * 2, true);
27.                   //图形描边
28.                   ctx.stroke();
29.                   //设置填充颜色
30.                   ctx.fillStyle = pattern;
31.                   //填充图形
32.                   ctx.fill();
33.               }
```

```
34.            </script>
35.        </body>
36.    </html>
```

运行效果如图 7-19 所示。

【代码说明】

本示例设置了画布的尺寸为宽 200 像素、高 200 像素，并使用行内样式表为画布设置了边框为 1 像素宽度的黑色实线。图案素材来源于本地 image 文件夹中的 pattern.png 文件，该图片原始尺寸为 80×80 像素。

在画布上绘制一个圆心在（100,100）坐标点，半径为 100 像素的圆弧。并使用图案对其进行填充。由图 7-19 可见，由于在 createPattern（image，type）方法中设置了 type 参数值为 repeat，图案在水平方向与垂直方向上均实现了重复平铺效果。

图 7-19　图案填充的运行效果

5. 线条样式

context 对象中带有一系列属性可以自定义线条效果，包括线条的粗细、颜色和拐角接连处的形状。在 CanvasRenderingContext2D 接口中有一系列属性可用于设置线条样式，如表 7-2 所示。

表 7-2　context 对象的常用属性

属 性 名 称	属 性 值	解 释
lineWidth	CSS 长度值＜length＞	设置线条宽度（默认单位：像素）
strokeStyle	CSS 颜色值＜color＞	设置线条颜色
lineJoin	miter round bevel	设置线条之间连接处的拐角样式，其中 miter 为默认值
lineCap	butt square round	设置线条两端顶点的样式，其中 butt 为默认值
getLineDash()	Array 数组	用于获取当前线段的样式，通常用于获取虚线线段的样式设置数组
setLineDash(segments)	void	使用数组参数设置线条为自定义线段长度和间隔长度的虚线样式
lineDashOffset	CSS 数值	用于设置虚线样式时线段的偏移量

其中，lineJoin 属性表示线段之间连接处的拐角样式，有三种属性，解释如下。

* miter：线段连接处的拐角为尖角，该属性值为默认值。
* round：线段连接处的拐角为圆形。
* bevel：线段连接处的拐角为平角。

具体的显示效果如图 7-20 所示。

lineCap 属性表示线段两边顶端的形状，有三种属性值，解释如下。

* butt：线段的末端以方形结束，该属性值为默认值。
* round：线段的末端以半圆形凸起结束。

• square：线段的末端加了一个矩形，该矩形的宽度与线段同宽，高度为宽度的一半。具体的显示效果如图 7-21 所示。

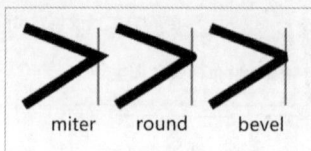

图 7-20　设置 lineJoin 不同属性值对应的效果　　　图 7-21　设置 lineCap 不同属性值对应的效果

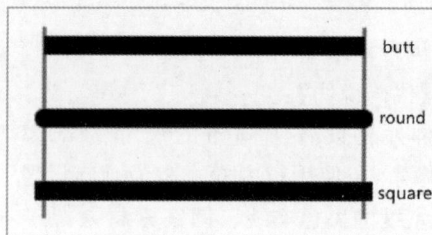

setLineDash(segments)方法可以将线条设置为虚线，其中参数 segments 位置需要填入一个包含了交替绘制线段与间隔长度的 Array 数组。例如：

```
ctx.setLineDash([10, 5]);
```

上述代码表示设置线条样式为 10 像素的线段与 5 像素的间隔交替出现形成虚线。

注意：有一种特殊情况，当数组元素为奇数时，所有数组元素会自动重复一次。例如，使用 setLineDash([5，10，5])方法设置线条样式，然后用 getLineDash()方法获取的返回值会是[5，10，5，5，10，5]的形式。原因是如果填入的数组元素个数为奇数，则第一个和最后一个元素均是用来规定虚线中的线段样式的，此时缺少最后一个间隔的长度规定。因此需要进行一次数组元素重复，以保证每一个线段与其后面的间隔长度都得到设置。

将这些属性组合使用可以定义不同样式的线段。例如，定义宽度为 4 像素、拐角连接处为弧形的红色线段，相关 JavaScript 代码如下：

```
ctx.lineWidth = 4;
ctx.lineJoin = "round";
ctx.strokeStyle = "red";
```

当前使用了英文单词 red 来定义 strokeStyle 属性为红色，也可以使用十六进制码 ♯FF0000 或者 rbg(255,0,0)等方式表达同样的效果。

【例 7-17】　线条样式的简单应用

在 HTML5 画布上使用自定义样式的线段绘制简笔画树。

```
1.   <!DOCTYPE HTML>
2.   < html >
3.       < head >
4.           < meta charset = "utf-8">
5.           <title>HTML5 画布样式之线条样式</title>
6.       </head>
7.       < body >
8.           < h3 >HTML5 画布样式之线条样式</h3>
9.           < hr />
10.    < canvas id = "myCanvas" width = "300" height = "200" style = "border:1px solid">
11.           对不起，您的浏览器不支持 HTML5 画布 API。
12.       </canvas>
13.       < script >
14.           var c = document.getElementById("myCanvas");
15.           var ctx = c.getContext("2d");
16.           //设置线段顶端样式为 square
```

```
17.              ctx.lineCap = "square";
18.              //设置线段宽度为5像素
19.              ctx.lineWidth = "5";
20.              //画笔设置为绿色描边
21.              ctx.strokeStyle = "green";
22.
23.              //开始绘制树叶部分
24.              ctx.beginPath();
25.              //绘制第一层树叶
26.              ctx.moveTo(150,20);
27.              ctx.lineTo(100,50);
28.              ctx.lineTo(200,50);
29.              ctx.lineTo(150,20);
30.              //绘制第二层树叶
31.              ctx.moveTo(150,50);
32.              ctx.lineTo(80,90);
33.              ctx.lineTo(220,90);
34.              ctx.lineTo(150,50);
35.              //绘制第三层树叶
36.              ctx.moveTo(150,90);
37.              ctx.lineTo(60,130);
38.              ctx.lineTo(240,130);
39.              ctx.lineTo(150,90);
40.              ctx.stroke();
41.              ctx.closePath();
42.
43.              //画笔设置为褐色描边
44.              ctx.strokeStyle = "brown";
45.              //开始绘制树干部分
46.              ctx.beginPath();
47.              ctx.moveTo(130,135);
48.              ctx.lineTo(130,180);
49.              ctx.lineTo(170,180);
50.              ctx.lineTo(170,135);
51.              ctx.stroke();
52.              ctx.closePath();
53.          </script>
54.      </body>
55.  </html>
```

运行效果如图7-22所示。

【代码说明】

本示例设置了画布的尺寸为宽300像素、高200像素,并使用行内样式表为画布设置了边框为1像素宽度的黑色实线。在JavaScript中设置画笔线条为5像素宽、顶端为方形突出的样式。然后分别设置线条颜色为绿色和褐色,用于绘制简笔画树的树叶和树干两部分。

6. 阴影效果

在CanvasRenderingContext2D接口中具有4个属性可以为画布中的图形或文本设置阴影效果,如表7-3所示。

图7-22 自定义线条样式绘制简笔画树的效果

表 7-3　　HTML5 画布阴影效果相关属性

属 性 名 称	属 性 值	解　　释
shadowOffsetX	数值	用于设置阴影在 x 轴方向的延伸距离,默认值为 0
shadowOffsetY	数值	用于设置阴影在 y 轴方向的延伸距离,默认值为 0
shadowBlur	数值	用于设置阴影的模糊程度,默认值为 0
shadowColor	颜色值	用于设置阴影的颜色,默认值为透明度为 0 的黑色

扫一扫

视频讲解

【例 7-18】　阴影效果的简单应用

在 HTML5 画布上进行阴影的简单绘制。

```
1.    <!DOCTYPE HTML>
2.    <html>
3.        <head>
4.            <meta charset="utf-8">
5.            <title>HTML5 画布样式之阴影效果</title>
6.        </head>
7.        <body>
8.            <h3>HTML5 画布样式之阴影效果</h3>
9.            <hr />
10.           <canvas id="myCanvas" width="125" height="125" style="border:1px solid">
11.               对不起,您的浏览器不支持 HTML5 画布 API。
12.           </canvas>
13.           <script>
14.               var c = document.getElementById("myCanvas");
15.               var ctx = c.getContext("2d");
16.
17.               //设置阴影的 x 轴偏移
18.               ctx.shadowOffsetX = 8;
19.               //设置阴影的 y 轴偏移
20.               ctx.shadowOffsetY = 8;
21.               //设置阴影的模糊度
22.               ctx.shadowBlur = 10;
23.               //设置阴影的颜色
24.               ctx.shadowColor = "black";
25.
26.               //设置图形的填充色为红色
27.               ctx.fillStyle = "red";
28.               //绘制边长为 50 像素的矩形
29.               ctx.fillRect(35, 35, 50, 50);
30.           </script>
31.       </body>
32.   </html>
```

运行效果如图 7-23 所示。

【代码说明】

本示例规定了画布的宽和高均为 125 像素,并使用 CSS 行内样式表为画布设置了边框为 1 像素宽度的黑色实线。在画布的中间绘制了一个边长为 50 像素的正方形,并填充红色。为其设置了半径为 10 像素的黑色阴影效果,阴影在水平方向往右偏移 8 像素、垂直方向往下偏移 8 像素的位置。

图 7-23　在画布上绘制阴影的运行效果

7.2.9 保存和恢复

在 HTML5 画布中,save()和 restore()方法是绘制复杂图形的快捷方式,用于记录或恢复画布的绘画状态。在绘制复杂图形时有可能临时需要进行多个属性的设置更改(例如,画笔的粗细、填充颜色等效果),在绘制完成后又要重新恢复初始设置进行后续的操作。

例如,先更改填充色为黄色、轮廓颜色为红色,在绘制图形之后还原初始的画笔状态。代码如下:

```
//更改绘画状态
ctx.fillStyle = "yellow";        //设置填充色为黄色
ctx.strokeStyle = "red";         //设置描边轮廓为红色

//绘制图形
ctx.fillRect(0,0,100,100);

//还原初始绘画状态
ctx.fillStyle = "black";         //设置填充色为黑色
ctx.strokeStyle = "black";       //设置描边轮廓为黑色
```

由此可见,每次还原初始绘画状态都必须重新设置所有被更改的参数。如果多次出现这种情况,则重复绘画状态设置会造成大量的代码冗余。

因此可以使用 save()和 restore()方法化简这部分代码。在需要更改绘制状态的设置前使用 save()方法先记录当前的设置,然后再更改需要的设置,进行特殊部分的绘制,绘制结束后只需要使用 restore()方法即可迅速恢复记录的状态。

上述代码修改后如下:

```
//保存当前绘画状态
ctx.save();

//更改绘画状态
ctx.fillStyle = "yellow";        //设置填充色为黄色
ctx.strokeStyle = "red";         //设置描边轮廓为红色

//绘制图形
ctx.fillRect(0,0,100,100);

//还原初始绘画状态
ctx.restore();
```

还可以多次使用 save()方法保存不同的绘画状态,每次使用 save()方法都会将当前状态推送到栈中保存。当使用 restore()方法则从栈中取出最近一次的绘画状态对画布进行恢复设置。

【例 7-19】 保存和恢复的简单应用

使用连续的 save()和 restore()方法保存和恢复多个绘画状态。

```
1.  <!DOCTYPE HTML>
2.  <html>
3.     <head>
4.        <meta charset="utf-8">
5.        <title>绘画状态的保存与恢复</title>
6.     </head>
7.     <body>
8.        <h3>绘画状态的保存与恢复</h3>
```

扫一扫

视频讲解

```
9.          < hr />
10.         < canvas id = "myCanvas" width = "200" height = "200" style = "border:1px solid;">
11.             对不起,您的浏览器不支持 HTML5 画布 API。
12.         </canvas>
13.         < script >
14.             var c = document.getElementById("myCanvas");
15.             var ctx = c.getContext("2d");
16.
17.             //设置填充颜色为黄色
18.             ctx.fillStyle = "yellow";
19.             //保存当前绘制状态 1
20.             ctx.save();
21.             ctx.beginPath();
22.             ctx.arc(100, 100, 100, 0, Math.PI * 2, true);
23.             ctx.fill();
24.
25.             //设置填充颜色为橙色
26.             ctx.fillStyle = "orange";
27.             //保存当前绘制状态 2
28.             ctx.save();
29.             ctx.beginPath();
30.             ctx.arc(100, 100, 80, 0, Math.PI * 2, true);
31.             ctx.fill();
32.
33.             //设置填充颜色为白色
34.             ctx.fillStyle = "white";
35.             ctx.beginPath();
36.             ctx.arc(100, 100, 60, 0, Math.PI * 2, true);
37.             ctx.fill();
38.
39.             //恢复绘制状态 2
40.             ctx.restore();
41.             ctx.beginPath();
42.             ctx.arc(100, 100, 40, 0, Math.PI * 2, true);
43.             ctx.fill();
44.
45.             //恢复绘制状态 1
46.             ctx.restore();
47.             ctx.beginPath();
48.             ctx.arc(100, 100, 20, 0, Math.PI * 2, true);
49.             ctx.fill();
50.         </script >
51.     </body >
52. </html>
```

图 7-24　保存与恢复的应用效果

运行效果如图 7-24 所示。

【代码说明】

本示例规定了画布的尺寸为宽 200 像素、高 200 像素,并使用 CSS 行内样式表为画布设置了边框为 1 像素宽度的黑色实线。

在第一次设置填充颜色为黄色时使用了 save()方法保存当前状态(状态 1),并绘制了一个半径为 100 像素,圆心在(100,100)坐标上的黄色实心圆。接下来设置填充颜色为橙色,继续使用 save()方法保存当前状态(状态 2),并绘制了一个半径为 80 像素的橙色同心圆。此时栈道中保存了两种绘图状态：状态 1 是填充色为黄色，状态 2 是填充色为橙色。

由图 7-24 可见，使用 restore()方法恢复时，会先恢复最近保存的状态，再恢复前一次保存的状态。即先回到状态 2，绘制橙色同心圆；再回到状态 1，绘制了黄色同心圆。

7.2.10 变形

在 HTML5 画布中有四种方法可以对图像进行变形处理。

* 移动 translate：移动图形到新的位置，图形的大小形状不变。
* 旋转 rotate：以画布的原点(0,0)坐标为参照点进行图形旋转，图形的大小形状不变。
* 缩放 scale：对图形进行指定比例的放大或缩小，图形的位置不变。
* 矩阵变形 transform：使用数学矩阵多次叠加形成更复杂的变化。

1. 移动 translate

在 HTML5 画布中可以使用 translate()方法对图形进行移动处理。其基本格式如下：

```
translate(x, y)
```

其中，参数 x 指的是在水平方向 X 轴上的偏移量；参数 y 指的是在垂直方向 Y 轴上的偏移量。参数为正数表示按照坐标系的正方向移动，参数为负数表示沿着坐标系的相反方向移动。也可以理解为将原点移动到了指定的坐标(x,y)上，移动效果如图 7-25 所示。

例如，需要将原点水平方向向右移动 100 像素，垂直方向不变：

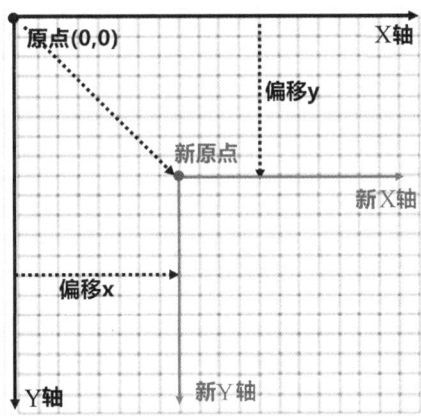

图 7-25 画布坐标系的移动效果

```
ctx.translate(100,0);
```

注意：每一次调用 translate()方法都是在上一个 translate()方法的基础上继续移动原点的位置。例如：

```
ctx.translate(100,0);      //将原点水平向右移动 100 像素，目前位置在(100,0)
ctx.translate(100,0);      //将原点继续水平向右移动 100 像素，目前位置在(200,0)
ctx.translate(0,100);      //将原点继续垂直向下移动 100 像素，目前位置在(200,100)
```

因此，每次都需要考虑当前原点的位置才能进行正确的移动。如果不希望 translate()方法影响每一次移动，可以使用 save()与 restore()方法恢复原状。

【例 7-20】 移动效果的简单应用

在 HTML5 画布上使用 translate()方法更改绘制图形的位置。

```
1.    <!DOCTYPE HTML>
2.    <html>
3.       <head>
4.          <meta charset="utf-8">
5.          <title>HTML5 画布变形效果之移动</title>
6.       </head>
7.       <body>
8.          <h3>HTML5 画布变形效果之移动</h3>
```

扫一扫

视频讲解

```
9.          < hr />
10.         < canvas id = "myCanvas" width = "200" height = "200" style = "border:1px solid">
11.             对不起,您的浏览器不支持 HTML5 画布 API。
12.         </canvas >
13.         < script >
14.             var c = document.getElementById("myCanvas");
15.             var ctx = c.getContext("2d");
16.             //以原点为圆心绘制圆弧
17.             drawCircle();
18.
19.             //将原点向右平移 200px,并绘制圆弧
20.             ctx.translate(200,0);
21.             drawCircle();
22.
23.             //将原点垂直下移 200px,并绘制圆弧
24.             ctx.translate(0,200);
25.             drawCircle();
26.
27.             //将原点向左平移 200px,并绘制圆弧
28.             ctx.translate( - 200,0);
29.             drawCircle();
30.
31.             //将原点移动到画布中心,并绘制圆弧
32.             ctx.translate(100, - 100);
33.             drawCircle();
34.
35.             //绘制圆心在原点,半径为 50 的圆弧
36.             function drawCircle(){
37.                 ctx.beginPath();
38.                 ctx.arc(0,0,50,0,Math.PI * 2, true);
39.                 ctx.stroke();
40.             }
41.         </script >
42.     </body >
43. </html >
```

运行效果如图 7-26 所示。

【代码说明】

本示例规定了画布的尺寸为宽 200 像素、高 200 像素,并使用 CSS 行内样式表为画布设置了边框为 1 像素宽度的黑色实线。在 JavaScript 中定义了名称为 drawCircle() 的函数用于绘制圆心在原点、半径为 50 像素的圆弧,并在使用 translate() 方法移动原点后调用该函数绘制圆弧。

由图 7-26 可见,使用 translate() 方法后的绘制效果是分别在画布的中心和四个角上绘制了圆弧。由于四个角上圆弧的圆心就为画布的四个顶点,因此只能显示出圆弧的 1/4 部分。

图 7-26　图形移动的效果

2. 旋转 rotate

在 HTML5 画布中可以使用 rotate() 方法对图形进行旋转处理。其基本格式如下:

```
rotate(angle)
```

其中,angle 参数需要填入顺时针旋转的角度,需要换算成弧度单位。如果填入负值,则可以逆时针旋转。

例如,需要逆时针旋转 90°的写法如下:

```
ctx. rotate( - Math.PI/2);
```

默认情况下,rotate()方法以画布的原点(0,0)坐标为参照点进行图形旋转,如果需要指定其他参照点,也可以事先使用 translate()方法转移参照点坐标的位置。

【例 7-21】　旋转效果的简单应用

在 HTML5 画布上以自定义参照点为中心点进行图形的旋转。

```
1.    <!DOCTYPE HTML >
2.    < html >
3.        < head >
4.            < meta charset = "utf-8">
5.            < title > HTML5 画布变形效果之旋转 rotate </title >
6.        </head >
7.        < body >
8.            < h3 > HTML5 画布变形效果之旋转 rotate </h3 >
9.            < hr />
10.           < canvas id = "myCanvas" width = "300" height = "260" style = "border:1px solid">
11.               对不起,您的浏览器不支持 HTML5 画布 API。
12.           </canvas >
13.           < script >
14.               var c = document.getElementById("myCanvas");
15.               var ctx = c.getContext("2d");
16.               //设置参照点坐标
17.               ctx.translate(150, 130);
18.               for (var i = 0; i < 6; i++) {
19.                   //设置每次旋转的角度为 60°
20.                   ctx.rotate(Math.PI * 2 / 6);
21.                   //开始绘制图形
22.                   ctx.beginPath();
23.                   //绘制半径为 50 像素的空心圆
24.                   ctx.arc(50, 50, 50, 0, Math.PI * 2, true);
25.                   //为圆进行描边
26.                   ctx.stroke();
27.               }
28.           </script >
29.       </body >
30.   </html >
```

运行效果如图 7-27 所示。

【代码说明】

本示例规定了画布的尺寸为宽 300 像素、高 260 像素,并使用 CSS 行内样式表为画布设置了边框为 1 像素宽度的黑色实线。在 JavaScript 中使用 for 循环来绘制 6 个半径为 100 像素的空心圆,旋转一周形成组合图案。使用了 translate()方法设置(150,130)坐标为参照点,因为如果以默认的原点为参照点,则只能显示其右下角的四分之一内容。

由图 7-27 可见,使用 rotate()方法可以实现图形围绕指定的参照点进行旋转。下一节将介绍如何使用 JavaScript 在画布上实现图形的缩放效果。

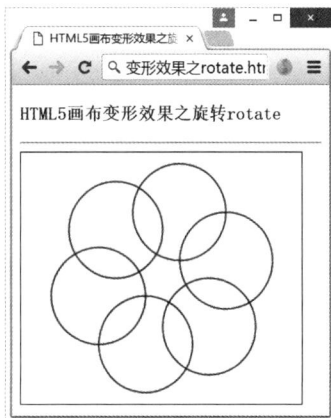

图 7-27　图形旋转的应用效果

3. 缩放 scale

在 HTML5 画布中可以使用 scale()方法对图形进行缩放处理。其基本格式如下：

```
scale(x, y)
```

其中,参数 x 表示水平方向 x 轴的缩放倍数,参数 y 表示垂直方向 y 轴的缩放倍数,允许填入整数或浮点数,但必须为正数。填入数值 1.0 时为正常显示,无缩放效果。例如：

```
ctx. scale(0.5, 2);
```

上述代码表示宽度缩小为原先的 0.5 倍,高度放大为原先的 2 倍。对一个宽 100 像素、高 50 像素的矩形使用该方法表示宽度变为 50 像素,高度变为 100 像素。

【例 7-22】 缩放效果的简单应用

使用 scale()方法将例 7-21 中的图形缩小至原先的 1/2。

扫一扫

视频讲解

```
1.    <!DOCTYPE HTML >
2.    < html >
3.       < head >
4.          < meta charset = "utf-8">
5.          < title >HTML5 画布变形效果之缩放</title>
6.       </head>
7.       < body >
8.          < h3 >HTML5 画布变形效果之缩放</h3>
9.          < hr />
10.         < canvas id = "myCanvas" width = "300" height = "260" style = "border:1px solid">
11.             对不起,您的浏览器不支持 HTML5 画布 API。
12.         </canvas>
13.         < script >
14.             var c = document.getElementById("myCanvas");
15.             var ctx = c.getContext("2d");
16.             //设置参照点坐标
17.             ctx.translate(150, 130);
18.             //将绘制内容缩放为原来的 1/2 大小
19.             ctx.scale(0.5,0.5);
20.             for (var i = 0; i < 6; i++) {
21.                 //设置每次旋转的角度为 60°
22.                 ctx.rotate(Math.PI * 2 / 6);
23.                 //开始绘制图形
24.                 ctx.beginPath();
25.                 //绘制半径为 50 像素的空心圆
26.                 ctx.arc(50, 50, 50, 0, Math.PI * 2, true);
27.                 //为圆进行描边
28.                 ctx.stroke();
29.             }
30.         </script>
31.      </body>
32.   </html>
```

运行效果如图 7-28 所示。

【代码说明】

本示例在之前例 7-21 的基础上增加了 scale()方法,将绘制内容在水平方向和垂直方向上均缩放为原先的 0.5 倍,即缩小至原先的 1/2。

4. 矩阵变形 transform

在 HTML5 画布中 transform()方法使用矩阵多次叠加形成更复杂的变化,也可以通

过合适的参数实现之前的移动、旋转和缩放效果。其
基本格式如下：

```
transform(m11, m12, m21, m22, dx, dy)
```

参数解释如下：

- m11——水平缩放。
- m12——水平倾斜。
- m21——垂直倾斜。
- m22——垂直缩放。
- dx——水平移动。
- dy——垂直移动。

【例 7-23】 矩阵变形的简单应用

在 HTML5 画布中使用 transform()方法对绘制
的图形进行矩阵变形。

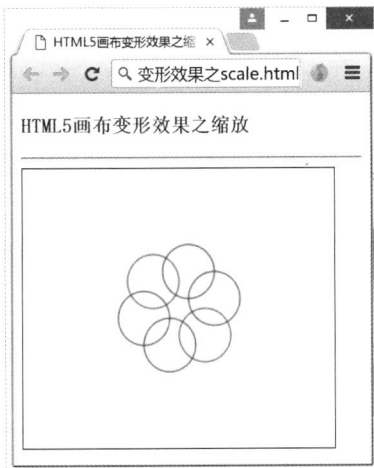

图 7-28 图形缩放的应用效果

```
1.    <!DOCTYPE HTML >
2.    < html >
3.        < head >
4.            < meta charset = "utf-8" >
5.            < title >HTML5 画布变形效果之矩阵变形</title>
6.        </head >
7.        < body >
8.            < h3 >HTML5 画布变形效果之矩阵变形</h3 >
9.            < hr />
10.           < canvas id = "myCanvas" width = "200" height = "200" style = "border:1px solid">
11.               对不起,您的浏览器不支持 HTML5 画布 API。
12.           </canvas >
13.           < script >
14.               var c = document.getElementById("myCanvas");
15.               var ctx = c.getContext("2d");
16.               //矩阵变形
17.               ctx.transform(1,1,0,1,0,0);
18.               //设置画笔填充色
19.               ctx.fillStyle = "orange";
20.               //绘制矩形
21.               ctx.fillRect(0,0,100,100);
22.           </script >
23.        </body >
24.    </html >
```

图 7-29 矩阵变形后的图形效果

运行效果如图 7-29 所示。

【代码说明】

本示例规定了画布的尺寸为宽 200 像素、高
200 像素,并使用 CSS 行内样式表为画布设置了
边框为 1 像素宽度的黑色实线。在 JavaScript 中
使用 transform()设置矩阵变形后,绘制左上角在
原点、宽和高均为 100 像素的矩形并填充橙色。
由图 7-29 可见,使用 transform()方法可以实现图
形的特殊变形效果。

7.2.11 剪裁

在 HTML5 画布中可以使用 clip()方法对图形进行剪裁处理。该方法一旦执行,前面的绘制图形代码将起到剪裁画布的作用,超过该图形所覆盖部分的所有其他区域都将无法进行绘制。例如:

```
//创建剪裁的区域
ctx.rect(0,0,100,100);
//剪裁画布
ctx.clip();
```

上述代码表示将画布剪裁为左上角在原点、宽和高均为 100 像素的矩形大小。剪裁是不可逆的,下一次使用 clip()方法也只能在当前的保留区域继续进行剪裁。

如果需要剪裁区域为圆形,可以使用 ctx.arc()方法。例如:

```
//开始绘制路径
ctx.beginPath();
//创建圆弧剪裁的区域
ctx.arc(100, 100, 100, 0, Math.PI * 2, true);
//剪裁画布
ctx.clip();
//结束路径绘制
ctx.closePath();
```

扫一扫

视频讲解

【例 7-24】 剪裁效果的简单应用

在 HTML5 画布上剪裁圆形区域。

```
1.    <!DOCTYPE HTML>
2.    <html>
3.        <head>
4.            <meta charset = "utf-8">
5.            <title>HTML5 画布之剪裁效果</title>
6.        </head>
7.        <body>
8.            <h3>HTML5 画布之剪裁效果</h3>
9.            <hr />
10.           <canvas id = "myCanvas" width = "200" height = "200" style = "border:1px solid">
11.               对不起,您的浏览器不支持 HTML5 画布 API。
12.           </canvas>
13.           <script>
14.               var c = document.getElementById("myCanvas");
15.               var ctx = c.getContext("2d");
16.               ctx.beginPath();
17.               //绘制圆弧
18.               ctx.arc(100, 100, 100, 0, Math.PI * 2, true);
19.               //对画布进行剪裁
20.               ctx.clip();
21.               ctx.closePath();
22.
23.               //设置画笔填充色为深蓝色
24.               ctx.fillStyle = "darkblue";
25.               //绘制宽高均为 200 像素的矩形,左上角点在原点处
26.               ctx.fillRect(0,0,200,200);
27.
```

```
28.                    //使用 for 循环在画布上随机位置画 10 个五角星
29.                    for(var i = 0;i < 10;i++){
30.                        //随机生成 0~200 x 的坐标位置
31.                        var x = Math.random() * 200;
32.                        //随机生成 0~200 x 的坐标位置
33.                        var y = Math.random() * 200;
34.                        //绘制金色的五角星
35.                        drawStar(x,y,10,"gold",ctx);
36.                    }
37.
38.                    //绘制五角星的方法
39.                    function drawStar(dx, dy, size, color, ctx) {
40.                        ctx.beginPath();
41.                        for (var i = 0; i < 5; i++) {
42.                            //转换弧度
43.                            var radians = Math.PI / 5 * 4 * i;
44.                            //计算下一个坐标位置
45.                            var x = Math.sin(radians) * size + dx;
46.                            var y = Math.cos(radians) * size + dy;
47.                            //绘制路径
48.                            ctx.lineTo(x, y);
49.                        }
50.                        //结束路径绘制
51.                        ctx.closePath();
52.                        //设置画笔颜色
53.                        ctx.fillStyle = color;
54.                        //为 n 角星填充颜色
55.                        ctx.fill();
56.                    }
57.            </script>
58.        </body>
59.</html>
```

运行效果如图 7-30 所示。

【代码说明】

本示例规定了画布的尺寸为宽 200 像素、高 260 像素,并使用 CSS 行内样式表为画布设置了边框为 1 像素宽度的黑色实线。在 JavaScript 中使用首先以画布中心点为圆点绘制了一个半径为 100 的圆形区域并使用 clip()方法剪裁画布。然后在画布上填充宽高均为 200 像素的深蓝色矩形作为背景,矩形左上角的点在原点位置。接着使用 for 循环来绘制 10 个出现在随机坐标位置的金色五角星。由图 7-30 可见,画布只呈现最开始剪裁的圆形区域的绘制内容。

图 7-30 画布剪裁的应用效果

扫一扫

文档

7.3 实验案例——手绘时钟的设计与实现

功能要求:不依赖于任何图片素材,完全基于 HTML5 画布 API 绘制时钟,并实现每秒更新的动态效果。最终效果图如图 7-31 所示。

扫一扫

视频讲解

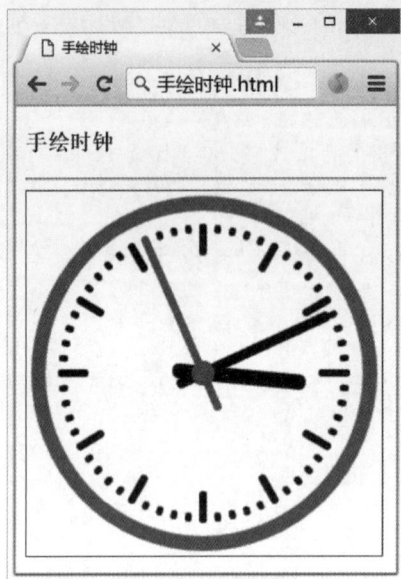

图 7-31　手绘时钟效果图

本章小结及 AI 辅助编程技巧

　　HTML5 画布 API 可用于在页面上绘制自定义的图案或图片内容。画布的坐标系与数学坐标轴在水平方向上呈镜像对称效果,其中画布左上角的点为原点(0,0)。画布可以使用<canvas>标签进行创建,并配合 JavaScript 代码实现图像绘制。HTML5 画布 API 可以绘制线段、矩形、图片和文本内容。

　　HTML5 画布 API 可以自定义画笔的样式与颜色,从而绘制出指定的线条与填充颜色效果。使用保存 save()与恢复 restore()方法可以快速保存或恢复画布与画笔的状态;通过变形与剪裁,HTML5 画布 API 还可以实现更多图像效果。

习题 7

　　1. 创建画布使用的 HTML5 标签名称是什么? 为何要给画布定义 ID?

　　2. 试绘制 HTML5 画布坐标系,并标记其中的原点(0,0)位置。

　　3. 在画布上绘制空心矩形与实心矩形分别使用的是哪种方法?

　　4. 文字的绘制有哪两种方法? 有什么区别?

　　5. 在画布中颜色渐变有哪两种模式?

　　6. 在画布中设置颜色透明度有哪两种方法? 它们有什么不同?

　　7. 在 HTML5 画布 API 中 save()和 restore()方法的作用是什么?

　　8. 在 HTML5 画布中如何将形状的长和宽均缩放至原先的 1/2 大小?

第8章

HTML5 媒体 API

本章主要介绍 HTML5 媒体 API 的功能与应用,包括 HTML5 音频和视频的使用。使用该技术可以在页面上直接播放当前浏览器所支持的音频或视频格式,无须使用 Flash 等第三方插件,并且可以通过 JavaScript 代码控制媒体文件的暂停/播放和跳转等功能。

本章学习目标

- 理解音频与视频的概念;
- 理解 HTML5 音频与视频的作用;
- 熟悉 HTML5 音频和视频支持的媒体文件格式;
- 掌握检测浏览器是否支持 HTML5 媒体的方法;
- 掌握 HTML5 中<audio>和<video>标签的常见用法;
- 掌握 HTML5 媒体 API 的其他功能。

8.1 HTML5 媒体 API 概述

8.1.1 HTML5 音频和视频

在 HTML5 之前,音频和视频通常是在浏览器上使用插件进行播放的,比如使用 Flash 播放器。但是这些插件不是所有浏览器都可以支持的,例如苹果公司的 iOS 系统、macOS 系统等使用的主流浏览器为 Safari 浏览器,该浏览器就无法支持 Flash 插件。HTML5 媒体 API 提供了一种用元素标签来包含音频和视频的标准,可以做到在无须任何插件的情况下直接播放媒体文件,并通过一系列属性规定媒体文件的来源、循环方式和是否自动播放等。

8.1.2 HTML5 媒体支持的格式

HTML5 媒体支持的音频与视频文件格式主要有 MP3、MPEG-4、WAV、OGG 和 WEBM。

1. MP3

MP3 全称为 MPEG-1 Audio Layer3,是由动态图像专家组(Moving Picture Expert Group,MPEG)制定的一套用于音频的混合压缩技术。其优点是压缩率高,可达到 10:1~12:1 左右,适用于网络传播。

2. MPEG-4

MPEG-4 是一套用于音频、视频新的压缩编码标准,通常媒体文件的扩展名是.mp4。和 MP3 一样,MPEG-4 也是由动态图像专家组(MPEG)制定的。MPEG-4 于 1998 年 11 月被批准为正式标准,编号是 ISO/IEC 14496。

3. WAV

WAV 格式是一项微软和 IBM 制定的音频文件格式标准,用于在 PC 端存储音频流,通常该格式的媒体文件扩展名是. wav。WAV 格式符合资源交换档案格式(Resource Interchange File Format,RIFF)标准。该格式主要应用在 Windows 系统上,属于无损音乐格式,因此相对来说文件较大。

4. OGG

OGG 是一种完全免费开放的媒体容器格式,由 Xiph. Org 组织进行维护,通常媒体文件的扩展名是.ogg。OGG 来源于游戏术语 ogging,该术语来源于一款发布于 1988 年的免费开源网络游戏 *Netrek*,这也是最早的网络团队游戏之一。

OGG 容器格式拥有对于高质量多媒体的处理能力,包含一系列独立的流媒体,如视频、音频、元数据、文本等。在 OGG 多媒体框架中包含由 THEORA 格式提供的视频层以及 VORBIS 格式和 OPUS 格式提供的音频层。

5. WEBM

WEBM 是由 Google 发行的一种完全免费开放的视频文件格式,通常媒体文件的扩展名为. webm。WEBM 格式是基于 Matroska 容器(常见为扩展名为. mkv 格式的文件)改造开发的新标准。WEBM 最初支持 VP8 视频和 VORBIS 音频解码器,2013 年更新后支持 VP9 视频和 Opus 音频解码器。WebM 标准于 2010 年 Google I/O 大会上发布,支持 Firefox、Opera 和 Chrome 浏览器。

8.2   主流浏览器支持情况一览

8.2.1   对 HTML5 音频的支持情况

目前 HTML5 支持的常用音频格式有三种。

- MP3 格式:媒体文件的扩展名为. mp3。
- OGG 格式:媒体文件的扩展名为.ogg。
- WAV 格式:媒体文件的扩展名为. wav。

主流浏览器对这三种视频格式的支持情况如表 8-1 所示。

表 8-1   主流浏览器对 HTML5 音频格式的支持情况

音频格式	Edge	Firefox	Chrome	Safari	Opera
MP3	支持	不支持	支持	支持	不支持
OGG	支持	支持	支持	不支持	支持
WAV	支持	支持	不支持	支持	支持

在开发过程中,如果无法明确用户使用的浏览器类型,则需要起码准备两种音频格式备用。

8.2.2   对 HTML5 视频的支持情况

目前 HTML5 支持的常用视频格式有三种。

- MPEG4 格式:带有 H. 264 视频编码和 AAC 音频编码,媒体文件的扩展名为. mp4。
- OGG 格式:带有 THEORA 视频编码和 VORBIS 音频编码,媒体文件的扩展名为. ogg。
- WEBM 格式:带有 VP8 视频编码和 VORBIS 音频编码,媒体文件的扩展名为.webm。

主流浏览器对这三种视频格式的支持情况如表 8-2 所示。

表 8-2　主流浏览器对 HTML5 视频格式的支持情况

音频格式	Edge	Firefox	Chrome	Safari	Opera
MPEG4	支持	支持	支持	支持	支持
OGG	不支持	支持	支持	不支持	支持
WEBM	不支持	支持	支持	不支持	支持

在开发过程中,如果无法明确用户使用的浏览器类型,则需要起码准备两种视频格式备用。

8.3　HTML5 音频的应用

HTML5 提供了一种使用<audio>和</audio>标签来显示音频的标准方法。

8.3.1　HTML5 音频的基本格式

HTML5 音频所使用的<audio>标签的基本语法结构如下:

```
<audio src = "音频文件的 URL" controls>
</audio>
```

其中,src 属性可以是音频文件的 URL 地址或本地文件路径;controls 属性用于添加音乐播放器的播放/暂停按钮以及声音大小调节的控件,标准写法为 controls="controls",也可以直接简写成 controls,作用完全相同。例如:

```
<audio src = "song.mp3" controls>
</audio>
```

【例 8-1】　音频标签<audio>的简单应用

该示例使用了<audio>标签播放位于本地 music 文件夹中的一首 MP3 格式歌曲,完整代码如下:

扫一扫

视频讲解

```
1.    <!DOCTYPE html>
2.    <html>
3.      <head>
4.        <meta charset = "utf-8">
5.        <title>HTML5 音频标签 audio 的简单应用</title>
6.      </head>
7.      <body>
8.        <h3>HTML5 音频标签 audio 的简单应用</h3>
9.        <hr />
10.       <!-- 使用 audio 标签声明音频的来源,并提供播放器控件 -->
11.       <audio src = "music/Serenade.mp3" controls></audio>
12.     </body>
13.   </html>
```

上述代码的运行结果如图 8-1 所示,该图为 Chrome 浏览器的运行效果,包含了音乐播放/暂停按钮、进度条、音量调节控件等。在不同的浏览器中运行时可能音乐播放器的样式有所区别,但功能基本一致。

HTML5 音频 API 的<audio>标签有一系列属性用于对音频文件的播放进行设置,如表 8-3 所示。

图 8-1   音频标签<audio>的应用效果

表 8-3   HTML5 音频常用属性

属 性 名 称	值	解 释
autoplay	autoplay	当音频准备就绪后自动播放
controls	controls	显示播放、暂停按钮和声音调节控件
loop	loop	当音频结束后自动重新播放
muted	muted	静音状态
preload	preload	音频预加载,并准备播放。该属性不和 autoplay 同时使用
src	url	播放音频的 URL 地址

除了 autoplay 和 preload 不可同时使用外,其他属性均可以同时使用。在属性名称与值的内容完全相同时可以使用简写的形式,例如 autoplay ＝"autoplay"就可以简写成 autoplay。

例如:

```
< audio src = "song.mp3" controls loop preload>
        对不起,您的浏览器不支持 HTML5 音频播放。
</audio>
```

上述代码表示自动缓冲名称为 song.mp3 的音频文件,显示音乐播放器相关按钮控件并且为循环播放效果。

8.3.2   检查浏览器支持情况

1. 使用<audio>标签检测

可以直接在<audio>首尾标签之间插入提示语句用于提示浏览器不支持的情况。在不支持<audio>标签的浏览器中会直接显示出该提示语句,若浏览器支持该标签,则不会显示此提示语句。

【例 8-2】 使用<audio>标签检测浏览器支持情况

直接在<audio>标签内部添加提示语句以检测浏览器对 HTML5 音频的支持情况。

扫一扫

视频讲解

```
1.    <!DOCTYPE html >
2.    < html >
3.        < head >
4.            < meta charset = "utf-8">
5.            <title>使用音频标签 audio 检测浏览器支持情况</title>
6.        </head>
7.        < body >
8.            < h3 >使用音频标签 audio 检测浏览器支持情况</h3 >
9.            < hr />
10.           < audio src = "music/Serenade.mp3" controls >
11.           <!-- 直接在 audio 标签内部添加提示语句,如果浏览器支持则不会显示出来. -->
12.               对不起,您的浏览器不支持 HTML5 音频播放。
13.           </audio>
14.       </body>
15.   </html>
```

上述代码的运行效果如图 8-2 所示。

(a) 浏览器不支持<audio>标签   (b) 浏览器支持<audio>标签

图 8-2 使用<audio>标签检测浏览器支持情况

【代码说明】

图 8-2(a)为浏览器不支持<audio>标签时的效果,此时无法显示正确的音乐播放控件,将显示其中的提示语句;图 8-2(b)为浏览器支持<audio>标签的效果,此时完全不会显示<audio>标签内部的提示语句。

2. 使用 JavaScript 检测

除了直接使用<audio>标签提示浏览器对 HTML5 音频的支持情况外,还可以使用 JavaScript 语句检测浏览器是否支持 HTML5 音频。其原理是利用 JavaScript 的 document.creatElement('标签名称')语句动态创建<audio>标签,然后检测<audio>元素包含的 canPlayType 函数是否存在。代码如下:

```
var supportAudio = !!document.createElement('audio').canPlayType;
```

其中,等号左边的 supportAudio 是自定义的变量名称,可根据需要更改为其他内容;等号右边的 document.creatElement('audio')用于动态创建一个<audio>元素标签,然后检测其包含的 canPlayType 函数是否存在;前缀的双感叹号(!!)用于将检测结果转换为布尔值(boolean)类型,以此判断<audio>元素是否可以被真的创建出来,如果返回值为 true,则说明当前浏览器支持 HTML5 音频,否则说明当前浏览器不支持<audio>标签。

【例 8-3】 检测浏览器对 HTML5 音频的支持情况

使用 JavaScript 代码检测浏览器对 HTML5 音频的支持情况。

```
1.    <!DOCTYPE html>
2.    <html>
3.        <head>
4.            <meta charset = "utf-8">
5.            <title>测试浏览器对 HTML5 音频标签 audio 的支持情况</title>
6.        </head>
7.        <body>
8.            <h3>测试浏览器对 HTML5 音频标签 audio 的支持情况</h3>
9.            <hr />
10.           <div id = "support"></div>
11.           <script>
12.               function test() {
13.                   var supportAudio = !!document.createElement("audio").canPlayType;
14.                   if (supportAudio) {
15.                       document.getElementById("support").innerHTML = "恭喜,您的浏览
                          器支持 HTML5 音频";
16.                   } else {
17.                       document.getElementById("support").innerHTML = "对不起,
                          您的浏览器不支持 HTML5 音频";
```

```
18.                    }
19.                }
20.
21.                test();
22.            </script>
23.        </body>
24.    </html>
```

上述代码的运行效果如图 8-3 所示。

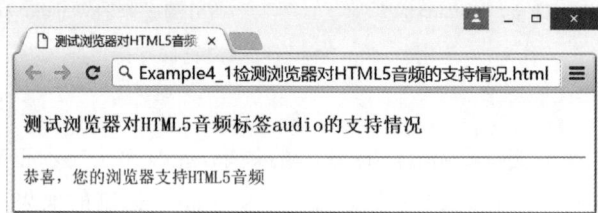

图 8-3　使用 JavaScript 检测浏览器对 HTML5 音频的支持情况

8.3.3　音频来源多样性

由于不同的浏览器所支持的音频格式不一样,可以在< audio >元素中使用< source >标签指定多个音频文件,为不同的浏览器提供可支持的编码格式。浏览器会按照先后顺序使用第一个可识别的格式。例如:

```
< audio controls >
   < source src = "music/song.ogg" >
   < source src = "music/song.mp3" >
对不起,您的浏览器不支持 HTML5 音频 API。
</audio>
```

在本例中,浏览器会先判断音频是否支持.ogg 格式,如果支持就会直接播放 song.ogg 文件,否则会继续判断是否支持.mp3 格式,支持则播放 song.mp3。如果依次判断下去没有任何文件格式可以被执行,则会返回给< audio >标签一个错误事件。

使用这种方式可以确保主流浏览器均可正常播放音频文件。

【例 8-4】　音频来源的多样性

使用< source >标签为浏览器提供多种音频来源。

扫一扫

视频讲解

```
1.    <!DOCTYPE html >
2.    < html >
3.        < head >
4.            < meta charset = "utf-8">
5.            < title >音频来源的多样性</title>
6.        </head >
7.        < body >
8.            < h3 >音频来源的多样性</h3 >
9.            < hr />
10.           < audio controls >
11.               < source src = "music/Serenade.ogg">
12.               < source src = "music/Serenade.mp3">
13.           </audio >
14.       </body >
15.   </html >
```

运行效果如图 8-4 所示。

8.3.4　自定义音频控制

　　如果不想在网页上显示< audio >标签自带的播放/暂停按钮以及音量调节等控件(例如,希望作为网页的背景音乐),可以不添加其中的 controls 属性,重新用 JavaScript 对音频的播放进行控制。

【例 8-5】　自定义音频控制按钮

　　禁用浏览器自带的音频控件,并使用自定义按钮进行音频控制。

图 8-4　音频来源的多样性运行效果

扫一扫

视频讲解

```
1.   <!DOCTYPE html >
2.   < html >
3.       < head >
4.           < meta charset = "utf-8">
5.           <title>自定义音频控制按钮</title>
6.       </head >
7.       < body >
8.           < h3 >自定义音频控制按钮</h3>
9.           < hr />
10.          < audio id = "music01">
11.              < source src = "music/Serenade.ogg">
12.              < source src = "music/Serenade.mp3">
13.          </audio >
14.          < button id = "btn" onclick = "toggleMusic()">
15.              播放
16.          </button >
17.          < script >
18.              //获取音频对象
19.              var music = document.getElementById("music01");
20.
21.              //获取音乐切换按钮
22.              var toggleBtn = document.getElementById("btn");
23.
24.              //音乐播放/暂停切换方法
25.              function toggleMusic() {
26.                  if (music.paused) {
27.                      music.play();
28.                      //播放音乐
29.                      toggleBtn.innerHTML = "暂停";
30.                  } else {
31.                      music.pause();
32.                      //暂停音乐
33.                      toggleBtn.innerHTML = "播放";
34.                  }
35.              }
36.          </script >
37.      </body >
38.  </html >
```

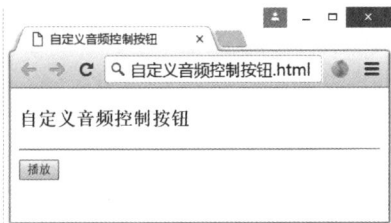

图 8-5　自定义音频控制按钮效果

　　上述代码的运行效果如图 8-5 所示。

【代码说明】

　　该示例使用了< audio >标签先声明了音乐的来源,并且去掉了 controls 属性以禁用浏览器自带的音乐播放控件。为方便在 JavaScript 中调用,为< audio >标签赋予了 id 名称为 music01,该 id 名称可自定义。

示例中节选 HTML5 代码片段如下：

```
< audio id = "music01">
    < source src = "music/Serenade.ogg">
    < source src = "music/Serenade.mp3">
</audio>
```

为保证浏览器兼容性，上述代码片段使用了< source >标签提供.ogg 和.mp3 两种格式的音频供浏览器选择。此时由于没有使用< audio >标签中的 controls 属性，音频会在后台加载。

使用< button >标签创建自定义的按钮代替< audio >标签自带的音乐播放器控件，并给出初始按钮文字内容为"播放"。示例中节选 HTML5 代码片段如下：

```
< button id = "btn" onclick = "toggleMusic()">播放</button >
```

为方便在 JavaScript 中调用，为 button 按钮赋予了 id 名称为 btn，该 id 名称可自定义。并为< button >按钮提供点击事件 onclick = "toggleMusic()"，当用户点击该按钮时会调用到该函数，函数名称同样可以自定义。

在 JavaScript 中使用 document. getElementById('ID 名称')的方法分别获取音频对象和切换按钮。示例中节选 HTML5 代码片段如下：

```
//获取音频对象
var music = document.getElementById("music");

//获取音乐切换按钮
var toggleBtn = document.getElementById("btn");
```

在 toggleMusic()函数中，使用了 if-else 语句判断当前音乐的播放状态，如果是暂停状态则继续播放，并同时更改按钮上的文字内容为"暂停"；反之如果在播放中则暂停音乐，并更改按钮上的文字内容为"播放"。示例中节选 JavaScript 代码片段如下：

```
if (music.paused) {
    music.play();
    toggle.innerHTML = "暂停";
}else {
    music.pause();
    toggle.innerHTML = "播放";
}
```

8.4　HTML5 视频的应用

HTML5 提供了一种使用< video >和</video >标签来显示视频的标准方法。

8.4.1　HTML5 视频的基本格式

HTML5 视频所使用的< video >标签的基本语法结构如下：

```
< video src = "视频文件的 URL" controls >
</video >
```

其中，src 属性可以是视频文件的 URL 地址或本地文件路径；controls 属性用于添加音乐播放器的播放/暂停按钮以及声音大小调节的控件。例如：

```
< video src = "video/art. mp4" controls >
</video >
```

上述代码表示视频来源为 video 目录下的 art. mp4 视频文件,并且显示音乐播放器的
播放/暂停按钮以及声音大小调节等控件。

扫一扫

视频讲解

【例 8-6】　视频标签< video >的简单应用

使用< video >标签播放位于本地 video 文件夹中的 MP4 格式的视频。

```
1.    <!DOCTYPE html >
2.    < html >
3.        < head >
4.            < meta charset = "utf-8">
5.            < title > HTML5 视频标签 video 的简单应用</title >
6.        </head >
7.        < body >
8.            < h3 > HTML5 视频标签 video 的简单应用</h3 >
9.            < hr />
10.           <!-- 使用 video 标签声明视频的来源,并提供播放器控件 -->
11.           < video src = "video/art. mp4" controls ></video >
12.       </body >
13.   </html >
```

上述代码的运行效果如图 8-6 所示。

图 8-6　视频标签< video >的应用效果

【代码说明】

本例题的效果图为 Chrome 浏览器的运行效果,包含了视频播放/暂停按钮、进度条、音
量调节控件等。不同的浏览器运行时可能视频播放器的样式有所区别,但功能基本一致。

HTML5 视频 API 的< video >标签还有一系列属性用于对视频文件的播放进行设置,
如表 8-4 所示。

表 8-4　HTML5 视频常用属性

属 性 名 称	值	解　　释
autoplay	autoplay	当视频准备就绪后自动播放
controls	controls	显示播放/暂停按钮和声音调节控件
loop	loop	当视频结束后自动重新播放

续表

属 性 名 称	值	解 释
preload	preload	视频预加载,并准备播放。该属性不和 autoplay 同时使用
src	url	播放音频的 URL 地址
width	(像素值)	设置视频播放器的宽度
height	(像素值)	设置视频播放器的高度

除了 autoplay 和 preload 不可同时使用外,其他属性均可以同时使用。在属性名称与值的内容完全相同时可以使用简写的形式,例如,autoplay = "autoplay" 就可以简写成 autoplay。如果没有指定视频播放器的宽度和高度,则默认为视频文件的原始尺寸。例如:

```
< video src = "video/art.mp4" controls loop preload >
      对不起,您的浏览器不支持 HTML5 视频播放。
</video >
```

上述代码表示自动缓冲名称为 art.mp4 的音频文件,显示播放器相关按钮控件并且为循环播放效果。

8.4.2 检测浏览器支持情况

1. 使用< video >标签检测

和使用< audio >标签检测浏览器支持情况的原理一样,也可以直接在< video >和</video >标签之间插入提示语句用于检测浏览器支持情况。在不支持< video >标签的浏览器中会直接显示该提示语句,若浏览器支持该标签则不会显示此提示语句。

【例 8-7】 使用< video >标签检测浏览器支持情况

直接在< video >标签内部添加提示语句以检测浏览器对 HTML5 视频的支持情况。

```
1.    <!DOCTYPE html>
2.    < html >
3.        < head >
4.            < meta charset = "utf-8">
5.            < title>使用视频标签 video 检测浏览器支持情况</title>
6.        </head >
7.        < body >
8.            < h3>使用视频标签 video 检测浏览器支持情况</h3>
9.            < hr />
10.           < video src = "video/art.mp4" controls >
11.           <!-- 直接在 video 标签内部添加提示语句,如果浏览器支持则不会显示出来. -->
12.                对不起,您的浏览器不支持 HTML5 视频播放。
13.           </video >
14.       </body >
15.   </html>
```

上述代码的运行效果如图 8-7 所示。

【代码说明】

图 8-7(a)为浏览器不支持< video >标签时的效果,此时无法显示正确的视频播放控件,将显示其中的提示语句;图 8-7(b)为浏览器支持< video >标签的效果,此时完全不会显示< video >标签内部的提示语句。

2. 使用 JavaScript 代码检测

和检测浏览器是否支持 HTML5 音频的原理类似,也可以使用同样类型的 JavaScript 语句检测浏览器是否支持 HTML5 视频。用 JavaScript 的 document. creatElement ('标签名称')语句动态创建< video >标签,然后检测< video >元素包含的 canPlayType 函数是否存

(a) 浏览器不支持<video>标签　　　　(b) 浏览器支持<video>标签

图 8-7　使用< video >标签检测浏览器支持情况

在。代码如下：

```
var supportVideo = !!document.createElement('video').canPlayType;
```

其中，等号左边的 supportVideo 是自定义的变量名称，可根据需要更改为其他内容；等号右边的 document.creatElement('video')用于动态创建一个< video >元素标签，然后检测其包含的 canPlayType 函数是否存在；前缀的双感叹号(!!)用于将检测结果转换为布尔值(boolean)类型，以此判断< video >元素是否可以被创建出来，如果返回值为 true，则说明当前浏览器支持 HTML5 视频，否则说明当前浏览器不支持< video >标签。

【例 8-8】 使用 JavaScript 代码检测浏览器对 HTML5 视频的支持情况

使用 JavaScript 代码检测浏览器对 HTML5 视频的支持情况。

扫一扫

视频讲解

```
1.    <!DOCTYPE html >
2.    < html >
3.        < head >
4.            < meta charset = "utf-8">
5.            < title >检测浏览器对 HTML5 视频标签 video 的支持情况</title>
6.        </ head >
7.        < body >
8.            < h3 >检测浏览器对 HTML5 视频标签 video 的支持情况</ h3 >
9.            < hr />
10.           < div id = "support"></div >
11.           < script >
12.               function test() {
13.                   var supportVideo = !!document.createElement("video").
                      canPlayType;
14.                   if (supportVideo) {
15.                       document.getElementById("support").innerHTML = "恭喜,您
                          的浏览器支持 HTML5 视频";
16.                   } else {
17.                       document.getElementById("support").innerHTML = "对不起,
                          您的浏览器不支持 HTML5 视频";
18.                   }
19.               }
20.
21.               test();
22.           </ script >
23.       </ body >
24.   </ html >
```

上述代码的运行效果如图 8-8 所示。

图 8-8 使用 JavaScript 检测浏览器对 HTML5 视频的支持情况

8.4.3 视频来源多样性

由于不同的浏览器对支持的视频格式不一样,可以在< video >元素中使用< source >标签指定多个视频文件,为不同的浏览器提供可支持的编码格式。浏览器会按照先后顺序使用第一个可识别的格式。例如:

```
< video controls = "controls">
  < source src = "video/song.ogg" >
  < source src = "video/song.mp4">
对不起,您的浏览器不支持 HTML5 视频 API。
</video >
```

在本例中,浏览器会先判断视频是否支持.ogg 格式,如果支持就会直接播放 song.ogg 文件,否则会继续判断是否支持.mp4 格式,支持则播放 song.mp4。如果依次判断下去没有任何文件格式可以被执行,则会返回给< video >标签一个错误事件。

如果能明确视频文件所需视频解码器的值,也可以在< source >标签的 type 属性中指定,这样可以帮助浏览器更有效率地做出正确的判断。例如:

```
< video controls = "controls">
  < source src = "video/song.ogg" type = 'video/ogg; codec = "dirac, speex" '>
  < source src = "video/song.mp4" type = 'video/mp4; codecs = "avc1.42E01E, mp4a.40.2"'>
对不起,您的浏览器不支持 HTML5 视频 API。
</video >
```

【例 8-9】 视频来源的多样性

使用< source >标签为浏览器提供多种视频来源。

扫一扫

视频讲解

```
1.    <!DOCTYPE html>
2.    < html >
3.       < head >
4.          < meta charset = "utf-8">
5.          < title >视频来源的多样性</title >
6.       </head >
7.       < body >
8.          < h3 >视频来源的多样性</h3 >
9.          < hr />
10.         < video controls >
11.            < source src = "video/art.ogg">
12.            < source src = "video/art.mp4">
13.         </video >
14.      </body >
15.   </html >
```

只要其中一个媒体文件的来源是被浏览器支持的,就可正常播放。为测试运行效果,本例在本地的 video 文件夹中只放有 art. mp4 文件,浏览器按照先后顺序先查找了 art. ogg 文件,发现是无效地址后选择播放了 art. mp4 文件。

运行效果如图 8-9 所示。

图 8-9 视频来源的多样性运行效果

8.4.4 自定义视频控制

如果不想使用< video >标签自带的播放/暂停按钮等控件,同样也可以禁用其中的 controls 属性,用 JavaScript 对视频的播放进行控制。视频播放时默认的画面大小是视频源文件的画面尺寸,如果需要更改,也可以为< video >标签添加 width(宽度)和 height(高度)属性放大或缩小视频画面。

【例 8-10】 自定义视频控制按钮

禁用浏览器自带视频控件,并使用自定义按钮进行视频控制。

```
1.  <!DOCTYPE html >
2.  < html >
3.      < head >
4.          < meta charset = "utf-8">
5.          <title>自定义视频控制按钮</title>
6.          < style >
7.              body {
8.                  text - align: center;
9.              }
10.         </style >
11.     </head >
12.     < body >
13.         <h3>自定义视频控制按钮</h3 >
14.         < hr />
15.         <!-- 视频画面 -->
16.         < video id = "video01" src = "video/art.mp4" width = "400">
17.             对不起,您的浏览器不支持 HTML5 视频 API。
18.         </video >
19.
20.         <!-- 播放/暂停按钮和画面放大、缩小按钮 -->
```

扫一扫

视频讲解

```
21.          < div >
22.              < button id = "toggleBtn" onclick = "toggleVideo()">
23.                  播放
24.              </button >
25.              < button onclick = "bigVideo()">
26.                  画面放大
27.              </button >
28.              < button onclick = "smallVideo()">
29.                  画面缩小
30.              </button >
31.          </div >
32.
33.          < script >
34.              //获取视频对象
35.              var video01 = document.getElementById("video01");
36.
37.              //获取视频切换按钮
38.              var toggleBtn = document.getElementById("toggleBtn");
39.
40.              //视频播放/暂停切换方法
41.              function toggleVideo() {
42.                  if (video01.paused) {
43.                      video01.play();
44.                      //播放视频
45.                      toggleBtn.innerHTML = "暂停";
46.                  } else {
47.                      video01.pause();
48.                      //暂停视频
49.                      toggleBtn.innerHTML = "播放";
50.                  }
51.              }
52.
53.              //视频放大方法
54.              function bigVideo() {
55.                  video01.width = "600";
56.              }
57.
58.              //视频缩小方法
59.              function smallVideo() {
60.                  video01.width = "200";
61.              }
62.          </script >
63.      </body >
64. </html >
```

上述代码的运行效果如图 8-10 所示。其中图 8-10(a)和图 8-10(b)分别为初始画面放大和缩小后的效果;图 8-10(c)和图 8-10(d)分别为放大和缩小时的播放画面效果。

【代码说明】

该示例在首部标签< head >和</head >之间加入了内部样式表,以便居中显示视频画面和按钮控件。相关 CSS 代码如下:

```
< style >
    body{text - align:center;}
</style >
```

在正文部分使用< video >标签先声明了视频的来源,并且去掉了 controls 属性以禁用浏览器自带的视频播放器控件:

(a) 画面放大后的初始效果　　　　(b) 画面缩小后的初始效果

(c) 画面放大后的播放效果　　　　(d) 画面缩小后的播放效果

图 8-10　自定义视频控制按钮运行效果

```
<!-- 视频画面 -->
< video id = "video01" src = "video/art.mp4" width = "400">
    对不起,您的浏览器不支持 HTML5 视频 API。
</video>
```

当前指定了视频播放画面的宽度为 400 像素(width＝400),此时如果接受原版视频的长宽比例,则无须另外指定高度的像素值,浏览器会自动锁定长宽比例进行放大或缩小。

使用< button >元素创建自定义的按钮组件,包括播放/暂停按钮、画面放大按钮和画面缩小按钮共三种:

```
<!-- 播放/暂停按钮和画面放大、缩小按钮 -->
< div >
    < button id = "toggleBtn" onclick = "toggleVideo()">播放</button >
    < button onclick = "bigVideo()">画面放大</button >
    < button onclick = "smallVideo()">画面缩小</button >
</div >
```

为了方便在 JavaScript 中调用,为播放/暂停按钮赋予了 id 名称为 toggleBtn,该 id 名称可自定义;为播放/暂停按钮提供点击事件 onclick＝"toggleVideo()";为画面放大按钮提供点击事件 onclick＝" bigVideo ( )";为画面缩小按钮提供点击事件 onclick＝"smallVideo()"。当用户点击不同按钮时会调用到相关函数,函数名称也可以自定义成其他内容。

在 JavaScript 中使用 document. getElementById("ID 名称")的方法分别获取视频对象

和视频播放/暂停切换按钮以备后续使用。示例中节选 HTML5 代码片段如下：

```
//获取视频对象
var video01 = document.getElementById("video01");

//获取视频切换按钮
var toggleBtn = document.getElementById("toggleBtn");
```

在 toggleVideo()函数中,使用了 if-else 语句判断当前视频的播放状态,如果是暂停状态则继续播放,并同时更改按钮上的文字内容为"暂停";反之如果在播放中则暂停视频,并更改按钮上的文字内容为"播放"。

```
//视频播放/暂停切换方法
function toggleVideo() {
    if (video01.paused) {
        video01.play();                    //播放视频
        toggleBtn.innerHTML = "暂停";
    }else {
        video01.pause();                   //暂停视频
        toggleBtn.innerHTML = "播放";
        }
}
```

和音频的播放/暂停使用方法一样,视频的播放/暂停也使用 play()和 pause()方法实现,并使用了 innerHTML 更改按钮上的文字内容。

放大视频画面使用到了 JavaScript 中的自定义函数 bigVideo(),只需要更改当前视频对象的 width 属性值即可实现。相关 JavaScript 代码片段如下：

```
//视频放大方法
function bigVideo() {
    video01.width = "600";
}
```

上述函数表示当点击画面放大按钮时,会将视频画面的宽度放大至 600 像素,该数值可自定义,只要比初始指定的宽度数值大即可。

缩小视频画面使用到了 JavaScript 中的自定义函数 smallVideo(),和上面的 bigVideo()函数方法一样,只需要更改当前视频对象的 width 属性值即可实现。相关 JavaScript 代码片段如下：

```
//视频缩小方法
function smallVideo() {
  video01.width = "200";
}
```

上述函数表示当点击画面缩小按钮时,会将视频画面的宽度缩小至 200 像素,该数值可自定义,只要比初始指定的宽度数值小即可。

8.5　HTML5 媒体 API 其他通用功能

HTML5 音频和视频都属于 HTML5 媒体元素,因此也有一系列通用的功能。本节主要介绍 HTML5 音频和视频通用的五种功能：

- 标记媒体播放时间范围；
- 跳转媒体播放时间点；
- 获取媒体播放时间；

- 终止媒体文件的下载；
- 使用 Flash 播放器。

8.5.1　标记媒体播放时间范围

在为< audio >标签或< video >标签设置 src 属性从而指定播放音频或视频来源时，可以加入一些额外的信息来指定需要播放的时间段。具体语法格式如下：

```
src = "音频或视频的 URL 地址♯t = [starttime][,endtime]"
```

需要使用♯号标志分割前面的媒体文件来源 URL 和后面的额外信息。其中 starttime 指的是指定音频或视频的开始播放时间，如果省略不写则默认开始时间是音频或视频的开头；endtime 指的是指定音频或视频的终止播放时间，如果省略不写则默认终止时间是音频或视频的结尾。

开始时间 starttime 和终止时间 endtime 均可以填入整数或浮点数类型的秒数，也可以写成时:分:秒的格式。

例如，表示指定的媒体文件从第 8 秒开始播放，到第 25 秒结束，相关代码如下：

```
src = "video/art.mp4♯t = 8,25"
```

表示指定的媒体文件从第 8.5 秒开始播放，到第 20 秒结束，相关代码如下：

```
src = "video/art.mp4♯t = 8.5,20"
```

表示指定的媒体文件从最开始播放，到第 1 小时 50 分钟的时候结束，相关代码如下：

```
src = "video/art.mp4♯t = ,01:50:00"
```

表示指定的媒体文件从第 20 秒开始播放，一直播放到最后结束，相关代码如下：

```
src = "video/art.mp4♯t = 20"
```

【例 8-11】　指定媒体文件的播放时间范围

以< video >标签为例，标记视频的播放范围。

```
1.   <!DOCTYPE html >
2.   < html >
3.      < head >
4.         < meta charset = "utf-8">
5.         < title >标记媒体文件的播放时间范围</title>
6.      </head >
7.      < body >
8.         < h3 >标记媒体文件的播放时间范围</h3>
9.         < hr />
10.        < video src = "video/art.mp4♯t = 100,200" controls >
11.        <!-- 直接在 video 标签内部添加提示语句,如果浏览器支持则不会显示出来. -->
12.              对不起,您的浏览器不支持 HTML5 视频播放。
13.        </video>
14.      </body >
15.   </html >
```

运行效果如图 8-11 所示。

【代码说明】

其中视频文件来源为本地 video 文件夹中的 art.mp4 文件。在设置播放时间范围时使

图 8-11　指定媒体文件的播放时间范围

用了单位为秒的表达方法,要求视频内容默认从第 100 秒开始播放,直至第 200 秒的时间结束。由图 8-11 可见,浏览器初始加载完毕后直接从第 1 分 40 秒的地方开始进行了播放,说明设置播放时间范围的代码已生效。

8.5.2　跳转媒体播放时间点

HTML5 媒体 API 允许媒体内容在播放过程中直接跳转到指定的时间点,可以通过设置< audio >或< video >标签的 currentTime 属性值(单位：秒)来完成。写法如下：

```
//获取媒体元素对象
var mediaFile = document.getElementById("media");

//设置 currentTime 属性值,例如需要跳转到第 200 秒
mediaFile.currentTime = 200;
```

扫一扫

视频讲解

【例 8-12】　媒体文件播放时间点的跳转

以< video >标签为例,使用视频对象的 currentTime 属性值制造时间节点,并进行视频播放时间的跳转。

```
1.    <!DOCTYPE html >
2.    < html >
3.        < head >
4.            < meta charset = "utf-8">
5.            < title >跳转指定的播放时间</title>
6.        </head>
7.    < body >
8.        < h3 >跳转指定的播放时间</h3>
9.        < hr />
10.       <!-- 视频播放窗口 -->
11.       < video id = "media" src = "video/art.mp4" controls >
12.       <!-- 直接在 video 标签内部添加提示语句,如果浏览器支持则不会显示出来. -->
13.            对不起,您的浏览器不支持 HTML5 视频播放。
14.        </video >
```

```
15.          <div>
16.              <!-- 跳转按钮 -->
17.              <button onclick="changeTime()">
18.                  跳转至 8:00
19.              </button>
20.          </div>
21.          <script>
22.              //获取视频对象
23.              var media = document.getElementById("media");
24.              //跳转视频至指定时间继续播放
25.              function changeTime() {
26.                  //跳转至第 8 分钟
27.                  media.currentTime = 480;
28.                  //开始播放
29.                  media.play();
30.              }
31.          </script>
32.      </body>
33.  </html>
```

上述代码的运行效果如图 8-12 所示。

图 8-12　跳转视频播放时间点的效果

【代码说明】

本示例中视频文件来源继续沿用了本地 video 文件夹中的 art.mp4 文件。在播放窗口下方使用<button>标签添加了一个普通按钮,并为其设置了 onclick="changeTime()"事件,其中 changeTime()为自定义名称的 JavaScript 函数,用于跳转当前播放的内容至指定的时间节点。在 changeTime()中使用了媒体对象的 currentTime 属性更新视频的播放时间点,并使用 play()方法在跳转后继续播放视频内容。由图 8-12 可见,当用户点击了按钮时视频内容根据 JavaScript 代码设置的要求自动跳转到了第 8 分钟并继续进行播放。

8.5.3　获取媒体播放时间

HTML5 媒体 API 允许获取媒体播放允许的开始时间与结束时间,需要使用<audio>

或<video>标签的 seekable 属性。seekable 属性的 start(index)方法可以用于获取媒体播放的开始时间,end(index)方法用于获取媒体播放的结束时间,其中 index 表示媒体对象的来源序号,默认只有一个的情况填数字 0。这两个方法的返回值均为时间单位秒。

获取媒体的开始时间的写法如下:

```
//获取媒体元素对象
var mediaFile = document.getElementById("media");

//获取媒体播放的开始时间(单位:秒)
mediaFile.seekable.start(0);
```

获取媒体的结束时间的写法如下:

```
//获取媒体元素对象
var mediaFile = document.getElementById("media");

//获取媒体播放的结束时间(单位:秒)
mediaFile.seekable.end(0);
```

HTML5 媒体 API 同时也允许获取媒体目前播放到的时间点,使用的是<audio>或<video>标签的 played 属性,该属性中的 end(index)方法可以获取单位为秒的当前播放时间节点。

获取媒体当前播放的秒数的写法如下:

```
//获取媒体元素对象
var mediaFile = document.getElementById("media");

//获取媒体当前播放的秒数
mediaFile.played.end(0);
```

注:played 属性也包含 start(index)方法用于获取视频播放的开始时间,已经播放的时间范围为 start()和 end()方法的时间差。如果媒体文件默认从 0 开始播放,则使用 end(index)方法获取到的即是已经播放的时间,无须另外获取起始播放时间。

【例 8-13】 获取媒体的播放时间

以<video>标签为例,使用视频对象的 seekable 和 played 属性获取媒体文件的时间状态。

```
1.   <!DOCTYPE html>
2.   <html>
3.     <head>
4.       <meta charset = "utf-8">
5.       <title>获取媒体的播放时间</title>
6.     </head>
7.     <body>
8.       <h3>获取媒体的播放时间</h3>
9.       <hr />
10.      <!-- 视频播放窗口 -->
11.      <video id = "media" src = "video/art.mp4" controls autoplay></video>
12.      <br />
13.      <!-- 按钮 -->
14.      <button onclick = "getTime()">
15.          点击此处获取视频时间信息
16.      </button>
17.      <!-- 视频播放的时间状态 -->
18.      <div id = "status"></div>
```

```
19.        <script>
20.            function getTime() {
21.                //获取视频对象
22.                var media = document.getElementById("media");
23.                //获取视频开始时间
24.                var starttime = media.seekable.start(0);
25.                //获取视频结束时间
26.                var endtime = media.seekable.end(0);
27.                //获取已经播放的时间
28.                var play_end = media.played.end(0);
29.
30.                //获取 div 对象
31.                var status = document.getElementById("status");
32.                //更新视频播放的时间状态
33.                status.innerHTML = "视频开始时间:" + starttime + "<br />视频
                   结束时间:" + endtime + "<br />视频已播放时间:" + play_end;
34.            }
35.        </script>
36.    </body>
37. </html>
```

上述代码的运行效果如图 8-13 所示。

图 8-13　获取媒体文件播放的时间

【代码说明】

本示例使用了<video>标签测试视频文件时间状态的获取效果。在视频播放窗口下方使用<button>标签添加了一个普通按钮,并为其设置了 onclick＝"getTime()"事件,其中 getTime()为自定义名称的 JavaScript 函数,用于获取当前视频的时间状态,包括视频的开始、结束时间以及已经播放的时间。在 getTime()中视频初始与结束时间点使用了视频对象的 seekable 属性获取,已播放的时间使用视频对象的 played 属性获取。由图 8-13 可见,当用户点击了按钮时在其下方会显示当前视频的时间状态。

8.5.4　终止媒体文件的下载

HTML5 媒体 API 中的 pause()方法可以用于暂停音频或视频的播放,但是即使处在暂停状态,浏览器仍然会在后台继续下载媒体文件。解决方案是先暂停媒体文件的播放,然后将<audio>或<video>标签的 src 属性去除或者设置为空。写法如下：

```
//获取媒体元素对象
var mediaFile = document.getElementById("ID名称");

//暂停当前媒体文件的播放
mediaFile.pause();

//去除 src 属性
mediaFile.removeAttribute("src");

//或者将 src 属性设置为空值
mediaFile.src = "";
```

扫一扫

视频讲解

【例 8-14】　终止当前媒体文件的下载

以<video>标签为例，在暂停视频播放后彻底终止媒体文件的后台下载。

```
1.    <!DOCTYPE html >
2.    < html >
3.        < head >
4.            < meta charset = "utf-8">
5.            < title >终止媒体文件的下载</title>
6.        </ head >
7.        < body >
8.            <h3>终止媒体文件的下载</h3>
9.            < hr />
10.           <!-- 视频播放窗口 -->
11.           < video id = "media" src = "video/art.mp4" controls ></video>
12.           < br />
13.           <!-- 按钮 -->
14.           < button onclick = "stopMedia()">
15.                   点击此处终止视频下载
16.           </button>
17.           < script >
18.               function stopMedia() {
19.                   //获取媒体元素对象
20.                   var media = document.getElementById("media");
21.                   //暂停当前媒体文件的播放
22.                   media.pause();
23.                   //将 src 属性设置为空值
24.                   media.src = "";
25.               }
26.           </ script >
27.       </ body >
28.    </ html >
```

上述代码的运行效果如图 8-14 所示。

【代码说明】

本示例使用了<video>标签测试视频文件时间状态的获取效果。在视频播放窗口下方使用<button>标签添加了一个普通按钮，并为其设置了 onclick＝"stopMedia()"事件，其中 stopMedia()为自定义名称的 JavaScript 函数，用于彻底终止当前视频的播放与后台下载。在 stopMedia()中首先使用视频对象的 pause()方法暂停视频的播放，然后清空<video>标签的 src 属性值即可实现停止后台下载。

图 8-14　终止媒体文件下载的效果

扫一扫

文档

扫一扫

视频讲解

8.6　实验案例——在线教学视频的设计与实现

背景介绍：近年来慕课（Massive Open Online Courses，MOOC）的概念逐渐兴起，例如哈佛大学等世界级名校设立了网络学习平台，用户可以在线免费观看和学习自己感兴趣的课程；我国的网易公司也推出了"全球名校视频公开课项目"，内容涵盖科技、艺术、金融、人文多个领域。

功能要求：设计一款基于 HTML5 视频技术的在线视频播放页面，包含视频播放窗口和课程目录列表。其中，视频播放窗口带有相关控件，可以由用户点击切换全屏效果，以及随时暂停和拖曳到指定时间继续播放；课程目录列表用于显示当前课程的大纲，用户点击列表中不同的选项可以使课程跳转到相应的播放时间继续进行播放。

最终效果图如图 8-15 所示。

图 8-15　在线教学视频的效果图

扫一扫

AI 助教

扫一扫

自测题

本章小结及 AI 辅助编程技巧

　　本章介绍了 HTML5 媒体 API 中的两个重要标签：< audio >标签和< video >标签。使用< audio >标签和< video >标签可以做到使浏览器直接播放音频和视频，无须安装任何第三方插件。HTML5 支持的音频格式有 MP3、OGG、WAV。HTML5 视频支持的媒体格式有 MPEG-4、OGG、WEBM。

习题 8

　　1. HTML5 音频使用了何种标签作为统一标准？有哪些音频格式可以被支持？

　　2. HTML5 视频使用了何种标签作为统一标准？有哪些视频格式可以被支持？

　　3. 有哪些方法可以检测浏览器是否支持< audio >和< video >标签？

　　4. 如何获取媒体文件播放的开始与结束时间？

　　5. 如何跳转媒体文件的当前播放时间？

　　6. 如何终止媒体文件的后台加载？

第9章

HTML5 Web 存储 API

本章主要介绍 HTML5 Web 存储 API 的功能与应用。HTML5 存储 API 包含了本地存储（localStorage）与会话存储（sessionStorage）两种方式，其中 localStorage 可以实现客户端数据的永久存储，而 sessionStorage 只能在浏览器打开的时间段（又称为一个 session）中存储数据，若浏览器关闭，则数据全部消失。

本章学习目标

- 了解 Web 存储的概念；
- 了解本地存储与会话存储方式的区别；
- 熟悉 Storage 接口；
- 掌握存储、读取、遍历和删除数据的方法。

9.1 Web 存储技术概述

9.1.1 HTTP Cookie 存储

在 HTML5 之前，网页上的数据存储依靠 HTTP Cookie 存储技术来完成。HTTP Cookie 又称为 Web Cookie 或浏览器 Cookie，最初是在 1994 年由网景公司的程序员 Lou Montulli 构思出来并应用于 Web 通信中的。

HTTP Cookie 由服务器端生成，将数据以"键-值"对（key-value pairs）的形式发送给客户端浏览器，浏览器将这些数据保存至指定目录下的文本文件中，这样在下一次访问相同的网站时可以直接使用该 Cookie 数据。HTTP Cookie 技术保存的数据名称和值都可以自定义，常见用于判断用户是否已登录网站，或者保存购物车中等待付款的商品信息等。

用户可以自行更改浏览器设置从而使用或禁用 Cookie。浏览器设置必须启用 Cookie 才可以正常保存和读取 Cookie 数据。

HTTP Cookie 最早设计出来是用于处理单个事务，存在以下问题，因此不太适用于存储大量数据：

- Cookie 的存储数据量小。一个 Cookie 最多只能存放 4096B 的数据，并且部分浏览器对 Cookie 有数量限制，比如 IE 8、Firefox、Opera 等每个域名只能保存 50 个 Cookie。
- Cookie 请求限制。每次浏览器与服务器进行请求时，Cookie 都会存放在请求头部传输到服务器端。如果请求头部的大小过大，就会导致服务器无法处理。

9.1.2 HTML5 Web 存储

HTML5 Web 存储 API 和 Cookie 存储方式类似，也是将数据以"键-值"对（key-value pairs）的形式持久存储在 Web 客户端。相比 HTTP Cookie 而言，HTML5 的 Web 存储技

术更适用于存储大量数据,主流浏览器如 Chrome、Firefox 和 Opera 等每个域名下均可存放 5MB 的数据量,并且发生请求时不会带上 Web 存储的内容。

HTML5 提供了两种客户端存储数据的方法:本地存储(localStorage)与会话存储 (sessionStorage)。localStorage 方法存储的数据没有时间限制,可永久保存,并且数据可以 被不同的网页页面共享使用。sessionStorage 主要是针对一个 session 会话的数据存储,只 能在创建 session 的网页中使用,当用户关闭浏览器窗口时,该数据将被删除。

9.2 主流浏览器支持情况

HTML5 Web 存储技术是 HTML5 中比较常用的一个特性,目前几乎所有的主流浏览 器都支持该技术。具体支持情况如表 9-1 所示。

表 9-1 主流浏览器对 HTML5 Web 存储的支持情况

浏览器	Edge	Firefox	Chrome	Safari	Opera
支持情况	8.0 及以上	3.0 及以上	3.0 及以上	4.0 及以上	10.5 及以上

由此可见,目前所有的主流浏览器都支持 HTML5 Web 存储技术。

9.3 HTML5 Web 存储 API 的应用

9.3.1 检测浏览器支持情况

在使用 Web 存储 API 之前,需要首先确认浏览器的支持情况。由于存储的数据库可 以直接被 HTML DOM 中的 window 对象访问,故最简单的检测方法是使用 JavaScript 代 码分别检测 window. localStorage 或 windows. sessionStorage 是否存在。如果不存在,则说 明浏览器不支持 Web 存储 API。

检测浏览器是否支持 localStorage 的相关 JavaScript 代码如下:

```
if(window.localStorage){
  //浏览器支持 Web 存储中的 localStorage
}else{
  //浏览器不支持 Web 存储中的 localStorage
}
```

检测浏览器是否支持 sessionStorage 的相关 JavaScript 代码和 localStorage 类似:

```
if(window.sessionStorage){
  //浏览器支持 Web 存储中的 sessionStorage
}else{
  //浏览器不支持 Web 存储中的 sessionStorage
}
```

完整代码如例 9-1 所示。

【例 9-1】 检测浏览器对 HTML5 Web 存储的支持情况

```
1.    <!DOCTYPE html>
2.    <html>
3.       <head>
4.          <meta charset = "utf-8">
5.          <title>检测浏览器对 HTML5 Web 存储的支持</title>
6.       </head>
7.       <body>
```

扫一扫

视频讲解

```
8.          < h3 >检测浏览器对 HTML5 Web 存储的支持</h3 >
9.          < hr />
10.         < div id = "support1"></div >
11.         < div id = "support2"></div >
12.         < script >
13.             function checkSupport() {
14.                 //对 localStorage 存储的支持情况检查
15.                 if (window.localStorage) {
16.                     document.getElementById("support1").innerHTML = "恭喜,
                        您的浏览器支持 HTML5 Web 存储中的 localStorage 存储";
17.                 } else {
18.                     document.getElementById("support1").innerHTML = "对不起,
                        您的浏览器不支持 HTML5 Web 存储中的 localStorage 存储";
19.                 }
20.                 //对 sessionStorage 存储的支持情况检查
21.                 if (window.sessionStorage) {
22.                     document.getElementById("support2").innerHTML = "恭喜,
                        您的浏览器支持 HTML5 Web 存储中的 sessionStorage 存储";
23.                 } else {
24.                     document.getElementById("support2").innerHTML = "对不起,
                        您的浏览器不支持 HTML5 Web 存储中的 sessionStorage 存储";
25.                 }
26.             }
27.             checkSupport();
28.         </script >
29.     </body >
30. </html >
```

在浏览器中访问该网页文件,运行效果如图 9-1 所示。

(a) 浏览器支持Web存储的情况　　　　　　(b) 浏览器不支持Web存储的情况

图 9-1　检测浏览器对 HTML5 Web 存储 API 支持情况

【代码说明】

本示例通过调用 window 对象中的 localStorage 和 sessionStorage 来判断浏览器的支持情况。其中图 9-1(a)显示的是浏览器支持 Web 存储的显示效果,图 9-1(b)是浏览器不支持 Web 存储的显示效果。

9.3.2　Storage 接口

在 HTML5 Web 存储 API 中,使用 Storage 接口实现本地存储(localStorage)或会话存储(sessionStorage)数据的添加、修改、查询或删除。

如果希望使用 localStorage,需要在 JavaScript 中声明 window.localStorage 方法,也可以省略 window. 前缀,直接写为 localStorage;如果需要使用的是 sessionStorage,同样可以在 JavaScript 中声明 window.sessionStorage 方法,或省略 window. 前缀,直接写为 sessionStorage。

Storage 接口中包含了只读属性 length,该属性返回值为整数形式,表示当前存储对象中"键-值"对的总数量。

Storage 接口还包含一系列方法,用于获取、添加、修改或删除存储数据。其中常用方法如表 9-2 所示。

表 9-2　Storage 接口的常用方法

方 法 名 称	解　　释
key(n)	用于返回数据中第 n 个值的名称。如果 n 大于所有"键-值"对的总数,则返回 null 值
getItem(key)	用于返回指定键名称的值,如果该名称不存在,则返回 null 值
setItem(key, value)	用于设置一条自定义的"键-值"对数据,如果该数据原先不存在,则会在存储对象的"键-值"对列表中新增该数据;如果该数据的键名称原先存在,则看数据值是否有变化,如有变化则更新成最新值,否则不做任何操作
removeItem(key)	用于删除存储对象中指定 key 名称的数据,如果没有则不做任何操作
clear()	用于清空存储对象中的"键-值"对列表,如果原先就无任何数据则不做任何操作

9.3.3　localStorage 与 sessionStorage

localStorage 方法用于在客户端永久存储数据,该方法存储的数据没有过期时间,即使关闭的浏览器重新打开,数据也仍然保存在设备中可继续使用。

sessionStorage 方法和 localStorage 方法的语法结构均类似,只不过 sessionStorage 方法有时间限制,只能用于在浏览器打开的时间段(又称为一个 session)中存储数据,若浏览器关闭,则数据全部消失。

9.3.4　存储数据

在 Storage 接口中提供的 setItem()方法可以用于存储数据。其语法结构如下:

```
localStorage.setItem('key', 'value');
```

或

```
sessionStorage.setItem('key', 'value');
```

数据是以"键-值"对的方式进行存储的,每个数据值对应一个指定的键名称进行索引。其中 key 换成需要存储的键名称(可自定义),value 换成需要存储的数据值。这里的引号可以是单引号或双引号中的任意一种。

setItem()方法还可以被简写成另外两种形式,由于 localStorage 和 sessionStorage 所使用的方法均来自 Storage 接口,因此语法完全相同,可以根据存储性质选择其中一种使用。以 localStorage 为例,简写代码如下:

```
localStorage['key'] = 'value';
```

或

```
localStorage.key = 'value';
```

例如,使用 localStorage 长期存储用户登录时输入的用户名信息:

```
localStorage.setItem('username', 'admin');
```

上述代码表示将值为 admin 的用户名存在本地数据中,其中 username 是键名称、admin 是数据值。

也可以直接使用键名称代替 setItem()方法实现数据存储。例如,上述代码可修改为:

```
localStorage.username = 'admin';
```

这种简写的方法中键名称无须添加引号,而数据值与原先的写法完全相同。

如果存储的数据值中带有引号,则 setItem()方法中键和值外边的引号使用另一种形式,以避免重复冲突。例如:

```
localStorage.setItem('name', 'His name is " Wallace".');
```

或

```
localStorage.setItem("name", "His name is 'Wallace'.");
```

以上两种写法均可正确进行数据的存储。

在 Google 浏览器的调试模式中可以查看 Web 存储的情况。正常打开 Chrome 浏览器并运行与 Web 存储有关的 HTML5 页面,然后按 F12 键进入调试模式,单击 Application 选项卡,即可查看当前页面的 localStorage、sessionStorage 和 cookies 等数据情况。Chrome 浏览器的调试模式如图 9-2 所示。

图 9-2　Chrome 浏览器调试模式下的数据存储视图

由图可见,在 Resources 选项卡中左侧菜单栏包含了本地存储、会话存储、Cookie 存储等一系列数据存储的情况。用户根据单击不同的选项栏目,可以查看指定的数据存储信息。

【例 9-2】　**HTML5 Web 存储 API 之数据存储的简单应用**

分别使用 localStorage 和 sessionStorage 存储数据,并在 Chrome 浏览器的调试模式下查看存储情况。

扫一扫

视频讲解

```
1.    <!DOCTYPE html >
2.    < html >
3.        < head >
```

```
4.              < meta charset = "utf-8" >
5.              <title>分别使用 localStorage 和 sessionStorage 存储数据</title>
6.              < style >
7.                  form {
8.                      width: 200px;
9.                  }
10.                 select, button {
11.                     margin: 10px;
12.                     width: 180px;
13.                 }
14.             </style >
15.         </head >
16.     < body >
17.         < h3 >分别使用 localStorage 和 sessionStorage 存储数据</h3 >
18.         < hr />
19.         < p >
20.             请在下拉列表中选择颜色并点击保存按钮。
21.         </p >
22.         < form >
23.             < fieldset >
24.                 < legend >
25.                     颜色信息
26.                 </legend >
27.                 < select id = "color">
28.                     < option value = "red"> red </option >
29.                     < option value = "green"> green </option >
30.                     < option value = "blue"> blue </option >
31.                 </select >
32.                 < br >
33.                 < button onclick = "saveLocal()">
34.                     localStorage 存储
35.                 </button >
36.                 < br >
37.                 < button onclick = "saveSession()">
38.                     sessionStorage 存储
39.                 </button >
40.             </fieldset >
41.         </form >
42.         < script >
43.             //使用 localStorage 存储数据
44.             function saveLocal() {
45.                 var color = document.getElementById("color").value;
46.                 alert("数据已保存到 localStorage 中!当前颜色为:" + color);
47.                 //使用 Web 存储技术保存当前选择的颜色
48.                 localStorage.setItem('color', color);
49.             }
50.
51.             //使用 sessionStorage 存储数据
52.             function saveSession() {
53.                 var color = document.getElementById("color").value;
54.                 alert("数据已保存到 sessionStorage 中!当前颜色为:" + color);
55.                 //使用 Web 存储技术保存当前选择的颜色
56.                 sessionStorage.setItem('color', color);
57.             }
58.         </script >
59.     </body >
60. </html >
```

运行效果如图 9-3 所示。

(a) 使用localStorage进行数据存储

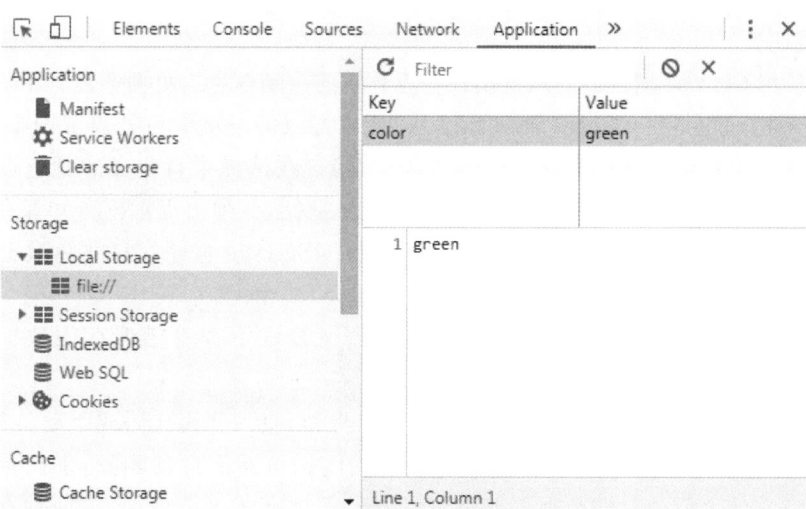

(b) localStorage的数据存储信息

(c) 使用sessionStorage进行数据存储

图 9-3 HTML5 Web 存储 API 之数据存储的应用效果

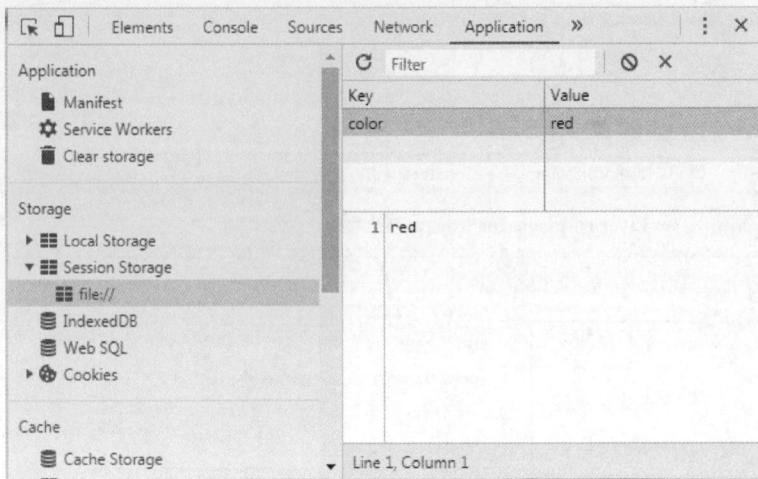

(d) sessionStorage的数据存储信息

图 9-3　(续)

【代码说明】

本示例使用 Chrome 浏览器的调试模式查看数据的存储信息。页面中包含了一个表单元素< form >，其内部包括由< select >与< option >元素组成的一组下拉列表及两个< button >按钮。其中下拉菜单中带有三个简单的颜色选项，用户在选择了自定义的颜色后点击不同的按钮可以进行 localStorage 存储或 sessionStorage 存储，并弹出提示框告知保存成功。

其中图 9-3(a)和图 9-3(b)为一组，表示使用 localStorage 存储保存颜色数据以及在浏览器调试模式下查看已保存的数据信息；图 9-3(c)和图 9-3(d)为一组，表示使用 sessionStorage 存储保存颜色数据以及在浏览器调试模式下查看已保存的数据信息。由图 9-3 可见，这两种方式均成功保存了数据内容。

使用 localStorage 存储方法保存的数据会永久保留，直到使用代码或手动将其删除；而使用 sessionStorage 存储方法保存的数据将会在关闭浏览器后自动删除，下次重新打开浏览器则无法查看到之前的存储数据。通过浏览器的调试模式可以看到，这两种存储方法保存的数据存储位置不同，因此可以使用相同的键名称而互相不受干扰。

9.3.5　读取指定数据

在 Storage 接口中提供的 getItem()方法可以用于获取指定了键名称的数据值。其语法结构如下：

```
localStorage.getItem('name')
```

或

```
sessionStorage.getItem('name')
```

这里的 name 需要替换成指定的键名称。例如：

```
var studentID = localStorage.getItem('studentID');
```

上述代码表示从 localStorage 存储的数据中读取键名称为 studentID 的数据值。如果该名称并不存在，则直接返回 null 值。

getItem()方法也可以省略，直接使用键名称代替。简写如下：

```
localStorage.name
```

或

```
sessionStorage.name
```

读取时,只要指定数据的键名称即可找到对应的值。

例如,之前获取 studentID 的代码可以改写为:

```
var studentID = localStorage.studentID;
```

简写后的内容与之前的完整代码作用完全相同。

注意:使用键名称代替 getItem()方法的简写方式是在已知具体的键名称时方可使用的。如果是变量,则不可使用简写方式。例如:

```
var x = 'studentID';
var studentID = localStorage.x;
```

上述方法等同于查找键名称为 x 的数据值,与实际想要查找的键名称 studentID 无关。

扫一扫

视频讲解

【例 9-3】 存储和读取用户访问页面次数

分别使用 localStorage 和 sessionStorage 存储方法记录用户对于页面的访问次数,并通过重复刷新和关闭浏览器测试这两种存储方法的不同。

```html
1.  <!DOCTYPE html>
2.  <html>
3.      <head>
4.          <meta charset = "utf-8">
5.          <title>记录用户页面访问次数</title>
6.      </head>
7.      <body>
8.          <h3>记录用户页面访问次数</h3>
9.          <hr />
10.         localStorage 存储:您曾经访问了当前页面<span id = "time1">0</span>次。
11.         <br />
12.         sessionStorage 存储:您曾经访问了当前页面<span id = "time2">0</span>次。
13.         <script>
14.             //从 Web 存储中读取页面访问次数
15.             var count1 = localStorage.getItem('count1');
16.             var count2 = sessionStorage.getItem('count2');
17.
18.             //判断如果数据为空,则初始化为 0
19.             if (count1 == null)
20.                 count1 = 0;
21.             if (count2 == null)
22.                 count2 = 0;
23.
24.             //在页面上显示数据
25.             document.getElementById("time1").innerHTML = count1;
26.             document.getElementById("time2").innerHTML = count2;
27.
28.             //使用 Web 存储技术保存页面访问次数
29.             localStorage.setItem('count1', parseInt(count1) + 1);
30.             sessionStorage.setItem('count2', parseInt(count2) + 1);
31.         </script>
32.     </body>
33. </html>
```

运行效果如图 9-4 所示。

(a) 未关闭浏览器的刷新访问效果　　　　(b) 关闭浏览器再重新访问的效果

图 9-4　使用 Web 存储记录与读取页面访问次数

【代码说明】

本示例在页面上设置了两行文本用于显示用户访问页面的次数,为了区别 HTML5 Web 存储的两种方式,在各行文本的开头注释了存储类型为 localStorage 和 sessionStorage。由于访问次数随着每次访问会动态变化,因此在文本中使用了< span >标签标识访问次数的文本区域,并分别为其设置 id="time1" 和 id="time2"。

在 JavaScript 代码部分,首先使用 HTML5 Web 存储中的 getItem()方法尝试获取可能曾经保存的访问次数,localStorage 和 sessionStorage 方式获取的数据值分别用 count1 和 count2 表示。然后对这两个数据进行检测,如果是 null 值,说明以前没有访问过该页面,因此将 null 值更改为数字 0。接下来使用 document. getElementById()的方法分别获取两个需要显示访问次数的< span >元素,并使用 innerHTML 属性更新其内容为 count1 和 count2 对应的具体数字。最后使用 HTML5 Web 存储中的 setItem()方法对本次访问的数据进行保存(数值为上一次读取的数值加 1),如果曾经保存过,则会自动更新数值。

由图 9-4(a)可见,在浏览器关闭之前反复刷新页面,则访问次数均正常增长,每次加 1。由图 9-4(b)可见,如果尝试关闭当前浏览器再重新打开,则使用 localStorage 存储的数值仍然正常增长,而使用 sessionStorage 存储的数值已经被清空,重新显示为 0。

9.3.6　数据遍历

如果需要读取所有的数据,可以先使用 Storage 接口中 length 属性获取数据的数目,如果返回值大于 0,就可以再使用 key(n)方法依次获取每一条数据的键名称,然后根据键名称进一步获取到数据值。例如:

```
//获取使用 localStorage 存储的数据总数
var num = localStorage.length;
//进行存储数据的遍历
for(var i = 0;i< num;i++){
    //获取键名称
    var name = localStorage.key(i);
    //获取键值
    var value = localStorage.getItem(name);
}
```

扫一扫

视频讲解

【例 9-4】　HTML5 Web 存储之数据遍历

制作一个简易的留言板页面,用户可以在文本框中填写留言内容,并且点击"提交"按钮保存留言数据。在留言板下方使用数据遍历方法显示所有历史留言。

```
1.    <!DOCTYPE html >
2.    < html >
3.        < head >
```

```
4.          < meta charset = "utf-8" >
5.          < title > HTML5 Web 存储 API 之数据遍历 </title >
6.      </head >
7.  < body >
8.      < h3 > HTML5 Web 存储 API 之数据遍历 </h3 >
9.      < hr />
10.     < h4 >我的留言板</h4 >
11.     <!-- 留言框 -->
12.     < textarea id = "comment"></textarea >
13.     < br />
14.     <!-- 保存按钮 -->
15.     < button onclick = "saveComment()">
16.         提交留言
17.     </button >
18.     <!-- 全部留言记录 -->
19.     < ol id = "all"></ol >
20.     < script >
21.         var allComments = document.getElementById("all");
22.         getAll();
23.         //读取全部历史留言
24.         function getAll() {
25.             //获取历史留言个数
26.             var num = localStorage.length;
27.             if (num == 0) {
28.                 allComments.innerHTML = "暂无留言.";
29.             } else {
30.                 allComments.innerHTML = "";
31.                 for (var i = 0; i < num; i++) {
32.                     var x = document.createElement("li");
33.                     var name = localStorage.key(i);
34.                     x.innerHTML = localStorage.getItem(name);
35.                     allComments.appendChild(x);
36.                 }
37.             }
38.         }
39.         //保存当前留言内容
40.         function saveComment() {
41.             var comment = document.getElementById("comment");
42.             var now = new Date();
43.             var key = now.getTime();
44.             localStorage.setItem(key, comment.value);
45.             //清空留言板
46.             comment.value = "";
47.             //刷新留言历史记录
48.             getAll();
49.         }
50.     </script >
51.  </body >
52.  </html >
```

运行效果如图 9-5 所示。

【代码说明】

本示例中的留言板区域主要包含了三个元素。

- < textarea >：文本输入框元素，用于提供留言输入区域。
- < button >：按钮元素，用于提交已填写好的留言内容。
- < ol >：有序列表元素，配合列表选项元素<li>使用可显示历史留言记录。

在 JavaScript 部分包含了两个自定义函数：

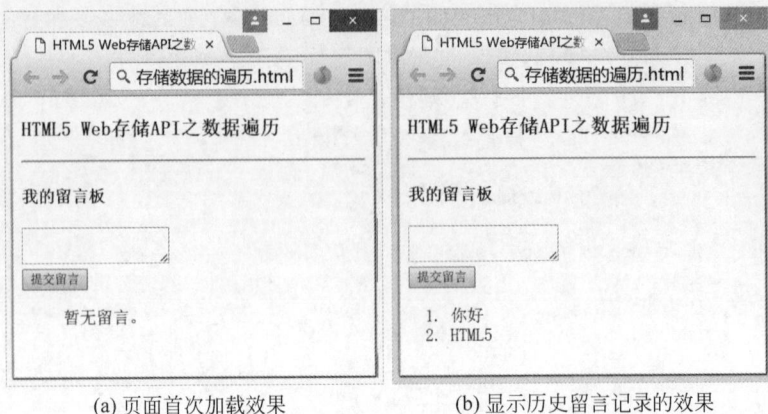

(a) 页面首次加载效果   (b) 显示历史留言记录的效果

图 9-5　使用 Web 存储实现数据遍历效果

- saveComment()：用于保存当前留言内容。以当前时间戳的值作为键名称,当前的留言内容作为数据值,使用 HTML5 Web 存储中的 localStorage 对象进行保存。
- getAll()：用于获取全部的历史留言内容,首先使用 localStorage 对象的 length 属性获取历史留言的数量,如果大于 0 个,则使用 for 循环语句遍历每一条记录并显示在有序列表< ol >中。

9.3.7　删除指定数据

在 Storage 接口中提供的 removeItem()方法可以用于删除指定了键名称的数据。其语法结构如下:

```
localStorage.removeItem('name')
```

或

```
sessionStorage.removeItem('name')
```

执行 removeItem()方法后数据可以被彻底删除,包括数据的键名称和对应的值。例如:

```
localStorage.removeItem('test');
```

上述代码表示在 localStorage 存储中删除键名称为 test 的数据值。如果提供的键名称无法匹配到已存储的数据信息,则本次不进行删除操作。

【例 9-5】　HTML5 Web 存储 API 之删除指定数据

制作一个简易的数据测试页面,用户可以在单行文本框中填写自定义数据内容,并且点击提交按钮保存数据。在表单下方使用表格显示所有的历史数据记录,并为每一条记录配有专门的"删除"按钮,当用户点击"删除"按钮时只删除指定的这条记录。

扫一扫
视频讲解

```
1.    <!DOCTYPE html >
2.    < html >
3.       < head >
4.          < meta charset = "utf-8" >
5.          < title >HTML5 Web 存储 API 之删除指定数据</title >
6.       </head >
7.    < body >
8.       < h3 >HTML5 Web 存储 API 之删除指定数据</h3 >
```

```
9.          < hr />
10.         < form >
11.         < fieldset >
12.         < legend >添加测试数据</legend >
13.         < input id = "testData" type = "text" />
14.         < input type = "button" value = "添加" onclick = "addData()">
15.         </fieldset >
16.         </form >
17.         < p >当前在 sessionStorage 中保存的数据如下:</p >
18.         < table id = "allData" border = "1"></table >
19.         < script >
20.             var allData = document.getElementById("allData");
21.             refreshData();
22.             //刷新数据显示
23.             function refreshData(){
24.                 var length = sessionStorage.length;
25.                 //如果 session 数据总数为 0
26.                 if(length == 0){
27.                     allData.innerHTML = "目前暂无数据.";
28.                 }
29.                 else{
30.                     //清空列表
31.                     allData.innerHTML = "< tr >< th >键名称</th >< th >键值</th >< th >
                        操作</th ></tr >";
32.                     //遍历所有数据并显示出来
33.                     for(var i = 0;i < length;i++){
34.                         var tr = document.createElement("tr");
35.                         var name = sessionStorage.key(i);
36.                         tr.innerHTML = '< td >' + name + '</td >< td >' + sessionStorage.
                            getItem(name) + '</td >< td >< button onclick = "delData
                            (' + i + ')">删除</button ></td >';
37.                         allData.appendChild(tr);
38.                     }
39.                 }
40.             }
41.             //添加新数据
42.             function addData(){
43.                 var length = sessionStorage.length;
44.                 var n = length + 1;
45.                 var test = document.getElementById("testData");
46.                 //获取测试数据内容
47.                 var value = test.value;
48.                 //保存当前测试数据
49.                 sessionStorage.setItem(n,value);
50.                 //清空测试数据
51.                 test.value = "";
52.                 refreshData();
53.             }
54.             //删除第 n 个数据
55.             function delData(n){
56.                 var name = sessionStorage.key(n);
57.                 sessionStorage.removeItem(name);
58.                 refreshData();
59.             }
60.         </script >
61.     </body >
62. </html >
```

运行效果如图 9-6 所示。

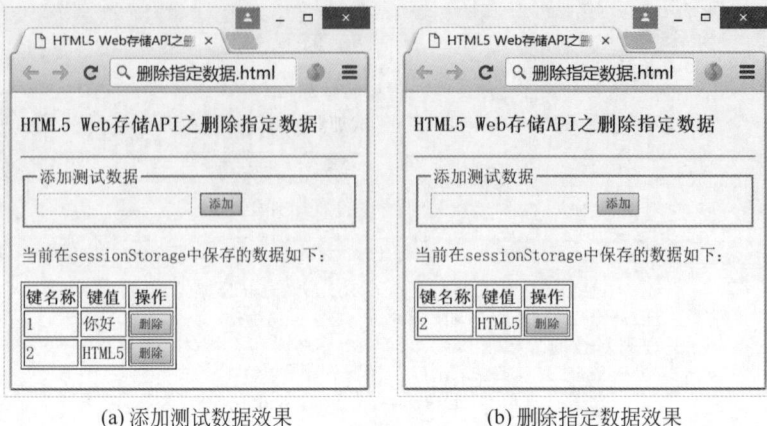

(a) 添加测试数据效果　　　　　　(b) 删除指定数据效果

图 9-6　使用 Web 存储实现删除指定数据的效果

【代码说明】

本示例中主要包含了三个元素。

- < input type＝"text">：单行文本输入框类型的< input >元素,用于提供测试数据输入区域。
- < input type＝"button">：按钮类型的< input >元素,用于提交已填写好的数据内容。
- < table >：表格元素,用于显示在 sessionStorage 中保存的历史数据记录,包括键名称、键值和每条记录对应的删除按钮。

在 JavaScript 部分包含了三个自定义函数。

- addData()：用于保存当前输入的数据内容。以当前时间戳的值作为键名称,当前输入内容作为数据值,使用 sessionStorage 对象进行保存。
- refreshData()：用于获取全部的历史留言内容,首先使用 sessionStorage 对象的length 属性获取历史留言的数量,如果大于 0 个,则使用 for 循环遍历每一条记录并显示在表格中。
- delData(n)：用于删除在 sessionStorage 中存储的第 n 条数据。

9.3.8　清空所有数据

在 Storage 接口中提供的 clear()方法可以用于清空所有 Web 存储数据。其语法结构如下：

```
localStorage.clear();
```

或

```
sessionStorage.clear();
```

该方法不带任何参数,直接调用 clear()可以清空 localStorage 或 sessionStorage 对象中的所有数据。

【例 9-6】　HTML5 Web 存储 API 之清空所有数据

模拟电子商城的购物车页面,用户点击"加入购物车"按钮可将商品添加到购物车中,多次点击同一个商品,可以刷新该商品在购物车中的总计个数。当点击"清空购物车"按钮时

扫一扫

视频讲解

使用 Web 存储中的 clear() 方法清空购物车中的商品。

```
1.   <!DOCTYPE html>
2.   <html>
3.       <head>
4.           <meta charset = "utf-8">
5.           <title>HTML5 Web 存储 API 之清空全部数据</title>
6.           <style>
7.               td {
8.                   text - align: center;
9.               }
10.              img. goods {
11.                  width: 200px;
12.                  height: 200px;
13.                  display: block;
14.              }
15.              img. cart {
16.                  width: 80px;
17.                  height: 80px;
18.              }
19.          </style>
20.      </head>
21.      <body>
22.          <h3>HTML5 Web 存储 API 之清空全部数据</h3>
23.          <hr />
24.          <table>
25.              <tr>
26.                  <td><img class = "goods" src = "image/phone1.jpg" />
27.                  <button onclick = "updateNum(1)">
28.                      加入购物车
29.                  </button></td>
30.                  <td><img class = "goods" src = "image/phone2.jpg" />
31.                  <button onclick = "updateNum(2)">
32.                      加入购物车
33.                  </button></td>
34.                  <td><img class = "goods" src = "image/phone3.jpg" />
35.                  <button onclick = "updateNum(3)">
36.                      加入购物车
37.                  </button></td>
38.              </tr>
39.          </table>
40.          <h4>我的购物车</h4>
41.          <button onclick = "clearAll()">
42.              清空购物车
43.          </button>
44.          <ol id = "myCart">购物车中尚无商品.</ol>
45.          <script>
46.              var myCart = document.getElementById("myCart");
47.              //从 localStorage 中获取保存的商品数据
48.              var item01 = localStorage.item01;
49.              var item02 = localStorage.item02;
50.              var item03 = localStorage.item03;
51.              //如果没有获取到,则从 0 开始计数
52.              if (item01 == null)
53.                  item01 = 0;
54.              if (item02 == null)
55.                  item02 = 0;
56.              if (item03 == null)
```

```
57.                item03 = 0;
58.
59.           //更新购物车中的商品个数
60.           function updateNum(n) {
61.               if (n == 1)
62.                   item01++;
63.               else if (n == 2)
64.                   item02++;
65.               else if (n == 3)
66.                   item03++;
67.               showGoods();
68.           }
69.
70.           //在购物车中显示商品列表
71.           function showGoods() {
72.               //清空购物车显示内容
73.               myCart.innerHTML = "";
74.
75.               //判断商品不为空时显示
76.               if (item01 != 0) {
77.                   localStorage.item01 = item01;
78.                   addGood(1, item01);
79.               }
80.               if (item02 != 0) {
81.                   localStorage.item02 = item02;
82.                   addGood(2, item02);
83.               }
84.               if (item03 != 0) {
85.                   localStorage.item03 = item03;
86.                   addGood(3, item03);
87.               }
88.           }
89.
90.           //添加第 n 件商品,共 num 个
91.           function addGood(n, num) {
92.               var good = document.createElement("li");
93.               good.innerHTML = '< img src = "image/phone' + n + '.jpg" class =
                "cart" />共' + num + '件.';
94.               myCart.appendChild(good);
95.           }
96.
97.           //清空购物车
98.           function clearAll() {
99.               //清空购物车显示内容
100.              myCart.innerHTML = "购物车中尚无商品.";
101.              //清空商品个数
102.              item01 = 0;
103.              item02 = 0;
104.              item03 = 0;
105.              //清空存储数据
106.              localStorage.clear();
107.          }
108.      </script>
109.  </body>
110. </html>
```

运行效果如图 9-7 所示。

【代码说明】

本示例包含了两个区域。

- 商品展示区：用于显示商品图片与加入购物车按钮。整个展示区使用表格元素 <table>配合<tr>、<td>等元素形成三个商品样例，每个单元格<td>中分别包含商品图片<img>与加入购物车按钮<button>。

- 购物车区：用于显示已加入购物车的商品图片与数量。使用有序列表元素<ol>配合列表选项元素<li>生成购物车中的每条商品信息，并在顶端包含了一个 <button>按钮，用于清空购物车。

在 JavaScript 部分包含了四个自定义函数。

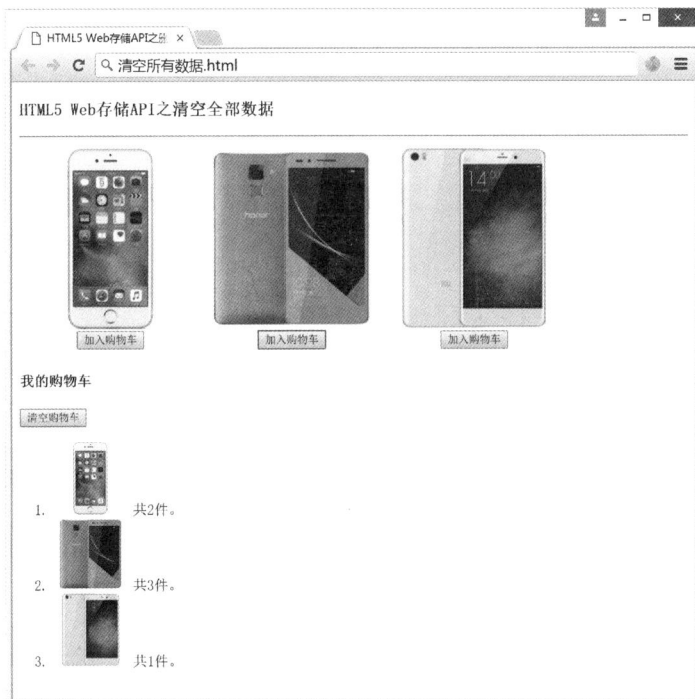

(a) 商品加入购物车的状态

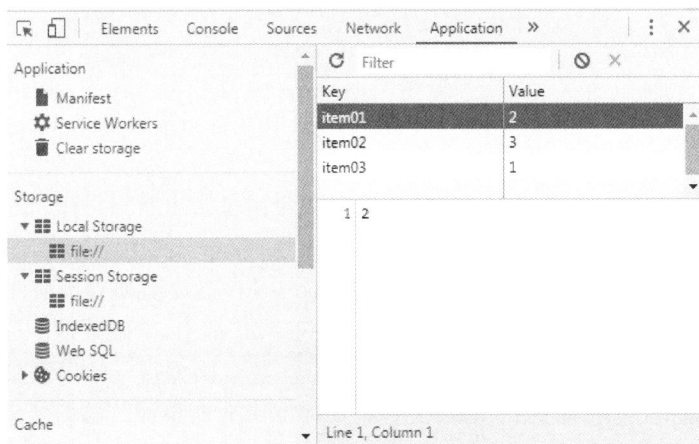

(b) 有商品时localStorage的状态

图 9-7　HTML5 Web 存储 API 之清空所有数据的效果

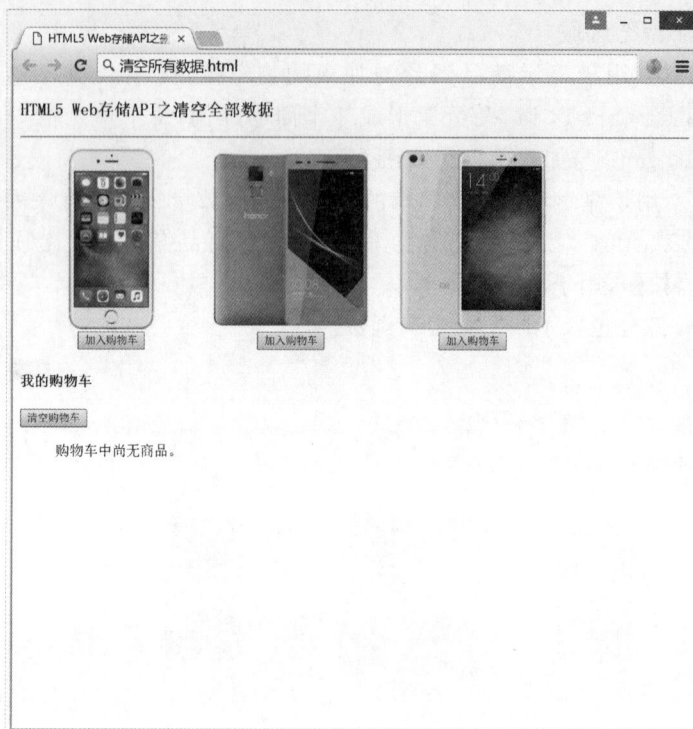

(c) 清空购物车中所有商品的状态

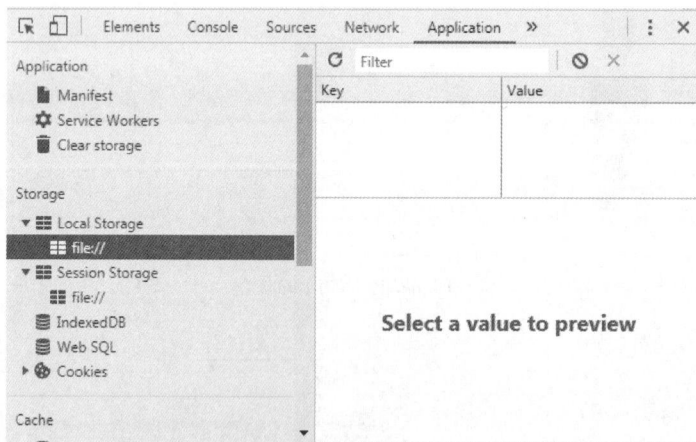

(d) 清空商品时localStorage的状态

图 9-7 （续）

- updateNum(n)：更新购物车中指定商品的数量，其中 n 指的是商品序号。
- showGoods()：用于在页面上的购物车区域显示所有已加入购物车的商品信息。
- addGood(n，num)：用于向购物车的列表元素<ol>中添加一条商品记录，其中 n 表示商品序号，num 表示该商品的个数。
- clearAll()：用于清空购物车中的商品，包括清除列表显示与 localStorage 保存的相关数据。

9.4　实验案例——网页主题设置的设计与实现

扫一扫

文档

扫一扫

视频讲解

功能要求：使用 Web 存储中的 localStorage 技术，可以把用户对用网页主题样式设置的内容永久存储下来。本案例将实现一个网页设置页面，用户可以自定义页面的主题颜色与字体风格，并将其存储在 localStorage 中。重新加载该页面时，会显示上一次保存的样式。

最终效果图如图 9-8 所示。

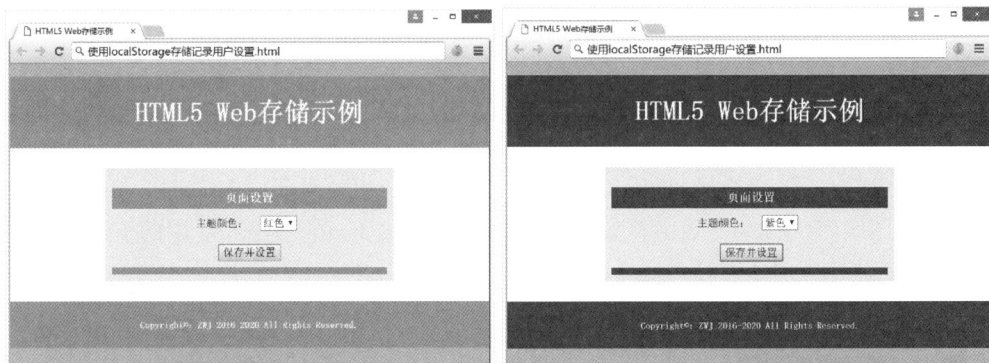

(a) 页面首次加载效果　　　　　　(b) 保存并更新颜色设置效果

图 9-8　更新页面主题颜色的效果

本章小结及 AI 辅助编程技巧

扫一扫

AI 助教

HTML5 新增 Web 存储 API 可以用于在客户端保存数据。根据存储时间不同，HTML5 Web 存储 API 包含两种存储方式：localStorage 和 sessionStorage。其中 localStorage 适用于永久存储数据，而 sessionStorage 只能维持在浏览器关闭前的数据状态。HTML5 拖放 API 中包含了 Storage 接口，该接口提供了对于 Web 存储数据的添加、删除、读取、遍历等一系列功能。

扫一扫

自测题

习题 9

1. 什么是 HTML5 Web 存储，它与传统的 cookie 存储方式相比有哪些不同？
2. HTML5 Web 存储 API 中有哪两种存储方式？它们有什么不同？
3. HTML5 Web 存储 API 使用何种格式进行数据的存储？
4. 如何使用 HTML5 Web 存储 API 读取指定键名称的存储数据？
5. 如何获取第 n 个存储数据的键名称或数据值？
6. 如何使用 HTML5 Web 存储 API 删除指定键名称的存储数据？
7. 如何使用 HTML5 Web 存储 API 清空所有的存储数据？

第10章

HTML5 字符集与符号

本章主要介绍 HTML5 字符集和符号,常见的字符集有 ASCII、ANSI、ISO-8895、GB 系列、UTF-8 等。在 HTML5 中,特殊符号可以使用实体名称或数字编码来进行展示,常见的符号有数学符号、带圈符号、货币符号、扑克牌符号、杂项符号等。HTML5 Emoji 是一种特殊的字符图案,目前 UTF-8 字符集收录了几乎所有的 Emoji 图案,常用的 Emoji 系列有笑脸表情、交通、动物、办公等。

本章学习目标

- 了解字符集的概念和常见字符集;
- 了解 HTML5 符号和常用符号;
- 了解 Emoji 的概念和常用 Emoji 系列;
- 掌握 HTML5 字符集的声明方式;
- 掌握 HTML5 符号的数据编码和实体名称显示方式;
- 掌握 HTML5 Emoji 的十进制和十六进制编码显示方式。

10.1 HTML5 字符集概述

10.1.1 什么是字符集

字符(Character)是具有语义价值的最小文本单位,各种文字、数字、标点符号等都属于字符。一个字符可以是一个英文字母、一个阿拉伯数字、一个标点符号、一个中文汉字等。

字符集(Character Sets)是多个字符的集合,不同的字符集包含的字符内容不一样,例如希腊字符集专门被希腊语言使用,而拉丁字符集可以被大多数欧洲语言使用。

在计算机语言中,不同字符集的每个字符都对应一套特定的编码方式,这种编码被称为字符编码(Character Encoding),浏览器必须知道当前页面使用何种字符集方能正确显示文本内容。

在网页中使用< meta >标签来声明页面的字符集,通常在< head >与</head >标签之间。在 HTML5 中默认使用的字符集为 UTF-8,参考代码如下:

```
< meta charset = "UTF - 8">
```

或

```
< meta charset = "utf - 8">
```

注：由于 HTML 页面大小写不敏感，所以两种写法都可以生效。

10.1.2 常见字符集介绍

1. ASCII 字符集

ASCII 的全称是 American Standard Code for Information Interchange（美国信息交换标准编码），它是在 20 世纪 60 年代早期作为计算机和电子设备的标准字符集被设计出来的，把字符用二进制数（0 和 1）表示。该字符集是互联网上使用的第一个字符集，也是最早期的编码标准。

ASCII 中共包含 128 个字符，每个字符占用一个字节（共 8 位）后面的 7 位，最前面的第 1 位统一规定为 0。例如字符"A"在 ASCII 编码中就是二进制 01000001 这样一个 8 位数，相当于十进制的 65。该字符集支持数字 0～9、大小写英文字母 A～Z 和 a～z 以及其他一些特殊字符，例如 !、@、\$、+、−、<、>等。

如今 ASCII 码仍然在大型计算机系统中被广泛使用，但是它无法正确显示非英文的文字（例如对中文、日文、韩文等亚洲文字均不支持）。

2. ANSI 字符集

ANSI 字符集又被称为 Windows-1252 字符集，它是 Windows 95 以及更早之前的 Windows 系列操作系统的默认字符集。该字符集的前面 128 个字符（编号 0～127）都来自 ASCII 字符集，因此 ANSI 完全包含 ASCII 字符集；编号为 128～159 的字符是自编的一些特殊符号，例如欧元符号、双引号、破折号等；而编号为 160～255 的字符和 UTF-8 字符集相同。

3. ISO-8859 字符集

由于欧洲的很多国家都有自己的语言体系，现有的字符集无法满足正确显示所有语言字符的需要，因此在原先的编码基础上衍生了 ISO-8859 字符集。该字符集全称为 ISO/IEC 8859，是 ISO（International Organization for Standardization，国际标准化组织）和 IEC（International Electrotechnical Commission，国际电工委员会）联合制定的 8 位字符集标准。

ISO-8859 字符集是 HTML4 的默认字符集，该字符集支持 256 种不同的字符。其中，前面编码 0～127 字符集也与 ASCII 字符集相同；该字符集未使用编码 128～159 的字符，浏览器会自动改为显示 ANSI 对应的字符；编码 160～255 的字符与 ANSI 字符集相同。

ISO-8859 字符集目前分为 15 个字符子集，具体如下。

- ISO-8859-1 (Latin-1)：西欧语言。
- ISO-8859-2 (Latin-2)：中欧语言。
- ISO-8859-3 (Latin-3)：南欧语言。
- ISO-8859-4 (Latin-4)：北欧语言。
- ISO-8859-5 (Cyrillic)：斯拉夫语言。
- ISO-8859-6 (Arabic)：阿拉伯语。
- ISO-8859-7 (Greek)：希腊语。
- ISO-8859-8 (Hebrew)：希伯来语（视觉顺序），另有 ISO-8859-8-I - 希伯来语（逻辑顺序）。
- ISO-8859-9 (Latin-5 或 Turkish)：它把 Latin-1 的冰岛语字母换走，加入土耳其语字母。
- ISO-8859-10 (Latin-6 或 Nordic)：北日耳曼语支，用来代替 Latin-4。

- ISO-8859-11 (Thai)：泰语，从泰国的 TIS620 标准字集演化而来。
- ISO-8859-13 (Latin-7 或 Baltic Rim)：波罗的语族。
- ISO-8859-14 (Latin-8 或 Celtic)：凯尔特语族。
- ISO-8859-15 (Latin-9)：西欧语言，加入 Latin-1 欠缺的芬兰语字母和大写法语重音字母，以及欧元符号。
- ISO-8859-16 (Latin-10)：东南欧语言，主要供罗马尼亚语使用，并加入欧元符号。

注：这里没有 ISO-8859-12，当时出于某些原因搁置后继续从 ISO-8859-13 往后编号了。

4. 汉语字符集

根据应用目的不同，汉语字符集常见以下几类。

- GB 2312—80 字符集：国家标准字符集，GB 来自"国标"一词的拼音首字母，该字符集收录汉字 6763 个、符号 715 个，总计 7478 个字符。市面上例如仿宋-GB2312、楷体-GB2312 等字体都支持该字符集的符号显示。
- Big5 字符集：又称为大五码字符集，是中文繁体字符集，收录 13 060 个繁体汉字和 808 个符号，总计 13 868 个字符，在我国香港、台湾等地区使用较为普遍。
- GBK 字符集：国家标准扩展字符集，GB 来自"国标"一词的拼音首字母，K 来自"扩"的拼音首字母，表示"扩展"。该字符集兼容 GB 2312—80 标准，也包含 Big5 的繁体字，但不支持 Big5 字符集编码。该字符集收录 21 003 个汉字、882 个符号，共计 21 885 个字符。
- GB 18030—2000 字符集：由于我国是多民族国家，很多民族有自己的独立语言系统，于是在 2000 年由 GB 18030 取代 GBK 成为国家标准，收录了 27 484 个汉字，也收录了藏文、蒙文、维吾尔文等主要的少数民族文字字符。

总结来说，GB 18030 兼容 GBK，GBK 兼容 GB 2312，GB 2312 兼容 ASCII。

5. UTF-8 字符集

UTF 的全称是 Unicode Transformation Format(Unicode 转换格式)，它是 Unicode 联盟开发的一个标准字符集，其开发目的是使用该字符集实现互联网世界的统一标准。Unicode 联盟与国际上有名的几家标准开发组织均有合作，例如 ISO、W3C、ECMA 等，这使得各类操作系统和浏览器都能支持该字符集。除此之外，很多程序语言都支持该字符集，例如 HTML、XML、JavaScript、Java、ASP、PHP 等。

最常用的 Unicode 字符集是 UTF-8，其中，前面编码 0~127 字符集也是与 ASCII 字符集相同；该字符集未使用编码 128~159 的字符；编码 160~255 的字符与 ANSI、ISO-8859 字符集都相同；编码 256~10 000 的字符为该字符集自主定义，因此该字符集支持的文本范围更加广泛，能更好地显示中文、日文、韩文等非英语为母语的国家文字。

目前所有的 HTML4 和 HTML5 开发的网页文档都支持该字符集。

需要注意的是，UTF-8 字符集和 GB 系列汉语字符集有很多编码互相是不兼容的，对同一个字符的编码也可能不一样，如果在网页中没有声明正确的字符集，就会产生"乱码"现象。因此在实际开发过程中，尽量不要中途切换字符集以免导致内容错乱。

【例 10-1】 HTML5 字符集声明实验

当 HTML 文件本身是 UTF-8 编码格式时，使用<meta>标签和 charset 属性分别尝试声明当前页面使用的是 UTF-8 或 GB 2312 字符集，对比看一下网页显示效果。

扫一扫

视频讲解

```
1.    <!DOCTYPE html>
2.    <html>
3.      <head>
4.        <meta charset = "utf - 8" />
5.        <!-- <meta charset = "gb2312" /> -->
6.        <title></title>
7.      </head>
8.      <body>
9.        <p>你好</p>
10.       <p>こんにちは</p>
11.       <p>안녕하세요</p>
12.       <p>Hello</p>
13.     </body>
14.   </html>
```

第 4、5 行代码均为网页字符集声明代码,分别声明了 UTF-8 和 GB 2312 字符集(字符集名称中的字母大小写均可)。依次注释掉其中一行,让另外一行字符集声明语句生效,对比检测网页显示的文字内容是否发生变化。运行效果如图 10-1 所示。

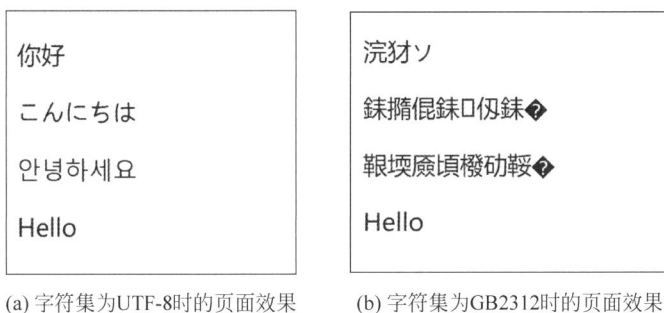

(a) 字符集为UTF-8时的页面效果　　　(b) 字符集为GB2312时的页面效果

图 10-1　HTML5 字符集声明实验的运行效果

【代码说明】

本示例在页面上使用段落元素<p>展示了 4 种不同国家语言的"你好",分别是中文、日文、韩文以及英文。该 HTML 文件本身是 UTF-8 编码格式的,然后使用了<meta>标签分别声明了字符集为 UTF-8(正确)和 GB 2312(不正确)两种情况。由图 10-1(a)可见,当字符集声明正确时,4 种文字均能正常显示;由图 10-1(b)可见,当字符集声明不正确时,仅有英文字母可以正确显示,其余文字出现了"乱码"现象,这是因为在这 4 种文字里只有英文字母存在于最早的 ASCII 码里,同时被 UTF-8 和 GB 2312 这两种字符集都兼容。

在实际应用时,还有另外一种可能性:HTML 文件本身是 GB 2312 或其他编码格式的,此时如果使用<meta>标签声明字符集为 UTF-8,反而也会显示不正确。因此,HTML 文件本身的编码以及<meta>标签声明的字符集需要统一或者兼容方可正确展示内容。

10.2　HTML5 符号

在 HTML5 中,一些特殊的符号可以用实体名称或数字编码的方式进行展示。

例如,在网页的页脚区域经常需要标注版权符号©,在 HTML5 代码中参考代码如下:

```
<footer>
    <p>版权所有 &copy; XX 大学</p>
</footer>
```

这里的"©"就是一个实体名称,它使用了英文单词 copyright 的缩写;也可以改成使用十进制数字编码"&♯169;"或十六进制数字编码"&♯xA9;"来表示该版权符号。最终网页的页面上不会显示这个编码,而是正确显示©符号。

　　本节将展示一些基础符号编码和实体名称,由于部分符号的实体名称未被浏览器所支持,开发者在实际使用时可以优先考虑以数字编码(十进制或十六进制)的方式展示符号。

10.2.1　HTML5 数学符号

　　HTML5 数学符号的编码是十进制 8704～8959 或十六进制 2200～22FF。

　　常用的数学符号编码和实体名称对照节选如表 10-1 所示。

表 10-1　HTML5 数学符号常用编码对照表

符号展示	十进制编码	十六进制编码	实体名称	描　　述
∃	&♯8707;	&♯x2203;	&exist;	存在
∅	&♯8709;	&♯x2205;	&empty;	空集
∈	&♯8712;	&♯x2208;	&isin;	属于
∉	&♯8713;	&♯x2209;	&notin;	不属于
∑	&♯8721;	&♯x2211;	&sum;	求和

　　例如:

```
< p style = "font - size:100px"> a&♯8712;A </p>
```

　　上述代码展示的符号效果如图 10-2 所示,表示 a 属于集合 A。

$$a\in A$$

图 10-2　HTML5 数学符号示例效果

10.2.2　HTML5 带圈符号

　　HTML5 带圈符号的编码是十进制 9312～9321 或十六进制 2460～2469。

　　常用的带圈编码对照如表 10-2 所示。

表 10-2　HTML5 带圈符号常用编码对照表

符号展示	十进制编码	十六进制编码	描　　述
①	&♯9312;	&♯x2460;	带圈数字 1
②	&♯9313;	&♯x2461;	带圈数字 2
③	&♯9314;	&♯x2462;	带圈数字 3
④	&♯9315;	&♯x2463;	带圈数字 4
⑤	&♯9316;	&♯x2464;	带圈数字 5
⑥	&♯9317;	&♯x2465;	带圈数字 6
⑦	&♯9318;	&♯x2466;	带圈数字 7
⑧	&♯9319;	&♯x2467;	带圈数字 8
⑨	&♯9320;	&♯x2468;	带圈数字 9
⑩	&♯9321;	&♯x2469;	带圈数字 10

　　例如:

```
< p style = "font - size:100px"> &♯9312;&♯9313;&♯9314;</p>
```

　　上述代码展示的符号效果如图 10-3 所示。

①②③

图 10-3　HTML5 带圈符号示例效果

10.2.3　HTML5 货币符号

HTML5 货币符号的编码范围是十进制 8352～8399 或十六进制 20A0～20CF。

常用的货币符号编码和实体名称对照节选如表 10-3 所示。

表 10-3　HTML5 货币符号常用编码对照表

符号展示	十进制编码	十六进制编码	描　述
₣	&#8355;	&#x20A3;	法国法郎符号
₨	&#8360;	&#x20A8;	印度卢比符号
₩	&#8361;	&#x20A9;	朝鲜元符号
₫	&#8363;	&#x20AB;	越南盾符号
€	&#8364;	&#x20AC;	欧元符号

注：其中只有欧元符号有实体名称"€"可用，其他符号暂不支持。

例如：

```
<p style = "font - size:100px">&#8364;2.99 </p>
```

上述代码展示的符号效果如图 10-4 所示，表示 2.99 欧元。

€2.99

图 10-4　HTML5 货币符号示例效果

10.2.4　HTML5 扑克牌符号

HTML5 扑克牌符号的编码范围是十进制 126976～127231 或十六进制 1F000～1F0FF。

常用的扑克牌符号编码对照节选如表 10-4 所示。

表 10-4　HTML5 扑克牌符号常用编码对照表

符号展示	十进制编码	十六进制编码	描　述
🂠	&#127136;	&#x1F0A0;	扑克牌背面
🂡	&#127137;	&#x1F0A1;	黑桃 A
🂢	&#127138;	&#x1F0A2;	黑桃 2
🂣	&#127139;	&#x1F0A3;	黑桃 3
🂤	&#127140;	&#x1F0A4;	黑桃 4
🂥	&#127141;	&#x1F0A5;	黑桃 5
🂦	&#127142;	&#x1F0A6;	黑桃 6
🂧	&#127143;	&#x1F0A7;	黑桃 7
🂨	&#127144;	&#x1F0A8;	黑桃 8
🂩	&#127145;	&#x1F0A9;	黑桃 9
🂪	&#127146;	&#x1F0AA;	黑桃 10
🂫	&#127147;	&#x1F0AB;	黑桃 J
🂭	&#127149;	&#x1F0AD;	黑桃 Q
🂮	&#127150;	&#x1F0AE;	黑桃 K

由于篇幅有限,这里仅展示了扑克牌背面以及黑桃花色的全部扑克牌,4 种花色的扑克牌总结如下,其中,DEC 表示十进制编码,HEX 表示十六进制编码:

- 黑桃 A～K:DEC 127137～127150(去掉 127148),HEX 1F0A1～1F0AE(去掉 1F0AC);
- 红桃 A～K:DEC 127153～127166(去掉 127163),HEX 1F0B1～1F0BE(去掉 1F0BC);
- 方块 A～K:DEC 127169～127182(去掉 127180),HEX 1F0C1～1F0CE(去掉 1F0CC);
- 草花 A～K:DEC 127185～127198(去掉 127196),HEX 1F0D1～1F0DE(去掉 1F0DC)。

开发者请自行补全十进制"&#"或十六进制"&#x"前缀以及";"后缀即可使用。

注:上述花色中实际去掉的符号不是空白,而是牌面显示为字母 C 的扑克牌。由于在实际扑克牌中很少被提及,因此不进行展示。

例如:

```
< p style = "font - size:100px"> &#127137;&#127138;&#127139;</p>
```

上述代码展示的符号效果如图 10-5 所示,同时展示了黑桃 A、2、3。

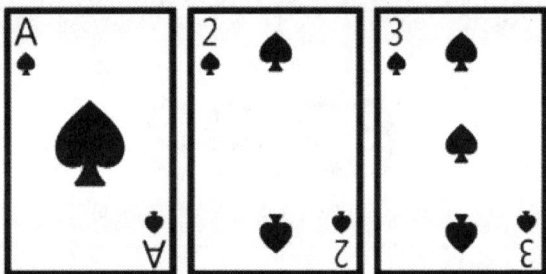

图 10-5　HTML5 扑克牌符号示例效果

10.2.5　HTML5 杂项符号

一些特性不明显无法分类的符号被统称为 HTML5 杂项符号(Miscellaneous Symbols),其编码范围是十进制 9728～9983 或十六进制 2600～26FF。

常用的杂项符号编码对照节选如表 10-5 所示。

表 10-5　HTML5 杂项符号常用编码对照表

符号展示	十进制编码	十六进制编码	描　　述
☀	&#9728;	&#x2600;	太阳
☁	&#9729;	&#x2601;	多云
☂	&#9730;	&#x2602;	伞
☃	&#9731;	&#x2603;	雪人
☄	&#9732;	&#x2604;	彗星
★	&#9733;	&#x2605;	黑色星星
☆	&#9734;	&#x2606;	白色星星

例如:

```
< p style = "font - size:100px"> &#9728; 晴</p>
```

上述代码展示的符号效果如图 10-6 所示，可以用于展示天气情况。

☀ 晴

图 10-6　HTML5 杂项符号示例效果

HTML5 符号节选到此结束，开发者如有兴趣可以根据本书的配套资源进行扩展阅读。

扫一扫

视频讲解

【例 10-2】　HTML5 符号之扑克牌小游戏

使用 HTML5 符号中的扑克牌符号进行玩家与 AI 对战的双人比大小游戏，当用户点击"开始游戏"按钮时，系统随机为 AI 和玩家抽取扑克牌，根据点数大小判断输赢（其中，A 视为 1，J、Q、K 分别视为 11、12、13，1 最小且 13 最大）。

```
1.  <!DOCTYPE html>
2.  <html>
3.    <head>
4.      <meta charset = "utf-8" />
5.      <title>HTML5 符号之扑克牌小游戏</title>
6.      <link rel = "stylesheet" href = "css/game.css" />
7.      <script src = "js/game.js"></script>
8.    </head>
9.    <body>
10.     <div class = "container">
11.       <h3>扑克牌比大小</h3>
12.       <div class = "gameBox">
13.         <div class = "cardBox">
14.           <p id = "ai" class = "card">&#127136;</p>
15.           <p>AI</p>
16.         </div>
17.         <div class = "cardBox">
18.           <p id = "my" class = "card">&#127136;</p>
19.           <p>玩家</p>
20.         </div>
21.       </div>
22.       <div id = "result"></div>
23.       <button onclick = "startGame()">开始游戏</button>
24.     </div>
25.   </body>
26. </html>
```

CSS 文件代码如下：

```
1.  /* 通用样式设置 */
2.  * {
3.      margin: 0;                              /* 清除外边距 */
4.      padding: 0;                             /* 清除内边距 */
5.      box-sizing: border-box;                /* 组件宽高包含边框和内边距 */
6.  }
7.  /* 整体容器 */
8.  .container{
9.      text-align: center;                    /* 文本水平居中 */
10.     padding: 20px;                         /* 内边距 */
11. }
12. /* 游戏区域 */
13. .gameBox {
14.     width: 400px;                         /* 宽 */
15.     height: 200px;                        /* 高 */
```

```css
16.        margin: 20px auto;              /* 外边距上下 20px、左右 auto */
17.    }
18.    /* 扑克牌区域 */
19.    .cardBox {
20.        width: 50%;                      /* 宽 */
21.        height: 100%;                    /* 高 */
22.        float: left;                     /* 向左浮动 */
23.    }
24.    /* 扑克牌样式 */
25.    .card {
26.        font-size: 130px;                /* 字体大小 */
27.    }
28.    /* 按钮样式 */
29.    button{
30.        margin: 20px;                    /* 外边距 */
31.    }
```

JS 文件代码如下：

```javascript
1.    //扑克牌 A~K 的符号记录
2.    const cards = [
3.        "&#127137;","&#127138;","&#127139;","&#127140;","&#127141;","&#127142;",
4.        "&#127143;","&#127144;","&#127145;","&#127146;","&#127147;","&#127149;",
5.        "&#127150;"
6.    ];
7.    //开始游戏
8.    function startGame(){
9.        //玩家随机抽一张牌(序号 0-12 分别表示 A-K)
10.       var x = Math.floor(Math.random() * 13);
11.       // AI 随机抽一张牌
12.       var y = Math.floor(Math.random() * 13);
13.
14.       //更新玩家牌面
15.       document.getElementById("my").innerHTML = cards[x];
16.       //更新 AI 牌面
17.       document.getElementById("ai").innerHTML = cards[y];
18.
19.       //记录 AI 与玩家的扑克牌点数
20.       var msg = "AI:" + (y + 1) + "点,玩家:" + (x + 1) + "点.";
21.       //比大小并产生结论
22.       if(x > y){
23.           msg += "玩家赢了!";
24.       }else if(x == y){
25.           msg += "平局.";
26.       }else{
27.           msg += "AI 赢了!";
28.       }
29.       //更新页面上的显示结果
30.       document.getElementById("result").innerText = msg;
31.   }
```

运行效果如图 10-7 所示。

【代码说明】

本示例使用了< div class＝"container">作为整体容器,里面包含了以下四部分。

- 顶部标题：使用< h3 >标题标签制作。
- 扑克牌展示区域：使用< div class＝"gameBox">制作了一个宽 400px、高 200px 的游戏区域,其内部使用< div class＝"cardBox">分为左右两个扑克牌区,分别展示 AI 和玩家的扑克牌。每个扑克牌区内部均包含两个段落元素< p >,其中,第 1 个< p >内部是扑克牌符号,初始默认为扑克牌背面符号"🂠",第 2 个< p >是标记当前扑克牌属

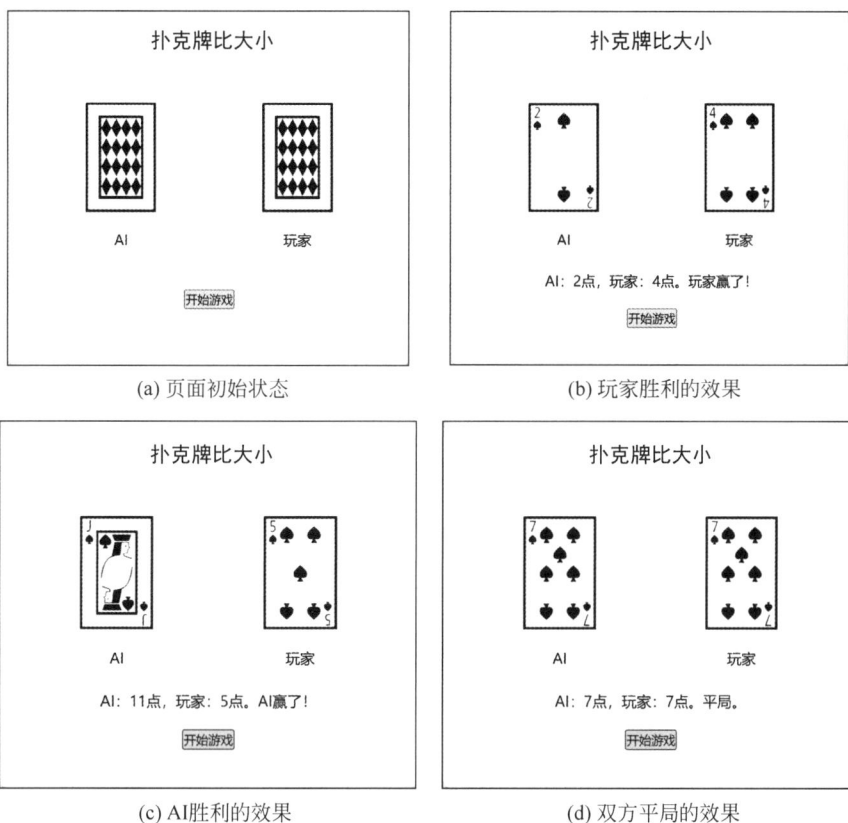

(a) 页面初始状态　　　　　　　　　(b) 玩家胜利的效果

(c) AI胜利的效果　　　　　　　　　(d) 双方平局的效果

图 10-7　HTML5 符号之扑克牌游戏的运行效果

于 AI 或玩家。
- 结论展示区域：使用< div id＝"result">进行制作，初始文本为空，等待 JavaScript 动态更新游戏结果。
- 按钮：使用< button >制作了"开始游戏"按钮，并为其配置 click 事件监听，一旦被点击就执行自定义函数 startGame()，该函数在 JS 文件中补充。

在 JS 文件中包含了一个数组和一个自定义函数：
- cards：该数组记录了扑克牌黑桃 A～K 对应的十进制数字编码。
- startGame()：该自定义函数用于启动游戏，当游戏开始时，分别为玩家和 AI 随机生成一个 0～12 的整数，然后用这个数字作为数组下标更新牌面。接下来进行比大小，点数大的获胜，如果点数相同则视为平局，最后把结论更新到页面上。

10.3　HTML5 Emoji

10.3.1　什么是 Emoji

Emoji 一词的发音最早来自日语"絵文字/えもじ"（读起来类似于"爱莫及"，但是英文中更多地读为/ɪˈmoʊdʒi/）。Emoji 是指图画形态的字符，例如笑脸、爱心、蛋糕等。这种字符最初的创造者是日本人栗田穰崇（Shigetaka Kurita），他将这些符号绘制在 12×12 像素的方形图片中进行展示。后来苹果公司在 iOS5 中内置了 Emoji 符号，这种符号就风靡全球并被广泛使用。

常用的 Emoji 表情符号如图 10-8 所示。

Emoji 虽然看上去像图片，但实际上它们是来自 UTF-8 字符集的一种特殊字符。目

图 10-8　　常用 Emoji 表情符号示例

前,UTF-8 字符集已经收录了几乎所有的 Emoji 符号,开发者无须引用图片,仍然通过 HTML5 字符的十进制或十六进制编码就可以展示 Emoji 图案了。

例如,笑脸的十进制编码是 128516,参考代码如下:

```
< p style = "font - size:100px"> &#128516;</p>
```

上述代码展示的符号在网页中的预览效果如图 10-9 所示。

和其他 HTML5 符号一样,Emoji 符号可以直接被当作文字使用,因此可通过设置字体大小的 font-size 属性来快速设置 Emoji 符号的尺寸。

需要注意的是,即使是同一个编码的 Emoji 符号,在不同平台下显示的效果也稍有差异,例如十六进制的 1F923 表情,在各类平台或社交媒体上的展示效果如图 10-10 所示。

图 10-9　HTML5 Emoji 笑脸符号的示例效果

图 10-10　同一个编码的 Emoji 表情在不同平台的展示效果

如果把 Emoji 视为文字来对待,那么不同图案效果可以理解为各类平台或社交媒体自行设置的字体风格。因此,当开发者正在制作一个网页项目时,如果需要内置 Emoji 表情符号,建议使用 Emoji 的编码来展示图案,不要直接以图片格式存储某一个平台自行设计的 Emoji 图案,以防带来版权纠纷。

10.3.2　HTML5 Emoji 笑脸表情系列

在 HTML5 中,Emoji 笑脸表情系列被称为 Emoji Faces 或 Emoji Smileys,主要包括以下几种。

- 基础笑脸系列:DEC 128512～128567,HEX 1F600～1F637;
- 补充笑脸系列:DEC 128577～129488,HEX 1F641～1F9D0(中间有部分编码不支持);
- 猫咪笑脸系列:DEC 128568～128576,HEX 1F641～1F637;
- 猴子笑脸系列:DEC 128584～128586,HEX 1F648～1F64A。

注:Unicode 字符集收录的 Emoji 符号也在不断迭代,未来可能还会收录更多表情符号,这里的符号范围仅供参考。

例如,分别从以上 4 个系列节选一个表情示例,参考代码如下:

```
<p style = "font - size:100px">&#128516;&#129325;&#128568;&#128585;</p>
```

上述代码展示的符号效果如图 10-11 所示,同时展示了 4 款不同风格的笑脸表情符号。

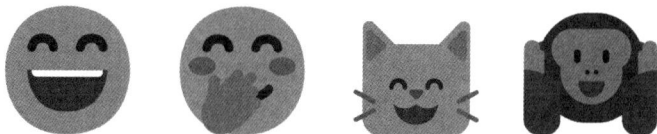

图 10-11　HTML5 Emoji 笑脸系列表情示例效果

10.3.3　HTML5 Emoji 交通系列

在 HTML5 中,Emoji 交通系列被称为 Emoji Transport,主要包括以下几种。
- 交通工具系列 1:DEC 128640~128676,HEX 1F680~1F6A4;
- 交通标志系列:DEC 128677~128714,HEX 1F6A5~1F6CA;
- 杂项系列:DEC 128715~128740,HEX 1F6CB~1F6E4;
- 交通工具系列 2:DEC 128741~128767,HEX 1F6E5~1F6FF(部分图标无法显示)。

注:Unicode 字符集收录的 Emoji 符号也在不断迭代,未来可能还会收录更多表情符号,这里的符号范围仅供参考。

例如,分别从以上 4 个系列节选一个表情示例,参考代码如下:

```
<p style = "font - size:100px">&#128640;&#128677;&#128722;&#128760;</p>
```

上述代码展示的符号效果如图 10-12 所示,分别展示了火箭、红绿灯、购物车、飞碟。

图 10-12　HTML5 Emoji 交通系列表情示例效果

10.3.4　HTML5 Emoji 动物系列

在 HTML5 中,Emoji 动物系列被称为 Emoji Animals,主要包括以下几种。
- 动物符号系列:DEC 128000~128063,Hex 1F400~1F43F;
- 动物补充系列:DEC 128375~129455,HEX 1F577~1F9AF。

注:Unicode 字符集收录的 Emoji 符号也在不断迭代,未来可能还会收录更多表情符号,这里的符号范围仅供参考。

例如,分别从以上两个系列各节选一个表情示例,参考代码如下:

```
<p style = "font - size:100px">&#128060;&#129419; </p>
```

上述代码展示的符号效果如图 10-13 所示,分别展示了熊猫和蝴蝶。

图 10-13　HTML5 Emoji 动物系列表情示例效果

10.3.5　HTML5 Emoji办公系列

在 HTML5 中,Emoji 办公系列被称为 Emoji Office,主要包括以下几种。

- 办公符号系列:DEC 128186~128229,Hex 1F4BA~1F4E5;
- 邮箱符号系列:DEC 128228~128240 以及 128386~128390,HEX 1F4E4~1F4F0 以及 1F582~1F586;
- 手机符号系列:DEC 128241~128246 以及 128379~128385,HEX 1F4F1~1F4F6 以及 1F57B~1F581;
- 时钟符号系列:DEC 128336~128359,HEX 1F550~1F567。

注:Unicode 字符集收录的 Emoji 符号也在不断迭代,未来可能还会收录更多表情符号,这里的符号范围仅供参考。

例如,分别从以上 4 个系列各节选一个表情示例,参考代码如下:

```
< p style = "font - size:100px">&#128187;&#128241;&#128231;&#128344;</p>
```

上述代码展示的符号效果如图 10-14 所示,分别展示了 PC、手机、E-mail 和时钟。

图 10-14　HTML5 Emoji 办公系列表情示例效果

截至目前,Unicode 中收录的全部 Emoji 表情编码已有 3700 多个,本书无法全部展示出来,这里节选了部分 Emoji 表情作为参考。更多 Emoji 符号编码可以在第三方搭建的 Emoji 中文网 https://www.emojiall.com/zh-hans 进行查找和使用。

扫一扫

视频讲解

【例 10-3】　HTML5 Emoji 月相动画

使用 HTML5 Emoji 符号中的月相符号(十六进制 1F311~1F318)制作月相变化的动画效果,使其每隔 0.5 秒变换一个月相。

```
1.    <!DOCTYPE html >
2.    < html >
3.        < head >
4.            < meta charset = "utf - 8" />
5.            < title ></title >
6.            < link rel = "stylesheet" href = "css/moon.css" />
7.            < script src = "js/moon.js"></script >
8.        </head >
9.        < body >
10.           < div class = "container">
11.               < h3 >显示 Emoji 月相动画</h3 >
12.               < p id = "moon">&#x1F318;</p >
13.               < button id = "startBtn" onclick = "start()">开始</button >
14.               < button id = "stopBtn" style = "display: none;" onclick = "stop()">停止
                  </button >
15.           </div >
16.       </body >
17.   </html >
```

CSS 文件代码如下:

```
1.    / *  整体容器样式  */
2.    .container{
```

```
3.        width: 300px;
4.        height: auto;
5.        margin: 20px auto;
6.        text-align: center;
7.        border: 1px dashed mediumpurple;
8.    }
9.    /* 标题样式 */
10.   h3{
11.       color: rebeccapurple;
12.   }
13..   /* Emoji月相符号区域 */
14.   #moon{
15.       font-size: 180px;
16.       margin: 0;
17.   }
18.   /* 按钮样式 */
19.   button{
20.       font-size: 30px;
21.       padding:10px 20px;
22.       margin: 20px;
23.       color: white;
24.       background-color: mediumpurple;
25.       border: none;
26.       cursor: pointer;
27.   }
```

JS 文件代码如下：

```
1.    // 月相的Emoji符号数组
2.    var moons = ["1F318", "1F317", "1F316", "1F315", "1F314", "1F313", "1F312", "1F311"];
3.    // 当前数组下标
4.    var i = 0;
5.    // 定时器
6.    var timer = null;
7.
8.    // 自定义函数——开始旋转
9.    function start() {
10.       // 隐藏开始按钮
11.       document.getElementById("startBtn").style.display = 'none';
12.       // 显示停止按钮
13.       document.getElementById("stopBtn").style.display = 'inline-block';
14.       // 开启定时器
15.       timer = setInterval(function() {
16.           // 获取元素对象 p
17.           var p = document.getElementById("moon");
18.           // 显示当前月相符号
19.           p.innerHTML = "&#x" + moons[i] + ";";
20.           // 数组下标变化
21.           if (i == moons.length - 1) i = 0;
22.           else i++;
23.       }, 500);
24.   }
25.
26.   // 自定义函数——停止旋转
27.   function stop() {
28.       clearInterval(timer);          //清空定时器
29.       // 隐藏停止按钮
30.       document.getElementById("stopBtn").style.display = 'none';
31.       // 显示开始按钮
32.       document.getElementById("startBtn").style.display = 'inline-block';
33.   }
```

运行效果如图 10-15 所示。

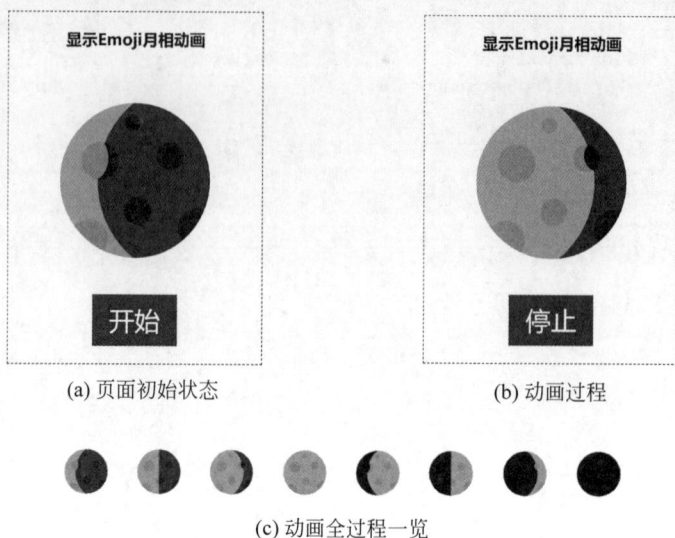

(a) 页面初始状态　　　　　(b) 动画过程

(c) 动画全过程一览

图 10-15　HTML5 Emoji 月相动画的运行效果

【代码说明】

本示例使用了< div class＝"container">作为整体容器,里面包含三部分。

- 顶部标题:使用< h3 >标题标签制作。
- Emoji 月相符号区域:使用< p id＝"moon">展示,且初始月相符号为"&♯x1F318;"。
- 按钮:使用< button >制作了"开始"和"停止"两个按钮,并为它们配置 Click 事件监听,一旦被点击就会分别执行自定义函数 start()和 stop(),该函数在 JS 文件中补充。初始状态下先隐藏"停止"按钮,通过点击事件切换两个按钮的显示。

在 JS 文件中包含一个数组、两个变量和两个自定义函数。

- 数组 moons:该数组记录了月相从上弦月到下弦月对应的十六进制数字编码,整体动画效果为倒序,因此数组范围是 1F318～1F311。
- 变量 i:用于记录当前展示的 Emoji 符号对应的数组下标,初始值为 0。
- 变量 timer:用于记录动画效果的定时器,初始值为 null。
- 自定义函数 start():用于启动动画,此时隐藏"开始"按钮并显示"停止"按钮,然后使用 setInterval()函数每间隔 500 毫秒(即 0.5 秒)更新一次页面 Emoji 符号。
- 自定义函数 stop():用于停止动画,此时隐藏"停止"按钮并显示"开始"按钮,然后使用 clearInterval()函数清空定时器。

扫一扫

文档

扫一扫

视频讲解

10.4 实验案例——简易 Emoji 查询器的设计与实现

功能要求:尝试制作一款 HTML5 Emoji 符号查询工具,用户通过输入中文关键词来搜索查询对应主题系列的 Emoji 符号图案和十进制数字。以"笑脸""动物""交通""办公"这4 个系列为例,可以展示对应的 Emoji 图案,其余关键词则提示"对不起,未查到相关的Emoji"。

运行效果如图 10-16 所示。

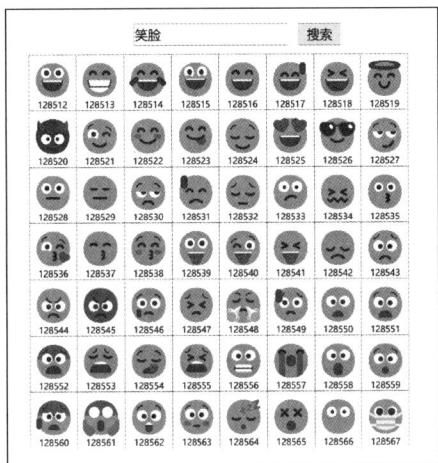

(a) Emoji笑脸系列查询结果

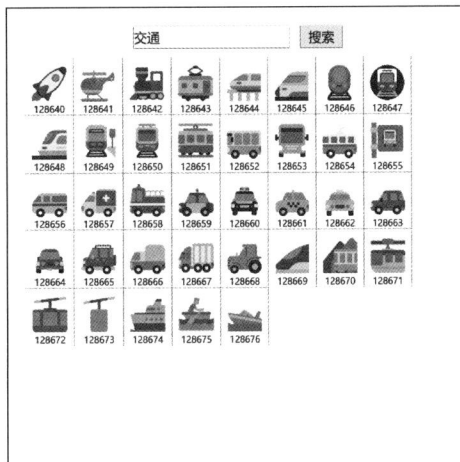

(b) Emoji交通系列查询结果

(c) Emoji动物系列查询结果

(d) Emoji办公系列查询结果

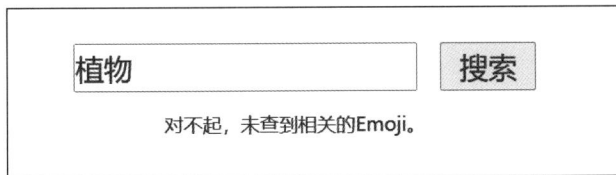

(e) 未查到结果

图 10-16　HTML5 Emoji 符号查询工具展示效果

本章小结及 AI 辅助编程技巧

　　本章首先介绍了字符集的概念，在 HTML5 中有多种字符集，如 ASCII、ANSI、ISO-8895、GB 系列、UTF-8 等，浏览器必须知道当前页面使用何种字符集方能正确显示文本内容。然后介绍了在 HTML5 中，一些键盘上未呈现的符号可以使用实体名称或数字编码进行展示，常用符号有数学符号、带圈符号、货币符号、扑克牌符号、杂项符号等。最后介绍了 HTML5 Emoji 的概念，常用的 Emoji 系列有笑脸表情、交通、动物、办公等。

扫一扫

AI 助教

扫一扫

自测题

习题 10

1. 什么是字符集,常见字符集有哪些?

2. 试使用< meta >标签声明当前页面的字符集是 UTF-8。

3. 什么是 HTML5 符号,常见的符号有哪些?

4. 已知 HTML5 数学符号中的空集"∅"的十进制编码是 8709,试在段落元素中写出它的正确编码。

5. 什么是 HTML5 Emoji,常见的 Emoji 系列有哪些?

6. 已知 HTML5 Emoji 交通系列中火箭图案的十六进制编码是 1F680,试在段落元素中写出它的正确编码。

第三部分

提 高 篇

第11章

CSS3 技术

本章主要介绍 CSS3 技术的新增内容,是对第 3 章介绍的 CSS 基础知识的补充。元素的样式效果新增内容主要包括 CSS3 边框、背景、文本、字体等。CSS3 变形技术分为 2D 与 3D 两种,本书主要介绍了 2D 效果下的元素变形的应用。在 CSS3 动画部分介绍了 Transition 简单动画与 Animation 组合动画。最后介绍了 CSS3 多列技术,该技术可用于分栏布局页面内容,实现仿报纸排版效果。

本章学习目标

- 掌握 CSS3 边框和背景效果的应用;
- 掌握 CSS3 文本和字体效果的应用;
- 掌握 CSS3 变形与动画效果的应用;
- 掌握 CSS3 多列效果的应用。

11.1 CSS3 边框和背景效果

11.1.1 CSS3 边框

CSS3 新增了三种边框效果,分别是为元素设置圆角边框、带阴影效果的边框和图片边框。具体属性名称如表 11-1 所示。

表 11-1 CSS3 新增边框效果属性

属 性 名 称	解 释
border-radius	为元素设置圆角边框
box-shadow	为元素设置带阴影效果的边框
border-image	为元素设置带有图片的边框

1. CSS3 圆角边框

在 CSS3 中,border-radius 属性可用于直接创建带有圆角的边框样式,该属性值表示圆角边框的圆角半径长度,数值越大则圆的弧度越明显。其语法格式如下:

```
border - radius: < length > | < percentage >;
```

border-radius 属性的取值有以下两种形式。

- < length >:使用长度值规定圆角半径的长度,该值不可为负数。
- < percentage >:使用百分比规定圆角半径的长度,该值不可为负数。

例如,为段落元素 p 设置圆角边框,其中圆角半径为 20 像素:

```
p{border - radius:20px}
```

主流浏览器对 CSS3 中的 border-radius 属性支持情况如表 11-2 所示。

表 11-2 主流浏览器对 CSS3 中的 **border-radius** 属性支持情况

浏览器	Edge	Firefox	Chrome	Safari	Opera
支持情况	9.0 及以上版本	4.0 及以上版本	5.0 及以上版本	5.0 及以上版本	10.5 及以上版本

注：部分主流浏览器在支持 CSS3 标准的 border-radius 属性写法之前使用特定的前缀实现此功能，具体情况如下。

- Firefox：2.0～12.0 版本支持使用-moz-前缀，写成-moz-border-radius。
- Chrome：4.0～43.0 版本支持使用-webkit-前缀，写成-webkit-border-radius。
- Safari：3.1～8.1 版本支持使用-webkit-前缀，写成-webkit-border-radius。
- Opera：10.5～28.0 版本支持使用-webkit-前缀，写成-webkit-border-radius。

border-radius 实际上是一种简写形式，用于一次性定义边框的四个角。如需为不同的角分别定义样式，可以查看表 11-3。

表 11-3 CSS3 圆角边框属性值

属 性 值	解 释
border-radius	用于定义边框四个角的弧度
border-top-left-radius	用于定义边框左上角的弧度
border-top-right-radius	用于定义边框右上角的弧度
border-bottom-left-radius	用于定义边框左下角的弧度
border-bottom-right-radius	用于定义边框右下角的弧度

以上四种 border-*-radius 属性均与 border-radius 属性取值方式相同，可以使用长度值或百分比的形式表示。

【例 11-1】 CSS3 圆角边框效果

使用 border-radius 系列属性为元素设置圆角边框效果。

扫一扫

例 11-1

```
1.   <!DOCTYPE html >
2.   < html >
3.       < head >
4.           < title >CSS3 圆角边框的应用</title >
5.           < style >
6.               div {
7.                   text – align: center;
8.                   border: 2px solid red;
9.                   margin: 20px;
10.                  padding: 20px
11.              }
12.              div.a {border – radius: 20px}
13.              div.tl {border – top – left – radius: 20px}
14.              div.tr {border – top – right – radius: 20px}
15.              div.bl {border – bottom – left – radius: 20px}
16.              div.br {border – bottom – right – radius: 20px}
17.          </style >
18.      </head >
19.      < body >
20.          < h3 >CSS3 圆角边框的应用</h3 >
21.          < div class = "a">
22.              border – radius 属性可以制作圆角边框
23.          </div >
24.          < div class = "tl">
```

```
25.              border - top - left - radius 属性可定义边框左上角为圆角
26.          </div>
27.          < div class = "tr">
28.              border - top - right - radius 属性可定义边框右上角为圆角
29.          </div>
30.          < div class = "bl">
31.              border - bottom - left - radius 属性可定义边框左下角为圆角
32.          </div>
33.          < div class = "br">
34.              border - bottom - right - radius 属性可定义边框右下角为圆角
35.          </div>
36.      </body >
37. </html>
```

运行效果如图 11-1 所示。

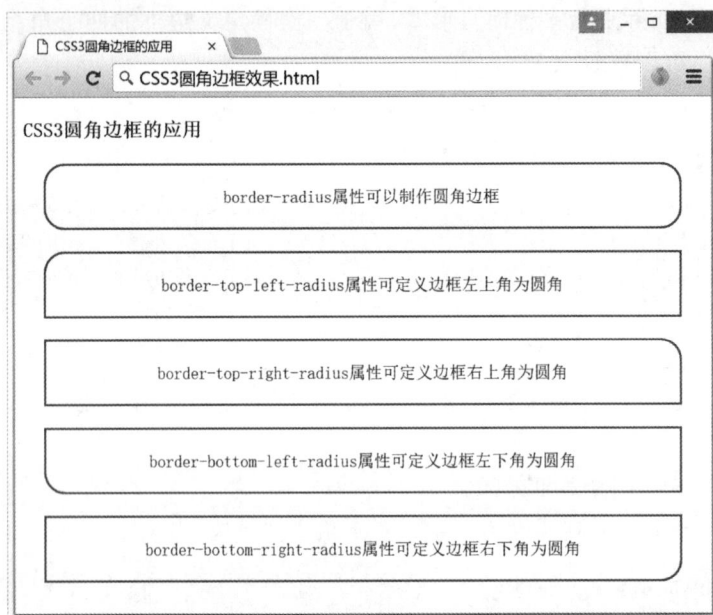

图 11-1 CSS3 圆角边框效果

【代码说明】

本示例为了便于查看效果,在 CSS 内部样式表中首先统一定义了所有< div >标签中的
文字居中显示,并且定义了 20px 的边距和 20px 的填充距;然后定义了类名称为 a、tl、tr、b
和 br 分别用于规定不同的 border-radius 属性:a 代表 all 用于同时设置四个圆角边框,tl 代
表 top left 用于设置左上角为圆角,tr 代表 top right 用于设置右上角为圆角,bl 代表
bottom left 用于设置左下角为圆角,最后 br 代表 bottom right 用于设置右下角为圆角。

2. CSS3 矩形阴影

在 CSS3 中,box-shadow 属性可以为边框添加阴影,该属性适用于所有元素。box-
shadow 的默认属性值为 none,表示无阴影效果。

其语法格式如下:

```
box - shadow: xoffset yoffset width color
```

参数解释如下。

• xoffset:表示阴影在水平方向(x 轴)上的偏移距离,取值为 CSS 长度值< length >。

- yoffset：表示阴影在垂直方向（y 轴）上的偏移距离，取值为 CSS 长度值<length>。
- width：表示阴影的宽度，取值为 CSS 长度值<length>。
- color：表示阴影的颜色效果，取值为 CSS 颜色值<color>。

例如，为矩形添加一个 15px 宽的灰色阴影，映射在右下角。

```
div{
  box - shadow: 10px 10px 15px gray
}
```

主流浏览器对 CSS3 中的 box-shadow 属性支持情况如表 11-4 所示。

表 11-4   主流浏览器对 CSS3 中的 **box-shadow** 属性支持情况一览表

浏览器	Edge	Firefox	Chrome	Safari	Opera
支持情况	9.0 及以上版本	4.0 及以上版本	10.0 及以上版本	5.1 及以上版本	10.5 及以上版本

注：部分主流浏览器在统一支持 CSS3 的 box-shadow 属性之前使用特定的前缀实现此功能，具体情况如下。

- Firefox：4.0～12.0 版本支持使用-moz-前缀，写成-moz-box-shadow。
- Chrome：4.0～43.0 版本支持使用-webkit-前缀，写成-webkit-box-shadow。
- Safari：3.1～8.1 版本支持使用-webkit-前缀，写成-webkit-box-shadow。
- Opera：10.5～28.0 版本支持使用-webkit-前缀，写成-webkit-box-shadow。

【例 11-2】 CSS3 矩形阴影效果

扫一扫

视频讲解

```
1.   <!DOCTYPE html>
2.   < html >
3.      < head >
4.         <title>CSS3 矩形阴影的应用</title>
5.         < style >
6.            div {
7.               text - align: center;
8.               border: 2px solid red;
9.               margin: 20px;
10.              padding: 20px;
11.              box - shadow: 10px 10px 5px black
12.           }
13.           .round {
14.              border - radius: 10px
15.           }
16.        </style>
17.     </head>
18.     < body >
19.        < h3 >CSS3 矩形阴影的应用</h3>
20.        < div >
21.           box - shadow 属性可以制作矩形阴影
22.        </div>
23.        < div class = "round">
24.           box - shadow 属性可配合 border - radius 属性使用定义圆角边框和阴影
25.        </div>
26.     </body>
27.  </html>
```

运行效果如图 11-2 所示。

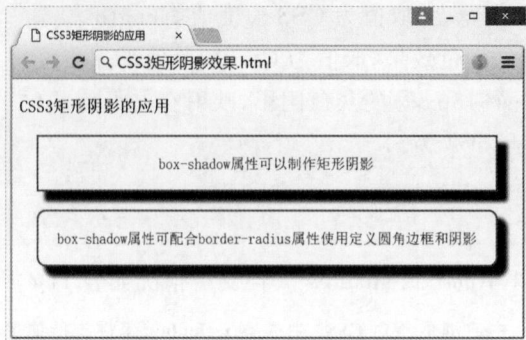

图 11-2　CSS3 矩形阴影效果

【代码说明】

为了便于查看效果,在 CSS 内部样式表中首先为所有<div>标签规定了统一的样式:文字居中显示,带有 2 像素宽的实线红色边框,各边的内外边距均为 20 像素,并且添加了 5 像素宽的黑色阴影映射在元素右下角水平和垂直方向均偏移 10 像素的位置。

如果配合 border-radius 属性一起使用,还可以实现为圆角边框添加阴影的效果。本示例在 CSS 内部样式表中有自定义类 round 设置了 10 像素半径的圆角边框。由图 11-2 可见,box-shadow 属性单独使用可以为矩形边框添加阴影效果,而与 border-radius 属性配合使用可以形成圆角阴影。

3. CSS3 图像边框

在 CSS3 中,border-image 属性可以元素添加自定义图像效果的边框,该属性适用于所有元素。

主流浏览器对 CSS3 中的 box-image 属性支持情况如表 11-5 所示。

表 11-5　主流浏览器对 CSS3 中的 border-image 属性支持情况

浏览器	Edge	Firefox	Chrome	Safari	Opera
支持情况	11.0 及以上版本	15.0 及以上版本	16.0 及以上版本	6.0 及以上版本	15.0 及以上版本

注:部分主流浏览器在支持 CSS3 标准的 border-image 属性写法之前使用特定的前缀实现此功能,具体情况如下。

- Firefox:3.5~14.0 版本支持使用-moz-前缀,写为-moz-border-image。
- Chrome:4.0~15.0 版本支持使用-webkit-前缀,写为-webkit-border-image。
- Safari:3.1~5.1 版本支持使用-webkit-前缀,写为-webkit-border-image。

CSS 图像边框相关属性如表 11-6 所示。

表 11-6　CSS3 图片边框属性

属 性 名 称	解　　释
border-image-source	用于设置或获取元素边框的图像来源路径。其默认值为 none,表示无背景图片
border-image-slice	用于设置或获取边框图片的分割方式
border-image-width	用于设置或获取边框宽度
border-image-outset	用于设置或获取边框背景图超出边框的量
border-image-repeat	用于设置或获取边框图片的平铺状态。其默认值为 stretch
border-image	复合属性,用于定义边框图片的全部设置

border-image-slice 属性有三种取值,解释如下。

- <number>:使用数值规定宽度,允许是整数或浮点数,不可以是负数。
- <percentage>:使用百分比规定宽度,不可以是负值。
- fill:保留剪裁后的区域,这块区域的平铺方式依据 border-image-repeat 的规定。

注:border-image-slice 属性的默认值为 100%。

border-image-repeat 属性有三种取值,解释如下。

- repeat:定义用重复平铺的方式填充边框背景图。如果图片碰到边框的边界,超过部分将被截断。
- round:定义用重复平铺的方式填充边框背景图。图片会根据边框尺寸动态调整图片大小,直至正好可以铺满整个边框。
- stretch:定义用拉伸图片的方式填充边框背景图。该属性值为默认值。

注:事实上 border-image-repeat 属性在标准中还有一个取值为 space,由于目前所有的主流浏览器均不支持该属性,因此没有列入表中。

border-image 是一种简写形式,用于一次性定义若干种 border-image-* 属性。其声明常用顺序如下(省略 border-image-前缀):

```
[source] [slice] [width] [outset] [repeat]
```

border-image 属性的默认值为 none 100% 1 0 stretch,如果其中部分属性省略不写,则取其对应的默认值。

如果同时设置了 border-style 与 border-image 属性,浏览器会优先显示 border-image 规定的样式效果。当 border-image 属性值为 none 或者指定的图像不可见时将会显示 border-style 所定义的边框样式。

例如,为段落元素 p 同时设置普通边框样式与图片边框样式:

```
p{
    border:2px solid red;
    border - image: url( image/test.jpg) 10;
}
```

上述代码同时定义了 border 属性与 border-image 属性,如果 border-image 中指定的图片不可见或尚未被加载,则以 border 属性规定的样式显示;如果图片加载成功,则只显示 border-image 规定的边框样式。

【例 11-3】 CSS3 图像边框效果

使用 border-image 属性为元素设置图像边框的效果。

扫一扫

视频讲解

```
1.    <!DOCTYPE html >
2.    < html >
3.        < head >
4.            < meta charset = "utf-8">
5.            < title >CSS3 图像边框的应用</title>
6.            < style >
7.                div {
8.                    text - align: center;
9.                    border: 30px solid #09F;
10.                   margin: 20px;
11.                   padding: 20px;
12.                   width: 320px;
```

```
13.                    }
14.              .round {border - image: url( image/border. jpg) 30 30 round}
15.              .repeat {border - image: url( image/border. jpg) 30 30 repeat}
16.              .stretch {border - image: url( image/border. jpg) 30 30 stretch}
17.          </style>
18.      </head >
19.      < body >
20.          < h3 > CSS3 图像边框的应用</h3 >
21.          < div>未定义 border - image 时的参照效果</div>
22.          < div class = "repeat">border - image 属性定义图像边框,图片为 repeat </div >
23.          < div class = "round">border - image 属性定义图像边框,图片为 round </div >
24.          < div class = "stretch">border - image 属性定义图像边框,图片为 stretch </div >
25.      </body >
26.  </html >
```

运行效果如图 11-3 所示。

【代码说明】

为了便于查看效果,在 CSS 内部样式表中统一定义了所有< div >标签的样式:文字居中显示,内外各边边距均为 20 像素,宽度为 320 像素,并且设置了边框为 30 像素宽的蓝色(♯09F)实线样式。然后分别定义了 round、repeat 和 stretch 类声明 border-image 属性:图片来源均为本地 image 文件夹下的 border. jpg 文件,切割宽和高均为 30 像素的区域,图片平铺状态与类名称对应,分别表示重复平铺(repeat)、重复平铺自适应(round)和拉伸(stretch)。

由图 11-3 可见,其中第一个矩形作为参照物代表的是没有设置 border-image 时的状态,带有 30 像素宽的蓝色实线边框。如果用于显示图像边框的文件不可用,则其他三个矩形也会显示成与之相同的样式。第二个矩形表示的是图像边框重复平铺的效果,对比第三个矩形表示的是图像边框重复平铺并且自适应元素边长的效果,它们在靠近四个角

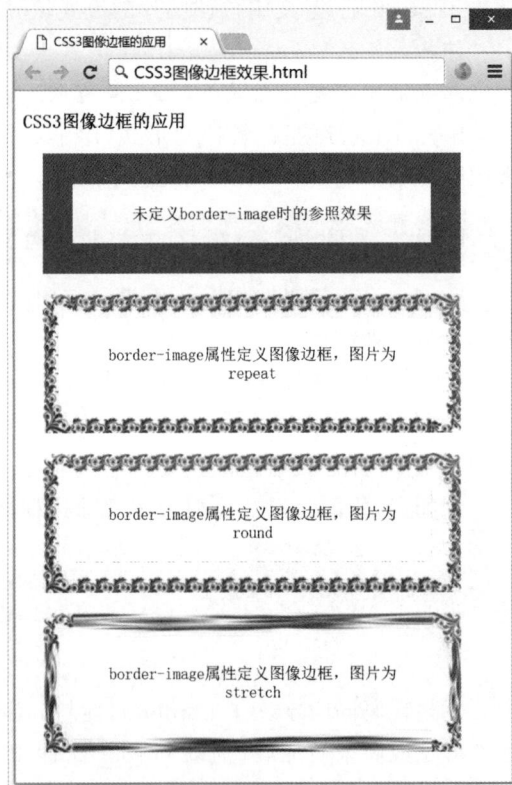

图 11-3   CSS3 图像边框效果

的地方会稍有区别。最后一个矩形表示的是图像边框拉伸的效果。

11.1.2   CSS3 背景效果

CSS3 新增了三种背景效果,可用于自定义背景图片或颜色的绘制区域、位置和尺寸。具体属性名称如表 11-7 所示。

表 11-7   CSS3 新增背景效果属性

属 性 名 称	解 释
background-clip	自定义背景图片的绘制区域
background-origin	自定义背景图片的位置
background-size	自定义背景图片的尺寸

1. 自定义背景图片绘制区域

在 CSS3 中,background-clip 属性可用于剪裁元素的背景图片或颜色区域,使其只显示指定的区域内容。其语法格式如下:

```
background - clip: border - box | padding - box | content - box | text;
```

background-clip 属性的取值有以下四种形式。

- padding-box:只保留元素内边距之内的背景区域,包括内边距本身。
- border-box:只保留元素边框之内的背景区域,包括边框本身。
- content-box:只保留元素内容区域的背景。该属性值是默认值。
- text:只保留前景内容(例如文字)的形状,其他区域的背景图像均去掉。该取值必须将属性名称写成-webkit-background-clip 方可使用。

主流浏览器对 CSS3 中的 background-clip 属性支持情况如表 11-8 所示。

表 11-8 主流浏览器对 CSS3 中的 background-clip 属性支持情况

浏览器	Edge	Firefox	Chrome	Safari	Opera
支持情况	9.0 及以上版本	4.0 及以上版本	4.0 及以上版本	6.0 及以上版本	15.0 及以上版本

注:部分主流浏览器在完全支持 background-clip 属性之前的情况如下。

- Firefox:3.6 版本支持使用-moz-前缀,写为-moz-background-clip。其中 2.0~38.0 版本不支持 text 属性值。

【例 11-4】 CSS3 background-clip 属性的应用

使用 background-clip 属性剪裁元素背景。

扫一扫

视频讲解

```
1.   <!DOCTYPE html>
2.   <html>
3.     <head>
4.       <meta charset = "utf-8">
5.       <title>CSS3 自定义背景图片绘制区域</title>
6.       <style>
7.         div {
8.           text - align:center;
9.           border:10px dashed #09F;
10.          background - color:silver;
11.          padding:20px;
12.          margin:20px;
13.          width:200px;
14.          height:100px;
15.         }
16.         .borderBox {background - clip:border - box}
17.         .paddingBox{background - clip:padding - box}
18.         .contentBox {background - clip:content - box}
19.       </style>
20.     </head>
21.     <body>
22.       <h3>CSS3 自定义背景图片绘制区域</h3>
23.       <div class = "borderBox">background - clip 属性裁剪背景图片,包含 border</div>
24.       <div class = "paddingBox">background - clip 属性裁剪背景图片,包含 padding</div>
25.       <div class = "contentBox">background - clip 属性裁剪背景图片,包含 content</div>
26.     </body>
27.   </html>
```

运行效果如图 11-4 所示。

【代码说明】

本示例为了便于查看效果,在 CSS 内部样式表中首先为所有< div >标签规定了统一样式:宽 200 像素、高 100 像素,文字居中显示,背景颜色设置为银色(silver),带有 20 像素宽的蓝色虚线边框,并且定义了各边为 20 像素的内外边距。然后为三个< div >元素分别设置了不同的 background-clip 属性值,使得背景图案产生不同的剪裁效果。

2. 自定义背景图片位置

在 CSS3 中,background-origin 属性可用于剪裁元素的背景图片,使其只显示指定的区域内容。该属性必须与 background-image 属性配合使用,否则没有图片来源则无法对背景图片进行定位。

其语法格式如下:

```
background – origin: border – box | padding – box | content – box;
```

background-origin 属性的< position >参数表示背景图片的位置,有以下三种取值。

- padding-box:从元素内边距开始显示背景图像,该属性值是默认值。

- border-box:从元素边框开始显示背景图像。

- content-box:从元素内容区域开始显示背景图像。

主流浏览器对 CSS3 中的 background-origin 属性支持情况如表 11-9 所示。

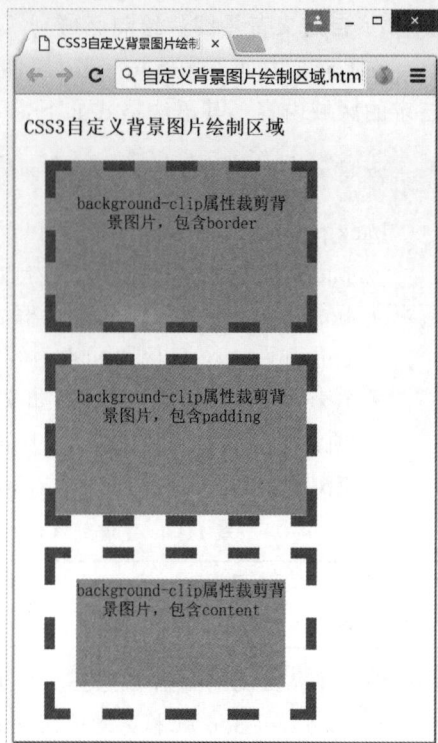

图 11-4　CSS3 background-clip 属性的应用效果

表 11-9　主流浏览器对 CSS3 中的 background-origin 属性支持情况一览表

浏览器	Edge	Firefox	Chrome	Safari	Opera
支持情况	9.0 及以上版本	4.0 及以上版本	4.0 及以上版本	6.0 及以上版本	15.0 及以上版本

扫一扫

视频讲解

注:其中 Firefox 浏览器 3.6 版本支持使用-moz-前缀,即写成-moz-background-origin。

【例 11-5】　CSS3 background-origin 属性的应用

使用 background-origin 属性为元素设置背景图片位置。

```
1.    <!DOCTYPE html >
2.    < html >
3.        < head >
4.            < meta charset = "utf-8">
5.            < title >CSS3 自定义背景图片位置</title>
6.            < style >
7.                div {
8.                    text – align:center;
9.                    border:10px dashed ♯09F;
10.                   background:url(image/pattern.png) no – repeat;
11.                   padding:20px;
12.                   margin:20px;
13.                   width:200px;
14.                   height:100px;
15.               }
```

```
16.          .borderBox{background – origin:border – box}
17.          .paddingBox{background – origin:padding – box}
18.          .contentBox{background – origin:content – box}
19.        </style>
20.      </head>
21.      <body>
22.        <h3>CSS3 自定义背景图片位置</h3>
23.        <div class = "borderBox">background – origin 属性规定背景图片位置,包含
          border</div>
24.        <div class = "paddingBox">
25.            background – origin 属性规定背景图片位置,包含 padding
26.        </div>
27.        <div class = "contentBox">
28.            background – origin 属性规定背景图片位置,包含 content
29.        </div>
30.      </body>
31.    </html>
```

运行效果如图 11-5 所示。

【代码说明】

本示例为了便于查看效果,在 CSS 内部样式表中首先为所有<div>标签规定了统一样式：宽 200 像素、高 100 像素,文字居中显示,背景图片素材来源于本地 image 文件夹中的 pattern. png 文件,带有 20 像素宽的蓝色虚线边框,并且定义了各边为 20 像素的内外边距。然后为这三个<div>元素设置了不同的 background-origin 属性值,由图 11-5 可见,背景图片的位置发生了变化。

3. 自定义背景图片尺寸

在 CSS3 中,background-size 属性可用于定义元素背景图片的尺寸大小。

其语法格式如下：

```
background – size: <bg – size>[,<bg – size>];
```

background-size 的<bg-size>参数表示背景图片的位置,有以下五种取值。

- <length>：使用长度值规定背景图像的大小,该值不可为负数。
- <percentage>：使用百分比规定背景图像的大小,该值不可为负数。
- auto：背景图像的真实大小。
- cover：将背景图像等比例缩放到完全覆盖容器。图像有可能与容器比例不一致而导致部分背景图像超出容器范围。
- contain：将背景图像等比例缩放到宽度或高度与容器保持一致。背景图像始终在容器中,不会超出容器的范围。

该属性允许包含 1 或 2 个参数,如果只有单个参数则用于表示宽度的样式,高度默认为跟随宽度等比例缩放。例如：

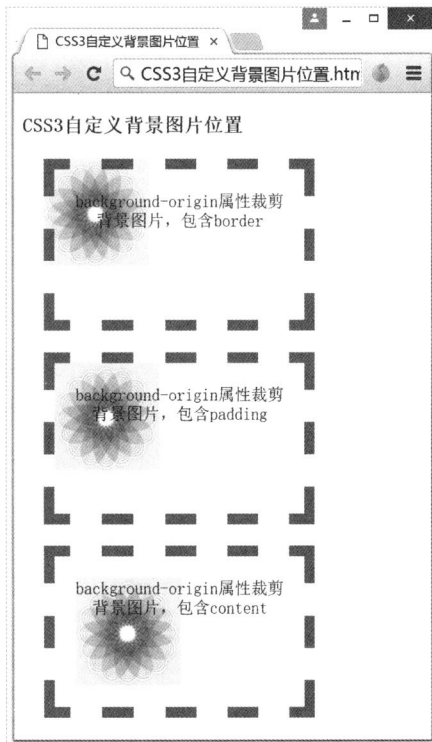

图 11-5 CSS3 中 background-origin 属性的应用效果

```
p{
    background-size: 200px;
}
```

上述代码表示将段落元素<p>的背景图片宽度缩放为 200 像素,高度会随着宽度等比例缩放。

如果有两个参数,则第一个参数表示宽度,第二个参数表示高度。例如:

```
p{
    background-size: 200px 300px;
}
```

上述代码表示将段落元素<p>的背景图片宽度缩放为 200 像素,高度缩放为 300 像素。
主流浏览器对 CSS3 中的 background-size 属性支持情况如表 11-10 所示。

表 11-10　主流浏览器对 CSS3 中的 **background-size** 属性支持情况

浏览器	Edge	Firefox	Chrome	Safari	Opera
支持情况	9.0 及以上版本	4.0 及以上版本	15.0 及以上版本	7.0 及以上版本	15.0 及以上版本

注:部分主流浏览器在完全支持 background-size 属性之前的情况如下。

* Firefox:3.6 版本支持使用-moz-前缀,写成-moz-background-size。
* Chrome:4.0~14.0 版本支持使用 background-size,但不可缩写到 background 属性中。
* Safari:6.0~6.1 版本支持使用 background-size,但不可缩写到 background 属性中。

扫一扫

视频讲解

【例 11-6】　CSS3 自定义背景图像尺寸效果

使用 background-size 属性为元素设置自定义的背景图像大小。

```
1.    <!DOCTYPE html>
2.    <html>
3.        <head>
4.            <meta charset = "utf-8">
5.            <title>CSS3 自定义背景图片大小</title>
6.            <style>
7.                div {
8.                    text-align:center;
9.                    border:1px solid #09F;
10.                   background-image:url(image/bg.jpg);
11.                   background-repeat:no-repeat;
12.                   padding:20px;
13.                   margin:20px;
14.                   width:200px;
15.                   height:100px;
16.               }
17.               .small{background-size:80px 80px}
18.               .large {background-size:240px 140px}
19.           </style>
20.       </head>
21.       <body>
22.           <h3>CSS3 自定义背景图片大小</h3>
23.           <div class = "small">background-size 属性定义背景小图片</div>
24.           <div class = "large">background-size 属性定义背景大图片</div>
25.       </body>
26.   </html>
```

运行效果如图 11-6 所示。

图 11-6　CSS3 自定义背景图像尺寸效果

【代码说明】

本示例为了便于查看效果，在内部样式表中首先统一定义了所有<div>标签中的文字居中显示，并且定义了各边内外边距均为 20 像素。然后为这两个<div>元素分别设置了不同的 background-size 属性值，从而显示出不同大小的背景图片效果。

11.2　CSS3 文本和字体效果

11.2.1　CSS3 文本

CSS3 新增了两种文本效果，分别是为文本添加阴影效果和长单词强制换行效果。具体属性名称如表 11-11 所示。

表 11-11　CSS3 新增文本效果属性

属 性 名 称	解　　　　释
text-shadow	用于为指定的文本添加阴影效果
word-wrap	用于实现长单词强制换行效果

1. CSS3 文本阴影

CSS3 使用 text-shadow 属性为指定文本添加阴影效果。其基本格式如下：

```
text-shadow: xoffset yoffset width color
```

参数解释如下。

- xoffset：指的是阴影距离原文字内容在横向上的偏移距离。取值为 CSS 长度值<length>，可以为负值。
- yoffset：指的是阴影距离原文字内容在纵向上的偏移距离。取值为 CSS 长度值<length>，可以为负值。
- width：表示阴影的模糊半径，半径越大阴影面积越大，显示效果越模糊，该值如果缺省，则阴影和正文的面积大小完全一样。取值为 CSS 长度值<length>，不能为负值。

- color：表示阴影的颜色效果，取值为 CSS 颜色值< color >。该值如果缺省，则在 Chrome 浏览器中不会显示阴影，而在 Firefox 和 Opera 浏览器中将直接使用字体颜色作为阴影颜色。

注：text-shadow 的默认属性值为 none，表示无阴影效果。

例如：

```
h3{ text - shadow: 5px 5px red }
```

指的是在目标文本内容右边 5px 和下面 5px 的地方渲染红色阴影。

主流浏览器对 CSS3 中的 text-shadow 属性支持情况如表 11-12 所示。

表 11-12　主流浏览器对 CSS3 中的 text-shadow 属性支持情况

浏览器	Edge	Firefox	Chrome	Safari	Opera
支持情况	10.0 及以上版本	3.5 及以上版本	4.0 及以上版本	6.0 及以上版本	15.0 及以上版本

扫一扫

视频讲解

【例 11-7】 CSS3 文本阴影简单效果

使用 CSS3 text-shadow 属性为文本添加阴影效果。

```
1.   <!DOCTYPE html>
2.   < html >
3.       < head >
4.           <title>CSS3 文本阴影效果的应用</title>
5.           < style >
6.               div {
7.                   font - size: 30px;
8.                   color: blue
9.               }
10.              #a {
11.                  text - shadow: 5px 5px black
12.              }
13.              #b {
14.                  text - shadow: 5px 5px 10px black
15.              }
16.              #c {
17.                  text - shadow: 10px 10px 2px red, - 10px 10px 2px yellow, 10px
                         - 10px 2px green
18.              }
19.           </style >
20.       </head >
21.       < body >
22.           < h3 >简单阴影效果</h3 >
23.           < div id = "a">
24.               本文字内容仅用于测试
25.           </div >
26.           < hr >
27.
28.           < h3 >模糊阴影效果</h3 >
29.           < div id = "b">
30.               本文字内容仅用于测试
31.           </div >
32.           < hr >
33.
34.           < h3 >多重阴影效果</h3 >
35.           < div id = "c">
36.               本文字内容仅用于测试
37.           </div >
```

```
38.        </body>
39.   </html>
```

运行效果如图 11-7 所示。

【代码说明】

本示例使用了内部样式表进行样式定
义,也可以将其单独放置在独立的 CSS 文
件中,作为外部样式引用,效果完全一致。
共有三种文字阴影效果示例分别对应编号
a、b、c。为了便于查看文本阴影效果,在内
部样式表中首先统一定义了所有<div>标
签中的文字字号为 30px,字体颜色为蓝色。

其中编号 a 的区域为最简单的阴影效
果,默认了模糊半径,此时文字阴影默认半
径和正文保持一致;编号 b 的区域在之前
的基础上添加了模糊半径 10px,此时背景

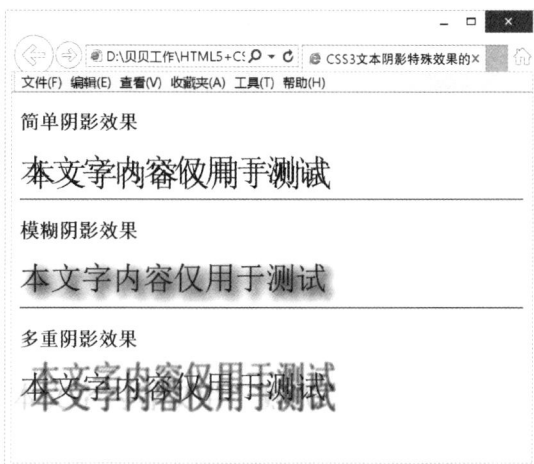

图 11-7　CSS3 文本阴影效果

变得更加模糊,正文字体突出。编号 c 的区域为多重阴影效果,text-shadow 属性可设置多
重阴影,每组阴影定义之间需要用逗号隔开。

如果阴影的颜色和位置运用得恰到好处可以形成多样化的效果,比如文字发光、凹凸纹
理和文字描边等效果。

【例 11-8】　CSS3 文本阴影特殊效果

```
1.    <!DOCTYPE html>
2.    <html>
3.        <head>
4.            <title>CSS3 文本阴影特殊效果的应用</title>
5.            <style>
6.                div {
7.                    font-size: 30px
8.                }
9.                .a1 {
10.                   text-shadow: 0 0 5px green
11.               }
12.               .a2 {
13.                   text-shadow: 0 0 5px blue
14.               }
15.               .a3 {
16.                   text-shadow: 0 0 5px yellow
17.               }
18.
19.               .b {
20.                   font-weight: bold;
21.                   background-color: #CCCCCC;
22.                   color: #D1D1D1
23.               }
24.               .b1 {
25.                   text-shadow: -1px -1px white, 1px 1px #333
26.               }
27.               .b2 {
28.                   text-shadow: 1px 1px white, -1px -1px #444
```

```
29.                    }
30.
31.              .c {
32.                  text - shadow: - 1px 0 black, 0 1px black, 1px 0 black, 0 - 1px black;
33.                  color: white
34.              }
35.          </style >
36.      </head >
37.      < body >
38.          < h3 >文字发光效果</h3 >
39.          < div class = "a1">
40.              本文字内容仅用于测试
41.          </div >
42.          < div class = "a2">
43.              本文字内容仅用于测试
44.          </div >
45.          < div class = "a3">
46.              本文字内容仅用于测试
47.          </div >
48.          < hr >
49.
50.          < h3 >凹凸纹理效果</h3 >
51.          < div class = "b b1">
52.              本文字内容仅用于测试
53.          </div >
54.          < div class = "b b2">
55.              本文字内容仅用于测试
56.          </div >
57.          < hr >
58.
59.          < h3 >文字描边效果</h3 >
60.          < div class = "c">
61.              本文字内容仅用于测试
62.          </div >
63.      </body >
64.  </html >
```

运行效果如图 11-8 所示。

2. CSS3 文字换行

CSS3 使用 word-wrap 属性规定文本的换行规则,可以将长单词断开换到下一行继续显示。其语法格式如下:

```
word - wrap: normal | break - word;
```

word-wrap 属性的取值有以下两种形式。

- normal：指的是只允许在断字点换行,如果单词较长,则直接溢出边界不会自动换行,该属性值为默认值。
- break-word：指的是文本内容允许在边界内换行,如果单词较长,则在内部断开换行。

例如:

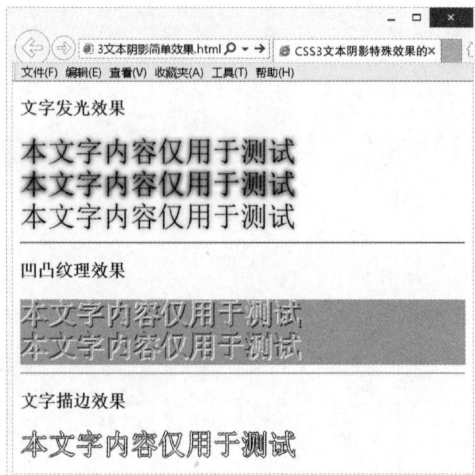

图 11-8   CSS3 文本阴影特殊效果

```
p{
    word - wrap: break - word;
}
```

上述代码表示段落元素 p 中的文字内容强制在元素边界处换行。

主流浏览器对 CSS3 中的 word-wrap 属性支持情况如表 11-13 所示。

表 11-13　主流浏览器对 CSS3 中的 **word-wrap** 属性支持情况

浏览器	Edge	Firefox	Chrome	Safari	Opera
支持情况	6.0 及以上版本	3.5 及以上版本	4.0 及以上版本	6.0 及以上版本	15.0 及以上版本

扫一扫

视频讲解

【例 11-9】　CSS3 文本强制换行效果

使用 word-wrap 属性为元素中较长的单词进行强制换行。

```
1.    <!DOCTYPE html >
2.    < html >
3.        < head >
4.            < meta charset = "utf-8">
5.            < title >CSS3 文本强制换行效果的应用</title>
6.            < style >
7.                div {
8.                    font - size: 30px;
9.                    width: 200px;
10.                   height: 100px;
11.                   border: 1px solid;
12.                }
13.                . break {word - wrap: break - word}
14.                . normal {word - wrap: normal}
15.            </style>
16.        </head>
17.        < body >
18.            < h3 >文本正常显示效果</h3>
19.            < div class = "normal">
20.                electroencephalography
21.            </div>
22.
23.            < h3 >文本强制换行效果</h3>
24.            < div class = "break">
25.                electroencephalography
26.            </div>
27.        </body>
28.    </html >
```

运行效果如图 11-9 所示。

【代码说明】

为了便于查看效果,在 CSS 内部样式表中统一定义了所有<div>标签的样式:字体大小为 30 像素,段落宽为 320 像素、高为 100 像素,并且设置了边框为 1 像素宽的黑色实线样式。然后分别定义了名称为 normal 和 break 的类对应 word-wrap 属性值为 normal 和 break-word 的两种情况。

本示例采用了长英文单词 electroence- phalograph(n.[医学]脑波记录仪,脑电图)用于测试显示效果,该单词共有 17 个字母。由图 11-9 可见,word-wrap 属性值为 normal 的段落元素没有断开该单词,并在已经溢出边框的情况

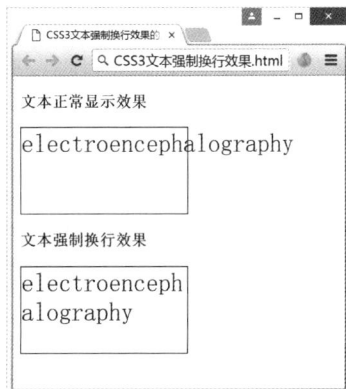

图 11-9　CSS3 文本强制换行的效果

下单行显示了整个单词；另外一个 word-wrap 属性值为 break-word 的段落元素则在边框临界点强制断开完整单词,并且换行继续显示其余内容。

11.2.2　CSS3 字体

在 CSS3 之前,浏览器只能显示设备上已安装的字体。目前在 CSS3 中,通过 @font-face 的规则,网页可以显示任何字体。当有特殊字体时,可以将其放在服务器端,在浏览页面时会被自动下载到用户的设备终端。

其语法规则如下:

```
@font-face{
    font-family: <identifier>;
    src: <url> [format(<string>)]
}
```

例如:

```
@font-face{
    font-family: 'diyfont';
    src: url('diyfont.ttf') format('truetype')
}
```

其中,font-family 的名称可以自定义,然后在 CSS 样式声明 font 属性时使用该名称即可。

```
p{
    font-family:'diyfont';
}
```

主流浏览器对 CSS3 中的 @font-face 支持情况如表 11-14 所示。

表 11-14　主流浏览器对 CSS3 中的 @font-face 支持情况

浏览器	Edge	Firefox	Chrome	Safari	Opera
支持情况	6.0 及以上版本	2.0 及以上版本	4.0 及以上版本	3.1 及以上版本	15.0 及以上版本

目前各类浏览器中的常用字体格式有如下四种。

- TrueType(.ttf):中文称为"全真"字体,该字体由微软与苹果公司联合提出,使用数学函数定义字体轮廓,因此也被称为轮廓字体。
- Web Open Font Format(.woff):中文称为"开放字体格式",该字体不包含加密内容,目前由 W3C 组织的 Web 字体工作组进行标准化。
- Embedded Open Type(.eot):这是一种压缩字库,可以解决网页中加载特殊字体的问题。该字体目前只有 IE 浏览器(微软已于 2023 年 2 月 14 日正式禁用)可以支持。
- SVG(.svg):SVG 的全称是 Scalable Vector Graphics(可缩放矢量图),它使用二维矢量图来显示字体,也是由 W3C 制定的一种开放标准。

【例 11-10】　CSS3 自定义字体效果

使用 @font-face 为元素设置自定义字体效果。

扫一扫

视频讲解

```
1.    <!DOCTYPE html>
2.    <html>
3.        <head>
4.            <meta charset = "utf-8">
```

```
5.              <title>CSS3 自定义字体效果的应用</title>
6.              <style>
7.                  @font-face {
8.                      font-family: 'little';
9.                      src: url('font/little.ttf') format('truetype');
10.                 }
11.                 div {
12.                     font-size: 80px;
13.                     width: 300px;
14.                     height: 200px;
15.                     border: 1px solid;
16.                     color: purple;
17.                     text-align: center;
18.                     padding: 10px;
19.                 }
20.                 .littleFont {font-family: 'little'}
21.             </style>
22.         </head>
23.         <body>
24.             <h3>自定义字体效果</h3>
25.             <div class="littleFont">
26.                 Happy Birthday
27.             </div>
28.         </body>
29.     </html>
```

运行效果如图 11-10 所示。

图 11-10　CSS3 自定义字体效果

【代码说明】

本示例为了便于查看效果,在内部样式表中首先统一定义了所有<div>标签中的文字居中显示,并且定义了 20px 的边距和 20px 的填充距。字体来源于本地 font 文件夹中的 little.ttf 文件。

11.3　CSS3 变形与动画效果

11.3.1　CSS3 2D 变形

CSS3 中的 transform 属性用于元素变形,它能够实现对元素进行移动、收缩、旋转等 2D 动画效果。

主流浏览器对 CSS3 中的 transform 属性支持情况如表 11-15 所示。

表 11-15　主流浏览器对 transform 属性的 2D 效果支持情况

浏览器	Edge	Firefox	Chrome	Safari	Opera
支持情况	10.0 及以上版本	16.0 及以上版本	36.0 及以上版本	9.0 及以上版本	23.0 及以上版本

补充说明如下。

- Firefox：3.5～15.0 版本支持使用前缀-moz-，写成-moz-transform 的形式。
- Chrome：4.0～35.0 版本支持使用前缀-webkit-，写成-webkit-transform 的形式。
- Safari：6.0～8.0 版本支持使用前缀-webkit-，写成-webkit-transform 的形式。
- Opera：15.0～22.0 版本支持使用前缀-webkit-，写成-webkit-transform 的形式。

transform 属性有五种方法，具体可以查看表 11-16。

表 11-16　transform 属性方法

方 法 名 称	解　释
translate(x, y)	元素移动到指定位置。例如，translate(10px, 20px)表示元素从左侧往右移动 10 像素，从顶部往下移动 20 像素
rotate(degree)	元素顺时针旋转指定的角度，填入负数则逆时针旋转。例如，rotate(30deg)表示顺时针旋转 30°
scale(x,y)	元素尺寸缩放指定的倍数。例如，scale(2,3)表示宽度放大为原始尺寸的 2 倍，高度放大为原先的 3 倍
skew(xdeg, ydeg)	围绕 x 轴和 y 轴将元素翻转指定的角度。例如 skew(20deg, 10deg)指的是将元素横向倾斜 20°，纵向倾斜 10°
matrix(m11,m12,m21,m22,dx,dy)	该方法包含了矩阵变换数学函数，根据填入的数据不同可以做到元素的移动、旋转、缩放和倾斜。可以用该方法完成更为复杂的变形

1. 移动 translate()

CSS3 transform 属性的 translate()方法可用于在页面上平移元素，包括水平方向与垂直方向均可指定偏移量。其语法格式如下：

```
transform: translate(x [, y]);
```

其中，参数 x 表示水平方向 x 轴上的移动距离；参数 y 表示垂直方向 y 轴上的移动距离。如果省略参数 y，则默认 y 轴上的移动距离为 0。例如：

```
p{
    transform: translate(10px, 20px);
}
```

上述代码表示段落元素< p >从初始位置往右移动 10 像素、往下移动 20 像素。

也可以单独使用 translateX()或 translateY()方法指定水平或垂直其中一个方向上的移动距离。

指定元素水平方向平移的语法格式如下：

```
transform: translateX(x);
```

例如：

```
p{
    transform: translateX(10px);
}
```

上述代码表示元素从左侧往右移动 10 像素。

指定元素垂直方向平移的语法格式如下：

```
transform: translateY(y);
```

例如：

```
p{
    transform: translateY(20px);
}
```

上述代码表示元素从顶端往下移动 20 像素。

【例 11-11】 CSS3 2D 移动效果

使用 CSS3 transform 属性的 translate() 方法对元素进行 2D 平移。

扫一扫

视频讲解

```
1.    <!DOCTYPE html>
2.    <html>
3.        <head>
4.            <meta charset = "utf-8">
5.            <title>CSS3 2D 移动效果</title>
6.            <style>
7.                div {
8.                    width: 50px;
9.                    height: 40px;
10.                   margin: 20px;
11.                   border: 1px solid;
12.                   display: inline - block;
13.                   text - align: center;
14.                   padding: 20px;
15.               }
16.
17.               /* translate() */
18.               div.style1 {
19.                   transform: translate(80px, - 20px);
20.                   - moz - transform: translate(80px, - 20px);      /* Firefox */
21.                   - webkit - transform: translate(80px, - 20px);   /* Safari 和 Chrome */
22.                   - o - transform: translate(80px, - 20px);        /* Opera */
23.               }
24.               /* translateX() */
25.               div.style2 {
26.                   transform: translateX(120px);
27.                   - moz - transform: translateX(120px);            /* Firefox */
28.                   - webkit - transform: translateX(120px);         /* Safari 和 Chrome */
29.                   - o - transform: translateX(120px);              /* Opera */
30.               }
31.               /* translateY() */
32.               div.style3 {
33.                   transform: translateY(30px);
34.                   - moz - transform: translateY(30px);             /* Firefox */
35.                   - webkit - transform: translateY(30px);          /* Safari 和 Chrome */
36.                   - o - transform: translateY(30px);               /* Opera */
37.               }
38.           </style>
39.       </head>
40.       <body>
```

```
41.          < h3 > CSS3 2D移动效果</h3>
42.          < h4 >参照系没有移动</h4>
43.          < div >原图</div>
44.          < div >变化后</div>
45.          < hr >
46.
47.          < h4 >向右移动了 80 像素,向上移动了 20 像素</h4>
48.          < div >原图</div>
49.          < div class = "style1">变化后</div>
50.          < hr >
51.
52.          < h4 >向右移动了 120 像素</h4>
53.          < div >原图</div>
54.          < div class = "style2">变化后</div>
55.          < hr >
56.
57.          < h4 >向下移动了 30 像素</h4>
58.          < div >原图</div>
59.          < div class = "style3">变化后</div>
60.      </body>
61.  </html>
```

运行效果如图 11-11 所示。

2. 旋转 rotate()

CSS3 transform 属性的 rotate()方法可用于在页面上旋转元素。其语法格式如下:

```
transform: rotate (< angle >);
```

参数< angle >表示元素顺时针旋转指定的角度,属性值为 CSS 角度值。例如:

```
p{
    transform: rotate(30deg);
}
```

上述代码表示段落元素< p >从初始位置顺时针旋转 30°。

如果填入负数,则表示元素逆时针旋转指定的角度。

```
p{
    transform: rotate( - 30deg);
}
```

上述代码表示段落元素< p >从初始位置逆时针旋转 30°。

【例 11-12】　CSS3 2D 旋转效果

使用 CSS3 transform 属性的 rotate()方法对元素进行旋转。

扫一扫

视频讲解

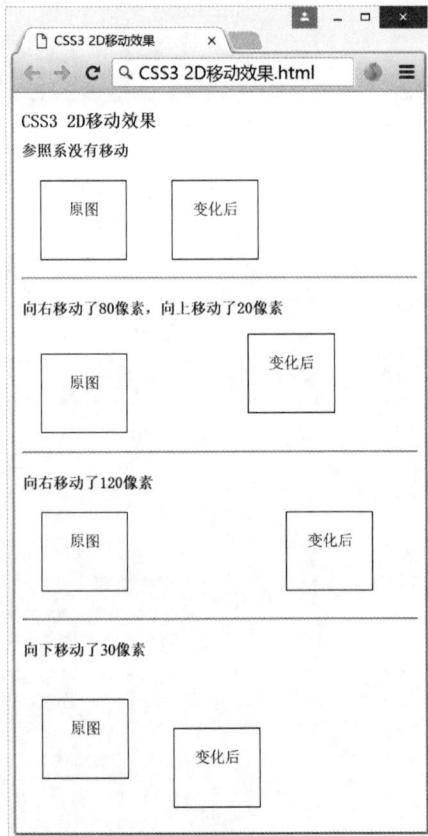

图 11-11　CSS3 2D 移动效果

```
1.  <!DOCTYPE html >
2.  < html >
3.      < head >
```

```
4.              < meta charset = "utf-8">
5.              < title > CSS3 2D 旋转效果</title>
6.              < style >
7.                  div {
8.                      width: 50px;
9.                      height: 40px;
10.                     margin: 10px 30px;
11.                     border: 1px solid;
12.                     display: inline - block;
13.                     text - align: center;
14.                     padding: 20px;
15.                 }
16.
17.                 / * rotate() * /
18.                 div.style1 {
19.                     transform: rotate(20deg);
20.                     - moz - transform: rotate(20deg); / * Firefox * /
21.                     - webkit - transform: rotate(20deg); / * Safari and Chrome * /
22.                     - o - transform: rotate(20deg); / * Opera * /
23.                 }
24.                 div.style2 {
25.                     transform: rotate( - 20deg);
26.                     - moz - transform: rotate( - 20deg); / * Firefox * /
27.                     - webkit - transform: rotate( - 20deg); / * Safari and Chrome * /
28.                     - o - transform: rotate( - 20deg); / * Opera * /
29.                 }
30.             </style >
31.         </head >
32.         < body >
33.             < h3 > CSS3 2D 旋转效果</h3>
34.             < h4 >参照系没有移动</h4>
35.             < div >原图</div>
36.             < div >变化后</div>
37.             < hr >
38.
39.             < h4 >顺时针旋转 20 度</h4>
40.             < div >原图</div>
41.             < div class = "style1">变化后</div>
42.             < hr >
43.
44.             < h4 >逆时针旋转 20 度</h4>
45.             < div >原图</div>
46.             < div class = "style2">变化后</div>
47.         </body >
48. </html>
```

运行效果如图 11-12 所示。

3. 缩放 scale()

CSS3 transform 属性的 scale()方法可用于在页面上放大或缩小元素。其语法格式如下：

```
transform: scale(x [, y]);
```

其中,参数 x 表示水平方向 x 轴上的缩放倍数；参数 y 表示垂直方向 y 轴上的缩放倍数。若省略参数 y,则默认 y 轴上的缩放倍数与 x 轴相同。属性取值为 CSS3 数值< number >,允许是整数或者浮点数,其中取值为 1 表示原始尺寸没有进行缩放。例如：

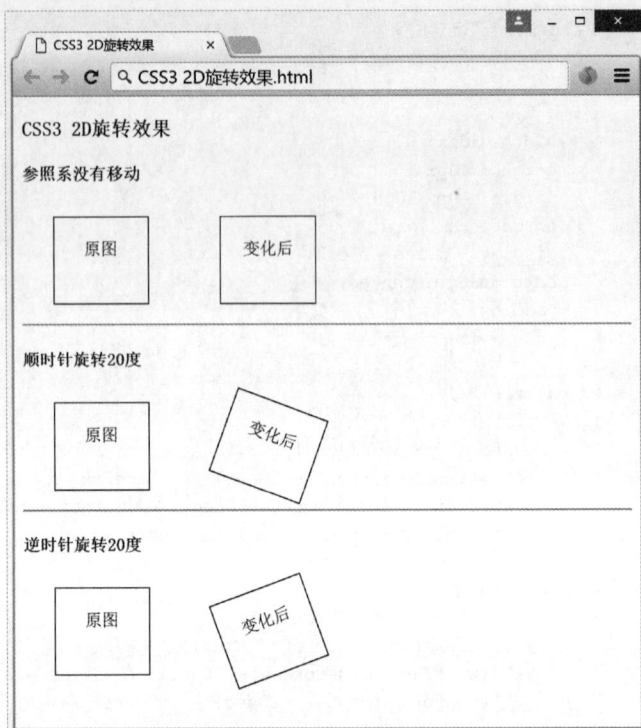

图 11-12　CSS3 2D 旋转效果

```
p{
    transform: scale(2,3);
}
```

上述代码表示段落元素<p>宽度放大为原始尺寸的 2 倍,高度放大为原先的 3 倍。

也可以单独使用 scaleX( )或 scaleY( )方法指定水平或垂直其中一个方向上的缩放倍数。

指定元素水平方向缩放的语法格式如下:

```
transform: scaleX(x);
```

例如:

```
p{
    transform: scaleX(2);
}
```

上述代码表示元素宽度放大为原始尺寸的两倍。

指定元素垂直方向缩放的语法格式如下:

```
transform: scaleY(y);
```

例如:

```
p{
    transform: scaleY(0.5);
}
```

上述代码表示元素高度缩小为原来的 1/2。

【例 11-13】　CSS3 2D 缩放效果

使用 CSS3 transform 属性的 scale()方法对元素进行缩放。

```
1.    <!DOCTYPE html>
2.    <html>
3.       <head>
4.          <meta charset = "utf-8">
5.          <title>CSS3 2D 缩放效果</title>
6.          <style>
7.             div {
8.                width: 50px;
9.                height: 40px;
10.               margin: 10px 30px;
11.               border: 1px solid;
12.               display: inline - block;
13.               text - align: center;
14.               padding: 20px;
15.            }
16.
17.            /* scale() */
18.            div.style1 {
19.               transform: scale(0.8,0.5);
20.               - moz - transform: scale(0.8,0.5);        /* Firefox */
21.               - webkit - transform: scale(0.8,0.5);     /* Safari 和 Chrome */
22.               - o - transform: scale(0.8,0.5);          /* Opera */
23.            }
24.            /* scaleX() */
25.            div.style2 {
26.               transform: scaleX(1.5);
27.               - moz - transform: scaleX(1.5);           /* Firefox */
28.               - webkit - transform: scaleX(1.5);        /* Safari 和 Chrome */
29.               - o - transform: scaleX(1.5);             /* Opera */
30.            }
31.            /* scaleY() */
32.            div.style3 {
33.               transform: scaleY(2);
34.               - moz - transform: scaleY(2);             /* Firefox */
35.               - webkit - transform: scaleY(2);          /* Safari 和 Chrome */
36.               - o - transform: scaleY(2);               /* Opera */
37.            }
38.         </style>
39.      </head>
40.      <body>
41.         <h3>CSS3 2D 缩放效果</h3>
42.         <h4>参照系没有缩放</h4>
43.         <div>原图</div>
44.         <div>变化后</div>
45.         <hr>
46.
47.         <h4>宽度缩小到原来的 80%,高度缩小到原来的 50%</h4>
48.         <div>原图</div>
49.         <div class = "style1">变化后</div>
50.         <hr>
51.
52.         <h4>宽度放大到原来的 1.5 倍</h4>
```

```
53.          < div >原图</ div >
54.          < div class = "style2">变化后</ div >
55.          < hr >
56.
57.          < h4 >高度放大到原来的 2 倍</ h4 >
58.          < div >原图</ div >
59.          < div class = "style3">变化后</ div >
60.      </ body >
61.  </ html >
```

运行效果如图 11-13 所示。

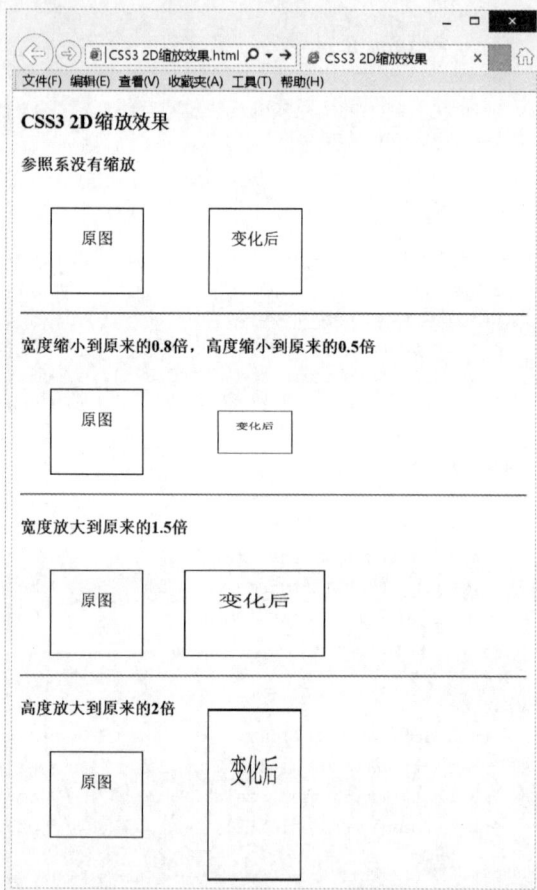

图 11-13　CSS3 2D 缩放效果

4. 翻转 skew()

CSS3 transform 属性的 skew()方法可用于在页面上翻转元素。其语法格式如下：

```
transform: skew(< angleX >[, < angleY >]);
```

其中,第一个参数< angleX >表示水平方向 x 轴上的倾斜扭曲角度；第二个参数< angleY >表示水平方向 y 轴上的倾斜扭曲角度。如果省略参数 y,则默认值为 0。属性取值为 CSS3 角度值< angle >。例如：

```
p{
    transform: skew(20deg,10deg);
}
```

上述代码表示将段落元素<p>横向倾斜 20°,纵向倾斜 10°。

也可以单独使用 skewX()或 skewY()方法指定水平或垂直其中一个方向上的翻转情况。

指定元素水平方向 x 轴翻转的语法格式如下:

```
transform: skewX(<angle>);
```

例如:

```
p{
    transform: skewX(20deg);
}
```

上述代码表示将元素横向倾斜 20°。

指定元素垂直方向 y 轴翻转的语法格式如下:

```
transform: skewY(<angle>);
```

例如:

```
p{
    transform: skewY(10deg);
}
```

上述代码表示将元素纵向倾斜 10°。

【例 11-14】 **CSS3 2D 翻转效果**

使用 CSS3 transform 属性的 slew()方法对元素进行翻转。

扫一扫

视频讲解

```
1.    <!DOCTYPE html >
2.    < html >
3.    < head >
4.        < meta charset = "utf-8">
5.          < title > CSS3 2D 翻转效果</title >
6.          < style >
7.              div {
8.                  width: 50px;
9.                  height: 40px;
10.                 margin: 10px 30px;
11.                 border: 1px solid;
12.                 display: inline - block;
13.                 text - align: center;
14.                 padding: 20px;
15.             }
16.
17.             /* skew() */
18.             div.style1 {
19.                 transform: skew(40deg,10deg);
20.                 - moz - transform: skew(40deg,10deg);      /* Firefox */
21.                 - webkit - transform: skew(40deg,10deg);   /* Safari 和 Chrome */
22.                 - o - transform: skew(40deg,10deg);        /* Opera */
23.             }
24.             /* skewX() */
25.             div.style2 {
26.                 transform: skewX(30deg);
```

```
27.                    - moz - transform: skewX(30deg);              /* Firefox */
28.                    - webkit - transform: skewX(30deg);           /* Safari 和 Chrome */
29.                    - o - transform: skewX(30deg);                /* Opera */
30.                }
31.            /* skewY() */
32.            div.style3 {
33.                transform: skewY(30deg);
34.                - moz - transform: skewY(30deg);              /* Firefox */
35.                - webkit - transform: skewY(30deg);           /* Safari 和 Chrome */
36.                - o - transform: skewY(30deg);                /* Opera */
37.                }
38.        </style>
39.    </head>
40.    <body>
41.        <h3>CSS3 2D 翻转效果</h3>
42.        <h4>参照系没有移动</h4>
43.        <div>原图</div>
44.        <div>变化后</div>
45.        <hr>
46.
47.        <h4>x 轴方向倾斜 40 度,y 轴方向倾斜 10 度</h4>
48.        <div>原图</div>
49.        <div class = "style1">变化后</div>
50.        <hr>
51.
52.        <h4>x 轴方向倾斜 30 度</h4>
53.        <div>原图</div>
54.        <div class = "style2">变化后</div>
55.        <hr>
56.
57.        <h4>y 轴方向倾斜 30 度</h4>
58.        <div>原图</div>
59.        <div class = "style3">变化后</div>
60.    </body>
61. </html>
```

运行效果如图 11-14 所示。

5. 矩阵变换 matrix()

CSS3 transform 属性的 matrix()方法是以矩阵变换的数学函数实现元素的变形效果。其语法格式如下:

```
transform: matrix(m11, m12, m21, m22, dx, dy);
```

其中,(m11, m12, m21, m22)表示矩阵;元素变换前的坐标点(x, y)与矩阵相乘换算后得到新的坐标点,最后分别加上参数 dx 和 dy 的偏移量得到最终的坐标结果。

矩阵的计算方法如下:

$$[x,y] * \begin{bmatrix} m11 & m12 \\ m21 & m22 \end{bmatrix} = [x * m11 + y * m21, x * m12 + y * m22]$$

因此矩阵变换后的最终坐标点为(x * m11+y * m21+dx, x * m12+y * m22+dy)。

事实上,其他四种变形通过合适的数学换算均可以使用 matrix()方法实现。例如:

```
p{
    transform: matrix(1,0,0,1,20,20);
}
```

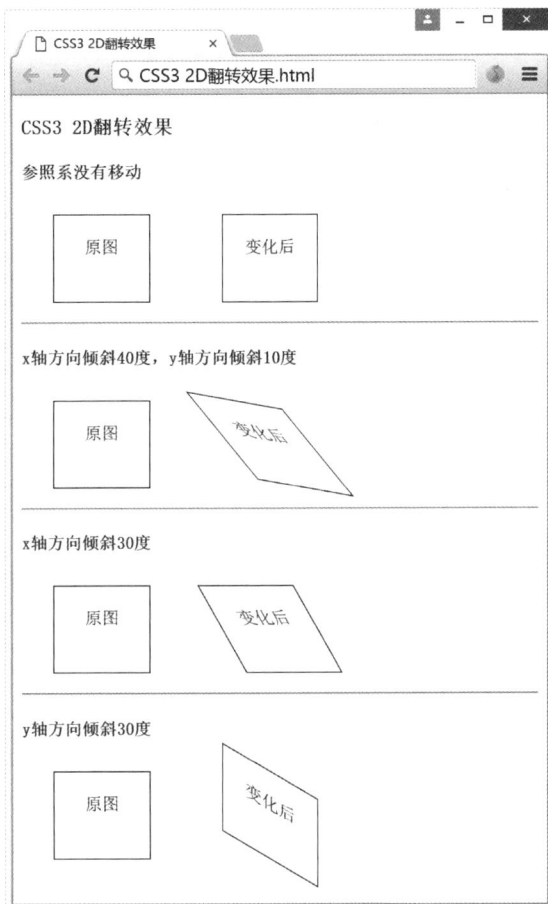

图 11-14　CSS3 2D 翻转效果

上述代码相当于表示将段落元素 p 从初始位置往右移动 20 像素，往下移动 20 像素。相当于使用了 translate(20px,20px)方法。

【例 11-15】　CSS3 2D 矩阵变形效果

使用 CSS3 transform 属性的 matrix()方法对元素进行矩阵变形。

扫一扫

视频讲解

```
1.    <!DOCTYPE html>
2.    <html>
3.        <head>
4.            <title>CSS3 2D 矩阵变形效果</title>
5.            <style>
6.                div {
7.                    width: 100px;
8.                    height: 50px;
9.                    margin: 20px;
10.                   border: 1px solid;
11.                   display: inline - block;
12.                   text - align: center;
13.                   padding: 20px;
14.               }
15.
16.               /* matrix() */
17.               div.style1 {
18.                   transform: matrix(1,0,0,1,20,20);
```

```
19.                -moz-transform: matrix(1,0,0,1,20,20);      /*Firefox*/
20.                -webkit-transform: matrix(1,0,0,1,20,20);   /*Safari和Chrome*/
21.                -o-transform: matrix(1,0,0,1,20,20);        /*Opera*/
22.            }
23.        </style>
24.    </head>
25.    <body>
26.        <h3>CSS3 2D矩阵变形效果</h3>
27.        <div>原图</div>
28.        使用matrix()方法进行位移
29.        <div class="style1">
30.            我向右移动了20像素,向上移动了20像素
31.        </div>
32.    </body>
33. </html>
```

运行效果如图11-15所示。

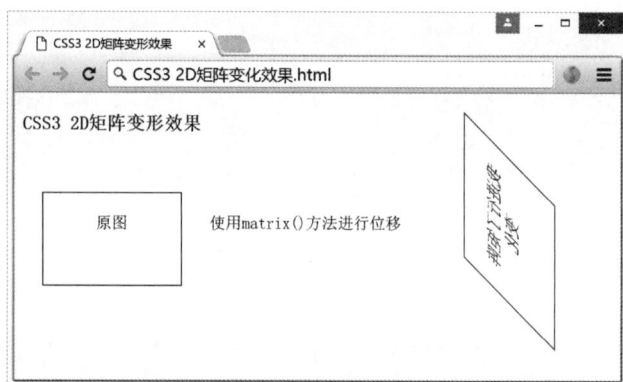

图 11-15   CSS3 2D 矩阵变形效果

由于 matrix()变形的函数转换比较复杂,假如只需进行基本变形,可以直接使用 translate()、rotate()、scale()或 skew()方法实现。如果比较熟悉矩阵计算,可使用 matrix()方法进行更为复杂的元素变形效果。

11.3.2   CSS3 Transition 动画

CSS3 中的 Transition 动画又称为过渡动画,在指定时间内可以将元素从原始样式逐渐变化为新的样式。通常可用于鼠标悬停在元素上发生动画事件。

主流浏览器对 CSS3 中的 transition 动画支持情况如表 11-17 所示。

表 11-17   主流浏览器对 transition 动画的支持情况

浏览器	Edge	Firefox	Chrome	Safari	Opera
支持情况	10.0 及以上版本	16.0 及以上版本	26.0 及以上版本	6.1 及以上版本	15.0 及以上版本

补充说明如下。

• Firefox:4.0~15.0 版本支持使用前缀-moz-,写成-moz-transition 的形式。

• Chrome:4.0~25.0 版本支持使用前缀-webkit-,写成-webkit-transition 的形式。

• Safari:6.0 版本支持使用前缀-webkit-,写成-webkit-transition 的形式。

transition 动画包含五种属性,具体可以查看表 11-18。

表 11-18 transition 动画属性一览表

属 性 名 称	解 释
transition-property	用于指定对何种 CSS 属性进行渐变处理。例如，可以指定元素的背景颜色 background-color、宽度 width、高度 height 等
transition-duration	用于指定 transition 动画的持续时间，例如 5 秒写为 5s
transition-timing-function	用于指定 transition 动画的渐变速度。默认值为 ease
transition-delay	用于指定 transition 动画的延迟时间，默认值为 0s
transition	复合属性，用于一次性设置四种属性效果

1. 渐变属性 transition-property

在 CSS3 中 transition-property 属性用于指定需要发生渐变的 CSS 属性名称，其语法格式如下：

```
transition – property: none| all | property;
```

transition-property 属性的取值有以下三种形式。
- none：没有任何属性获得渐变效果。
- all：所有属性都获得渐变效果。
- property：设置渐变效果的 CSS 属性名称。如果是多个属性，则以列表的形式出现，中间用逗号隔开。

例如，为段落元素 p 指定需要产生渐变效果的 CSS 属性名称：

```
p{
    transition – property: width, height;
}
```

上述代码表示同时设置元素的宽度和高度发生渐变效果。

如果需要兼容低版本的主流浏览器，可以把几种写法都加入 CSS 样式：

```
p{
    transition – property: width, height;
    /* 兼容旧版 Firefox */
    - moz – transition – property: width, height;
    /* 兼容旧版 Safari 和 Chrome */
    - webkit – transition – property: width, height;
}
```

该属性通常需要与 transition-duration 属性配合使用，否则时长为 0 看不出渐变效果。

渐变属性 transition-property 支持的常见 CSS 属性参考如下。
- 颜色值：背景颜色 background-color、字体颜色 color、边框颜色 border-color 等。
- 长度或百分比：宽度 width、高度 height、外边距 margin、内边距 padding 等。
- 数值：透明度 opacity、字号 font-size、字体粗细 font-weight 等。

2. 渐变持续时间 transition-duration

在 CSS3 中 transition-duration 属性用于指定渐变动画效果的持续时长，持续时间越长，渐变效果越慢。其语法格式如下：

```
transition – duration: < time >;
```

该属性值单位为秒或者毫秒。其默认状态为 0s，元素会瞬间从原始状态变成最终状态，无法显示动画渐变过程，因此不建议省略 transition-duration 属性的设置。

例如,为段落元素 p 指定渐变持续时间为 10 秒:

```
p{
    transition-duration: 10s;
}
```

如果需要兼容低版本的主流浏览器,可以把几种写法都加入 CSS 样式:

```
p{
    transition-duration: 10s;
    /* 兼容旧版 Firefox */
    -moz-transition-duration: 10s;
    /* 兼容旧版 Safari and Chrome */
    -webkit-transition-duration: 10s;
}
```

扫一扫

视频讲解

【例 11-16】　CSS3 设置渐变动画持续时间

使用 CSS3 渐变动画的 transition-property 和 transition-duration 方法分别设置元素渐变的 CSS 属性与持续时间。

```
1.   <!DOCTYPE html>
2.   <html>
3.     <head>
4.       <title>CSS3 3D Transition 动画设置持续时间</title>
5.       <style>
6.         div {
7.             width: 100px;
8.             height: 100px;
9.             background: red;
10.
11.            /* 设置渐变属性 */
12.            transition-property: background-color;
13.             /* 兼容旧版 Firefox */
14.            -moz-transition-property: background-color;
15.            /* 兼容旧版 Safari 和 Chrome */
16.            -webkit-transition-property: background-color;
17.
18.            /* 设置持续时间 */
19.            transition-duration: 8s;
20.            /* 兼容 Firefox 4 */
21.            -moz-transition-duration: 8s;
22.            /* 兼容旧版 Safari 和 Chrome */
23.            -webkit-transition-duration: 8s;
24.         }
25.         div:hover {
26.            background-color: blue;
27.         }
28.       </style>
29.     </head>
30.     <body>
31.       <h3>CSS3 3D Transition 动画设置持续时间</h3>
32.       <hr>
33.       <div></div>
34.     </body>
35.   </html>
```

在持续时间设定较长时,可以看到颜色渐变效果的变化过程。本示例将一个正方形从红色变化为蓝色,持续时间设定为 8s。其颜色变化状态如图 11-16 所示。

(a) 0s初始状态	(b) 2s中间状态	(c) 4s中间状态	(d) 8s最终状态

图 11-16 颜色渐变的过程

3. 渐变速率函数 transition-timing-function

在 CSS3 中，transition-timing-function 用于设置渐变速率函数。其语法格式如下：

```
transition - timing - function:linear | ease | ease - in | ease - out | ease - in - out | cubic -
bezier;
```

transition-timing-function 属性的取值常见以下六种形式。

- linear：匀速。该值等同于贝塞尔曲线(0.0，0.0，1.0，1.0)。
- ease：逐渐变慢。该值为默认值，等同于贝塞尔曲线(0.25,0.1,0.25,1.0)。
- ease-in：加速。该值等同于贝塞尔曲线(0.42，0，1.0，1.0)。
- ease-out：减速。该值等同于贝塞尔曲线(0，0，0.58，1.0)。
- ease-in-out：先加速再减速。该值为默认值，等同于贝塞尔曲线(0.42，0，0.58，1.0)。
- cubic-bezier：使用贝赛尔曲线函数自定义速度变化。

关于贝塞尔曲线的介绍可参考前面 7.2.4 节中绘制曲线部分的内容。

4. 渐变延迟时间 transition-delay

在 CSS3 中 transition-delay 属性用于指定渐变动画延迟播放的时间，延迟时间越长，则动画越晚播放。其语法格式如下：

```
transition - delay: < time >;
```

该属性值单位为秒或者毫秒。其默认状态为 0s，表示不延迟立刻播放动画效果。

例如，为段落元素 p 指定渐变延迟时间为 10 秒：

```
p{
    transition - delay: 10s;
}
```

如果需要兼容低版本的主流浏览器，可以把几种写法都加入 CSS 样式：

```
p{
    transition - delay: 10s;
    /* 兼容旧版 Firefox */
    - moz - transition - delay: 10s;
    /* 兼容旧版 Safari 和 Chrome */
    - webkit - transition - delay: 10s;
}
```

5. 渐变复合属性 transition

在 CSS3 中，transition 属性用于一次性指定所有的动画设置要求，是一个复合属性。其声明常用顺序如下：

```
[transition - property] [transition - duration] [transition - timing - function] [transition -
delay]
```

参数之间使用空格隔开即可,如有未声明的参数取其默认值。

注意:若只提供了一个时间参数,那么无论其位置在何处,均默认为 transition-duration 属性值。

例如,为段落元素 p 指定一系列渐变效果:

```
p{
    transition - property: background - color;
    transition - duration: 10s;
    transition - timing - function: ease - in;
    transition - delay: 10s;
}
```

使用复合属性 transition 可简写为:

```
p{
    transition: background - color 10s ease - in 10s;
}
```

还可以使用复合属性 transition 同时指定多种渐变,之间用逗号隔开即可。例如:

```
p{
    transition:
    background - color 10s ease - in 10s,
    color 10s ease - in 10s,
    width 10s ease - in 10s;
}
```

扫一扫

视频讲解

【例 11-17】　CSS3 Transition 动画效果

使用 CSS3 中的复合属性 Transition 实现动画效果。

```
1.    <!DOCTYPE html >
2.    < html >
3.        < head >
4.            < title > CSS3 Transition 动画效果</title>
5.            < style >
6.                div {
7.                    width: 100px;
8.                    height: 100px;
9.                    background: red;
10.               }
11.               / * 背景颜色改变 * /
12.               div.style1 {
13.                   transition: background - color 2s;
14.                   / * 兼容旧版 Firefox * /
15.                   - moz - transition: background - color 2s;
16.                   / * 兼容旧版 Safari 和 Chrome * /
17.                   - webkit - transition: background - color 2s;
18.               }
19.               div.style1:hover {
20.                   background - color: blue;
21.               }
22.               / * 宽度改变 * /
23.               div.style2 {
24.                   transition: width 2s;
25.                   / * 兼容旧版 Firefox * /
26.                   - moz - transition: width 2s;
27.                   / * 兼容旧版 Safari 和 Chrome * /
28.                   - webkit - transition: width 2s;
```

```
29.                    }
30.            div.style2:hover {
31.                width: 300px;
32.            }
33.            /* 颜色和宽度同时改变 */
34.            div.style3 {
35.                transition: background-color 2s, width 2s;
36.                /* 兼容旧版 Firefox */
37.                -moz-transition: background-color 2s, width 2s;
38.                /* 兼容旧版 Safari 和 Chrome */
39.                -webkit-transition: background-color 2s, width 2s;
40.            }
41.            div.style3:hover {
42.                background-color: blue;
43.                width: 300px;
44.            }
45.        </style>
46.    </head>
47.    <body>
48.        <h3>CSS3 Transition 动画效果</h3>
49.        <h4>CSS3 Transition 动画颜色渐变效果</h4>
50.        <div class="style1"></div>
51.
52.        <hr>
53.        <h4>CSS3 Transition 动画形状渐变效果</h4>
54.        <div class="style2"></div>
55.
56.        <hr>
57.        <h4>CSS3 Transition 动画颜色和宽度同时渐变效果</h4>
58.        <div class="style3"></div>
59.    </body>
60. </html>
```

本例中展示了三种渐变效果：颜色渐变、形状渐变以及颜色形状同时渐变。transition 属性可设置同一个元素的多重渐变效果，每种渐变效果定义之间需要用逗号隔开。

运行效果如图 11-17 所示。

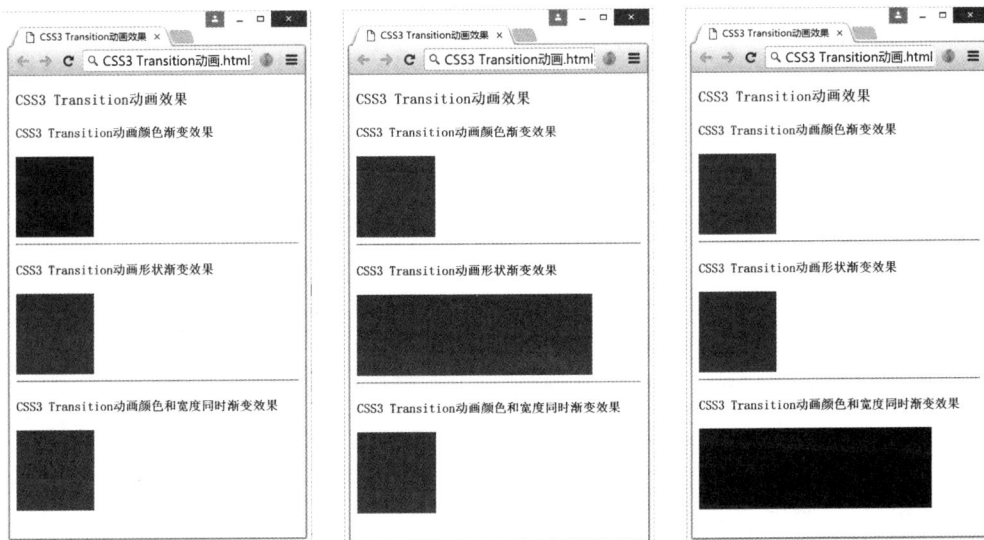

(a) 颜色渐变效果　　　　　(b) 形状渐变效果　　　　　(c) 颜色和形状同时渐变

图 11-17　CSS3 Transition 动画效果

11.3.3 CSS3 Animation 动画

CSS3 可以创建 Animation 动画效果。该动画可以自定义任意多个关键时间点的样式效果,浏览器将自动处理两个关键时间节点之间的渐变效果,所有的关键帧组合在一起形成更复杂的动画效果。在网页文档中使用可取代 Flash 动画、动态图片和 JavaScript。

主流浏览器对 CSS3 中的 animation 属性支持情况如表 11-19 所示。

表 11-19　主流浏览器对 animation 动画的支持情况

浏览器	Edge	Firefox	Chrome	Safari	Opera
支持情况	10.0 及以上版本	16.0 及以上版本	43.0 及以上版本	9.0 及以上版本	30.0 及以上版本

补充说明如下。

- Firefox：5.0～15.0 版本支持使用前缀-moz-,写成-moz-animation 的形式。
- Chrome：4.0～42.0 版本支持使用前缀-webkit-,写成-webkit-animation 的形式。
- Safari：6.0～8.0 版本支持使用前缀-webkit-,写成-webkit-animation 的形式。
- Opera：15.0～29.0 版本支持使用前缀-webkit-,写成-webkit-animation 的形式。

与 animation 动画相关有 10 种属性,具体可以查看表 11-20。

表 11-20　animation 动画相关属性

属 性 名 称	解　　释
@keyframes	用于设置自定义动画内容
animation-name	用于检查或设置需要执行的@keyframes 动画的名称
animation-duration	用于检查或设置动画完成的时间。默认值为 0
animation-timing-function	用于检查或设置动画的速度曲线,默认值是 ease
animation-delay	用于检查或设置动画延迟开始的时间。默认值是 0
animation-iteration-count	用于检查或设置动画的播放次数。默认值为 1
animation-direction	用于检查或设置动画在循环播放时的运动方向
animation-play-state	用于检查或设置动画是否在运行或暂停状态。默认值为 running
animation-fill-mode	用于检查或设置动画时间以外的状态

1. @keyframes 规则

帧(frame)是影像动画中最小单位的单幅影像画面,一帧就相当于一幅静止的画面,连续的帧可以形成动画效果。在 CSS3 中使用@keyframes 规则定义一套动画效果中若干个关键帧的样式效果,其格式如下：

```
@keyframes 动画名称{
  from{样式要求}
  to{样式要求}
}
```

其中,动画名称可以自定义；from 表示起始帧的样式；to 表示最终帧的样式。

例如,定义一个名称为 myframe 的动画,要求背景颜色起始为红色,最终变为黄色,其写法如下：

```
@keyframes myframe{
  from{background-color:red}
  to{background-color:yellow}
}
```

如果需要更丰富的动画效果,可以使用百分比来表示时间刻度。百分比的数值必须从

0%开始到 100%结束,中间的时间百分比数值和数量都可以自定义。这里的 0%相当于关键词 from 的效果,100%相当于关键词 to 的效果。例如:

```
@keyframes 动画名称{
  0%{样式要求}
  25%{样式要求}
  50%{样式要求}
  75%{样式要求}
  100%{样式要求}
}
```

创建完成的动画必须指定时长并绑定到目标元素中方可生效。例如,将刚才使用 @keyframes 创建的 myframe 动画使用到段落元素 p 上的写法如下:

```
p{
    animation: myframe 8s;
}
```

上述代码表示在 8 秒的时间范围内让段落元素 p 进行名称为 myframe 的动画内容。这里使用了复合属性 animation 的简写形式,同时规定了动画名称与动画的持续时间。

2. 动画应用名称 animation-name

在 CSS3 中,animation-name 属性专门用于指定需要发生的动画名称。该属性值需要配合@keyframes 规则使用,因为这里的动画名称不可以自定义,必须是在@keyframes 规则中已声明的动画效果。

其语法格式如下:

```
animation-name: none| <identifier>;
```

animation-name 属性的取值有以下两种形式:

- none——不引用任何动画名称,该属性值为默认值。
- <identifier>——定义一个或多个动画名称,该名称必须来源于@keyframes 规则。

例如,为段落元素 p 指定上面设置的名称为 myframe 的动画效果:

```
p{
    animation-name:myframe;
}
```

如果需要兼容低版本的主流浏览器,可以把几种写法都加入 CSS 样式:

```
p{
    animation-name:myframe;
    /*兼容旧版 Firefox*/
    -moz-animation-name:myframe;
    /*兼容旧版 Safari 和 Chrome*/
    -webkit-animation-name:myframe;
}
```

由于默认情况下动画的持续时间为 0,此时看不到动画效果。必须配合 CSS3 Animation 动画中的 animation-duration 属性重新规定动画时间方可看到完整动画效果。下面将介绍 animation-duration 属性的用法。

3. 动画持续时间 animation-duration

在 CSS3 中 animation-duration 属性用于指定动画效果的持续时长,持续时间越长,动画效果越慢。其语法格式如下：

```
animation - duration: < time >;
```

该属性值单位为秒或者毫秒。其默认状态为 0s,元素会瞬间从原始状态变成最终状态,无法显示动画过程,因此不建议省略 animation-duration 属性的设置。

例如,为段落元素 p 指定刚才的 myframe 动画时间为 10 秒:

```
p{
    animation - name:myframe;
    animation - duration: 10s;
}
```

如果需要兼容低版本的主流浏览器,可以把几种写法都加入 CSS 样式:

```
p{
    animation - name:myframe;
    animation - duration: 10s;
    / * 兼容旧版 Firefox * /
    - moz - animation - name:myframe;
    - moz - animation - duration: 10s;
    / * 兼容旧版 Safari 和 Chrome * /
    - webkit - animation - name:myframe;
    - webkit - animation - duration: 10s;
}
```

4. 动画速率函数 animation-timing-function

在 CSS3 中,animation-timing-function 用于设置动画速率函数。与之前介绍的 CSS3 Transition 动画中的 transition-timing-function 属性值类似,animation-timing-function 属性的取值有以下六种形式。

- linear：线性动画,表示匀速动画效果,该值等同于贝塞尔曲线(0.0, 0.0, 1.0, 1.0)。
- ease：逐渐变慢,该值为默认值,等同于贝塞尔曲线(0.25,0.1,0.25,1.0)。
- ease-in：表示由慢到快的加速效果,该值等同于贝塞尔曲线(0.42, 0, 1.0, 1.0)。
- ease-out：表示由快到慢的减速效果,该值等同于贝塞尔曲线(0, 0, 0.58, 1.0)。
- ease-in-out：先加速再减速,该值为默认值,等同于贝塞尔曲线(0.42, 0, 0.58, 1.0)。
- cubic-bezier：使用贝塞尔曲线函数自定义速度变化。

5. 动画延迟时间 animation-delay

在 CSS3 中,animation-delay 属性用于指定动画延迟播放的时间,延迟时间越长,则动画越晚播放。其语法格式如下:

```
animation - delay: < time >;
```

该属性值单位为秒或者毫秒。其默认状态为 0s,表示不延迟立刻播放动画效果。

例如,为段落元素 p 指定渐变延迟时间为 10 秒:

```
p{
    animation - delay: 10s;
}
```

如果需要兼容低版本的主流浏览器,可以把几种写法都加入 CSS 样式:

```
p{
    animation - delay: 10s;
    /* 兼容旧版 Firefox */
    - moz - animation - delay: 10s;
    /* 兼容旧版 Safari 和 Chrome */
    - webkit - animation - delay: 10s;
}
```

6. 动画循环次数 animation-iteration-count

在 CSS3 中,animation-iteration-count 属性用于设置动画的循环播放次数。其语法格式如下:

```
animation - iteration - count: infinite| < number >;
```

animation-iteration-count 属性的取值有以下两种形式。

- infinite:表示无限循环;
- < number >:用于规定动画循环播放的具体次数,该属性的默认值为 1,表示只播放一次动画效果。

例如,为段落元素 p 指定循环播放两次动画:

```
p{
    animation - iteration - count: 2;
}
```

如果需要兼容低版本的主流浏览器,可以把几种写法都加入 CSS 样式:

```
p{
    animation - iteration - count: 2;
    /* 兼容旧版 Firefox */
    - moz - animation - iteration - count: 2s;
    /* 兼容旧版 Safari 和 Chrome */
    - webkit - animation - iteration - count: 2s;
}
```

7. 动画运动方向 animation-direction

在 CSS3 中,animation-direction 属性用于指定循环播放动画的运动方向。其语法格式如下:

```
animation - direction: normal | reverse | alternate | alternate - reverse;
```

animation-direction 属性的取值有以下四种形式。

- normal:正常方向运行动画,该属性值也是默认值。
- reverse:反方向运行动画。
- alternate:动画先正常运行再反向运行,并持续交替。
- alternate-reverse:动画先反向运行再正常运行,并持续交替。

例如,为段落元素 p 设置反向运动的动画效果:

```
p{
    animation - direction: reverse;
}
```

如果需要兼容低版本的主流浏览器,可以把几种写法都加入 CSS 样式:

```
p{
    animation - direction: reverse;
    / * 兼容旧版 Firefox * /
    - moz - animation - direction: reverse;
    / * 兼容旧版 Safari 和 Chrome * /
    - webkit - animation - direction: reverse;
}
```

8. 动画之外状态 animation-fill-mode

在 CSS3 中,animation-fill-mode 属性用于指定动画效果之外的元素状态。其语法格式如下:

```
animation - fill - mode: none| forwards | backwards | both;
```

animation-fill-mode 属性的取值有以下四种形式。
- none:不设置动画之外的元素状态,该属性值为默认值。
- forwards:设置动画之外的元素状态为动画结束时的样式。
- backwards:设置动画之外的元素状态为动画刚开始时的样式。
- both:设置动画之外的元素状态为动画刚开始或结束时的样式。

例如,为段落元素 p 指定动画之外的状态为动画结束时的样式:

```
p{
    animation - fill - mode: backwards;
}
```

如果需要兼容低版本的主流浏览器,可以把几种写法都加入 CSS 样式:

```
p{
    animation - fill - mode: backwards;
    / * 兼容旧版 Firefox * /
    - moz - animation - fill - mode: backwards;
    / * 兼容旧版 Safari 和 Chrome * /
    - webkit - animation - fill - mode: backwards;
}
```

9. 动画运行状态 animation-play-state

在 CSS3 中,animation-play-state 属性用于检索或设置动画运行状态。其语法格式如下:

```
animation - play - state: running|paused;
```

animation-play-state 属性的取值有以下两种形式。
- running:动画为运行状态,该属性值为默认值。
- paused:动画为暂停状态。

例如,当鼠标悬浮在段落元素 p 上时暂停动画效果:

```
p:hover{
    animation - play - state: paused;
}
```

如果需要兼容低版本的主流浏览器,可以把几种写法都加入 CSS 样式:

```
p:hover {
    animation - play - state: paused;
```

```
      /*兼容旧版 Firefox*/
     -moz-animation-play-state: paused;
      /*兼容旧版 Safari 和 Chrome*/
     -webkit-animation-play-state: paused;
}
```

10. 动画复合属性 animation

在 CSS3 中,animation 属性用于一次性指定所有的动画设置要求,是一个复合属性。其声明常用顺序如下:

```
[animation-name][animation-duration][animation-timing-function]
[animation-delay][animation-iteration-count][animation-direction]
[animation-fill-mode][animation-play-state]
```

参数之间使用空格隔开即可,如有未声明的参数,则取其默认值。

注意:若只提供了一个时间参数,无论其位置在何处均默认为 transition-duration 属性值。

例如,为段落元素 p 指定一系列动画效果:

```
p{
    animation-name: myAnimation;
    animation-duration: 10s;
    animation-timing-function: ease-in;
    animation-delay: 10s;
}
```

使用复合属性 animation 可简写为:

```
p{
    animation: myAnimation 10s ease-in 10s;
}
```

还可以使用复合属性 animation 同时指定多种动画,之间用逗号隔开即可。例如:

```
p{
    animation:
    myAnimation1 10s ease-in 10s,
    myAnimation2 10s ease-in 10s,
    myAnimation3 10s ease-in 10s;
}
```

【例 11-18】 **CSS3 Animation 简单动画效果**

使用 CSS3 中的复合属性 animation 实现动画效果。

```
1.    <!DOCTYPE html>
2.    <html>
3.        <head>
4.            <title>CSS3 3D Animation 动画效果</title>
5.            <style>
6.                div {
7.                    height: 100px;
8.                    background: red;
9.                    animation: rainbow 10s;
10.                   /*兼容旧版 Firefox*/
11.                   -moz-animation: rainbow 10s;
12.                   /*兼容旧版 Safari 和 Chrome*/
13.                   -webkit-animation: rainbow 10s;
```

扫一扫

视频讲解

```
14.              }
15.              @keyframes rainbow{
16.              0%{background－color:red;}
17.              20%{background－color:orange;}
18.              40%{background－color:yellow;}
19.              60%{background－color:green;}
20.              80%{background－color:blue;}
21.              100%{background－color:purple;}
22.              }
23.          </style>
24.      </head>
25.      <body>
26.          <h3>CSS3 3D Animation 动画效果</h3>
27.          <div></div>
28.      </body>
29.  </html>
```

运行效果如图 11-18 所示。

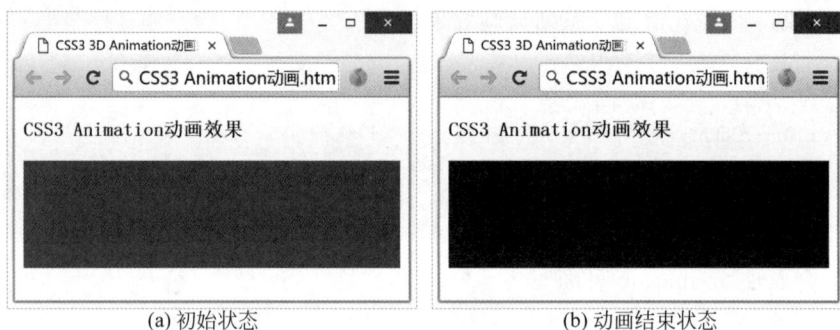

(a) 初始状态   (b) 动画结束状态

图 11-18   CSS3 Animation 动画效果

11.4   CSS3 多列

CSS3 可以将文本布局分隔为多个列,实现仿报纸排版效果。

主流浏览器对 CSS3 中的多列显示相关属性支持情况如表 11-21 所示。

表 11-21   主流浏览器对 CSS3 多列显示的支持情况

浏览器	Edge	Firefox	Chrome	Safari	Opera
支持情况	10.0 及以上版本	9.0 及以上版本	4.0 及以上版本	6.0 及以上版本	15.0 及以上版本

补充说明如下。

- Firefox:9.0~40.0 版本支持使用前缀-moz-,写成-moz-columns 的形式。
- Chrome:4.0~45.0 版本支持使用前缀-webkit-,写成-webkit-columns 的形式。
- Safari:6.0~8.0 版本支持使用前缀-webkit-,写成-webkit-columns 的形式。
- Opera:15.0~29.0 版本支持使用前缀-webkit-,写成-webkit-columns 的形式。

11.4.1   columns

在 CSS3 中,columns 是一个复合属性,用于同时设置目标文本每列的宽度和列数。
其语法结构如下:

```
columns:<column－width>   <column－count>
```

columns 包含的两个参数解释如下。

- column-width：用于设置每列的宽度，可填入长度值用于指定每列的宽度。默认值为 auto，表示根据 column-count 属性自动分配宽度。
- column-count：用于设置文本分隔的列数，可填入正整数用于指定列数，默认值为 auto，表示根据 column-width 属性自动分配宽度。

这两个参数也可以作为独立的属性使用，columns 相当于同时指定 column-width 和 column-count 的属性。

例如，为段落元素 p 实现多列效果：

```
p{
    columns: 20px 3;
}
```

上述代码表示将文本分为 3 列，每列宽度为 20 像素。

如果需要兼容低版本的主流浏览器，可以把几种写法都加入 CSS 样式：

```
p{
    columns: 20px 3;
    /*兼容旧版 Firefox*/
    -moz-columns: 20px 3;
    /*兼容旧版 Safari、Chrome 和 Opera*/
    -webkit-columns: 20px 3;
}
```

11.4.2　column-gap

在 CSS3 中，column-gap 属性用于设置列与列之间的宽度。其语法结构如下：

```
column-gap:<length>
```

其中，<length>可填入一个长度值来规范列与列之间的距离，默认值为 normal，表示根据 font-size 的值自动分配同样长度值的距离。

例如，为段落元素 p 设置列间距：

```
p{
    column-gap:30px;
}
```

上述代码表示文本列与列间隔 30 像素的距离。

如果需要兼容低版本的主流浏览器，可以把几种写法都加入 CSS 样式：

```
p{
    column-gap:30px;
    /*兼容旧版 Firefox*/
    -moz-column-gap:30px;
    /*兼容旧版 Safari、Chrome 和 Opera*/
    -webkit-column-gap:30px;
}
```

11.4.3　column-rule

在 CSS3 中，column-rule 属性适用于同时为列与列之间的分隔线设置宽度、样式和颜色规范。

其语法结构如下：

```
column – rule:< column – rule – width>  < column – rule – style>  < column – rule – color>
```

column-rule 是一个复合属性,包括三个属性分别对应设置分隔线的宽度、样式和颜色,具体解释如下。

- column-rule-width:用于设置列与列之间的分隔线的宽度,可填入 CSS 长度值 < length>,例如 20px。
- column-rule-style:用于设置分隔线的线形,例如实线 solid、虚线 dashed 等。默认值为 none,表示无边框,此时宽度和颜色的设置将被浏览器忽略。
- column-rule-color:用于设置分隔线的颜色,可填入 CSS 颜色值< color >,例如红色 red。默认值和当前文本颜色 color 属性一致。

这三个参数也可以作为独立的属性使用,column-rule 相当于同时指定了 column-rule- * 的系列属性。column-rule 的默认值要分别看这三个属性值的组合结果。

例如,为段落元素 p 设置多列之间的分隔线样式:

```
p{
    column – rule:1px solid red;
}
```

上述代码表示文本列与列之间的分隔线为 1 像素宽的红色实线效果。

如果需要兼容低版本的主流浏览器,可以把几种写法都加入 CSS 样式:

```
p{
    column – rule:1px solid red;
    / * 兼容旧版 Firefox * /
    - moz – column – rule:1px solid red;
    / * 兼容旧版 Safari、Chrome 和 Opera * /
    - webkit – column – rule:1px solid red;
}
```

扫一扫

视频讲解

【例 11-19】 用 CSS3 多列实现仿报纸新闻排版效果

使用 CSS3 多列中的系列属性实现仿报纸新闻排版的页面效果。

```
1.    <!DOCTYPE html >
2.    < html >
3.        < head >
4.            < title >CSS3 多列的应用</title>
5.            < style >
6.                h1, h4 {
7.                    text – align: center
8.                }
9.                p {
10.                    text – indent: 2em
11.                }
12.                .news {
13.                    / * 设置分隔 3 列 * /
14.                    columns: 3;
15.                    / * 兼容旧版 Firefox * /
16.                    - moz – columns: 3;
17.                    / * 兼容旧版 Opera、Safari 和 Chrome * /
18.                    - webkit – columns: 3;
19.
20.                    / * 设置列间距为 50 像素 * /
21.                    column – gap: 50px;
```

```
22.                    /* 兼容旧版 Firefox */
23.                    -moz-column-gap: 50px;
24.                    /* 兼容旧版 Opera、Safari 和 Chrome */
25.                    -webkit-column-gap: 50px;
26.
27.                    /* 设置列与列之间的分隔线样式 */
28.                    column-rule: 3px dashed gray;
29.                    /* 兼容旧版 Firefox */
30.                    -moz-column-rule: 3px dashed gray;
31.                    /* 兼容旧版 Opera、Safari 和 Chrome */
32.                    -webkit-column-rule: 3px dashed gray;
33.                }
34.        </style>
35.    </head>
36.    <body>
37.        <h3>CSS3 多列的应用</h3>
38.        <hr>
39.        <h4>要选好站址,还要利用图像技术校正、处理</h4>
40.        <h1>看清太阳"脸色"不容易(新知)</h1>
41.        <div class="news">
42.            <p>《人民日报》(2016 年 05 月 16 日 18 版)太阳风暴会威胁人类的生产生活和航
                天器安全。为了减少太阳坏脾气爆发的危害,人们希望利用太阳望远镜等设备
                看清它的"脸色"。可是,光有大口径的望远镜就行了吗?
43.            <p>借助太阳望远镜观测首先要有一个好的站址。站址选择要综合考虑日照时
                数、平均风速、年均积分水汽和视宁度等因素,其中最重要的是视宁度。
44.            <p>大气视宁度是对受地球大气扰动影响天体图像品质的一种量度。怎么理解
                大气视宁度?举个例子,夏日午后,走在被太阳晒得滚烫的柏油马路上,看远方靠
                近路面的物体之时,我们会感觉物体飘忽不定,扭曲变形。这就是因为被地面加
                热后的大气运动剧烈,对远处物体的成像形成了明显的影响。试想,太阳光需要
                穿过厚厚的大气层照射到地面上,大气的扰动必然会影响望远镜对太阳的成像
                效果。
45.            <p>因此,大多数的太阳天文台依山傍水、选择在山顶或高海拔地区建站,主要是
                因为这些地方空气相对稀薄、气候稳定,晴天数相对较多。而且,由于气温较低,
                空气中形成下沉气流,从而减小空气密度差。在靠近湖面的地区建站,是因为水
                的比热容相对较大,在接收同样太阳光照的情况下,湖面升温小于陆地,避免引
                起空气的剧烈流动。
46.            <p>通常认为,望远镜口径越大越先进,越能拍到更远更清晰的图像。400 多年
                前,伽利略发明了人类历史上第一台天文望远镜,它的口径只有 4.4 厘米。由于
                口径限制,伽利略只能观测到月球的高地和环形山投下的阴影以及太阳黑子等
                较大的目标。但当人们进一步增大望远镜口径时发现,望远镜空间分辨率并没
                有随着口径的增大而线性提高。这是因为光在穿过大气层时,受到大气湍流的
                影响引起波前畸变,降低了系统的分辨力。
47.            <p>自适应光学技术有望解决这一问题。该技术是补偿由大气湍流或其他因素
                造成的成像过程中波前畸变的一种手段,主要包括探测器、校正器和控制器几个
                主要部分。随着地基大口径太阳望远镜技术的发展,自适应光学系统逐渐成为
                太阳望远镜的标准装备。
48.            <p>不过,由于自身设计、计算机处理能力以及噪声等因素的影响,自适应光学对
                大气湍流只能部分校正,观测目标的高频信息还是会受到抑制和衰减。因此,经
                过自适应光学初校正过的图像还需要进行图像重构,进一步扣除大气湍流的影
                响,获得更高清晰度的图像。
49.            <p>此外,望远镜图像阵列探测器的像元响应不一致性,光路中也会有细小灰尘
                影响成像质量,因此需要对观测图像进行平场改正。为了提高图像的显示效果,
                还可以通过增加对比度、去掉模糊和噪声、边缘锐化、伪彩色处理等方法,使所需
                要的图像信息更加突出。有时观测目标太大,超出了望远镜视场范围,还需要分
                别拍摄目标的不同部分,然后再通过图像拼接技术合为一体。经过一系列的处
                理,最终才能形成可以用于科学研究或监测预报的数据文件。
50.            <p>因此,利用地基望远镜看清太阳的"脸色"并不容易,有些只能通过空间望远
                镜进行观测。随着空间技术的发展,天地一体化的太阳观测将成为未来趋势。
51.            <p>(摘编自中科院之声)
52.        </div>
53.    </body>
54. </html>
```

运行效果如图 11-19 所示。

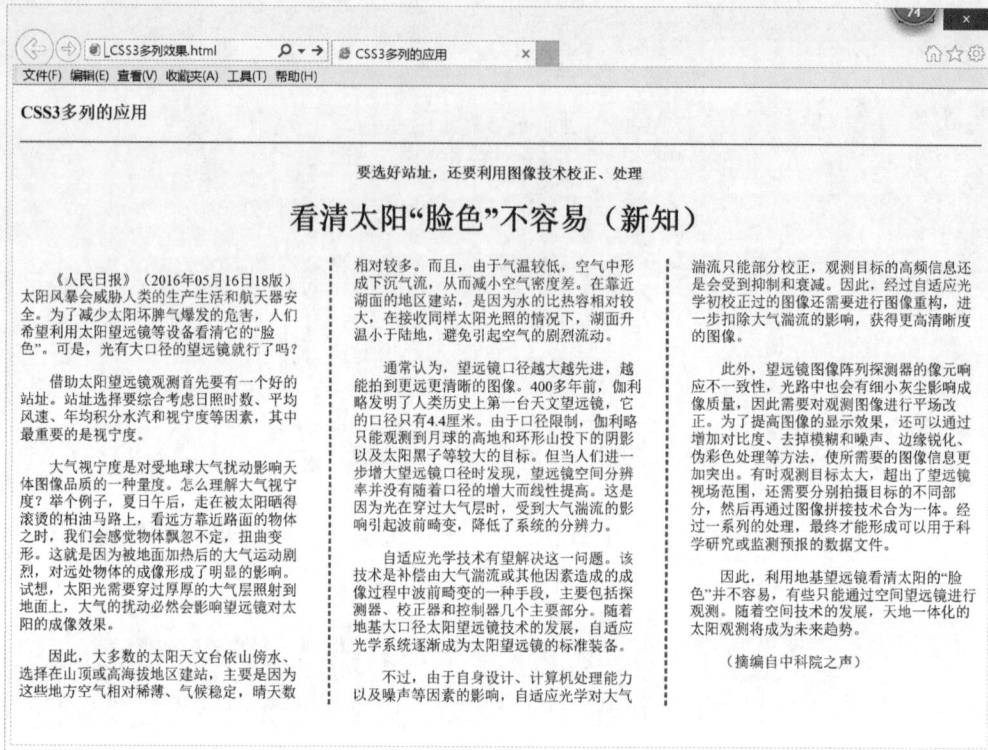

图 11-19　用 CSS3 多列实现仿报纸新闻排版效果

（示例文本内容来源：《人民日报》2016 年 5 月 16 日 18 版）

本示例设置了将新闻内容分成三列的分栏效果，列与列之间的分隔线为灰色虚线。

扫一扫

文档

扫一扫

视频讲解

11.5　实验案例——特殊字体效果的设计与实现

功能要求：基于 CSS3 文本阴影 text-shadow 属性制作火焰效果与霓虹灯效果的字体。
最终效果图如图 11-20 所示。

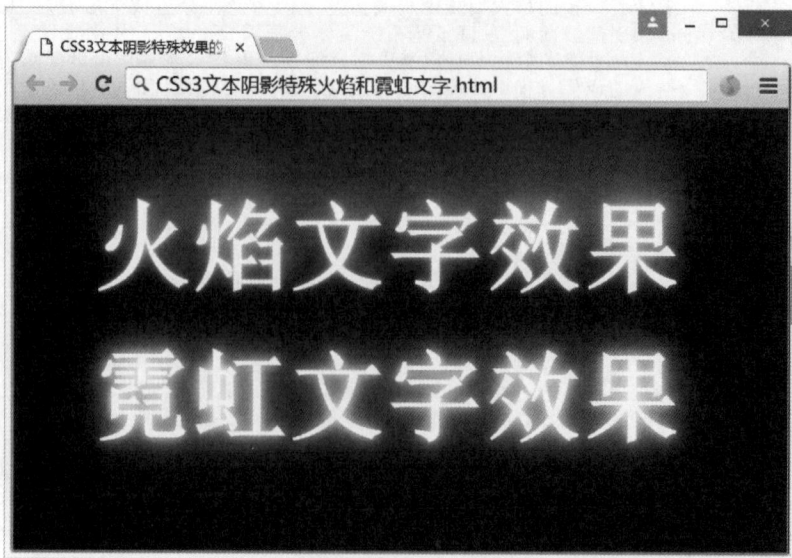

图 11-20　CSS3 文字阴影制作火焰与霓虹效果字体

扫一扫

AI 助教

本章小结及 AI 辅助编程技巧

CSS3 是 CSS 技术的最新标准。CSS3 边框新特性增加了圆角和图像边框,以及矩形阴影效果。CSS3 背景新特性允许对于元素的背景图片绘制区域、图片位置和尺寸等样式进行自定义设置。CSS3 文本新增性增加了文本阴影效果和强制文本换行功能。

CSS3 还允许使用 Web 端字体,用户在浏览时特殊字体会自动下载安装到本地。通过 CSS3 可以实现简单过渡动画或组合动画效果,无须使用第三方插件。CSS3 多列技术可以自定义列宽、列间距以及列与列之间的边框样式设置。

扫一扫

自测题

习题 11

1. CSS3 中哪个属性可以为元素设置圆角边框?
2. CSS3 中哪个属性可以自定义背景图片的尺寸?
3. CSS3 中哪个属性可以使文本中的长单词强制换行显示?
4. CSS3 中@font-face 的作用是什么?
5. CSS3 的 Transition 动画中使用何种属性可以设置渐变的持续时间?
6. CSS3 的 Animation 动画中@keyframes 有什么作用?
7. CSS3 的 Animation 动画中使用何种属性可以控制动画循环次数?
8. CSS3 的 Animation 动画中使用何种属性可以控制动画运动的方向?
9. CSS3 的 column-gap 属性可以用于设置什么样式?
10. 找任意一页多列排版效果的报纸,使用网页模仿实现其中一个版块的效果。

第12章

前端综合应用·基于HTML5+CSS3的高校网站的设计与实现

当学习了 Web 前端开发的基础知识和各类 API 以后,不妨尝试完整制作一个实战项目案例。高校辅导员培训基地网页是节选一个实战性质的项目,根据客户需求开发网页首页。本章通过对完整项目实例的解析与实现,提高开发者项目分析能力以及强化对于HTML5、CSS3 与 JavaScript 的综合应用能力。

本章学习目标

- 综合应用 HTML5、CSS3 与 JavaScript 开发 Web 网站;
- 能够在开发过程中熟练掌握 HMLT5 新增文档结构元素的使用方法;
- 能够在开发过程中熟练掌握 CSS 各类选择器的使用方法和样式的表达;
- 提高开发者实战项目分析能力以及强化综合应用能力。

12.1 项目简介

本案例节选自客户需求开发的真实项目,以教育部高校辅导员培训和研修基地(安徽师范大学)网站首页为例,介绍如何综合应用 HTML5、CSS3 与 JavaScript 相关知识开发网页。其首页显示效果如图 12-1 所示。该项目将用到 HTML5 新增结构标签来架构网站整体布局。在此基础上涉及了少量 jQuery 代码配合 CSS3 使用来制作页面动态效果。

图 12-1　辅导员基地网站首页效果

12.2 整体布局设计

该页面根据内容可以分为 5 个部分。

- 网站头部：单位 logo 和名称。
- 网站菜单导航栏：菜单栏目和全文搜索框。
- 网站主体部分第一行：幻灯片切换和右侧栏。
- 网站主体部分第二行：三个名称不同的新闻版块。
- 网站尾部：友情链接、单位版权信息与地址。

根据划分的板块设计整体结构，如图 12-2 所示。

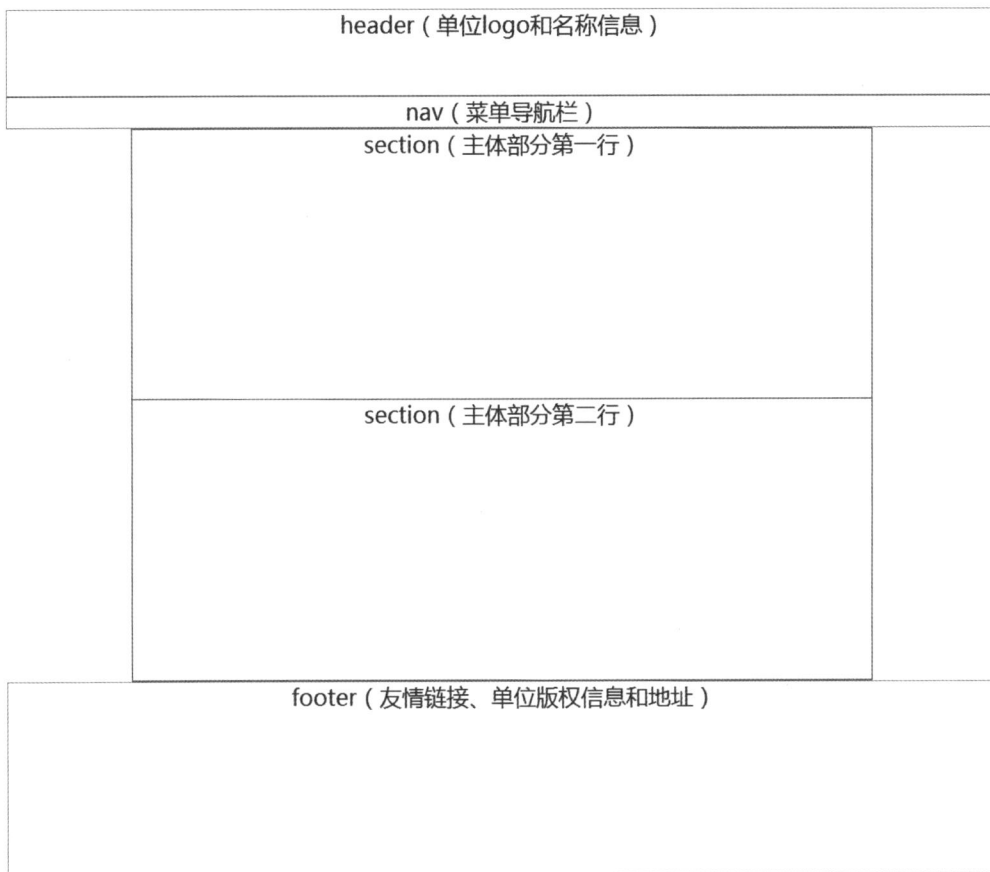

图 12-2　网站首页结构

在结构图中涉及的主要 HTML5 结构标签有< header >、< nav >、< section >以及< footer >。

使用这些 HTML5 新增结构标签创建网页总体架构，相关 HTML5 代码：

```
1.    <!DOCTYPE html >
2.    < head >
3.    < meta charset = "utf-8" />
4.    < title >欢迎访问安徽师范大学高校辅导员培训和研究基地</title>
5.    < link rel = "stylesheet" href = "css/home.css">
6.    < script src = "js/html5shiv.js"></script>
7.    </head>
```

```
8.
9.      < body >
10.     <!-- 页眉 -->
11.     < header > header(单位 logo 和名称信息) </header>
12.
13.     <!-- 菜单导航栏 -->
14.     < nav > nav(菜单导航栏)</nav>
15.
16.     <!-- 主体 -->
17.     < div id = "container">
18.         <!-- 主体部分第一行 -->
19.         < section id = "section1"> section(主体部分第一行)</section>
20.
21.         <!-- 主体部分第二行 -->
22.         < section id = "section2"> section(主体部分第二行)</section>
23.     </div>
24.
25.     <!-- 页脚 -->
26.     < footer > footer(友情链接、单位版权信息和地址)</footer>
27.     </body>
28.     </html>
```

【代码说明】

其中第 6 行引用的是一个免费开源的 JS 文件(HTML5 Shiv),用于兼容 IE6/7/8 这三种不支持使用 HTML5 新增结构标签的浏览器。

由于 HTML5 只能提供页面结构,真正的显示效果还需要 CSS 辅助形成,因此上述代码中的第 6 行声明了自定义名称为 home.css 的文件。

目前相关 CSS 代码如下:

```
1.      @charset "utf-8";
2.      / *
3.       * 一、整体样式
4.       * /
5.      body {
6.          font - family: "微软雅黑";
7.          text - align: center;
8.          margin: 0;
9.          padding: 0;
10.         min - width: 1000px; / * 最小宽度为 1000px * /
11.     }
12.     a:link, a:visited {
13.         text - decoration: none;
14.     }
15.     ul {
16.         margin: 0px;
17.         padding: 0px;
18.         list - style: none;
19.     }
20.
21.     / *
22.      * 二、页眉部分
23.      * /
24.     / * 页眉 * /
25.     header {
26.         width: 100 %;
27.         height: 111px;
28.         border: 1px solid red;
29.     }
30.
```

```
31.    /*
32.     * 三、菜单部分
33.     */
34.    /*菜单导航栏*/
35.    nav {
36.        width: 100%;
37.        height: 40px;
38.        border: 1px solid red;
39.    }
40.
41.    /*
42.     * 四、主体部分
43.     */
44.    /*主体容器*/
45.    #container {
46.        width: 990px;
47.        margin: 0 auto;
48.        border: 1px solid red;
49.    }
50.
51.    /*主体第一行*/
52.    #section1 {
53.        width: 100%;
54.        height: 350px;
55.        border: 1px solid red;
56.    }
57.    /*主体第二行*/
58.    #section2 {
59.        width: 100%;
60.        height: 365px;
61.        border: 1px solid red;
62.    }
63.
64.    /*
65.     * 五、页脚部分
66.     */
67.    footer {
68.        width: 100%;
69.        height: 250px;
70.        border: 1px solid red;
71.    }
```

其中,所有的 border:1px solid red 语句都只是暂时为了让布局结构更加清晰而为元素设置的 1 像素宽的红色边框,稍后在开发过程中会逐步去掉。

扫一扫

12.3　网站页眉实现

视频讲解

修改 home.html 文件,在<header>标签内部追加<div>标签并自定义其 id="logo"。在该<div>元素内部添加<img>标签,用于显示带有 logo 图标和单位名称的图片。

相关 HTML 代码修改后如下:

```html
<!-- 页眉 -->
<header>
    <div id="logo">
        <!-- logo 图片 -->
        <img src="img/banner/logo.png" />
    </div>
</header>
```

注意：其中 logo 图片是透明背景效果的 PNG 格式图片，我们将其放置在了 img/banner 目录下。

修改 home.css 文件中页眉部分的对应代码，为< header >元素添加背景颜色，并去掉原先的边框效果。相关 CSS 代码修改后如下：

```css
/* 页眉 */
header {
    width: 100 % ;
    height: 111px;
    background - color:rgb(32,86,172);
}
```

在 home.css 中追加代码来规定< div >和< img >元素尺寸和位置，相关 CSS 代码如下：

```css
/* logo 区域 */
#logo{
    width:990px;
    height:111px;
    margin:0 auto;
}
/* logo 图片 */
#logo img{
    float:left;
    width:520px;
    height:111px;
}
```

此时页眉就完成了，效果如图 12-3 所示。

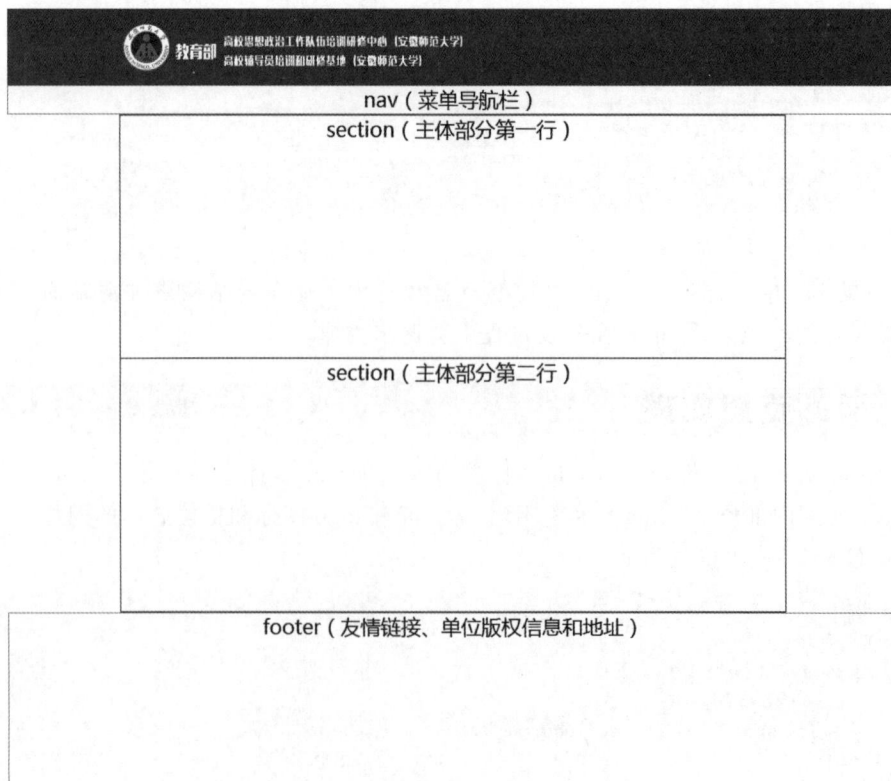

图 12-3　网站页眉完成效果

此时网站的页眉就全部完成了。

12.4 菜单导航栏实现

菜单导航栏包括两个部分。

- 一级菜单栏目：有"首页""机构简介""通知公告"等共计 9 项。
- 右侧搜索框：用于网站全文搜索。

使用< div id＝"menu">元素居中显示菜单区域，再分别使用< ul >列表标签和< form >表单标签将菜单导航栏划分为左右两个部分，示意如图 12-4 所示。

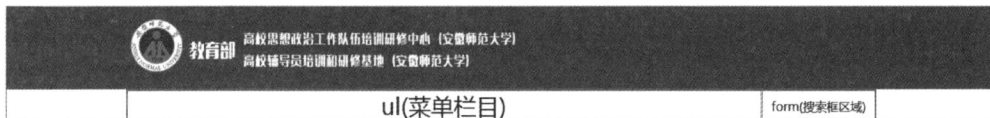

图 12-4　网站菜单导航栏结构

相关 HTML5 代码修改如下：

```
<!-- 菜单导航栏 -->
< nav >
    < div id = "menu">
        < ul >
            ul(菜单栏目)
        </ul >
        < form >
            form(搜索框区域)
        </form >
    </div >
</nav >
```

在对应的 home. css 文件中追加以下代码：

```
/ * 菜单整体区域 * /
#menu {
    width: 990px;
    margin: 0 auto;
    height: 40px;
    border: 1px solid red;
}
/ * 菜单栏区域 * /
#menu ul {
    float: left;
    width: 835px;              / * 临时宽度,后续填充内容后删去此行代码 * /
    border: 1px solid red;
}
/ * 搜索框区域 * /
#menu form {
    float: right;
    width: 150px;
    border: 1px solid red;
}
```

同样这里的边框设置为 1 像素宽的红色实线是为了使得讲解过程中栏目布局结构更加清晰，后续将逐步去掉边框效果。

12.4.1　菜单栏目的实现

首先在< ul >列表元素内部配套使用< li >来显示所有的列表项，由于菜单栏目被点击后还希望跳转其他页面,因此在列表元素<li>内部使用超链接标签<a>来进行制作。

相关 HTML5 代码修改后如下:

```
<!-- 菜单导航栏 -->
<nav>
    <div id = "menu">
        <ul>
            <li><a href = "#" target = "_blank">首页</a></li>
            <li><a href = "#" target = "_blank">机构简介</a></li>
            <li><a href = "#" target = "_blank">通知公告</a></li>
            <li><a href = "#" target = "_blank">新闻动态</a></li>
            <li><a href = "#" target = "_blank">科学研究</a></li>
            <li><a href = "#" target = "_blank">人才培养</a></li>
            <li><a href = "#" target = "_blank">政策文件</a></li>
            <li><a href = "#" target = "_blank">丙辉工作室</a></li>
            <li><a href = "#" target = "_blank">高校辅导员学刊</a></li>
        </ul>
        <form>
            form(搜索框区域)
        </form>
    </div>
</nav>
```

这里<a>标签内部的 href 属性值在实际使用时可以替换成需要跳转的网页地址。

相关 CSS 代码添加如下:

```
/* 菜单栏 - 列表项 */
#menu ul li{
    float:left;
    font - size: 16px;
    color: rgb(32,86,172);
}
/* 菜单栏 - 超链接 */
#menu ul a{
    display:block;
    padding:0 12px;
}
/* 菜单栏 - 超链接正常和被访问 */
#menu ul a:link, #menu ul a:visited{
    color:rgb(32,86,172);
}
/* 菜单栏 - 超链接光标悬浮和激活 */
#menu ul a:hover, #menu ul a:active{
    color:white;
    background - color:rgb(32,86,172);
}
```

然后去掉<ul>元素的红色边框样式,运行效果如图 12-5 所示。

(a) 初次预览效果图

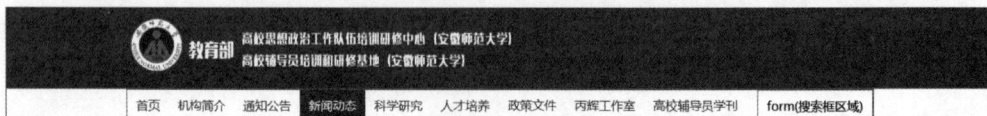
(b) 鼠标悬浮在任意菜单栏目上的效果图

图 12-5　网站菜单栏目完成效果

12.4.2　搜索框的实现

在<form>表单标签内部用<img>制作放大镜图标,然后追加<input>标签制作单行文本输入框。相关 HTML5 代码修改后如下:

```
< div id = "menu">
    < ul >
        <!-- 代码略 -->
    </ul >
    < form >
        < img src = "img/banner/search/icon.png" />
        < input type = "text" placeholder = "search" />
    </form >
</div >
```

其中,<input>标签里面的 placeholder 属性用于显示用户尚未输入内容时的提示文字。

相关 CSS 代码如下:

```
/ * 搜索框区域 * /
# menu form {
    float: right;
    width:150px;
    height:20px;
    border:1px solid gray;
    border - radius:5px;              / * 边框四个角为圆角效果 * /
    margin - top:10px;
    font - size:16px;
    line - height:25px;
}
/ * 搜索框——图标 * /
# menu form img{
    float:left;
    width:15px;
    height:15px;
    margin - left:5px;
    margin - top:2px;
}
/ * 搜索框——单行文本输入框 * /
# menu form input{
    float:left;
    width:110px;
    height:15px;
    margin - left:5px;
    outline:none;
    border:none;
}
```

运行效果如图 12-6 所示。

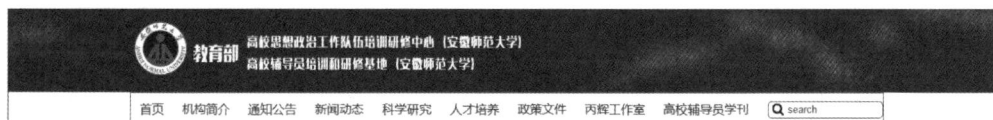

图 12-6　网站菜单栏搜索区域完成效果

最后去掉最外层< nav >和< div >元素的红色边框样式,相关 CSS 代码修改后如下:

```
/ * 菜单导航栏 * /
nav {
    width: 100 % ;
    height: 40px;
}
/ * 菜单整体区域 * /
# menu {
    width: 990px;
    margin: 0 auto;
    height: 40px;
    line - height: 40px;
}
```

运行效果如图 12-7 所示。

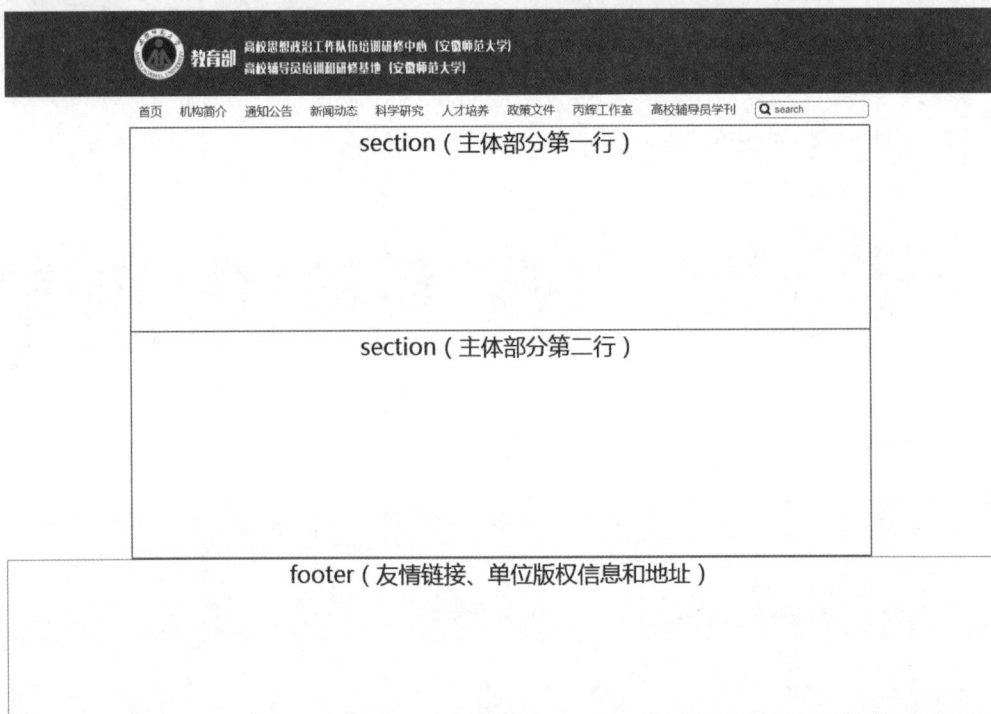

图 12-7　网站菜单导航栏完成效果

此时网站的菜单导航栏就全部完成了。

12.5　主体内容第一行实现

主体内容第一行包括三个部分。
- 左侧面板:幻灯片播放图片新闻。
- 右侧面板上方:"通知公告"新闻列表。
- 右侧面板下方:两个图标,点击可以跳转到其他网址。

使用< aside >元素居中将主体内容第一行划分为左右两个侧栏面板,并自定义这 2 个
< aside >的 id 值分别为 col1_1 和 col1_2。然后右侧面板再分割为上下两个部分,上半部分
使用< article >来显示新闻列表,下半部分使用< div >显示图标区域,示意如图 12-8 所示。

相关 HTML5 代码修改如下:

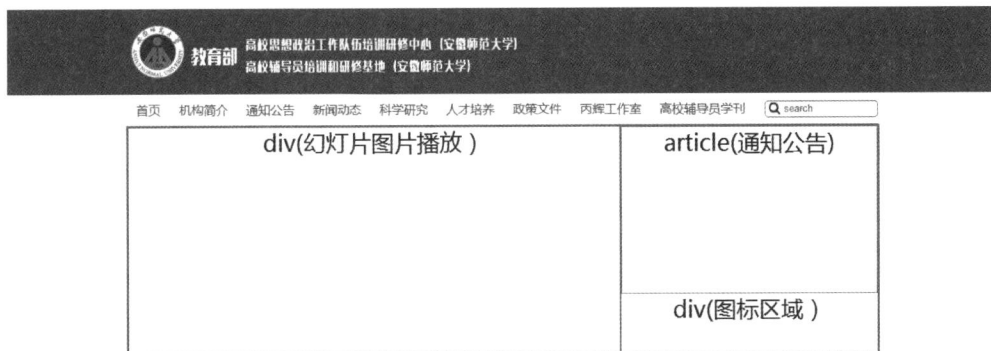

图 12-8　网站主题内容第一行结构

```html
<!-- 主体 -->
<div id="container">
    <!-- 主体部分第一行 -->
    <section id="section1">
        <!-- 左侧面板 -->
        <aside id="col1_1">div(幻灯片图片播放)</aside>

        <!-- 右侧面板 -->
        <aside id="col1_2">
            <!-- 新闻"通知公告" -->
            <article id="news_tzgg">article(通知公告)</article>
            <!-- 图标区域 -->
            <div id="icon_panel">div(图标区域)</div>
        </aside>
    </section>

    <!-- 主体部分第二行 -->
    <section id="section2">section(主体部分第二行)</section>
</div>
```

对应的 home.css 文件追加以下代码：

```css
/* 主体第一行——左侧面板 */
#col1_1 {
    float: left;
    width: 645px;
    height: 350px;
    border: 1px solid red;
}
/* 主体第一行——右侧面板 */
#col1_2 {
    float: left;
    width: 340px;
    height: 350px;
    border: 1px solid red;
}
/* 新闻"通知公告"区域 */
#news_tzgg{
    height: 271px;
    border: 1px solid red;
}
```

同样这里的边框设置为 1 像素宽的红色实线是为了使得讲解过程中栏目布局结构更加清晰，后续将逐步去掉边框效果。

扫一扫

视频讲解

12.5.1　左侧面板的实现

　　该栏目有三张素材图片需要进行自动轮播,可以使用 jQuery 技术来实现图片的淡入淡出效果。首先在 HTML5 页面的< head >标签内添加对于 jQuery 的声明。修改后的HTML5 代码片段如下:

```html
< head >
< meta charset = "utf-8" />
< title >欢迎访问安徽师范大学高校辅导员培训和研究基地</title>
< link rel = "stylesheet" href = "css/home.css">
< script src = "js/html5shiv.js"></script>
< script src = "js/jquery - 1.12.3.min.js"></script>
</head>
```

相关 HTML5 代码修改如下:

```html
<!-- 左侧面板 -->
< aside id = "col1_1">
    <!-- 幻灯片播放区域 -->
    < div id = "slider">
        < ul >
            < li >< img src = "img/ppt/1.jpg" />
                < p >自定义标题 1 </p>
            </li>
            < li class = "hide">< img src = "img/ppt/2.jpg" />
                < p >自定义标题 2 </p>
            </li>
            < li class = "hide">< img src = "img/ppt/3.jpg" />
                < p >自定义标题 3 </p>
            </li>
        </ul>
        <!-- 按钮 1,用于切换上一张图片 -->
        < button id = "btn01" onclick = "last()">< img src = "img/ppt/left.png" /></button>
        <!-- 按钮 2,用于切换下一张图片 -->
        < button id = "btn02" onclick = "next()">< img src = "img/ppt/right.png" /></button>
    </div>
</aside>
< script >
<!-- 这里后续填充 jQuery 代码 -->
</script>
```

新增 CSS 代码如下:

```css
/* 幻灯片播放区域 */
#slider {
    width: 645px;
    height: 350px;
    margin: 0px;
    padding: 0px;
    position: relative;
    left: 0px;
    top: 0px;
}
/* 幻灯片——列表元素样式设置 */
#slider ul {
    list - style: none;
    position: relative;
}
/* 幻灯片——列表选项元素样式设置 */
```

```css
#slider li {
    position: absolute;
    top: 0px;
    left: 0px;
    float: left;
    text-align: center;
}
/*幻灯片——图片样式设置*/
#slider li img {
    width: 100%;
    height: 350px;
}
/*幻灯片——隐藏效果设置*/
.hide {
    display: none;
}
/*幻灯片——段落元素样式设置*/
#slider p {
    position: absolute;
    bottom: 0px;
    left: 0px;
    width: 605px;
    color: white;
    background-color: rgba(0,0,0,0.5); /*背景颜色半透明效果*/
    padding: 10px 20px;
    font-size: 18px;
    text-align: center;
}
/*幻灯片——按钮总体样式设置*/
#slider button {
    position: absolute;
    margin: 0px;
    border: none;
    outline: none;
    background-color: transparent; /*背景颜色透明*/
    width: 50px;
    height: 50px;
}
/*幻灯片-按钮1位置设置*/
#slider #btn01 {
    top: 150px;
    left: 10px;
}
/*幻灯片——按钮2位置设置*/
#slider #btn02 {
    top: 150px;
    right: 10px;
}
/*幻灯片——按钮内部图片尺寸设置*/
#slider button img{
    width: 100%;
    height: 100%;
}
```

相关jQuery代码填充后如下：

```html
<script>
//当前图片序号
var index = 0;
$(document).ready(function() {
  setInterval("next()", 5000);
```

```
    });

    //切换下一张图片
    function next() {
      //当前图片淡出
      $("#slider li:eq(" + index + ")").fadeOut(1500);
      //判断当前图片序号是否为最后一张
      if (index == 2)
        //如果是最后一张,序号跳转到第一张
        index = 0;
      else
        //否则图片序号自增1
        index++;
      //新图片淡入
      $("#slider li:eq(" + index + ")").fadeIn(1500);
    }
    //切换上一张图片
    function last() {
      //当前图片淡出
      $("#slider li:eq(" + index + ")").fadeOut(1500);
      //判断当前图片序号是否为第一张
      if (index == 0)
        //如果是第一张,序号跳转到最后
        index = 2;
      else
        //否则图片序号自减1
        index--;
      //新图片淡入
      $("#slider li:eq(" + index + ")").fadeIn(1500);
    }
  </script>
```

上述代码采用的是 jQuery 技术中的 fadeIn()与 fadeOut()函数来实现图片的淡入和淡出效果。当点击左右两侧按钮会分别触发 last()或 next()函数,切换前一张或后一张图片。$(document). ready()函数表示每隔 5000ms(即 5s)将自动执行 next()函数来切换下一张图片,如果到了最后一张播放完毕则回到第一张循环播放。

幻灯片播放动态效果如图 12-9 所示。

(a) 幻灯片播放第一张效果图

图 12-9   左侧面板幻灯片播放实现效果

(b) 幻灯片播放第二张效果图

(c) 幻灯片播放第三张效果图

图 12-9 （续）

扫一扫

视频讲解

12.5.2 右侧面板上方的实现

右侧面板上方是一个新闻列表区域,分别使用<div>和<ul>将新闻区域<aside>分为新闻标题和列表两部分,示意如图 12-10 所示。

图 12-10 右侧面板幻灯片播放实现效果图

相关 HTML5 代码修改如下:

```
<!-- 右侧面板 -->
<aside id="col1_2">
```

```
    <!-- 新闻【通知公告】-->
    <article id = "news_tzgg">
        <!-- 新闻标题 -->
        <div class = "title"> div(新闻标题) </div>
        <!-- 新闻列表 -->
        <ul class = "news_list">
            ul(新闻列表)
        </ul>
    </article>

    <!-- 图标区域 -->
    <div id = "icon_panel">div(图标区域)</div>
</aside>
```

新增 CSS 代码如下：

```
/* 新闻区域——标题 */
.title{
    height: 36px;
    border: 1px solid red;
}


.news_list{
    height: 220px;
    margin: 0 15px;
    padding: 5px 0;
    border: 1px solid red;
}
```

接下来开始添加实际内容，首先是添加标题"通知公告"和箭头图标用于表示点击查看更多新闻。由于图标点击后还希望跳转二级页面，因此使用超链接标签<a>来进行制作，在内部嵌入<img>图像。相关 HTML5 代码修改后如下：

```
<!-- 新闻标题 -->
<div class = "title">
    <span>通知公告</span>
    <a href = " # "> <img src = "img/news/_.png" /></a>
</div>
```

相关 CSS 代码修改如下：

```
/* 新闻区域——标题 */
.title{
    height:36px;
    color:rgb(32,86,172);
    font - size:16px;
    font - weight:bold;
    line - height:36px;
}
/* 新闻区域——标题,文本 */
.title span{
    float:left;
    margin - left:25px;
}
/* 新闻区域——标题,图片 */
.title img{
    float:right;
    width:10px;
    height:10px;
```

```
        margin - top:15px;
        margin - right:25px;
}
```

其中,为 . title 去掉了红色边框,并且加上了关于文字的样式,运行效果如图 12-11 所示。

图 12-11 网站菜单栏目完成效果

然后在< ul >元素内部嵌套使用< li >实现 4 条新闻记录,每条新闻都包含日期和新闻标题。

相关 HTML5 代码修改后如下:

```
<!-- 新闻列表 -->
< ul class = "news_list">
    < li >
        < div class = "news_date"> 2020 - 02 - 28 </div>
        < div class = "news_title">< a href = "♯">这是一个测试标题这是一个测试标题 </a></div>
    </li>
    < li >
        < div class = "news_date"> 2020 - 02 - 28 </div>
        < div class = "news_title">< a href = "♯">这是一个测试标题这是一个测试标题 </a></div>
    </li>
    < li >
        < div class = "news_date"> 2020 - 02 - 28 </div>
        < div class = "news_title">< a href = "♯">这是一个测试标题这是一个测试标题 </a></div>
    </li>
    < li >
        < div class = "news_date"> 2020 - 02 - 28 </div>
        < div class = "news_title">< a href = "♯">这是一个测试标题,如果字数很多的话会隐藏
多余的文字并显示省略号 </a></div>
    </li>
</ul>
```

相关 CSS 代码修改如下:

```
/* 新闻区域——列表 */
.news_list{
    /* 去掉高度和红色边框代码 */
    margin:0 15px;
    padding:5px 0;
```

```
    border - top:2px solid rgb(32,86,172);              /*顶部蓝色分隔线*/
    background - color:white;
}
/*新闻区域——列表,单行*/
.news_list li div{
    text - align:left;
    line - height:20px;
    height:20px;
    margin:8px 0;
    font - size:14px;
}
/*新闻区域——列表,单条新闻日期*/
.news_list .news_date{
    width:90px;
    margin - left:20px;
    text - align:center;
}
/*新闻区域——列表,单条新闻标题*/
.news_list .news_title{
    margin:0 20px;
    overflow:hidden;                                   /*多余内容隐藏*/
    text - overflow:ellipsis;                          /*多余文本显示成省略号*/
    white - space:nowrap;                              /*文本不换行*/
}
/*新闻区域——列表,单条新闻超链接普通效果*/
.news_list a:link,.news_list a:visited{
    color:black;
}
/*新闻区域——列表,单条新闻超链接悬浮效果*/
.news_list a:hover,.news_list a:active{
    color:rgb(5,134,181);
}

/*新闻"通知公告"——日期背景和文字颜色*/
#news_tzgg .news_date{
    background - color:rgb(32,86,172);
    color:white;
}
```

为了查看新闻列表的左右留白效果,去掉新闻区域红色边框,并为整个主体区域加上背景颜色。相关 CSS 代码修改如下:

```
/*主体容器*/
#container {
    width: 990px;
    margin: 0 auto;
    background - color:rgba(236,237,241,0.5);
    border: 1px solid red;
}
/*新闻"通知公告"区域*/
#news_tzgg{
    /*去掉红色边框代码*/
    height:271px;
}
```

运行效果如图 12-12 所示。

此时右侧面板上方的新闻列表区域就全部完成了。

图 12-12　右侧面板上方完成效果

扫一扫

视频讲解

12.5.3　右侧面板下方的实现

右侧面板下方是一个图标展示区域,使用<ul>和<li>来显示图标。由于图片被点击后还希望跳转其他页面,因此在列表元素<li>内部使用超链接标签<a>来进行制作,在内部嵌入<img>图像。

相关 HTML5 代码修改如下:

```
<!-- 图标区域 -->
< div id = "icon_panel">
    < ul >
        < li >< a href = "#">< img src = "img/panel/computer.png" />< br />网上报名</a ></li >
        < li >< a href = "#">< img src = "img/panel/email.png" />< br />培训反馈</a ></li >
    </ul >
</div >
```

新增 CSS 代码如下:

```
/* 图标面板区域 */
# icon_panel{
    margin:0 15px;
    background - color:rgb(32,86,172);
    height:66px;
}
/* 图标面板区域 - 列表单项 */
# icon_panel li{
    display:block;
    float:left;
    list - style:none;
    width:50%;
    margin:7px 0;
    font - size:14px;
}
/* 图标面板区域 - 图片 */
# icon_panel img{
    width:65px;
    height:32px;
}
/* 图标面板区域 - 超链接 */
# icon_panel a{
    color:white;
}
```

此时右侧面板下方就完成了,运行效果如图 12-13 所示。

图 12-13　右侧面板下方实现效果图

最后去掉主体第一行中< section >和< aside >的红色边框样式,运行效果如图 12-14 所示。

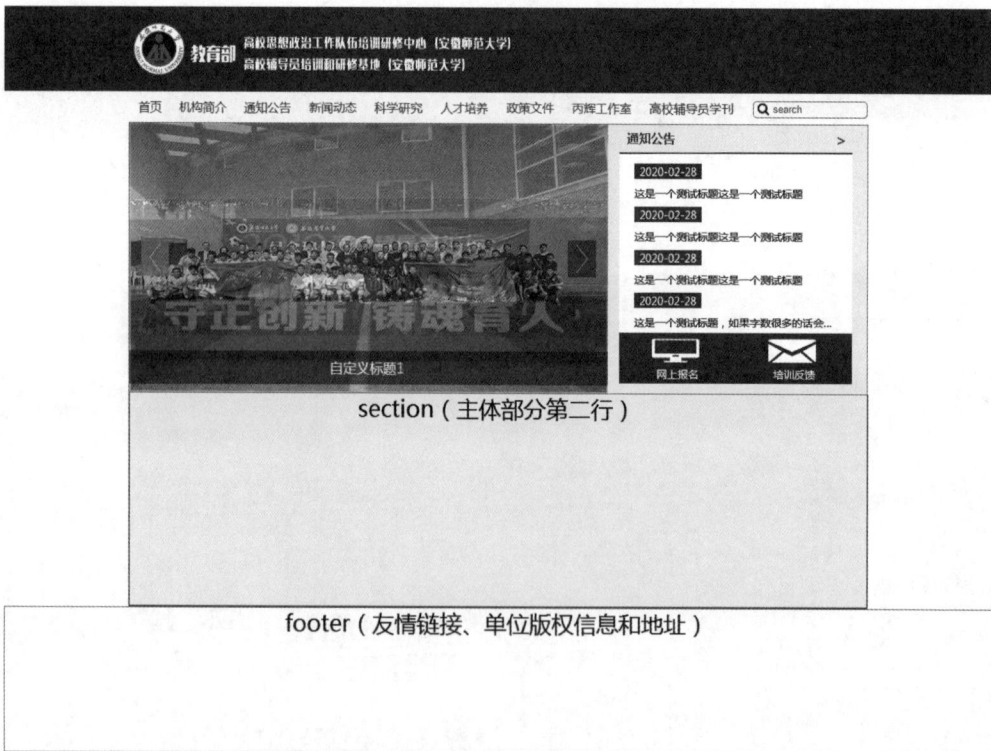

图 12-14　网站主体内容第一行完成效果

此时网站的主体部分第一行就全部完成了。

12.6　主体内容第二行实现

主体内容第二行包括三个部分。
- 左侧:"新闻动态"新闻列表。
- 中间:"科学研究"新闻列表。

- 右侧："政策文件"新闻列表。

使用< article >元素居中将主体内容第二行划分为左中右三个区域，并自定义这 3 个
< article >的 id 值分别为 news_xwdt、news_kxyj 以及 news_zcwj，示意如图 12-15 所示。

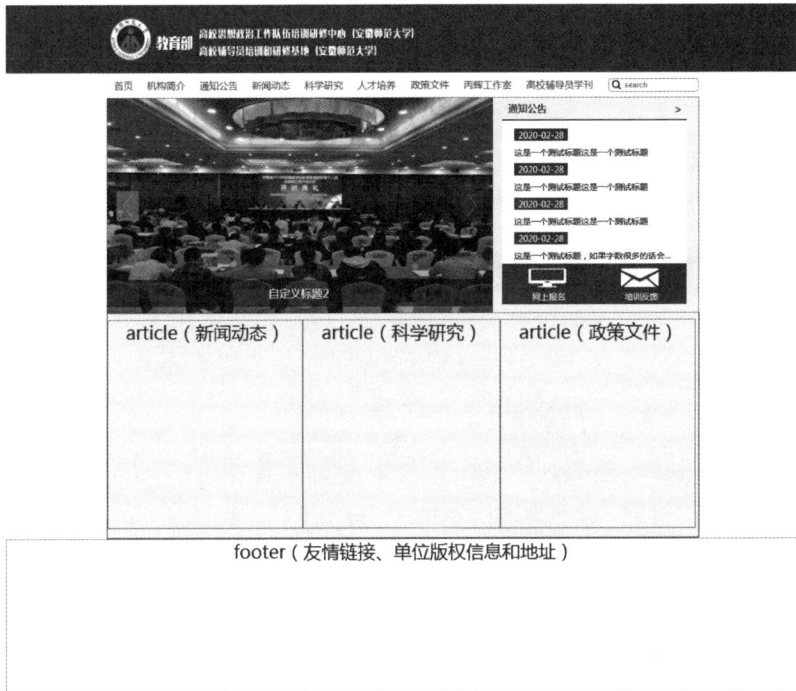

图 12-15　网站主题内容第二行结构图

相关 HTML5 代码修改如下：

```
<!-- 主体部分第二行 -->
< section id = "section2">
    <!-- 新闻"新闻动态" -->
    < article id = "news_xwdt"> article(新闻动态) </article>
    <!-- 新闻"科学研究" -->
    < article id = "news_kxyj"> article(科学研究)</article>
    <!-- 新闻"政策文件" -->
    < article id = "news_zcwj"> article(政策文件)</article>
</section>
```

对应的 home.css 文件追加以下代码：

```
/* 新闻列表区域 */
# news_xwdt, # news_kxyj, # news_zcwj{
    float:left;
    width:326px;              /* 去掉红色边框代码后此处改回 330px */
    height:338px;
    margin - top:10px;
    border:1px solid red;
}
```

注意：由于边框也会占用宽度，因此上述代码临时将列表区域宽度略微减少至 326px
来观察布局效果，最后去掉红色边框后可将列表区域宽度改回 330px。

这三个部分与之前主体内容第一行右侧面板上方的"通知公告"新闻列表具有一些通用
的样式要求，例如顶端标题的字体、颜色和布局，新闻列表区域的布局和超链接样式等，因此

后续不妨使用同样的 class 名称来继续沿用相关样式。

由于这三个区域的代码类似(仅新闻栏目名称不同,其他结构都完全一样),以最左侧"新闻动态"区域为例,修改后的 HTML5 代码如下:

```html
<!-- 新闻"新闻动态" -->
<article id = "news_xwdt">
    <!-- 新闻标题 -->
    <div class = "title"><span>新闻动态</span><a href = "#"><img src = "img/news/_
.png"/></a></div>
    <!-- 新闻列表 -->
    <ul class = "news_list">
        <li>
            <div class = "news_date">2020 - 02 - 28</div>
            <div class = "news_title"><a href = "#">这是一个测试标题这是一个测试标题
</a></div>
        </li>
        <li>
            <div class = "news_date">2020 - 02 - 28</div>
            <div class = "news_title"><a href = "#">这是一个测试标题这是一个测试标题
</a></div>
        </li>
        <li>
            <div class = "news_date">2020 - 02 - 28</div>
            <div class = "news_title"><a href = "#">这是一个测试标题这是一个测试标题
</a></div>
        </li>
        <li>
            <div class = "news_date">2020 - 02 - 28</div>
            <div class = "news_title"><a href = "#">这是一个测试标题这是一个测试标题
</a></div>
        </li>
        <li>
            <div class = "news_date">2020 - 02 - 28</div>
            <div class = "news_title"><a href = "#">这是一个测试标题,如果字数很多的话会
隐藏多余的文字并显示省略号</a></div>
        </li>
    </ul>
</article>
```

其余两个<article>同样用以上内容填充,并修改一下标题即可,这里不再重复展示。

此时只需要修改一下每个栏目的新闻日期背景和文本颜色即可,对应的 CSS 代码如下:

```css
/* 新闻"新闻动态"——日期背景和文字颜色 */
#news_xwdt .news_date{
    background - color:rgb(218,214,214);
    color:rgb(190,155,96);
}
/* 新闻"科学研究"——日期背景和文字颜色 */
#news_kxyj .news_date{
    background - color:rgb(218,214,214);
    color:rgb(32,86,172);
}
/* 新闻"政策文件"——日期背景和文字颜色 */
#news_zcwj .news_date{
    background - color:rgb(218,214,214);
    color:rgb(5,134,181);
```

```
}
```

　　最后去掉主体部分所有结构标签的红色边框,并根据页面效果对新闻区域的元素宽度进行轻微调整。相关 CSS 代码修改后如下：

```
/*
* 四、主体部分
*/
/* 主体容器 */
#container {
    width: 990px;
    margin: 0 auto;
    background-color:rgba(236,237,241,0.5);
    /* 去掉红色边框代码 */
}
/* 主体第二行 */
#section2 {
    width: 100%;
    height: 365px;
    /* 去掉红色边框代码 */
}
/* 新闻列表区域 */
#news_xwdt, #news_kxyj, #news_zcwj{
    float:left;
    width:330px;              /* 改回 330px */
    height:338px;
    margin-top:10px;
    /* 去掉红色边框代码 */
}
```

运行效果如图 12-16 所示。

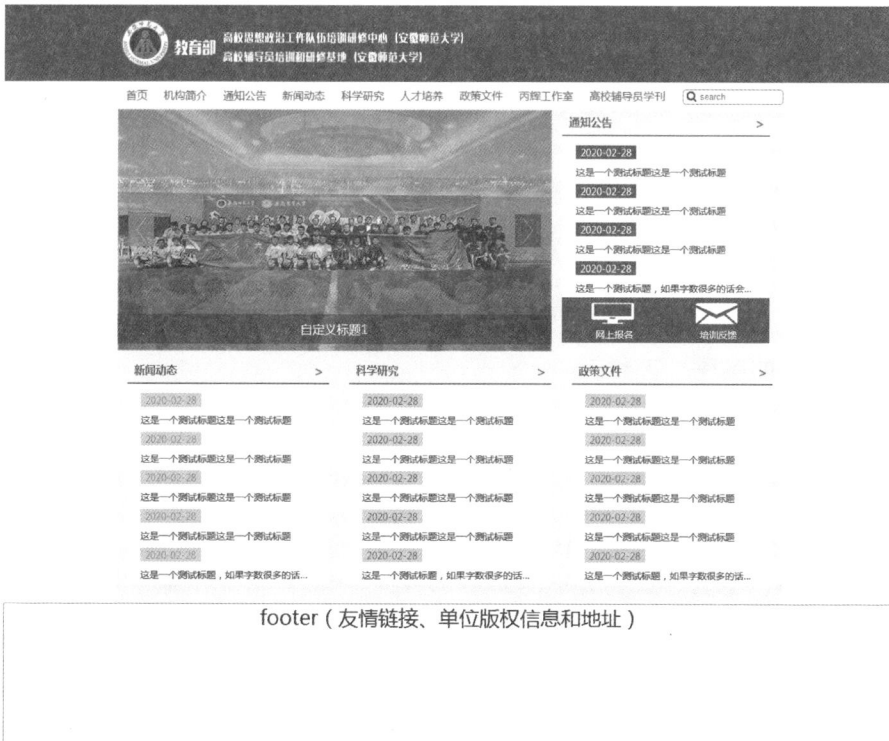

图 12-16　网站主体内容第二行实现效果

此时网站的主体部分就已经全部完成了,最后还要制作网站的页脚。

12.7　网站页脚实现

网站页脚分为两行,第一行是友情链接,第二行版权信息和单位地址。使用< section >元素将页脚划分为上下两个部分,示意如图 12-17 所示。

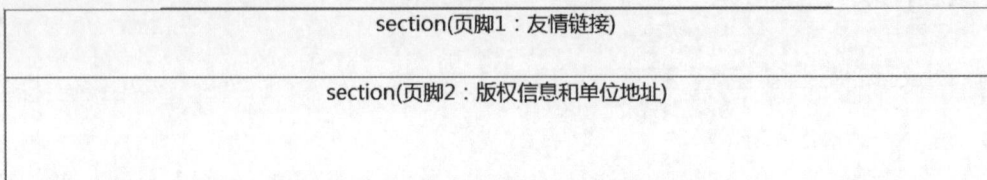

section(页脚1:友情链接)
section(页脚2:版权信息和单位地址)

图 12-17　网站页脚结构

相关 HTML5 代码修改如下:

```
<!-- 页脚 -->
< footer >
    <!-- 页脚 1 -->
    < section id = "footer1 "> section(页脚 1:友情链接)</section >
    <!-- 页脚 2 -->
    < section id = "footer2 "> section(页脚 2:版权信息和单位地址)</section >
</footer >
```

对应的 home.css 文件追加以下代码:

```
/ * 页脚 1 * /
# footer1 {
    height: 95px;
    border: 1px solid red;
}
/ * 页脚 2 * /
# footer2 {
    height: 155px;
    border: 1px solid red;
}
```

同样这里的边框设置为 1 像素宽的红色实线是为了使得讲解过程中栏目布局结构更加清晰,后续将逐步去掉边框效果。

扫一扫

视频讲解

12.7.1　页脚 1 的实现

接下来添加实际内容,首先在页脚 1 内部需要分别添加友情链接图片行和文字行。

友情链接图片将使用列表元素< ul >和< li >来实现。由于友情链接图片被点击后还希望跳转到其他页面,因此在列表元素< li >内部使用超链接标签< a >来进行制作,在内部嵌入< img >图像。相关 HTML5 代码修改后如下:

```
<!-- 页脚 1 -->
< section id = "footer1">
    <!-- 友情链接(图) -->
    < div id = "hotlink_img">
        < ul >
            < li > < a href = "http://www. moe. gov. cn/" target = "_blank"> < img src = "img/
hotlink/jyb.png"> </a> </li>
            < li > < a href = "http://www. sizhengwang. cn/" target = "_blank"> < img src = "img/
hotlink/gzw.png"> </a> </li>
```

```
            < li > < a href = "http://www.hie.edu.cn/" target = "_blank"> < img src = "img/
hotlink/jyxh.png"> </a> </li >
            < li > < a href = "http://www.ahedu.gov.cn/" target = "_blank"> < img src = "img/
hotlink/ahsjyt.png"> </a > </li >
            < li > < a href = "http://www.univs.cn/" target = "_blank"> < img src = "img/
hotlink/dxszx.png"> </a> </li >
        </ul >
    </div >
</section >
```

相关 CSS 代码追加如下：

```
/ * 友情链接(图)——列表区域样式 * /
#hotlink_img ul{
    width:900px;
    margin:0 auto;
}
/ * 友情链接(图)——列表元素样式 * /
#hotlink_img li{
    float:left;
    width:20 % ;
}
/ * 友情链接(图)——列表图片样式 * /
#hotlink_img img{
    width:140px;
    height:38px;
    margin:7px 0px;
}
```

运行效果如图 12-18 所示。

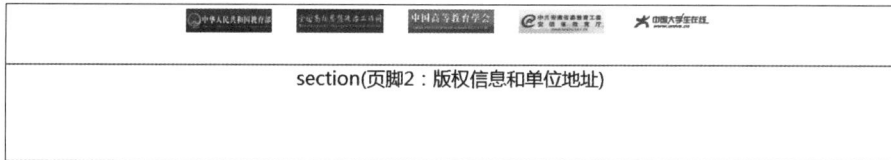

图 12-18　网站页脚 1 友情链接图完成效果

然后在页脚 1 中继续添加友情链接文字内容。该内容共有 4 项，其中前两个需要用到下拉选项，因此直接使用下拉菜单标签< select >和< option >来实现，后两个是普通文本，用< div >嵌套超链接< a >来实现。

相关 HTML5 代码修改后如下：

```
<!-- 页脚 1 -->
< section id = "footer1">
    <!-- 友情链接(图)(代码略) -->

    <!-- 友情链接(文字) -->
    < div id = "hotlink_txt">
        < select name = "menu1" onchange = "window.open(this.options[this.selectedIndex].
value);">
            < option selected value = "#">高校思政工作队伍培训研究中心</option >
            < option value = "https://www.bnu.edu.cn/">北京师范大学
            < option value = "http://www.ustb.edu.cn/">北京科技大学
            <!-- 后续可以自行追加需要的高校 -->
        </select >
        < select name = "menu2" onchange = "window.open(this.options[this.selectedIndex].
value);">
```

```
                <option selected value = " ♯">安徽省高等院校</option>
                <option value = "http://www.ahu.edu.cn/">安徽大学
                <option value = "https://www.ustc.edu.cn/">中国科学技术大学
                <option value = "http://www.hfut.edu.cn/">合肥工业大学
                <!-- 后续可以自行追加需要的高校 -->
            </select>
            <div><a href = "http://www.ahnu.edu.cn" target = "_blank">安徽师范大学</a></div>
            <div><a href = "http://marx.ahnu.edu.cn" target = "_blank">安徽师范大学马克思主义
学院</a></div>
        </div>
</section>
```

相关 CSS 代码追加如下:

```
/* 友情链接(文字) - 列表区域样式 */
♯ hotlink_txt{
    width:950px;
    margin:0 auto;
}
/* 友情链接(文字)——文本方块样式:下拉菜单和超链接 */
♯ hotlink_txt a,select{
    float:left;
    width:215px;
    height:25px;
    margin: 0 10px;
    border - radius:7px;              /* 边框四个角为圆角效果 */
    border:1px solid silver;
    font - size:12px;
    line - height:25px;
    color:black;
    background - color:white;
}
```

运行效果如图 12-19 所示。

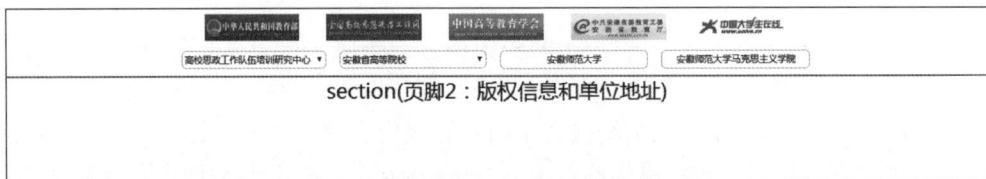

图 12-19　网站页脚 1 友情链接文字完成效果

修改 home.css 文件中页脚部分的对应代码,为页脚 1 添加背景颜色,并去掉原先的边框效果。相关 CSS 代码修改后如下:

```
/*
* 五、页脚部分
*/
footer {
    width: 100 % ;
    height: 250px;
}
/* 页脚 1 */
♯ footer1 {
    height: 95px;
    background - color:rgb(210,210,210);
}
```

运行效果如图 12-20 所示。

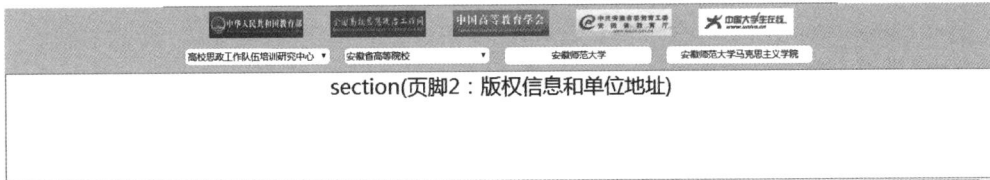

图 12-20　网站页脚 1 完成效果

此时页脚 1 就全部完成了。

扫一扫

12.7.2　页脚 2 的实现

接下来为页脚 2 添加版权信息和单位地址等内容,为了排版整齐这里可以考虑使用表格元素<table>来实现效果。

视频讲解

相关 HTML 代码修改后如下:

```html
<!-- 页脚 2 -->
<section id = "footer2">
    <div id = "footer2_box">
        <!-- 左侧表格 -->
        <table id = "left_box">
            <tr>
                <td></td>
                <td>联系我们</td>
            </tr>
            <tr>
                <td><img src = "img/contact/location.png"/></td>
                <td>安徽省芜湖市九华南路 189 号</td>
            </tr>
            <tr>
                <td><img src = "img/contact/email.png"/></td>
                <td>fdyjd@126.com</td>
            </tr>
            <tr>
                <td><img src = "img/contact/tel.png"/></td>
                <td>0553 - 5910531</td>
            </tr>
            <tr>
                <td></td>
                <td>版权所有:2019 高校思想政治工作队伍培训研修中心(安徽师范大学)</td>
            </tr>
        </table>
        <!-- 右侧表格 -->
        <table id = "right_box">
            <tr>
                <td><img src = "img/contact/chart.png"/></td>
                <td>网站访问量:2930807 人次</td>
            </tr>
        </table>
    </div>
</section>
```

相关 CSS 代码追加如下:

```css
/* 页脚 2 信息区域 */
#footer2_box{
    width:990px;
```

```
        margin:0 auto;
}
/* 表格样式 */
#footer2 table{
        text-align:left;
        color:rgb(162,162,252);
        font-size:12px;
}
/* 图标大小 */
#footer2 img{
        width:15px;
        height:15px;
}
/* 左侧表格 */
#footer2 #left_box{
        float:left;                        /* 浮动到左边 */
        margin-top:15px;
        margin-left:40px;
}
/* 右侧表格 */
#footer2 #right_box{
        float:right;                       /* 浮动到右边 */
        margin-top:20px;
        margin-right:40px;
}
```

运行效果如图 12-21 所示。

图 12-21   网站页脚 2 表格完成效果

在 CSS 中为页脚 2 去掉红色边框,并添加背景颜色。相关 CSS 代码修改后如下:

```
/* 页脚 2 */
#footer2 {
        height: 155px;
        background-color:rgb(21,32,64);
}
```

此时页脚的部分就全部完成了,运行效果如图 12-22 所示。

图 12-22   网站页脚完成效果

最后去掉< footer >标签的红色边框,整个网站首页的完整运行效果如图 12-23 所示。

至此,整个项目的开发就全部完成了。该项目综合应用了 HTML5 结构化标签架构网页布局、CSS3 美化页面以及 jQuery 实现更为灵活的动态效果。后续还可以根据客户的需

图 12-23　网站完成效果

求更改其中的栏目和新闻列表的链接地址。

12.8　完整代码展示

HTML5 完整代码如下：

```
1.   <!DOCTYPE html>
2.
3.   <head>
4.   <meta charset = "utf-8" />
5.   <title>欢迎访问安徽师范大学高校辅导员培训和研究基地</title>
6.   <link rel = "stylesheet" href = "css/home.css">
7.   <script src = "js/html5shiv.js"></script>
8.   <script src = "js/jquery - 1.12.3.min.js"></script>
9.   </head>
10.
11.  <body>
12.  <!-- 页眉 -->
13.  <header>
14.      <div id = "logo">
15.          <!-- logo 图片 -->
16.          <img src = "img/banner/logo.png" /> </div>
17.  </header>
18.
19.  <!-- 菜单导航栏 -->
```

```
20.    <nav>
21.        <div id="menu">
22.            <ul>
23.                <li><a href="#" target="_blank">首页</a></li>
24.                <li><a href="#" target="_blank">机构简介</a></li>
25.                <li><a href="#" target="_blank">通知公告</a></li>
26.                <li><a href="#" target="_blank">新闻动态</a></li>
27.                <li><a href="#" target="_blank">科学研究</a></li>
28.                <li><a href="#" target="_blank">人才培养</a></li>
29.                <li><a href="#" target="_blank">政策文件</a></li>
30.                <li><a href="#" target="_blank">丙辉工作室</a></li>
31.                <li><a href="#" target="_blank">高校辅导员学刊</a></li>
32.            </ul>
33.            <form>
34.                <img src="img/banner/search/icon.png" />
35.                <input type="text" placeholder="search" />
36.            </form>
37.        </div>
38.    </nav>
39.
40.    <!-- 主体 -->
41.    <div id="container">
42.        <!-- 主体部分第一行 -->
43.        <section id="section1">
44.            <!-- 左侧面板 -->
45.            <aside id="col1_1">
46.                <!-- 幻灯片播放区域 -->
47.                <div id="slider">
48.                    <ul>
49.                        <li><img src="img/ppt/1.jpg" />
50.                            <p>自定义标题1</p>
51.                        </li>
52.                        <li class="hide"><img src="img/ppt/2.jpg" />
53.                            <p>自定义标题2</p>
54.                        </li>
55.                        <li class="hide"><img src="img/ppt/3.jpg" />
56.                            <p>自定义标题3</p>
57.                        </li>
58.                    </ul>
59.                    <!-- 按钮1,用于切换上一张图片 -->
60.                    <button id="btn01" onclick="last()"><img src="img/ppt/left.png" /></button>
61.                    <!-- 按钮2,用于切换下一张图片 -->
62.                    <button id="btn02" onclick="next()"><img src="img/ppt/right.png" /></button>
63.                </div>
64.                <script>
65.                //当前图片序号
66.                var index = 0;
67.                $(document).ready(function() {
68.                    setInterval("next()", 5000);
69.                });
70.
71.                //切换下一张图片
72.                function next() {
73.                    //当前图片淡出
74.                    $("#slider li:eq(" + index + ")").fadeOut(1500);
75.                    //判断当前图片序号是否为最后一张
76.                    if (index == 2)
```

```
77.                    //如果是最后一张,则序号跳转到第一张
78.                    index = 0;
79.                else
80.                    //否则图片序号自增1
81.                    index++;
82.                //新图片淡入
83.                $("#slider li:eq(" + index + ")").fadeIn(1500);
84.            }
85.            //切换上一张图片
86.            function last() {
87.                //当前图片淡出
88.                $("#slider li:eq(" + index + ")").fadeOut(1500);
89.                //判断当前图片序号是否为第一张
90.                if (index == 0)
91.                    //如果是第一张,序号跳转到最后
92.                    index = 2;
93.                else
94.                    //否则图片序号自减1
95.                    index--;
96.                //新图片淡入
97.                $("#slider li:eq(" + index + ")").fadeIn(1500);
98.            }
99.        </script>
100.    </aside>
101.
102.    <!-- 右侧面板 -->
103.    <aside id="col1_2">
104.        <!-- 新闻"通知公告" -->
105.        <article id="news_tzgg">
106.            <!-- 新闻标题 -->
107.            <div class="title"><span>通知公告</span><a href="#"><img
                 src="img/news/_.png" /></a></div>
108.            <!-- 新闻列表 -->
109.            <ul class="news_list">
110.                <li>
111.                    <div class="news_date">2020-02-28</div>
112.                    <div class="news_title"><a href="#">这是一个测试标题这
                        是一个测试标题</a></div>
113.                </li>
114.                <li>
115.                    <div class="news_date">2020-02-28</div>
116.                    <div class="news_title"><a href="#">这是一个测试标题这
                        是一个测试标题</a></div>
117.                </li>
118.                <li>
119.                    <div class="news_date">2020-02-28</div>
120.                    <div class="news_title"><a href="#">这是一个测试标题这
                        是一个测试标题</a></div>
121.                </li>
122.                <li>
123.                    <div class="news_date">2020-02-28</div>
124.                    <div class="news_title"><a href="#">这是一个测试标题,如
                        果字数很多,则隐藏多余的文字并显示省略号</a></div>
125.                </li>
126.            </ul>
127.        </article>
128.
129.        <!-- 图标区域 -->
130.        <div id="icon_panel">
131.            <ul>
```

```
132.                     <li><a href = "#"><img src = "img/panel/computer.png" /><br />
133.                        网上报名</a></li>
134.                     <li><a href = "#"><img src = "img/panel/email.png" /><br />
135.                        培训反馈</a></li>
136.                  </ul>
137.               </div>
138.            </aside>
139.         </section>
140.
141.         <!-- 主体部分第二行 -->
142.         <section id = "section2">
143.            <!-- 新闻"新闻动态" -->
144.            <article id = "news_xwdt">
145.               <!-- 新闻标题 -->
146.               <div class = "title"><span>新闻动态</span><a href = "#"><img src =
                    "img/news/_.png" /></a></div>
147.               <!-- 新闻列表 -->
148.               <ul class = "news_list">
149.                  <li>
150.                     <div class = "news_date">2020 - 02 - 28</div>
151.                     <div class = "news_title"><a href = "#">这是一个测试标题这是一
                        个测试标题</a></div>
152.                  </li>
153.                  <li>
154.                     <div class = "news_date">2020 - 02 - 28</div>
155.                     <div class = "news_title"><a href = "#">这是一个测试标题这是一
                        个测试标题</a></div>
156.                  </li>
157.                  <li>
158.                     <div class = "news_date">2020 - 02 - 28</div>
159.                     <div class = "news_title"><a href = "#">这是一个测试标题这是一
                        个测试标题</a></div>
160.                  </li>
161.                  <li>
162.                     <div class = "news_date">2020 - 02 - 28</div>
163.                     <div class = "news_title"><a href = "#">这是一个测试标题这是一
                        个测试标题</a></div>
164.                  </li>
165.                  <li>
166.                     <div class = "news_date">2020 - 02 - 28</div>
167.                     <div class = "news_title"><a href = "#">这是一个测试标题,如果字
                        数很多,则隐藏多余的文字并显示省略号</a></div>
168.                  </li>
169.               </ul>
170.            </article>
171.
172.            <!-- 新闻"科学研究" -->
173.            <article id = "news_kxyj">
174.               <!-- 新闻标题 -->
175.               <div class = "title"><span>科学研究</span><a href = "#"><img src =
                    "img/news/_.png" /></a></div>
176.               <!-- 新闻列表 -->
177.               <ul class = "news_list">
178.                  <li>
179.                     <div class = "news_date">2020 - 02 - 28</div>
180.                     <div class = "news_title"><a href = "#">这是一个测试标题这是一
                        个测试标题</a></div>
181.                  </li>
182.                  <li>
183.                     <div class = "news_date">2020 - 02 - 28</div>
```

```
184.                   <div class = "news_title"><a href = "#">这是一个测试标题这是一
                       个测试标题</a></div>
185.                 </li>
186.                 <li>
187.                   <div class = "news_date">2020 - 02 - 28</div>
188.                   <div class = "news_title"><a href = "#">这是一个测试标题这是一
                       个测试标题</a></div>
189.                 </li>
190.                 <li>
191.                   <div class = "news_date">2020 - 02 - 28</div>
192.                   <div class = "news_title"><a href = "#">这是一个测试标题这是一
                       个测试标题</a></div>
193.                 </li>
194.                 <li>
195.                   <div class = "news_date">2020 - 02 - 28</div>
196.                   <div class = "news_title"><a href = "#">这是一个测试标题,如果字
                       数很多,则隐藏多余的文字并显示省略号</a></div>
197.                 </li>
198.               </ul>
199.            </article>
200.            <!-- 新闻"政策文件" -->
201.            <article id = "news_zcwj">
202.               <!-- 新闻标题 -->
203.               <div class = "title"><span>政策文件</span><a href = "#"><img src =
                   "img/news/_.png" /></a></div>
204.               <!-- 新闻列表 -->
205.               <ul class = "news_list">
206.                 <li>
207.                   <div class = "news_date">2020 - 02 - 28</div>
208.                   <div class = "news_title"><a href = "#">这是一个测试标题这是一
                       个测试标题</a></div>
209.                 </li>
210.                 <li>
211.                   <div class = "news_date">2020 - 02 - 28</div>
212.                   <div class = "news_title"><a href = "#">这是一个测试标题这是一
                       个测试标题</a></div>
213.                 </li>
214.                 <li>
215.                   <div class = "news_date">2020 - 02 - 28</div>
216.                   <div class = "news_title"><a href = "#">这是一个测试标题这是一
                       个测试标题</a></div>
217.                 </li>
218.                 <li>
219.                   <div class = "news_date">2020 - 02 - 28</div>
220.                   <div class = "news_title"><a href = "#">这是一个测试标题这是一
                       个测试标题</a></div>
221.                 </li>
222.                 <li>
223.                   <div class = "news_date">2020 - 02 - 28</div>
224.                   <div class = "news_title"><a href = "#">这是一个测试标题,如果字
                       数很多,则隐藏多余的文字并显示省略号</a></div>
225.                 </li>
226.               </ul>
227.            </article>
228.         </section>
229. </div>
230.
231. <!-- 页脚 -->
232. <footer>
233.      <!-- 页脚 1 -->
234.      <section id = "footer1">
```

```
235.            <!-- 友情链接(图) -->
236.        < div id = "hotlink_img">
237.            < ul >
238.                < li > < a href = "http://www.moe.gov.cn/" target = "_blank"> < img src =
                   "img/hotlink/jyb.png"> </a> </li>
239.                < li > < a href = "http://www.sizhengwang.cn/" target = "_blank"> < img
                   src = "img/hotlink/gzw.png"> </a> </li>
240.                < li > < a href = "http://www.hie.edu.cn/" target = "_blank"> < img src =
                   "img/hotlink/jyxh.png"> </a> </li>
241.                < li > < a href = "http://www.ahedu.gov.cn/" target = "_blank"> < img src
                   = "img/hotlink/ahsjyt.png"> </a> </li>
242.                < li > < a href = "http://www.univs.cn/" target = "_blank"> < img src =
                   "img/hotlink/dxszx.png"> </a> </li>
243.            </ul>
244.        </div>
245.
246.            <!-- 友情链接(文字) -->
247.        < div id = "hotlink_txt">
248.            < select name = " menu1" onchange = " window. open ( this. options [ this.
                   selectedIndex]. value);">
249.                < option selected value = "♯">高校思政工作队伍培训研究中心</option>
250.                < option value = "https://www.bnu.edu.cn/">北京师范大学
251.                < option value = "http://www.ustb.edu.cn/">北京科技大学
252.                <!-- 后续可以自行追加需要的高校 -->
253.            </select >
254.            < select name = " menu2" onchange = " window. open ( this. options [ this.
                   selectedIndex]. value);">
255.                < option selected value = "♯">安徽省高等院校</option>
256.                < option value = "http://www.ahu.edu.cn/">安徽大学
257.                < option value = "https://www.ustc.edu.cn/">中国科学技术大学
258.                < option value = "http://www.hfut.edu.cn/">合肥工业大学
259.                <!-- 后续可以自行追加需要的高校 -->
260.            </select >
261.            < div > < a href = "http://www.ahnu.edu.cn" target = "_blank">安徽师范大学
                   </a> </div>
262.            < div > < a href = "http://marx.ahnu.edu.cn" target = "_blank">安徽师范大学
                   马克思主义学院</a> </div>
263.        </div>
264.    </section>
265.
266.    <!-- 页脚 2 -->
267.    < section id = "footer2">
268.        < div id = "footer2_box">
269.            <!-- 左侧表格 -->
270.            < table id = "left_box">
271.                < tr >
272.                    < td > </td>
273.                    < td >联系我们</td>
274.                </tr>
275.                < tr >
276.                    < td > < img src = "img/contact/location.png"/></td>
277.                    < td >安徽省芜湖市九华南路 189 号</td>
278.                </tr>
279.                < tr >
280.                    < td > < img src = "img/contact/email.png"/></td>
281.                    < td > fdyjd@126.com </td>
282.                </tr>
283.                < tr >
284.                    < td > < img src = "img/contact/tel.png"/></td>
285.                    < td > 0553 - 5910531 </td>
286.                </tr>
```

```
287.          <tr>
288.              <td></td>
289.              <td>版权所有:2019 高校思想政治工作队伍培训研修中心(安徽师范
              大学)</td>
290.          </tr>
291.      </table>
292.      <!-- 右侧表格 -->
293.      <table id = "right_box">
294.          <tr>
295.              <td><img src = "img/contact/chart.png"/></td>
296.              <td>网站访问量:2930807 人次</td>
297.          </tr>
298.      </table>
299.      </div>
300.      </section>
301. </footer>
302. </body>
303. </html>
```

CSS 完整代码如下:

```
1.  @charset "utf8";
2.  /*
3.   * 一、整体样式
4.   */
5.  body {
6.      font - family: "微软雅黑";
7.      text - align: center;
8.      margin: 0;
9.      padding: 0;
10.     min - width: 1000px;                    /* 最小宽度为 1000px */
11.     font - size: 30px;
12. }
13. a:link, a:visited {
14.     text - decoration: none;
15. }
16. ul {
17.     margin: 0px;
18.     padding: 0px;
19.     list - style: none;
20. }
21. /*
22.  * 二、页眉部分
23.  */
24. /* 页眉 */
25. header {
26.     width: 100 % ;
27.     height: 111px;
28.     background - color: rgb(32,86,172);
29. }
30. /* logo 区域 */
31. #logo {
32.     width: 990px;
33.     height: 111px;
34.     margin: 0 auto;
35. }
36. /* logo 图片 */
37. #logo img {
38.     float: left;
39.     width: 520px;
40.     height: 111px;
```

```
41.      }
42.   / *
43.    * 三、菜单部分
44.    * /
45.   / * 菜单导航栏 * /
46.   nav {
47.        width: 100 % ;
48.        height: 40px;
49.   }
50.   / * 菜单整体区域 * /
51.   # menu {
52.        width: 990px;
53.        margin: 0 auto;
54.        height: 40px;
55.        line - height: 40px;
56.   }
57.   / * 菜单栏区域 * /
58.   # menu ul {
59.        float: left;
60.   }
61.   / * 菜单栏——列表项 * /
62.   # menu ul li {
63.        float: left;
64.        font - size: 16px;
65.        color: rgb(32,86,172);
66.   }
67.   / * 菜单栏——超链接 * /
68.   # menu ul a {
69.        display: block;
70.        padding: 0 12px;
71.   }
72.   / * 菜单栏——超链接正常和被访问 * /
73.   # menu ul a:link, # menu ul a:visited {
74.        color: rgb(32,86,172);
75.   }
76.   / * 菜单栏——超链接光标悬浮和激活 * /
77.   # menu ul a:hover, # menu ul a:active {
78.        color: white;
79.        background - color: rgb(32,86,172);
80.   }
81.   / * 搜索框区域 * /
82.   # menu form {
83.        float: right;
84.        width: 150px;
85.        height: 20px;
86.        border: 1px solid gray;
87.        border - radius: 5px;          / * 边框四个角为圆角效果 * /
88.        margin - top: 10px;
89.        font - size: 16px;
90.        line - height: 25px;
91.   }
92.   / * 搜索框——图标 * /
93.   # menu form img {
94.        float: left;
95.        width: 15px;
96.        height: 15px;
97.        margin - left: 5px;
98.        margin - top: 2px;
99.   }
100.  / * 搜索框——单行文本输入框 * /
101.  # menu form input {
102.       float: left;
```

```
103.        width: 110px;
104.        height: 15px;
105.        margin - left: 5px;
106.        outline: none;
107.        border: none;
108.    }
109.    /*
110.     * 四、主体部分
111.     */
112.    /* 主体容器 */
113.    #container {
114.        width: 990px;
115.        margin: 0 auto;
116.        background - color:rgba(236,237,241,0.5);
117.    }
118.    /* 主体第一行 */
119.    #section1 {
120.        width: 100 % ;
121.        height: 350px;
122.    }
123.    /* 主体第一行——左侧面板 */
124.    #col1_1 {
125.        float: left;
126.        width: 645px;
127.        height: 350px;
128.    }
129.    /* 幻灯片播放区域 */
130.    #slider {
131.        width: 645px;
132.        height: 350px;
133.        margin: 0px;
134.        padding: 0px;
135.        position: relative;
136.        left:0px;
137.        top:0px;
138.    }
139.    /* 幻灯片——列表元素样式设置 */
140.    #slider ul {
141.        list - style: none;
142.        position: relative;
143.    }
144.    /* 幻灯片——列表选项元素样式设置 */
145.    #slider li {
146.        position: absolute;
147.        top: 0px;
148.        left: 0px;
149.        float: left;
150.        text - align: center;
151.    }
152.    /* 幻灯片——图片样式设置 */
153.    #slider li img {
154.        width: 100 % ;
155.        height: 350px;
156.    }
157.    /* 幻灯片——隐藏效果设置 */
158.    .hide {
159.            display: none;
160.    }
161.    /* 幻灯片——段落元素样式设置 */
162.    #slider p {
163.        position: absolute;
164.        bottom:0px;
```

```
165.        left: 0px;
166.        width: 605px;
167.        color:white;
168.        background - color: rgba(0,0,0,0.5);        /* 背景颜色为半透明效果 */
169.        padding:10px 20px;
170.        font - size:18px;
171.        text - align:center;
172. }
173. /* 幻灯片——按钮总体样式设置 */
174. #slider button {
175.        position: absolute;
176.        margin: 0px;
177.        border: none;
178.        outline: none;
179.        background - color: transparent;        /* 背景颜色为透明 */
180.        width: 50px;
181.        height: 50px;
182. }
183. /* 幻灯片——按钮1位置设置 */
184. #slider #btn01 {
185.        top: 150px;
186.        left: 10px;
187. }
188. /* 幻灯片——按钮2位置设置 */
189. #slider #btn02 {
190.        top: 150px;
191.        right: 10px;
192. }
193. /* 幻灯片——按钮内部图片尺寸设置 */
194. #slider button img{
195.        width: 100%;
196.        height: 100%;
197. }
198.
199. /* 主体第一行——右侧面板 */
200. #col1_2 {
201.        float: left;
202.        width: 340px;
203.        height: 350px;
204. }
205. /* 新闻"通知公告"区域 */
206. #news_tzgg{
207.        height:271px;
208. }
209. /* 新闻区域——标题 */
210. .title{
211.        color:rgb(32,86,172);
212.        font - size:16px;
213.        font - weight:bold;
214.        line - height:36px;
215.        height:36px;
216. }
217. /* 新闻区域——标题,文本 */
218. .title span{
219.        float:left;
220.        margin - left:25px;
221. }
222. /* 新闻区域——标题,图片 */
223. .title img{
224.        float:right;
225.        width:10px;
226.        height:10px;
227.        margin - top:15px;
```

```
228.        margin - right:25px;
229.    }
230.
231.    /*新闻区域——列表*/
232.    .news_list{
233.        margin:0 15px;
234.        padding:5px 0;
235.            border - top:2px solid rgb(32,86,172);            /*顶部蓝色分割线*/
236.        background - color:white;
237.    }
238.    /*新闻区域——列表,单行*/
239.    .news_list li div{
240.        text - align:left;
241.        line - height:20px;
242.        height:20px;
243.        margin:8px 0;
244.        font - size:14px;
245.    }
246.    /*新闻区域——列表,单条新闻日期*/
247.    .news_list .news_date{
248.        width:90px;
249.        margin - left:20px;
250.        text - align:center;
251.    }
252.    /*新闻区域——列表,单条新闻标题*/
253.    .news_list .news_title{
254.        margin:0 20px;
255.        overflow:hidden;                    /*多余内容隐藏*/
256.        text - overflow:ellipsis;           /*多余文本显示成省略号*/
257.        white - space:nowrap;               /*文本不换行*/
258.    }
259.    /*新闻区域——列表,单条新闻超链接普通效果*/
260.    .news_list a:link,.news_list a:visited{
261.        color:black;
262.    }
263.    /*新闻区域——列表,单条新闻超链接悬浮效果*/
264.    .news_list a:hover,.news_list a:active{
265.        color:rgb(5,134,181);
266.    }
267.
268.    /*新闻"通知公告"——日期背景和文字颜色*/
269.    #news_tzgg .news_date{
270.        background - color:rgb(32,86,172);
271.        color:white;
272.    }
273.
274.    /*图标面板区域*/
275.    #icon_panel{
276.        margin:0 15px;
277.        background - color:rgb(32,86,172);
278.        height:66px;
279.    }
280.    /*图标面板区域——列表单项*/
281.    #icon_panel li{
282.        display:block;
283.        float:left;
284.        list - style:none;
285.        width:50%;
286.        margin:7px 0;
287.        font - size:14px;
288.    }
289.    /*图标面板区域——图片*/
290.    #icon_panel img{
```

```
291.        width:65px;
292.        height:32px;
293.    }
294.    /* 图标面板区域——超链接 */
295.    #icon_panel a{
296.        color:white;
297.    }
298.
299.    /* 主体第二行 */
300.    #section2 {
301.        width: 100%;
302.        height: 365px;
303.    }
304.    /* 新闻列表区域 */
305.    #news_xwdt, #news_kxyj, #news_zcwj{
306.        float:left;
307.        width:330px;
308.        height:338px;
309.        margin-top:10px;
310.    }
311.    /* 新闻"新闻动态"——日期背景和文字颜色 */
312.    #news_xwdt .news_date{
313.        background-color:rgb(218,214,214);
314.        color:rgb(190,155,96);
315.    }
316.    /* 新闻"科学研究"——日期背景和文字颜色 */
317.    #news_kxyj .news_date{
318.        background-color:rgb(218,214,214);
319.        color:rgb(32,86,172);
320.    }
321.    /* 新闻"政策文件"——日期背景和文字颜色 */
322.    #news_zcwj .news_date{
323.        background-color:rgb(218,214,214);
324.        color:rgb(5,134,181);
325.    }
326.
327.    /*
328.     * 五、页脚部分
329.     */
330.    footer {
331.        width: 100%;
332.        height: 250px;
333.    }
334.    /* 页脚1 */
335.    #footer1 {
336.        height: 95px;
337.        background-color: rgb(210,210,210);
338.    }
339.    /* 友情链接(图)——列表区域样式 */
340.    #hotlink_img ul {
341.        width: 900px;
342.        margin: 0 auto;
343.    }
344.    /* 友情链接(图)——列表元素样式 */
345.    #hotlink_img li {
346.        float: left;
347.        width: 20%;
348.    }
349.    /* 友情链接(图)——列表图片样式 */
350.    #hotlink_img img {
351.        width: 140px;
352.        height: 38px;
353.        margin: 7px 0px;
```

```
354.    }
355.    /* 友情链接(文字)——列表区域样式 */
356.    #hotlink_txt {
357.        width: 950px;
358.        margin: 0 auto;
359.    }
360.    /* 友情链接(文字)——文本方块样式:下拉菜单和超链接 */
361.    #hotlink_txt a, select {
362.        float: left;
363.        width: 215px;
364.        height: 25px;
365.        margin: 0 10px;
366.        border-radius: 7px;                    /* 边框四个角为圆角效果 */
367.        border: 1px solid silver;
368.        font-size: 12px;
369.        line-height: 25px;
370.        color: black;
371.        background-color: white;
372.    }
373.    /* 页脚 2 */
374.    #footer2 {
375.        height: 155px;
376.        background-color: rgb(21,32,64);
377.    }
378.    /* 页脚 2 信息区域 */
379.    #footer2_box {
380.        width: 990px;
381.        margin: 0 auto;
382.    }
383.    /* 表格样式 */
384.    #footer2 table {
385.        text-align: left;
386.        color: rgb(162,162,252);
387.        font-size: 12px;
388.    }
389.    /* 图标大小 */
390.    #footer2 img {
391.        width: 15px;
392.        height: 15px;
393.    }
394.    /* 左侧表格 */
395.    #footer2 #left_box {
396.        float: left;                           /* 浮动到左边 */
397.        margin-top: 15px;
398.        margin-left: 40px;
399.    }
400.    /* 右侧表格 */
401.    #footer2 #right_box {
402.        float: right;                          /* 浮动到右边 */
403.        margin-top: 20px;
404.        margin-right: 40px;
405.    }
```

扫一扫

AI 助教

本章小结及 AI 辅助编程技巧

  本章为前端综合应用实战项目,以教育部高校辅导员培训和研修基地网站首页为例,介绍如何综合应用前端开发相关知识制作完整网页。在项目简介部分介绍了需要使用的技术和预期效果图;在整体布局设计部分将整个网页分解为 5 个模块:网站页眉、菜单导航栏、主体内容第一行、主体内容第二行、网站页脚,并依次按照这 5 个模块的顺序进行了页面实现。

第13章

前端框架实战·基于Vue.js 3.x 的秒表程序的设计与实现

当学习了 Web 前端开发的基础知识和各类 API 以后,可以进一步了解前端框架的概念。本章介绍了基础前端框架 jQuery 和 Bootstrap,以及高级前端框架 Vue、React 和 Angular,并以 Vue.js 3.x 为例介绍其引用和基础开发语法,然后完成第一个 Vue.js 3.x 综合实战应用——基于 Vue.js 3.x 的简易秒表的设计与实现。开发者可以在学完本章后进一步选择前端框架的专业书进行学习。

本章学习目标

- 了解前端框架的概念;
- 了解基础前端框架 jQuery 和 Bootstrap;
- 了解高级前端框架 Vue、React 和 Angular;
- 掌握 Vue.js 3.x 框架的 CDN 引用方法;
- 掌握 Vue.js 3.x 创建和挂载应用的方法;
- 掌握 Vue.js 3.x 数据动态绑定和事件处理的方法。

13.1 前端框架简介

13.1.1 什么是前端框架

前端框架这一概念最早是在建筑学领域被提及,它指的是一种可复用的设计构建。在 Web 开发领域,前端框架指的是一种基于 HTML、CSS、JavaScript 技术封装的工具套件,用于帮助开发者提高开发效率,快速搭建出 Web 页面和相关的交互事件。前端框架一般会事先封装好一些美观的 UI 组件(例如按钮、图标、下拉菜单等)或交互功能(例如元素隐藏/显示、动画效果、地址路由等),开发者无须从零开始编写烦琐的代码,直接通过调用的方式就可以快速复用前端框架内自带的组件和功能。掌握好前端框架,不仅可以大幅缩短开发周期,而且可以提高页面美观性。

13.1.2 基础前端框架

jQuery 和 Bootstrap 是建议开发者了解和学习的轻量级基础前端框架,前者是网络上使用最广泛的函数库,后者是全球最受欢迎的前端组件库之一。

1. jQuery

jQuery 这个名称来源于 JavaScript 和 Query(查询)的组合,是一个轻量级的跨平台

JavaScript 函数库,拥有 MIT 软件许可协议。目前主流浏览器基本上都支持 jQuery。jQuery 秉承"write less,do more(写得更少,做得更多)"的核心理念,其语法能让用户更方便地选取和操作 HTML 元素、处理各类事件、实现 JavaScript 特效与动画,并且能为不同类型的浏览器提供更便捷的 API 用于 AJAX 交互。jQuery 也能让开发者基于 JavaScript 函数库开发新的插件。jQuery 将通用性和可扩展性相结合,它的出现将改变人们对 JavaScript 的使用方式。

如今 jQuery 仍然是网络上使用范围最广泛的 JavaScript 函数库之一。根据 Builtwith (注:一款用于统计流行网站使用的构建技术和编程语言的工具)的最新统计数据得出结论,目前流量排名最高的百万个网页中超过 70% 都在使用 jQuery,其中国内比较著名的网站有 CCTV、新浪、搜狗、爱奇艺、豆瓣、CSDN、bilibili、支付宝等。

2. Bootstrap

Bootstrap 是全球最受欢迎的前端组件库之一,适合用于开发响应式布局的 Web 项目,在移动设备端能带来更好的体验。其核心优势是响应式网格系统,在无须刷新页面的前提下动态变化布局排版以便自适应当前设备尺寸的效果。除此之外,Bootstrap 还封装了相当丰富的 UI 组件,例如表格、按钮、徽章、进度条、加载效果、分页、列表、卡片、下拉菜单、折叠、导航、轮播、消息弹窗、提示框、表单等,这些组件风格统一、简洁优雅,能快速为开发者提高页面美观性。

13.1.3 高级前端框架

如果希望掌握更高级的前端项目开发技能,可以进阶学习高级前端框架技术。高级前端框架具备更加丰富的内置功能和工具,其组件化和代码复用机制能够有效提高开发效率,减少代码冗余现象和节约维护成本。从目前国内外的前端开发流行趋势来看,Vue、React 和 Angular 被称为三大主流前端框架。

1. Vue

Vue 的发音类似于英文单词 view,是中国开发者尤雨溪在 2014 年创建的一款用于高效、灵活构建用户界面的 JavaScript 框架。它基于 HTML、CSS 和 JavaScript 标准语法开发,并提供了一套声明式的、组件化的编程模型。其特色是可以用于搭建 SPA(Single Page Application,单页面应用程序)和复杂的用户界面。由于 Vue 是我国开发者创建的,因此在国内比 React 和 Angular 更受开发者青睐,具有更广泛的国内用户群体和大量的中文文档以及中文社区资源,国内开发者能够更有效地学习该框架。

目前使用 Vue 开发的项目有阿里巴巴、小米、饿了么、bilibili 等。

2. React

React 最初是由 Facebook 公司创建,在 UI 组件搭建方面具有更高的灵活性。该框架将原有的整体 UI 拆分为不同的组件,每个组件都设置了自己的状态和功能方法。就像可自由组合拼接的乐高积木一样,开发者可以根据实际需要拼接、拆卸 UI 组件来快速搭建 Web 应用,从而提高前端开发效率。React 使用 JSX 作为开发语言,该语言是 HTML 和 JavaScript 的混合模式。React 在全球范围内占有的市场份额较多,因此也具有庞大的社区支持,包含很多文档、教程和工具。

目前使用 React 开发的项目有 Instagram、Netflix、Uber 官网等。

3. Angular

Angular 诞生于 2010 年,第一版是由 Google 工程师 Misko Hevery 创建的,后被 Google 公司收购,成为其官方的前端开发框架,并转由 Google 开发团队进行维护和推广。

Angular 基于 TypeScript 语言开发,具有更好的类型安全性。其内部包含丰富的功能和工具,包括模板语法、表单验证、依赖注入等,开发者可以使用对应的模块来更高效地构建复杂的 Web 项目。该框架学习成本较高,更适用于大型项目,例如数据可视化应用、大规模复杂的应用项目、桌面应用程序等。

目前使用 Angular 开发的项目有 NBA 官网、Gmail 邮箱、Microsoft Dynamics 365 等。

13.2 Vue.js 3.x 入门

Vue.js 3.x 指的是 Vue 的第三版,也是目前的最新版。之前的 Vue.js 2.x 已经于 2023 年 12 月 31 日停止维护。本章将以 Vue.js 3.x 为例,展示如何使用高级前端框架进行 Web 项目的入门开发。

13.2.1 Vue.js 3.x 的安装

Vue.js 3.x 有两种安装方法,开发者可以根据自己的实际情况任选一种。

1. 方法一:通过 CDN 引用

开发者可以在网页文件中使用< script >标签来引用 Vue.js 3.x 的 CDN 地址。

以下是目前测试可用的 CDN 地址,开发者可以从中任选其一。

- 字节跳动 CDN:https://lf3-cdn-tos.bytecdntp.com/cdn/expire-1-M/vue/3.2.31/vue.global.min.js
- staticfile CDN:https://cdn.staticfile.net/vue/3.0.5/vue.global.js
- unpkg CDN:https://unpkg.com/vue@3/dist/vue.global.js

以 unpkg CDN 为例,在网页文件中的引用示例代码如下:

```
< script src = "https://unpkg.com/vue@3/dist/vue.global.js"></script >
```

注:如果担心网络波动等原因,也可以将文件下载到本地后进行引用,效果完全一样。例如本地目录为 js,在网页文件中的引用示例代码如下:

```
< script src = "js/vue.global.js"></script >
```

其中,vue.global.js 文件的名称可自行修改。

2. 方法二:通过 npm 或 yarn 安装

目前已经支持使用 npm 或 yarn 命令安装官方的 Vue 框架,语法如下:

```
# 通过 npm 安装
npm create vue@latest

# 通过 yarn 安装
yarn create vue@latest
```

后续还需要录入项目名称,然后选一些配置选项完成项目创建。由于本章是 Vue.js 3.x 入门学习,这里不推荐初学者使用命令行工具创建项目,因此不再开展详细描述。

下一节将直接在网页页面引入 vue.global.js 文件进行简单的测试学习。

扫一扫

视频讲解

13.2.2 基于 Vue.js 3.x 的第一个应用

1. 创建项目结构

创建自定义名称的项目文件夹 firstVueDemo,在其内部创建子目录 js 用于存放文件 vue.global.js(通过 CDN 下载到本地),并新建 index.html 作为入口文件。

项目的目录结构如图 13-1 所示。

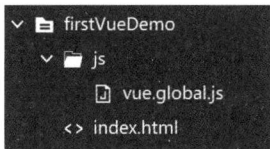

图 13-1 基于 Vue.js 3.x 的第一个应用目录结构

index.html 文件的初始代码如下：

```
1.    <!DOCTYPE html>
2.    <html>
3.    <head>
4.    <meta charset = "utf-8">
5.    <title>我的第一个 Vue 项目</title>
6.    <script src = "js/vue.global.js"></script>
7.    </head>
8.    <body>
9.    </body>
10.   </html>
```

其中,第 5 行的标题名称可以自定义；第 6 行是对 vue.global.js 文件的引用声明。

2. 编写段落文字

在 index.html 的<body>与</body>标签之间声明一个<div>组件,并为其定义 id 属性,属性值可自定义,一般可以声明为 id="app"表示 Vue.js 3.x 框架开发的最外层容器。

在<div>容器内使用段落元素<p>补充一些问候语,参考代码如下：

```
1.    <!DOCTYPE html>
2.    <html>
3.    <head>
4.    <meta charset = "utf-8">
5.    <title>我的第一个 Vue 项目</title>
6.    <script src = "js/vue.global.js"></script>
7.    </head>
8.    <body>
9.        <div id = "app">
10.          <p>Hello Vue!</p>
11.        </div>
12.   </body>
13.   </html>
```

在浏览器中访问该网页文件,运行效果如图 13-2 所示。

图 13-2 页面初始预览效果

此时就是一个普通网页,实际尚未用到 Vue.js 3.x 的相关功能。下面对该页面进行 Vue 框架改造,使其成为一个基于 Vue.js 3.x 的应用页面。

3. Vue 框架应用

1）创建和挂载应用

Vue.js 3.x 使用 createApp 函数创建应用,其语法格式如下:

```
const app = Vue.createApp({ / * 选项 * / })
```

修改 index.html 文件,追加< script >标签进行创建应用声明,代码如下:

```
1.    <!DOCTYPE html>
2.    < html >
3.        < head >… 内容略 …</head >
4.        < body >
5.            < div id = "app">… 内容略 …</div >
6.            < script >
7.                const app = Vue.createApp({})
8.            </script >
9.        </body >
10.   </html >
```

Vue.js 3.x 使用 mount 函数挂载应用到页面模块上,其语法格式如下:

```
app.mount('♯app')
```

其中,♯app 是指通过 ID 选择器找到网页上 id="app"的组件,并将应用挂载到其中。

修改 index.html 文件,追加挂载应用语句,代码如下:

```
1.    <!DOCTYPE html>
2.    < html >
3.        < head >… 内容略 …</head >
4.        < body >
5.            < div id = "app">… 内容略 …</div >
6.            < script >
7.                const app = Vue.createApp({})
8.                app.mount("♯app")
9.            </script >
10.       </body >
11.   </html >
```

此时应用就挂载好了。

2）数据动态绑定

Vue.js 3.x 使用基于 HTML 的模板语法将数据实例绑定到组件上,使得用 JavaScript 操作数据时页面显示的内容可以动态变化。

最基础的数据绑定形式叫作文本插值,在 HTML 文档中的静态文本可以改写为{{变量名}}的形式表示动态数据,例如:

```
<p> {{msg}} </p>
```

此时页面上不会显示 msg 这个词,而是会显示这个变量对应的值。需要声明的变量可以继续写到 createApp()函数内部,放在 data()方法中。

data()方法中允许包含一个或多个动态变量,其语法结构如下:

```
1.          const app = Vue.createApp({
2.              data() {
3.                  return {
4.                      变量1:值1, 变量2:值2, …,变量n:值n
5.                  }
6.              }
7.          })
```

将index.html中的段落组件内的问候语句换成变量{{msg}},并在createApp函数的data()方法中补充对应的变量声明,修改后的代码如下:

```
1.  <!DOCTYPE html>
2.  <html>
3.      <head>…内容略…</head>
4.      <body>
5.          <div id="app">
6.              <p>{{msg}}</p>
7.          </div>
8.          <script>
9.              const app = Vue.createApp({
10.                 data() {
11.                     return {
12.                         msg: "Hello Vue!" //取值可自定义
13.                     }
14.                 }
15.             })
16.             app.mount("#app")
17.  </script>
18.      </body>
19.  </html>
```

在浏览器中访问该网页文件,运行效果如图13-3所示。

图13-3　数据动态绑定后的预览效果

此时虽然页面上看到同样的文字,但是已经变成动态渲染的结果了。开发者可以试着修改data()中的msg取值,保存后重新预览看页面是否发生变化。

3) 事件处理

在Vue.js 3.x中使用v-on指令来监听DOM事件,该指令也可以缩写为@符号。

例如监听按钮的Click点击事件,写法如下:

```
<button v-on:click="methodName">按钮</button>
```

或

```
<button @click="methodName">按钮</button>
```

以上两种写法均可,其中,methodName可以换成需要执行的自定义函数名称。

自定义函数的具体内容可以继续写到 createApp()函数内部,放在 methods 属性中。methods 属性中允许包含一个或多个函数,其语法结构如下:

```
1.        const app = Vue.createApp({
2.            data() { … 内容略 … },
3.            methods:{
4.                自定义函数 1(){… 内容待补充 …},
5.                自定义函数 2(){… 内容待补充 …},
6.                …
7.                自定义函数 n(){… 内容待补充 …}
8.            }
9.        })
```

不妨尝试修改 index.html 文件,追加带有监听 Click 事件的按钮,当点击按钮时让问候文字发生变化,参考代码如下:

```
1.    <!DOCTYPE html>
2.    <html>
3.        <head>… 内容略 …</head>
4.        <body>
5.            <div id="app">
6.                <p>{{msg}}</p>
7.                <button @click="greeting">Click Me</button>
8.            </div>
9.            <script>
10.               const app = Vue.createApp({
11.                   data() {
12.                       return {
13.                           msg: "Hello Vue!"              //初始值
14.                       }
15.                   },
16.                   methods:{
17.                       greeting(){
18.                           this.msg = "Hello Vue.js 3.x!"    //变更值
19.                       }
20.                   }
21.               })
22.               app.mount("#app")
23.           </script>
24.       </body>
25.   </html>
```

重新预览页面效果如图 13-4 所示。

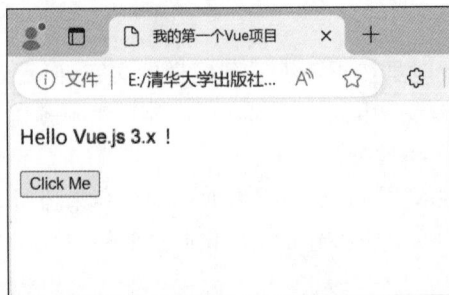

(a) 页面初始效果　　　　　　　　　　(b) 点击按钮后出现的文字

图 13-4　按钮事件的预览效果

由图 13-4 可见,原先显示的问候语是"Hello Vue!",点击按钮后显示的问候语就变成了"Hello Vue.js 3.x!",说明按钮事件处理成功生效。

此时就完成了一个最基础的 Vue.js 3.x 项目,这种通过 data()方法和 methods 属性的声明方式被称为 Vue 的选项式 API。

　　4)代码重构

　　在 Vue.js 3.x 中还有一种组合式 API,这种方式更适合单页面应用,变量与函数的声明可以更加灵活。修改后的 index.html 代码如下:

```
1.    <!DOCTYPE html>
2.    <html>
3.        <head>… 内容略 …</head>
4.        <body>
5.            <div id="app">… 内容略 …</div>
6.            <script>
7.                const {createApp, ref} = Vue
8.                createApp({
9.                    setup(){
10.                       const msg = ref("Hello Vue!");
11.                       const greeting = () =>{
12.                           msg.value = "Hello Vue.js 3.x!";
13.                       }
14.                       return {
15.                           msg,
16.                           greeting
17.                       }
18.                   }
19.               }).mount("#app")
20.           </script>
21.       </body>
22.   </html>
```

上述代码修改的内容总结如下:

- 声明 createApp()和 ref()函数,后续使用时不再需要加 Vue. 前缀。
- 去掉 data()和 methods 属性,改成统一的 setup()函数,将变量和函数都在其中声明。
- 需要在页面上调用的变量/函数都可以用 const 声明,并统一在 setup()函数的末尾 return 中登记;其他内部变量/函数可以用 let 或 var 声明,且无须写到 return 内。
- 需要渲染在页面上的变量用 ref()声明取值,用变量名.value 修改值。
- 直接用方法链把 mount()函数挂载到 createApp 函数后面。

下一节将进入实战开发环节,基于 Vue.js 3.x 制作一个简易秒表程序。

13.3　基于 Vue.js 3.x 的简易秒表的设计与实现

13.3.1　创建项目结构

　　创建自定义名称的项目文件夹 stopwatchDemo,在其内部创建子目录 css 和 js,分别用于存放样式文件 style.css(自行新建)和 Vue.js 3.x 文件 vue.global.js(通过 CDN 下载到本地)。目录结构如图 13-5 所示。

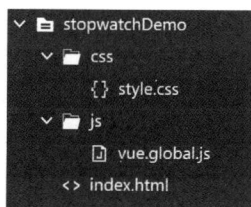

图 13-5　简易秒表应用的目录结构

index. html 文件的初始代码如下:

```
1.    <!DOCTYPE html >
2.    < html >
3.        < head >
4.            < meta charset = "utf - 8">
5.            < title >基于 Vue.js 3.x 的简易秒表的设计与实现</title>
6.            < link rel = "stylesheet" href = "css/style.css" />
7.            < script src = "js/vue.global.js"></script>
8.        </head >
9.        < body >
10.       </body >
11.   </html >
```

其中,第 5 行的标题名称可以自定义;第 6、7 行分别是对样式文件 style. css 和 vue. global. js 文件的引用声明。

13.3.2　页面设计

1. 整体布局设计

计划制作一个卡片式的应用,卡片内分为上下结构:上面是时间展示区域,用于显示当前秒表的读数文本;下面是按钮区域,用于显示"复位"、"启动"/"停止"按钮,其中,左侧是"复位"按钮,右侧是"启动"/"停止"按钮彼此切换显示。

修改 index. html,声明根容器<div id="app">,并在其中声明两个<div>子容器,其中,class 取值分别为 timeBox 和 btnBox,用于表示时间展示区域和按钮区域。参考代码如下:

```
1.    <!DOCTYPE html >
2.    < html >
3.        < head >
4.            < meta charset = "utf - 8">
5.            < title >基于 Vue.js 3.x 的简易秒表的设计与实现</title>
6.            < link rel = "stylesheet" href = "css/style.css" />
7.            < script src = "js/vue.global.js"></script>
8.        </head >
9.        < body >
10.           < div id = "app">
11.               <!-- 时间展示区域 -->
12.               < div class = "timeBox"></div>
13.               <!-- 按钮区域 -->
14.               < div class = "btnBox"></div>
15.           </div >
16.       </body >
17.   </html >
```

然后在 style. css 文件中声明容器样式,参考代码如下:

```
1.    /* 根容器样式 */
2.    #app{
3.        width: 300px;                        /* 宽 */
4.        height: 300px;                       /* 高 */
5.        margin: 20px auto;                   /* 外边距上下 20px,水平方向居中 */
6.        padding: 20px;                       /* 内边距四个边均为 20px */
7.        background - color: #333;            /* 背景颜色 */
8.        display: flex;                       /* 弹性布局 */
9.        flex - direction: column;            /* 垂直布局 */
10.       justify - content:space - around;    /* 垂直方向上均匀布局,两头的距离是中间的一半 */
11.   }
```

继续补充时间展示区域和按钮区域的样式,CSS 代码如下:

```
1.    /*时间展示区域*/
2.    .timeBox{
3.        width: 100%;                    /*宽*/
4.        height: 60px;                   /*高*/
5.        border: 1px solid red;          /*临时:1px红色边框*/
6.    }
7.    /*按钮区域*/
8.    .btnBox{
9.        width: 100%;                    /*宽*/
10.       height: 80px;                   /*高*/
11.       border: 1px solid red;          /*临时:1px红色边框*/
12.   }
```

为了方便观看两个子区域所在位置,这里第 5、11 行均使用 border 属性为其临时添加了 1px 粗细的实线红色边框,全部做完后可以去掉此行代码。

此时预览效果如图 13-6 所示。

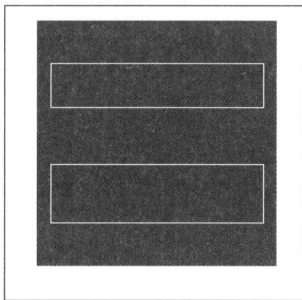

图 13-6　简易秒表应用的整体布局效果

2. 时间展示区域设计

在 index.html 中临时添加秒表数据,参考代码如下:

```
1.    <!DOCTYPE html>
2.    <html>
3.        <head>…内容略…</head>
4.        <body>
5.            <div id="app">
6.                <!-- 时间展示区域 -->
7.                <div class="timeBox">00:00.00</div>
8.                <!-- 按钮区域 -->
9.                <div class="btnBox"></div>
10.           </div>
11.       </body>
12.   </html>
```

这里临时用"00:00.00"表示 0 分 0.00 秒,小数点后精确到 0.01 秒。

在 style.css 中补充时间展示区域的样式,主要是设置字体大小和颜色,参考代码如下:

```
1.    /*时间展示区域*/
2.    .timeBox{
3.        width: 100%;                    /*宽*/
4.        height: 60px;                   /*高*/
5.        border: 1px solid red;          /*临时:1px红色边框*/
6.        color: white;                   /*文本颜色*/
7.        font-size: 40px;                /*字体大小*/
8.        text-align: center;             /*水平方向居中*/
9.    }
```

预览效果如图 13-7 所示。

图 13-7　简易秒表应用的时间展示区域效果

3. 按钮区域设计

在 index. html 中添加按钮,参考代码如下:

```
1.    <!DOCTYPE html>
2.    < html >
3.        < head >…内容略…</head>
4.        < body >
5.            < div id = "app">
6.                <!-- 时间展示区域 -->
7.                < div class = "timeBox"> 00:00.00 </div>
8.                <!-- 按钮区域 -->
9.                < div class = "btnBox">
10.                   <!-- 左边按钮 -->
11.                   < button >复位</button>
12.                   <!-- 右边按钮 -->
13.                   < button class = "greenBtn">启动</button>
14.                   <!-- < button class = "redBtn">停止</button> -->
15.               </div>
16.           </div>
17.       </body>
18.   </html>
```

按钮需要一左一右显示,左边是"复位"按钮,右边是"启动"按钮和"停止"按钮二选一显示(页面初始显示"启动"按钮,单击"启动"按钮后秒表开始计时,此时显示"停止"按钮)。因此暂时注释掉"停止"按钮相关代码,先看页面初始效果。

这里为右边两个按钮设置 class 属性分别为 greenBtn 和 redBtn,后续将在 CSS 代码中补充为绿色主题和红色主题按钮样式。

在 style. css 的按钮区域样式中补充弹性布局样式,参考代码如下:

```
1.    /*按钮区域*/
2.    .btnBox {
3.        width: 100%;                      /*宽*/
4.        height: 80px;                     /*高*/
5.        border: 1px solid red;            /*临时:1px 红色边框*/
6.        display: flex;                    /*弹性布局(默认水平布局)*/
7.        justify - content: space - between;   /*两端对齐*/
8.    }
```

在 style. css 中补充按钮的通用样式,参考代码如下:

```
1.    /*按钮通用样式*/
2.    button {
3.        width: 80px;                      /*宽*/
4.        height: 80px;                     /*高*/
```

```
5.        border: none;                    /* 去掉边框 */
6.        border - radius: 50%;             /* 圆角边框 */
7.        cursor: pointer;                 /* 鼠标为手状指针 */
8.        font - size: 20px;               /* 字体大小 */
9.    }
```

在 style.css 中继续补充绿、红主题颜色按钮样式,参考代码如下:

```
1.    /* 绿色主题按钮 */
2.    .greenBtn{
3.        background - color: lightgreen;   /* 背景颜色浅绿 */
4.        color: darkgreen;                /* 文本颜色深绿 */
5.    }
6.    /* 红色主题按钮 */
7.    .redBtn{
8.        background - color: pink;         /* 背景颜色粉红 */
9.        color: darkred;                  /* 文本颜色深红 */
10.   }
```

此时样式代码已经全部完成,可以把时间展示区域和按钮区域样式中的 border 属性全部去掉了。

预览页面效果时由于需要考虑两种状态,可以分别注释掉"停止"按钮和"启动"按钮的相关 HTML 代码,每次只预览其中一个按钮的页面效果。最终预览效果如图 13-8 所示。

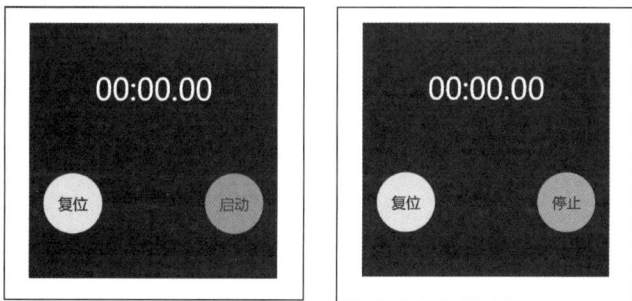

(a) 页面初始效果　　　　　　(b) 秒表开始计时的页面效果

图 13-8　简易秒表应用的时间展示区域效果

接下来就可以进行逻辑实现了,使用 Vue.js 3.x 框架应用快速实现动态效果。

13.3.3　逻辑实现

1. 创建和挂载应用

修改 index.html 文件,追加< script >标签并在其中创建和挂载 Vue.js 3.x 应用,代码如下:

扫一扫

视频讲解

```
1.    <! DOCTYPE html>
2.    < html >
3.        < head >… 内容略 …</ head >
4.        < body >
5.            < div id = "app">… 内容略 …</ div >
6.            < script >
7.                const {createApp, ref} = Vue
8.                createApp({
9.                    setup(){
10.                       //待补充
11.                   }
12.               }).mount("# app")
13.           </ script >
14.       </ body >
15.   </ html >
```

这里使用 setup()方法使代码更为简洁,等待后续补充变量和函数。

2. 动态绑定数据

修改 index. html 文件,在 createApp()函数中初始化一些变量值,参考代码如下:

```
1.   <!DOCTYPE html >
2.   < html >
3.       < head >… 内容略 …</head >
4.       < body >
5.           < div id = "app">… 内容略 …</div >
6.           < script >
7.               const {createApp, ref} = Vue
8.               createApp({
9.                   setup(){
10.                      //声明变量
11.                      const formatTime = ref('00:00.00'); //初始化时间展示
12.                      const isStart = ref(false);          //秒表是否已启动
13.                      let count = 0;                       //当前时间统计(每0.01秒+1)
14.                      let timer = null;                    //JavaScript 计时器
15.
16.                      return {
17.                          //变量
18.                          formatTime,
19.                          isStart
20.                      }
21.                  }
22.              }).mount("♯app")
23.          </script >
24.      </body >
25.  </html >
```

这里只有 formatTime 和 isStart 变量需要动态绑定到页面上,因此使用 const 和 ref()进行声明,并放在了 return 内部;其余两个变量 count 和 timer 只需要在< script >内部辅助使用,使用 let 或者 var 声明即可。

修改 HTML 中的时间展示区域,将时间数据"00:00.00"换成变量{{formatTime}};修改按钮区域中右侧两个按钮组件,使用 v-if 和 v-else 属性使它们根据秒表启动状态变量 isStart 的取值只显示其中一个。index. html 代码修改如下:

```
1.   <!DOCTYPE html >
2.   < html >
3.       < head >… 内容略 …</head >
4.       < body >
5.           < div id = "app">
6.               <!-- 时间展示区域 -->
7.               < div class = "timeBox">{{formatTime}}</div >
8.               <!-- 按钮区域 -->
9.               < div class = "btnBox">
10.                  <!-- 左边按钮(…内容略…) -->
11.                  <!-- 右边按钮 -->
12.                  < button v - if = "!isStart" class = "greenBtn">启动</button >
13.                  < button v - else class = "redBtn">停止</button >
14.              </div >
15.          </div >
16.          < script >… 内容略 …</script >
17.      </body >
18.  </html >
```

此时预览应该还是和原先效果相同,但实际上数据已经转化为动态渲染了。

### 3.	"启动"/"停止"按钮事件

修改 index.html 代码,为右边的"启动"/"停止"按钮添加 Click 监听事件,分别触发自定义函数 start()和 stop()。参考代码如下:

```
1.   <!DOCTYPE html >
2.   < html >
3.       < head > … 内容略 … </ head >
4.       < body >
5.           < div id = "app">
6.               <!-- 时间展示区域( … 内容略 … ) -->
7.               <!-- 按钮区域 -->
8.               < div class = "btnBox">
9.                   <!-- 左边按钮( … 内容略 … ) -->
10.                  <!-- 右边按钮 -->
11.                  < button v - if = "! isStart" class = "greenBtn" @ click = "start">启动</ button >
12.                  < button v - else class = "redBtn" @ click = "stop">停止</ button >
13.              </ div >
14.      </ div >
15.          < script >
16.              const {createApp, ref} = Vue
17.              createApp({
18.                  setup(){
19.                      //声明变量( … 内容略 … )
20.                      //启动按钮事件
21.                      const start = () = >{
22.                          isStart.value = true;                      //秒表已启动
23.                          //每隔 0.01 秒(10 毫秒)执行一次
24.                          timer = setInterval(() = >{
25.                              count++;                               //每次计数器 + 1
26.                              let m = Math.floor(count/100/60);      //计算分
27.                              let s = Math.floor(count/100 - m * 60); //计算秒
28.                              let ms = count % 100;                  //计算秒的 2 位小数
29.                              //如果数字是个位数,十位补 0
30.                              if(m < 10) m = "0" + m;
31.                              if(s < 10) s = "0" + s;
32.                              if(ms < 10) ms = "0" + ms;
33.                              //更新页面显示时间
34.                              formatTime.value = m + ":" + s + "." + ms;
35.                          },10)
36.                      };
37.                      //停止按钮事件
38.                      const stop = () = >{
39.                          isStart.value = false;                     //秒表已停止
40.                          clearInterval(timer);                      //清除计时器
41.                      };
42.                      return {
43.                          //变量( … 内容略 … )
44.                          //函数
45.                          start,
46.                          stop
47.                      }
48.                  }
49.              }).mount("# app")
50.          </ script >
51.      </ body >
52.  </ html >
```

运行效果如图 13-9 所示。

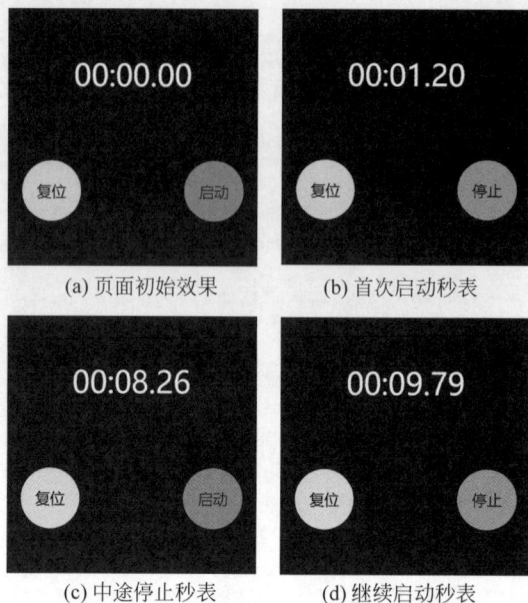

(a) 页面初始效果   (b) 首次启动秒表

(c) 中途停止秒表   (d) 继续启动秒表

图 13-9   简易秒表应用的启停按钮事件效果

扫一扫

视频讲解

由图 13-9 可见,可以反复切换"启动"/"停止"按钮,时间会继续累计不清零。

4. "复位"按钮事件

修改 index.html 代码,为"复位"按钮添加 Click 监听事件,并触发自定义函数 reset()。

```
1.    <!DOCTYPE html>
2.    <html>
3.        <head>…内容略…</head>
4.        <body>
5.            <div id="app">
6.                <!-- 时间展示区域(…内容略…) -->
7.                <!-- 按钮区域 -->
8.                <div class="btnBox">
9.                    <!-- 左边按钮 -->
10.                   <button @click="reset">复位</button>
11.                   <!-- 右边按钮(…内容略…) -->
12.               </div>
13.           </div>
14.        <script>
15.            const {createApp, ref} = Vue
16.            createApp({
17.                setup(){
18.                    //声明变量(…内容略…)
19.                    //启动按钮事件(…内容略…)
20.                    //停止按钮事件(…内容略…)
21.                    //复位按钮事件
22.                    const reset = () =>{
23.                        stop();                      //先停止秒表
24.                        count = 0;                   //时间统计清零
25.                        formatTime.value = "00:00.00"; //页面显示时间清零
26.                    };
27.                    return {
28.                        //变量
29.                        //函数
30.                        start,
31.                        stop,
```

```
32.                        reset
33.                    }
34.                }
35.            }).mount("#app")
36.        </script>
37.    </body>
38. </html>
```

这里 reset() 函数中有两句代码可以直接复用 stop() 函数中的代码，因此直接调用 stop() 函数停止秒表，再将统计数字 count 和页面显示的变量 formatTime 都清零即可。

此时就全部完成了，运行效果如图 13-10 所示。

(a) 页面初始效果   (b) 运行秒表过程

(c) 中途停止秒表   (d) 复位效果

图 13-10 简易秒表应用的最终效果

此时基于 Vue.js 3.x 的简易秒表应用就全部完成了，开发者如果对前端框架感兴趣可以进一步阅读其他技术图书和文档。

13.3.4 完整代码展示

index.html 文件的完整代码如下：

```
1.  <!DOCTYPE html>
2.  <html>
3.      <head>
4.          <meta charset = "utf-8">
5.          <title>基于 Vue.js 3.x 的简易秒表的设计与实现</title>
6.          <link rel = "stylesheet" href = "css/style.css" />
7.          <script src = "js/vue.global.js"></script>
8.      </head>
9.      <body>
10.         <div id = "app">
11.             <!-- 时间展示区域 -->
12.             <div class = "timeBox">{{formatTime}}</div>
13.             <!-- 按钮区域 -->
14.             <div class = "btnBox">
```

```
15.              <!-- 左边按钮 -->
16.              <button @click = "reset">复位</button>
17.              <!-- 右边按钮 -->
18.              <button v-if = "!isStart" class = "greenBtn" @click = "start">启动</button>
19.              <button v-else class = "redBtn" @click = "stop">停止</button>
20.          </div>
21.      </div>
22.      <script>
23.          const {createApp, ref} = Vue
24.          createApp({
25.              setup(){
26.                  //声明变量
27.                  const formatTime = ref('00:00.00');     //初始化时间展示
28.                  const isStart = ref(false);             //秒表是否已启动
29.                  let count = 0;                          //当前时间统计(每 0.01 秒 + 1)
30.                  let timer = null;                       //JavaScript 计时器
31.
32.                  //启动按钮事件
33.                  const start = () =>{
34.                      isStart.value = true;               //秒表已启动
35.                      //每隔 0.01 秒(10 毫秒)执行一次
36.                      timer = setInterval(() =>{
37.                          count++;                        //每次计数器 + 1
38.                          let m = Math.floor(count/100/60);        //计算分
39.                          let s = Math.floor(count/100 - m * 60);  //计算秒
40.                          let ms = count % 100;           //计算秒的 2 位小数
41.                          //如果数字是个位数,十位补 0
42.                          if(m < 10) m = "0" + m;
43.                          if(s < 10) s = "0" + s;
44.                          if(ms < 10) ms = "0" + ms;
45.                          //更新页面显示时间
46.                          formatTime.value = m + ":" + s + "." + ms;
47.                      },10)
48.                  };
49.                  //停止按钮事件
50.                  const stop = () =>{
51.                      isStart.value = false;              //秒表已停止
52.                      clearInterval(timer);               //清除计时器
53.                  };
54.                  //复位按钮事件
55.                  const reset = () =>{
56.                      stop();                             //先停止秒表
57.                      count = 0;                          //时间统计清零
58.                      formatTime.value = "00:00.00";      //页面显示时间清零
59.                  };
60.
61.                  return {
62.                      //变量
63.                      formatTime,
64.                      isStart,
65.                      //函数
66.                      start,
67.                      stop,
68.                      reset
69.                  }
70.              }
71.          }).mount("#app")
72.      </script>
73. </body>
74. </html>
```

style.css 文件的完整代码如下：

```
1.    /* 根容器样式 */
2.    #app {
3.        width: 300px;                        /* 宽 */
4.        height: 300px;                       /* 高 */
5.        margin: 20px auto;                   /* 外边距上下 20px,水平方向居中 */
6.        padding: 20px;                       /* 内边距四个边均为 20px */
7.        background - color: #333;            /* 背景颜色 */
8.        display: flex;                       /* 弹性布局 */
9.        flex - direction: column;            /* 垂直布局 */
10.       justify - content: space - around;  /* 垂直方向上均匀布局,两头的距离是中间的一半 */
11.   }
12.
13.   /* 时间展示区域 */
14.   .timeBox {
15.       width: 100%;                         /* 宽 */
16.       height: 60px;                        /* 高 */
17.       color: white;                        /* 文本颜色 */
18.       font - size: 40px;                   /* 字体大小 */
19.       text - align: center;               /* 水平方向居中 */
20.   }
21.
22.   /* 按钮区域 */
23.   .btnBox {
24.       width: 100%;                         /* 宽 */
25.       height: 80px;                        /* 高 */
26.       display: flex;                       /* 弹性布局(默认水平布局) */
27.       justify - content: space - between;  /* 两端对齐 */
28.   }
29.   /* 按钮通用样式 */
30.   button {
31.       width: 80px;                         /* 宽 */
32.       height: 80px;                        /* 高 */
33.       border: none;                        /* 去掉边框 */
34.       border - radius: 50%;                /* 圆角边框 */
35.       cursor: pointer;                     /* 光标为手状指针 */
36.       font - size: 20px;                   /* 字体大小 */
37.   }
38.   /* 绿色主题按钮 */
39.   .greenBtn{
40.       background - color: lightgreen;      /* 背景颜色为浅绿 */
41.       color: darkgreen;                    /* 文本颜色为深绿 */
42.   }
43.   /* 红色主题按钮 */
44.   .redBtn{
45.       background - color: pink;            /* 背景颜色为粉红 */
46.       color: darkred;                      /* 文本颜色为深红 */
47.   }
```

扫一扫

AI 助教

本章小结及 AI 辅助编程技巧

　　本章主要介绍了前端框架的概念,分别介绍了基础前端框架 jQuery 和 Bootstrap 以及高级前端框架 Vue、React 和 Angular。本章选用 Vue.js 3.x 作为入门示例,展示了第一个基于 Vue.js 3.x 的应用,在过程中介绍了 Vue.js 3.x 技术中如何创建应用、挂载应用、数据动态绑定、事件处理以及组合式 API 代码重构。在实战练习环节按步骤介绍了基于 Vue.js

3.x 的简易秒表的设计与实现全过程,学习了 v-if 和 v-else 属性的用法。

结束语

　　本书到此就全部完结了,谢谢认真的你跟着这本书一起学习到了这里,为你点一个大大的赞。未来前端技术还会不断地更新,因作者时间、水平有限本书也难免有不足之处,因此这里并不是技术的终点,而是开发者新的起点。相信现在的你一定比零基础的时候有了更多的感悟,带着这些思考试着去创造属于你的应用吧。

　　最后祝愿读者朋友们通过学习能顺利做出自己喜欢的前端项目。祝学习阶段的读者们学习进步! 祝工作阶段的读者们工作顺利! 特别祝福程序员朋友们编程无 bug、0 error!

附录A

HTML5元素标签对照表

请扫描下方二维码进行学习。

扫一扫

文档

附录B
HTML5事件属性对照表

请扫描下方二维码进行学习。

扫一扫

文档

附录C

CSS3颜色名称对照表

请扫描下方二维码进行学习。

扫一扫

文档

附录D

AI辅助编程综合案例

请扫描下方二维码进行学习。

扫一扫

文档

图书资源支持

❖❖❖

感谢您一直以来对清华版图书的支持和爱护。为了配合本书的使用，本书提供配套的资源，有需求的读者请扫描下方的"书圈"微信公众号二维码，在图书专区下载，也可以拨打电话或发送电子邮件咨询。

如果您在使用本书的过程中遇到了什么问题，或者有相关图书出版计划，也请您发邮件告诉我们，以便我们更好地为您服务。

❖❖❖

我们的联系方式：

清华大学出版社计算机与信息分社网站：https://www.shuimushuhui.com/

地　　址：北京市海淀区双清路学研大厦 A 座 714

邮　　编：100084

电　　话：010-83470236　010-83470237

客服邮箱：2301891038@qq.com

QQ：2301891038（请写明您的单位和姓名）

- -

资源下载：关注公众号"书圈"下载配套资源。

资源下载、样书申请	图书案例	
书 圈	清华计算机学堂	观看课程直播